面向新工科的电工电子信息基础课程系列教材
教育部高等学校电工电子基础课程教学指导分委员会推荐教材

普通高等教育“十一五”国家级规划教材
军队级精品课程配套教材
湖南省研究生高水平教材建设项目资助教材

统计信号处理

（第二版）

罗鹏飞　张文明　杜小勇　编著

清華大学出版社
北　京

内容简介

本书系统地论述统计信号处理的基本理论，包括随机过程基础、参数估计、最优滤波和信号检测四部分。全书共15章，分别为引言、随机过程的基本概念、随机过程的线性变换、估计的基本概念与性能评估、最小方差无偏估计、最大似然估计、贝叶斯估计、线性最小均方估计、线性卡尔曼滤波、非线性滤波、统计判决理论、复合假设检验、高斯噪声中已知信号的检测、高斯噪声中未知参量信号的检测、非高斯噪声中信号的检测等。各章均有信号处理实例和丰富的习题。

本书可作为信息与通信工程学科研究生和高年级本科生的教材，也可供相关技术领域的工程技术人员参考。

图书在版编目(CIP)数据

统计信号处理：第二版/罗鹏飞，张文明，杜小勇编著. —北京：清华大学出版社，2023.8
面向新工科的电工电子信息基础课程系列教材
ISBN 978-7-302-63633-5

Ⅰ. ①统… Ⅱ. ①罗… ②张… ③杜… Ⅲ. ①统计信号—信号处理—高等学校—教材
Ⅳ. ①TN911.7

中国国家版本馆CIP数据核字(2023)第092930号

责任编辑：文 怡
封面设计：王昭红
责任校对：胡伟民
责任印制：杨 艳

出版发行：清华大学出版社
网 址：http://www.tup.com.cn，http://www.wqbook.com
地 址：北京清华大学学研大厦A座 **邮 编**：100084
社 总 机：010-83470000 **邮 购**：010-62786544
投稿与读者服务：010-62776969，c-service@tup.tsinghua.edu.cn
质量反馈：010-62772015，zhiliang@tup.tsinghua.edu.cn
课件下载：http://www.tup.com.cn，010-83470236
印 装 者：三河市天利华印刷装订有限公司
经 销：全国新华书店
开 本：185mm×260mm **印 张**：19.75 **字 数**：493千字
版 次：2023年8月第1版 **印 次**：2023年8月第1次印刷
印 数：1～1500
定 价：79.00元

产品编号：092225-01

前言

“统计信号处理”是一门研究从噪声背景中提取有用信息的理论和方法的专业基础课程，其基本内容包括信号检测、估计和最佳滤波理论，在通信、雷达、卫星导航、自动控制、图像处理、气象预报、生物医学、地震信号处理等领域有着广泛的应用。随着信息技术的发展，统计信号处理的理论和应用将日益广泛和深入。

本书在“十一五”国家级规划教材《统计信号处理》(2009 年，电子工业出版社)的基础上，结合近年来“统计信号处理”课程教学积累以及“统计信号处理”MOOC 课程建设成果编写而成。希望读者通过本书的学习，系统地掌握随机过程、信号检测、估计和滤波的基本理论和方法，为学习后续专业课程以及开展相关的科研工作打下牢固的基础。

本书在编写思路上，本着“厚基础、重实践、理论与工程应用相结合”的教学理念，精心提炼学科核心的基础理论，强调对核心基础理论、基本概念的阐述，减少烦琐的公式推导过程，给出许多信号处理的实例，通过具体的例子和应用实例说明统计信号处理中抽象难懂的概念。每章最后都给出习题，其中部分习题是书中公式、定理的补充证明。因此，在学完每章内容后，完成每章的习题，既是对所学内容的巩固，也是对教材内容的补充和扩展。

本书可作为信息与通信工程学科研究生和高年级本科生的教材，参考学时为 54～60 学时。

本书是新形态立体教材，书中配有授课视频，可扫描二维码观看，辅助课堂教学和课后自学。作者所在教学团队建设有“统计信号处理”MOOC 课程，分别在“学堂在线”和“国家高等教育智慧教育平台”上线，线上课程能很好地支持本书的学习。

本书的编写得到了“湖南省研究生教学平台研究生高水平教材建设”项目的资助，清华大学出版社也给予了大力支持，在此表示诚挚的谢意。

编　者

2023 年 6 月

目录

资源下载

目录

目录

目录

目录

目录

目录

第1章 引言

1.1 基本概念

统计信号处理是信号处理的一个分支,它是从噪声背景中最佳地提取有用信息的理论和方法,其基本内容包括信号检测、参量估计和最佳滤波理论及其应用。所谓信号检测是指从含有噪声的观测过程中判断是否有感兴趣的信号存在或者区分几种不同的信号;而参量估计是指从含有噪声的观测过程中提取信号的某些参数;最佳滤波是指根据对系统的观测最佳地估计系统的状态。由于有用的信息通常是以信号作为载体,信号在产生、传输和处理过程中会叠加上一定的噪声,而噪声是随机的,因此,统计信号处理的对象是随机信号。对随机信号的处理需要用到概率论、数理统计、线性代数、信号与系统、随机信号分析以及数字信号处理的理论。

统计信号处理的应用领域包括通信、雷达、声呐、导航、自动控制、语音信号处理、图像处理、生物医学、地震信号处理、天气预报等。所有这些应用领域都有一个共同的特点,就是要确定感兴趣的事件在什么时候发生,以及该事件中更多的信息。

下面以通信系统和雷达系统为例说明统计信号处理的概念。

在通信系统中,关键的问题是信息的传输问题。通常把待传输的数据或资料称为消息,为了能使消息远距离传输,需要对消息进行变换、编码并调制成相应的信号,然后加到信道进行传播,接收系统在接收到信号后再经过解调、译码、反变换还原信息,送给接收系统终端或使用者,从而完成信息传输的任务,如图 1.1 所示。

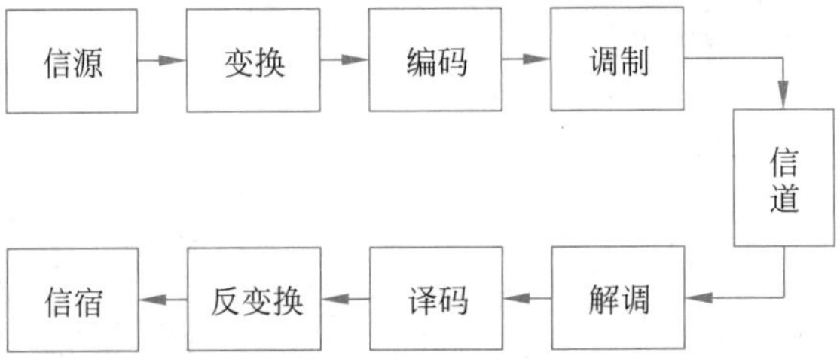

图 1.1 通信系统的简化框图

对通信系统的要求主要集中在两个方面:①系统如何有效地传输信息,称为系统的有效性问题;②系统如何可靠地传输信息,称为系统的可靠性问题。使系统可靠性下降的原因不外乎几方面:外部干扰和内部噪声、信息传输过程中信号的畸变以及技术设备的不完善。干扰是不可避免的,且是随机的,事先无法确知,这对信息的传输是不利的,它大大降低了传输的可靠性,为了保障信息的可靠传输,就必须与干扰进行斗争。图 1.2 给出了一个典型的二元相移键控(BPSK)通信系统。待传输的信息转换成二进制数字(比特)“0”和“1”序列,每个数字位首先进行调制,调制器将数字“0”调制成 $\cos 2\pi f_0 t$,将数字“1”调制成 $\cos(2\pi f_0 t+\pi)=-\cos 2\pi f_0 t$,即

$$0 \rightarrow s_0(t)=\cos 2\pi f t_0, \quad 0 \leqslant t \leqslant T$$

$$1 \rightarrow s_1(t)=-\cos 2\pi f t_0, \quad 0 \leqslant t \leqslant T$$

调制后的信号如图1.3所示，信号的相位表明了数字源发送的是“0”还是“1”，调制的信号加到信道中传播，信号在信道传播时通常会发生畸变，并且会叠加上噪声。在接收端，首先进行解调，去掉载波信号形成基带脉冲波形，然后由检测器确定发送的是“0”还是“1”，这是一个噪声中信号的检测问题。此外，为了消除信道造成的信号畸变，通常需要采用均衡技术使信号复原，这是一种最佳滤波问题。

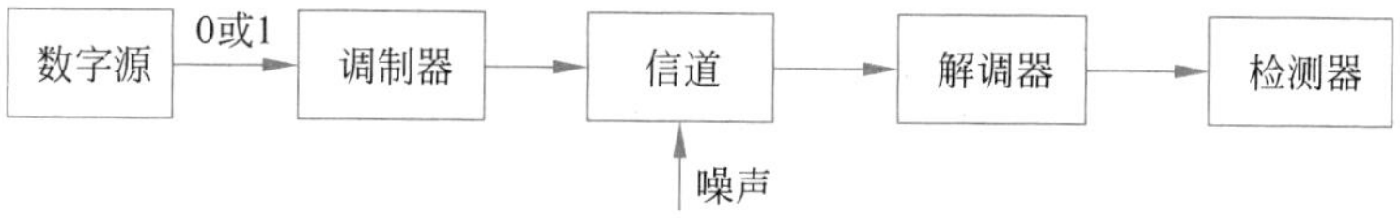

图1.2　二进制数字通信系统简化框图

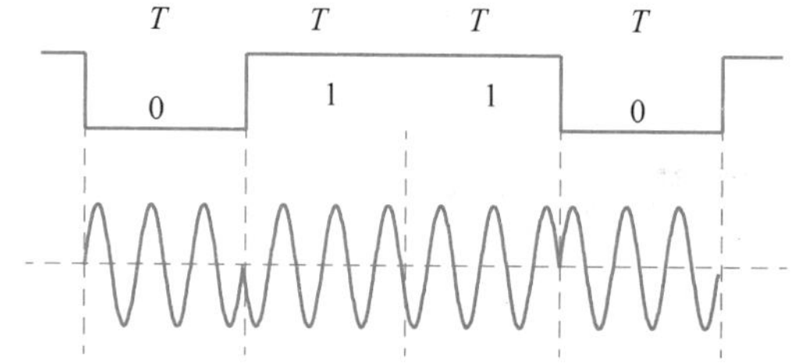

图1.3　二元相移键控信号

在雷达系统中，如图1.4所示，发射机产生发射信号，通过天线向空中辐射，发射的信号遇到目标后产生反射信号，天线接收到反射信号后送接收机进行处理。在实际中，接收机接收到的信号除了目标反射的回波信号外，还包括杂波和干扰信号。因此，接收到的信号可表示为

$$\text{空中没有目标：}\quad z(t)=c(t)+n(t)$$

$$\text{空中有目标：}\quad z(t)=s(t)+c(t)+n(t)$$

其中，$s(t)$为目标的回波信号，由于目标反射面的不规则，使得目标反射信号的幅度和相位产生随机的变化，因此，$s(t)$通常都是随机信号。$c(t)$为雷达周围地物、云雨或海浪等产生的杂波，$n(t)$为接收机内部的噪声，杂波和噪声都是随机过程，统称为噪声，两者之和用$w(t)$表示。

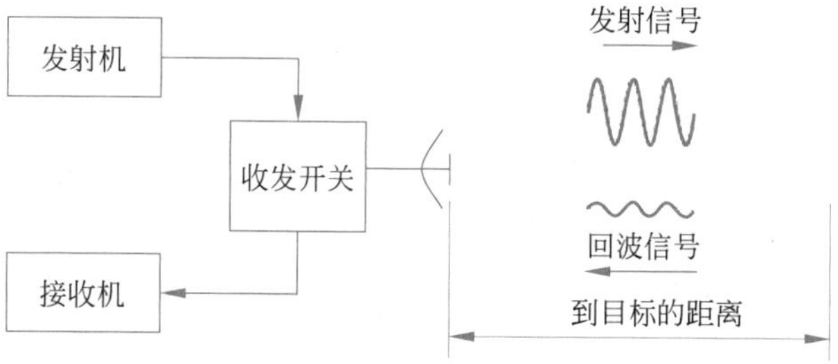

图1.4　雷达探测目标的基本原理

雷达接收机有两个基本的功能：一是根据接收信号确定目标存在与否；二是在确定有目标的情况下确定目标的位置。确定目标存在与否实际上就是根据接收波形对如下两个假设做出判决：

$$\mathcal{H}_0: \quad z(t)=w(t)$$
$$\mathcal{H}_1: \quad z(t)=s(t)+w(t)$$

判决是在噪声背景下进行的,这是一个信号检测问题。目标与雷达的距离 R 可根据目标的回波到达时间 t_0 确定,可表示为 $R=ct_0/2$,其中 c 为光速,在噪声背景下提取目标回波到达时间参数是一个信号参数的估计问题。由于信号检测与参数估计都是在噪声环境下进行,因此,只有充分了解信号和噪声的统计特性,采用统计的处理方法,雷达接收机才能根据接收波形最佳地检测目标并提取目标的位置信息。

无论是通信系统还是雷达系统,干扰和噪声总是存在的,这对信息的提取是不利的,统计信号处理的理论就是在同这些不利因素进行斗争的过程中发展起来的。与干扰作斗争实际上就是在充分了解干扰统计特性的基础上,建立起最佳处理方法,抑制干扰的影响,提取有用信息。

1.2 发展历史

统计信号处理的理论是在统计推断(Statistical Inference)的假设检验(Hypothesis Testing)理论的基础上发展起来的。最早的统计推断方法大概是贝叶斯(Thomas Bayes,1702—1761)提出的方法。

概率论中的贝叶斯定理是这样描述的:设 S 为随机试验 E 的样本空间,$A_0, A_1, \cdots, A_{n-1}$ 为 S 的一个划分,即 $A_i \in S(i=0,1,\cdots,n-1)$,$A_i \cap A_j=\varnothing(i \neq j)$ 且 $\bigcup_{i=0}^{n-1} A_i=S$,则对任意的事件 $B \in S(P(B)>0)$,有

$$P(A_i \mid B)=\frac{P(B \mid A_i)P(A_i)}{\sum_{i=0}^{n-1} P(B \mid A_i)P(A_i)}$$

贝叶斯定理暗示了如下统计推断方法:如果知道事件 B 已经发生,可以对所有的原因 A_i 计算其后验概率 $P(A_i|B)$,进行比较后找出使其值最大的原因 A^*,即 $A^*=\underset{A_i}{\operatorname{argmax}}\{P(A_i|B)\}$,由此可推断出 A^* 为 B 的原因。贝叶斯是英国著名的数学家,它在数学方面主要研究概率论,1758 年发表了《机会的学说概论》,书中提到的许多统计学术语被沿用至今。他将归纳推理法用于概率论基础理论,创立了贝叶斯统计理论,1763 年发表了这方面的论著,对于统计决策函数、统计推断、参数估计等做出了贡献,对于现代概率论和数理统计都有很重要的作用。在统计信号处理中大量使用贝叶斯方法和非贝叶斯方法的概念,其主要差别在于是否利用先验信息,先验信息的使用需要用到贝叶斯公式。

拉普拉斯(P. S. Laplace,1749—1827)和高斯(C. F. Gauss,1777—1855)应用贝叶斯方法讨论了参数的估计问题。拉普拉斯在研究中把参数 θ 与估计量 t 的距离的单调函数 $w(|t-\theta|)$ 当作衡量估计量好坏的标准,特别讨论了 $w=|t-\theta|$ 的情形。其合理性是比较好理解的,因为 $|t-\theta|$ 越小,说明 t 越接近真值 θ,估计越准确。高斯也仿照拉普拉斯

方法考虑了 $w(|t-\theta|)$，他注意到若取 $w=(t-\theta)^2$，在数学上能得到许多重要的结论，1794 年，高斯从这种考虑出发创立了最小二乘法。1801 年，高斯在计算小行星谷神星轨道时应用了最小二乘法，并得到了比较精确的结果。最小二乘法现在仍然是一种实用的方法。

英国统计与遗传学家费希尔(Sir Ronald Aylmer Fisher，1890—1960)于 20 世纪 20 年代提出了显著性检验的概念，成为假设检验的先驱。1925 年，其著作 *Statistical Methods for Research Workers* 被认为是 20 世纪对统计学最有影响力的著作之一。他还提出了极大似然法，这种方法不需要假定先验概率信息，其意义是重大的。此外，他还提出了充分性(*Sufficiency*)和费希尔信息(Fisher Information)等统计概念。

1933 年，纽曼(Jerzy Neyman，1894—1981)和皮尔逊(Karl Pearson，1857—1936)发展了假设检验的数学理论，他们在 *On the Problem of the Most Efficient Tests of Statistical Hypotheses* 一文中建议寻找使错误机会最小的检验。

1939 年，瓦尔德(Abraham Wald，1902—1950)提出了代价和风险的概念，他认为做出错误的判决是要付出代价的，不同的错误类型，付出的代价不同，他认为应寻找使代价最小的检验。瓦尔德还把统计理论与对策论结合起来，在统计学中引入了极大极小原理。

统计学在工程领域的应用起始于 1941—1942 年。当时，维纳(Norbert Wiener，1894—1963)在麻省理工学院开展反飞机武器的自动瞄准装置的设计研究，尽管这项研究并未取得满意的结果，但提出了两个重要的思想：其一是把信息的通信看作一个统计学的问题，其二是提出了最佳准则，使性能能够计算，这对后来最佳滤波理论的建立产生了深远的影响。人们注意到，由于消息中往往混杂着噪声，可以设想，将一个算子作用到被混杂的消息上，以便恢复出原来的消息，这个算子的最佳设计取决于消息和噪声各自及相互的统计特性。维纳从最小均方误差准则出发，得到了线性滤波器的最佳传输函数的表达式。维纳在 1949 年发表的 *Extrapolation, Interpolation and Smoothing of Stationary Time Series, with Engineering Applications* 的报告中对维纳滤波器进行了详细的阐述。1960 年，卡尔曼(Rudolf E. Kalman)发表了一篇题为 *A New Approach to Linear Filtering and Prediction Problems* 的著名论文，讨论了随机离散线性系统的状态估计问题；随后，卡尔曼和布西(R. S. Bucy)又联合发表了 *New Results in Linear Filtering and Prediction Theory*，将问题扩展到连续时间系统的状态估计问题，这两篇论文创立了一种新的滤波理论——卡尔曼滤波理论，卡尔曼滤波理论将维纳滤波问题扩展到非平稳的多输入多输出系统，其应用范围更广。半个多世纪以来，卡尔曼滤波理论在各个技术领域获得了广泛应用。

很多情况下，系统状态模型或观测模型是非线性的，限制了卡尔曼滤波的应用。扩展卡尔曼滤波正是非线性模型经过线性展开后的产物。从基本思路上看，二者都希望递推计算系统状态的线性最小均方估计及其估计的误差方差。无迹卡尔曼滤波(Unscented Kalman Filter，UKF)则通过 Sigma 点的设计与选择，直接构造了状态预测、估计以及误差方差近似的迭代公式。考虑到分布函数包含了随机变量(矢量)的全部信息，状态估计很容易从概率密度函数得到，在贝叶斯滤波的解析解无法得到的情况下，粒子滤波通过采样的方式，实现了密度函数的近似表达和状态估计的递推求解，解决了模型非线性问题。随着目标跟踪场景的复杂化，传统的多目标跟踪方法如最近邻、概率数据关联（Probabilistic Data Association，PDA）以及多假设跟踪（Multiple Hypothesis Tracking，MHT）等算法通常将多目标问题转化为单目标跟踪问题，但涉及运算量较大的数据关联，限制了其应用。随机有限集（Random Finite Set，RFS）将目标数目和状态同时纳入考虑，形成了统一的随机有限集滤波器，能较好地处理目标的出现和消亡等问题。Mahler 在研究多目标贝叶斯滤波的问题中提出概率假设密度（Probability Hypothesis Density，PHD）滤波器，通过递推估计目标的数目和状态实现多目标跟踪，随后出现了较多的改进版本。随着传感器分辨率的提高，待跟踪的目标变成扩展目标，再加上计算力的提高、样本容量的增加和学习算法的发展，目标检测跟踪识别一体化成为一个新的发展方向，核相关滤波（Kernel Correlation Filter，KCF）及其变化形式为视频目标跟踪提供了不同的思路。

信号检测理论的研究始于第二次世界大战中对雷达目标检测的研究，最初的设计准则就是使信噪比最大。1943 年，诺茨（D. O. North）提出了匹配滤波理论，这种理论从噪声与信号的统计特性出发，以输出信噪比最大为准则，得出了在白噪声环境下，最佳线性滤波器的传递函数应为输入信号频谱的复共轭，即

$$H(\omega)=cS^{*}(\omega)\mathrm{e}^{-\mathrm{j}\omega t_0}$$

匹配滤波器是信号检测系统中最重要的部分。在这段时间内，人们为了在噪声中有效地检测信号，研究了许多方法，相关接收法是其中重要的方法之一。根据随机过程的理论，周期信号的自相关函数仍是周期的，而噪声的相关时间较短，利用周期信号与噪声自相关函数的不同可以有效地检测信号。雷达信号一般是周期的，所以相关接收法在检测周期性雷达信号时特别有效。后来人们又发现，随着观测时间增加 n 倍，信号功率与噪声功率之比也增加 n 倍，这就可以在强杂波下检测周期性雷达信号。人们还发现，相关接收机可以用匹配滤波器实现，这样就解决了相关接收机的实现问题。

从以上的发展过程可以看到，人们在同噪声作斗争的过程实质上就是有意识地利用信号与噪声的统计特性尽可能地抑制噪声，提取有用的信息。从统计学的观点来看，噪声中接收信号的过程可以看作一个统计判断的过程，即用统计判断的方法，根据所接收的混合波形做出信号存在与否的判断。按照假设检验的观点，判断接收到的波形有无信号存在，即要对下面两个假设进行检验：

$\mathcal{H}_0$：噪声（无信号）

$\mathcal{H}_1$：信号＋噪声（有信号）

20 世纪 50 年代初期，人们将统计的假设检验、参数估计、序列分析等统计数学方法用于信号检测问题，建立了信号检测与估计的统计理论，这是经典的统计信号处理的理论。

半个多世纪以来，统计信号处理理论的应用领域不断扩展，同时建立了许多新的理论与方法。例如，检测方面有非参量信号检测、CFAR 检测、Robust 检测、局部最佳检测、

分布式检测、量子检测、混沌信号检测、基于高阶统计量的检测等；估计方面有卡尔曼滤波、谱估计、自适应滤波、数据融合、粒子滤波等。随着深度学习的兴起和发展，统计信号处理理论也需要进一步发展，参数(信号)估计的深度展开也受到广泛关注。作为当前最为活跃的研究领域之一，统计信号处理的新理论不断出现，应用领域不断扩展，学科的发展方兴未艾。

1.3 内容安排

本书的内容分为四部分：随机过程基础、参量估计、最佳滤波和信号检测。

第2～3章是随机过程的基础。内容包括随机过程的定义与分布、数字特征，平稳随机过程的相关函数与功率谱，以及工程中常见的高斯随机；随机过程通过线性系统的分析方法、最佳线性滤波器特别是匹配滤波器，以及一个信号处理实例——线性调频信号的匹配滤波器；最后是随机动态系统的基本概念。这两章的内容为信号检测、估计与滤波理论的学习提供必要的随机过程的基础。

第4～8章是参量估计的基本理论。包括估计的基本概念、估计准则和估计量性能评价方法，估计准则有最小方差无偏估计、最大似然估计两种非贝叶斯估计方法，以及最小均方估计、最大后验概率估计、线性最小均方估计三种贝叶斯估计方法。估计量性能评估除了介绍常用的评价指标如无偏性、有效性、一致性外，还着重介绍克拉美-罗下限。其中还给出三个信号处理实例：系统辨识、时延估计和命中概率的贝叶斯估计。

第9、10章是最佳滤波理论。第9章介绍卡尔曼滤波的基本概念、算法推导、计算实例，以及卡尔曼滤波器的特点；接着介绍卡尔曼滤波在工程中遇到的问题及解决方法，包括色噪声环境的扩展、滤波发散及克服发散的方法；最后介绍卡尔曼滤波在雷达数据处理中的应用，机动目标的跟踪。第10章介绍随机非线性离散系统的数学描述，线性化卡尔曼滤波，扩展卡尔曼滤波以及扩展卡尔曼滤波在目标跟踪中的应用；最后介绍粒子滤波的基本概念，并给出仿真实例。

第11～15章是信号检测理论。第11章首先介绍简单假设检验理论，包括贝叶斯判决准则、极大极小准则、纽曼-皮尔逊(Neyman-Pearson)准则、检测性能分析，以及多元假设检验和序贯检验。第12章介绍复合假设检验理论，针对含有随机参量和未知常数问题，分别介绍贝叶斯方法、一致最大势检验、广义似然比检验、Wald检验和Rao检验、局部最大势检验等。第13章将简单假设检验理论应用到高斯噪声中已知信号的检测问题，分别介绍高斯白噪声中已知信号的检测、高斯色噪声中已知信号的检测、最小距离检测器。第14章将复合假设检验理论应用到含有未知参数的确定性信号的检测，高斯噪声中高斯随机信号的检测，并给出两个信号处理实例：正弦信号的检测和雷达Swerling起伏模型的检测性能分析。第15章简单讨论非高斯噪声中的信号检测问题，包括非高斯分布、已知信号的检测、渐近最佳检测器、未知参量信号的检测。

第 2 章 随机过程的基本概念

视频

统计信号处理的处理对象是随机过程，本章简要回顾随机过程的基本理论，包括随机过程的基本概念和定义、随机过程的统计描述、随机过程的平稳性、随机过程的功率谱密度以及典型随机过程，第3章介绍随机过程通过线性系统的分析方法，这两章内容是后续各章学习的基础。

2.1 随机过程的定义与分类

2.1.1 随机过程的定义

首先回顾随机变量的定义。

随机变量的定义：设随机试验 E 的样本空间为 $S=\{e\}$，若对于每个 $e\in S$，有一个实数 $X(e)$ 与之对应，这样就得到一个定义在 S 上的单值函数 $X(e)$，称 $X(e)$ 为随机变量，简记为 X。

从以上定义可以看出，随机变量是对样本空间 S 中的每个试验结果指定一个数值的函数，如图2.1所示。如果把指定的数值改为一个时间函数，就得到随机过程的定义。

随机过程的定义：设随机试验 E 的样本空间为 $S=\{e\}$，对其每个元素 $e_j\ (j=1,2,\cdots)$ 都以某种法则确定一个样本函数 $X(t,e_j)$，由全部元素 $\{e\}$ 所确定的一簇样本函数 $X(t,e)$ 称为随机过程，简记为 $X(t)$，通常样本函数用 $x_j(t)$ 表示。

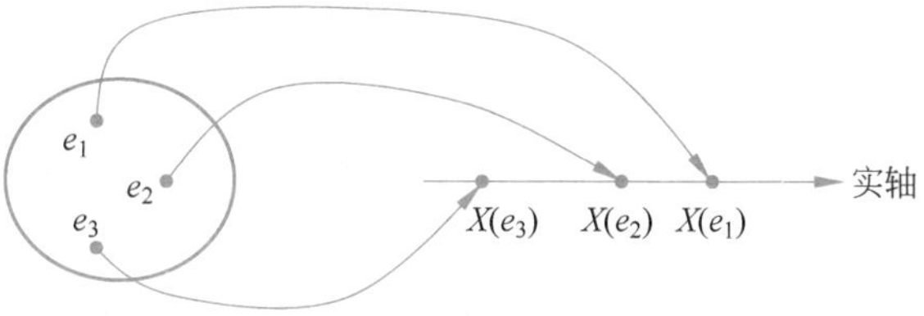

图 2.1　随机变量的定义示意图

从以上定义可以看出，随机过程是对样本空间的每个试验结果都指定一个时间函数的函数。如图2.2所示。或者说，随机过程是从样本空间到函数空间的映射。

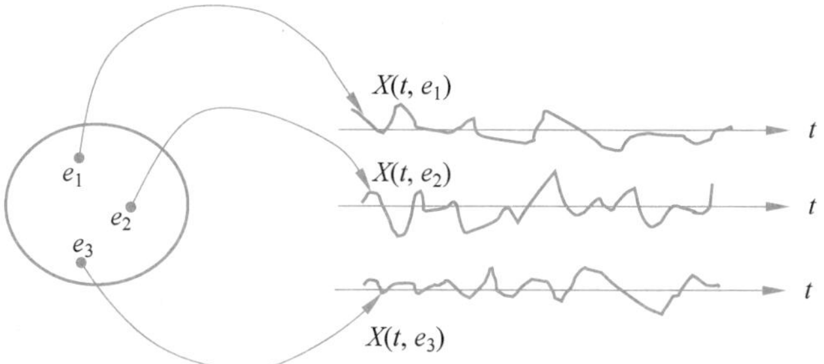

图 2.2　随机过程的定义示意图

【例2.1】 随机相位信号：$X(t)=A\cos(\omega_0 t+\Phi)$，其中 A 和 ω_0 为常数，Φ 为 $(0,2\pi)$ 上均匀分布的随机变量。由于起始相位 Φ 是一个连续型的随机变量，取值范围为 $(0,2\pi)$，对于任意的样本值 $\varphi_j\ (0<\varphi_j<2\pi)$，对应一个确定的函数式，

$$x_j(t)=A\cos(\omega_0 t+\varphi_j),\quad \varphi_j\in(0,2\pi)$$

φ_j 不同,对应的函数式 $x_j(t)$ 也不同,所以随机相位信号实际上是一簇不同的时间函数 $\{x_j(t)=A\cos(\omega_0 t+\varphi_j)\}$,$x_j(t)$ 称为随机过程的样本函数。

若固定时间 $t=t_i$,仅随机因素 e 在变化,则 $X(t_i,e)$ 是一个随机变量,简记为 $X(t_i)$,如随机相位信号,若固定时刻 $t=t_i$,则

$$X(t_i)=A\cos(\omega_0 t_i+\Phi)$$

是随机变量 Φ 的函数,也是一个随机变量。对于不同的时刻 $t_1,t_2,\cdots,t_i,\cdots$,$X(t)$ 对应于不同的随机变量 $X(t_1),X(t_2),\cdots,X(t_i),\cdots$,通常 $X(t_i)$ 称为随机过程 $X(t)$ 在 $t=t_i$ 时刻的状态,可见 $X(t)$ 可以看作一簇随时间变化的随机变量。

若固定 $t=t_i$,$e=e_j$,则 $X(t_i,e_j)$ 表示第 j 次试验中的第 i 次测量,它是随机过程的某一特定的值,通常记为 $x_j(t_i)$。

当 e 和 t 均变化时,才是随机过程完整的概念,从以上的分析可以看出,随机过程是一组样本函数的集合,或者也可以看成一组随机变量的集合。

2.1.2 随机过程的分类

随机过程的分类方法很多,按状态和时间是连续还是离散可以把随机过程分为四类:

(1) 连续型随机过程:时间和状态都是连续的随机过程,如接收机的噪声。

(2) 随机序列:时间离散而状态连续的随机过程。如例 2.1 介绍的随机相位信号经过抽样后得到一个时间序列,这个时间序列的状态是连续型随机变量。

(3) 离散型随机过程:时间连续而状态离散的随机过程。如脉冲宽度随机变化的一组 0、1 脉冲信号。

(4) 离散随机序列:时间和状态都离散的随机过程。如电话交换台在每分钟接到的电话呼叫次数。

随机过程的分类情况如表 2.1 所示。

表 2.1 随机过程的分类

类　型	时　间	状　态
连续时间随机过程	连续	连续
随机序列	离散	连续
离散型随机过程	连续	离散
离散随机序列	离散	离散

也可以依据概率特性对随机过程进行分类,如高斯过程、泊松过程、马尔可夫过程等。或者依据平稳性将随机过程分为平稳随机过程和非平稳随机过程。还可以依据样本函数的类型将随机过程分为确定形式的随机过程和不规则形式的随机过程。如随机相位信号,它的样本函数 $x_j(t)=A\cos(\omega_0 t+\varphi_j)$ 具有确定的形式,这类过程是可预测的过程,即当确定是某条样本函数后,未来的值可以根据样本函数的形式进行计算。而对于不规则形式的随机过程,每条样本函数都不能用确定的数学表达式表示,所以未来的值是不可预测的。

视频

2.2 随机过程的概率分布

尽管随机过程的变化过程是不确定的，但在这不确定的变化过程中仍包含有规律性的因素，这种规律性经统计大量的样本后呈现出来，即随机过程存在某些统计规律，这些统计规律的数学描述有概率分布（密度）、数字特征等。根据随机过程的定义，随机过程实际上是一组随时间变化的随机变量，因此可以用多维随机变量的理论描述随机过程的统计特性。

2.2.1 一维概率分布

对于某个特定的时刻 t，$X(t)$是一个随机变量，设 x 为任意实数，定义

$$F_X(x;t)=P\{X(t)\leqslant x\} \tag{2.2.1}$$

为 $X(t)$的一维概率分布函数。很显然，由于对不同的时刻 t，随机变量 $X(t)$是不同的，因此相应地也有不同的概率分布函数，因此，随机过程的一维概率分布函数不仅是实数 x 的函数，而且是时间 t 的函数。

若 $F_X(x;t)$对 x 的一阶偏导数存在，则定义

$$p_X(x;t)=\frac{\partial F_X(x;t)}{\partial x} \tag{2.2.2}$$

为随机过程 $X(t)$的一维概率密度函数。

随机过程的一维概率分布是随机过程最简单的统计特性，它只能反映随机过程在各个孤立时刻的统计规律，但不能反映随机过程在不同时刻状态之间的联系，因此要更好地描述随机过程需要引入更高维的概率分布。

2.2.2 二维概率分布和多维概率分布

由于对任意的两个时刻 t_1 和 t_2，$X(t_1)$和 $X(t_2)$是两个随机变量，因此可以用二维随机变量的概率分布函数推广定义随机过程的二维概率分布函数。

对于任意的时刻 t_1、t_2 以及任意的两个实数 x_1、x_2，定义

$$F_X(x_1,x_2;t_1,t_2)=P\{X(t_1)\leqslant x_1,X(t_2)\leqslant x_2\} \tag{2.2.3}$$

为随机过程 $X(t)$的二维概率分布函数。若 $F_X(x_1,x_2;t_1,t_2)$对 x_1、x_2 的偏导数存在，则定义

$$p_X(x_1,x_2;t_1,t_2)=\frac{\partial^2 F_X(x_1,x_2;t_1,t_2)}{\partial x_1\partial x_2} \tag{2.2.4}$$

为随机过程 $X(t)$的二维概率密度函数。

同理，对于任意的时刻 $t_1,t_2,\cdots,t_N$，$X(t_1),X(t_2),\cdots,X(t_N)$是一组随机变量，定义这组随机变量的联合分布为随机过程 $X(t)$的 N 维概率分布函数，即定义

$$F_X(x_1,x_2,\cdots,x_N;t_1,t_2,\cdots,t_N)=P\{X(t_1)\leqslant x_1,X(t_2)\leqslant x_2,\cdots,X(t_N)\leqslant x_N\} \tag{2.2.5}$$

为随机过程 $X(t)$的 N 维概率分布函数。定义

$$p_X(x_1,x_2,\cdots,x_N;\ t_1,t_2,\cdots,t_N)=\frac{\partial^N F_X(x_1,x_2,\cdots,x_N;\ t_1,t_2,\cdots,t_N)}{\partial x_1\partial x_2\cdots\partial x_N} \tag{2.2.6}$$

为随机过程 $X(t)$的 N 维概率密度函数。

N 维概率分布函数或 N 维概率密度函数可以描述任意 N 个时刻状态之间的统计规律,比一维、二维概率分布含有更多的 $X(t)$的统计信息,对随机过程的描述也更趋完善,一般说来,要完全描述一个过程的统计特性,应该 $N\to\infty$,但实际上是无法获得随机过程的无穷维的概率分布函数的,在工程应用上,通常只考虑它的二维概率分布函数就够了。

2.2.3 概率分布计算实例

【例 2.2】 设随机幅度信号

$$X(t)=Y\cos\omega_0 t$$

其中,ω_0 是常数,Y 是均值为零、方差为 1 的正态随机变量,求 $t=0,\frac{2\pi}{3\omega_0},\frac{\pi}{2\omega_0}$时 $X(t)$的概率密度函数,以及任意时刻 t,$X(t)$的一维概率密度。

解:当 $t=0$ 时,$X(0)=Y$,由于 Y 是均值为零、方差为 1 的正态随机变量,所以

$$p_X(x;\ 0)=\frac{1}{\sqrt{2\pi}}\mathrm{e}^{-\frac{x^2}{2}}$$

当 $t=\frac{2\pi}{3\omega_0}$时,

$$X\left(\frac{2\pi}{3\omega_0}\right)=-\frac{1}{2}Y$$

为了确定 $X\left(\frac{2\pi}{3\omega_0}\right)$的概率密度函数,先回顾随机变量函数的概率密度计算方法。设 $Y=g(X)$,若 $g(\cdot)$是单调函数,其反函数为 $x=g^{-1}(y)$,则 Y 的概率密度函数可以按如下公式进行计算:

$$p_Y(y)=p_X(x)\mid J\mid\Big|_{x=g^{-1}(y)} \tag{2.2.7}$$

其中 $J=\frac{\mathrm{d}x}{\mathrm{d}y}=\frac{\mathrm{d}g^{-1}(y)}{\mathrm{d}y}$。根据式(2.2.7),

$$p_X\left(x;\ \frac{2\pi}{3\omega_0}\right)=p_Y(y)\mid J\mid\Big|_{y=-2x}$$

由于$|J|=2$,所以

$$p_X\left(x;\ \frac{2\pi}{3\omega_0}\right)=\frac{1}{\sqrt{2\pi}}\mathrm{e}^{-\frac{1}{2}y^2}\cdot 2\Big|_{y=-2x}=\sqrt{\frac{2}{\pi}}\,\mathrm{e}^{-2x^2}$$

当 $t=\frac{\pi}{2\omega_0}$时,

$$X\left(\frac{\pi}{2\omega_0}\right)=0,\quad p_X\left(x;\ \frac{\pi}{2\omega_0}\right)=\delta(x)$$

一般而言，对于任意的时刻 t，随机变量 $X(t)$ 是随机变量 Y 的函数，所以，若 $\cos\omega_0 t \neq 0$，则

$$p_X(x;t)=p_Y(y)\,|J|\,\Big|_{y=\frac{x}{\cos\omega_0 t}}$$

由于 $J=\dfrac{1}{\cos\omega_0 t}$，所以

$$p_X(x;t)=\frac{1}{\sqrt{2\pi}\,|\cos\omega_0 t|}\exp\left\{-\frac{1}{2}\left(\frac{x}{\cos\omega_0 t}\right)^2\right\}$$

若 $\cos\omega_0 t=0$，即 $t=\left(\pm k+\dfrac{1}{2}\right)\dfrac{\pi}{\omega_0}$，则

$$p_X\left(x;\left(\pm k+\frac{1}{2}\right)\frac{\pi}{\omega_0}\right)=\delta(x)$$

【例 2.3】 设随机相位序列 $X[n]=\cos(\pi n/10+\Phi)$，其中 $\Phi=\{0,-\pi/2\}$，且 $P\{\Phi=0\}=P\{\Phi=-\pi/2\}=1/2$，求 $n_1=0,n_2=10$ 时的一维和二维概率分布。

视频

解：本题的随机过程只有两个样本函数，且两个样本函数都具有确定的形式，是一种可预测的随机过程。它的两个样本函数分别为

$$x_1[n]=\cos(\pi n/10),\quad x_2[n]=\cos(\pi n/10-\pi/2)$$

如图 2.3(a)、(b)所示，当 $n_1=0$ 时，$x_1[0]=1,x_2[0]=0$，即 $X[0]$ 的取值为 1 或 0；而当 $n_2=10$ 时，$X[10]$ 的取值为 -1 或 0。$X[n_1]$ 和 $X[n_2]$ 是两个离散随机变量，它们的概率分布如表 2.2 所示。

表 2.2 $X[0]$ 和 $X[10]$ 的概率分布列

$X[0]$	1	0	$X[10]$	-1	0
$P(x;0)$	$\frac{1}{2}$	$\frac{1}{2}$	$P(x;10)$	$\frac{1}{2}$	$\frac{1}{2}$

根据概率分布列，可以写出概率密度函数

$$p_X(x;0)=\frac{1}{2}\delta(x-1)+\frac{1}{2}\delta(x)$$

$$p_X(x;10)=\frac{1}{2}\delta(x+1)+\frac{1}{2}\delta(x)$$

图 2.3(c)、(d)画出了 $n_1=0$、$n_2=10$ 时的一维概率密度函数。因为

$$P\{X[n_1]=1,X[n_2]=-1\}=P\{X[n_1]=1\}P\{X[n_2]=-1\mid X[n_1]=1\}$$

而

$$P\{X[n_1]=1\}=1/2,\quad P\{X[n_2]=-1\mid X[n_1]=1\}=1$$

后一个等式是由于本例的随机相位序列是一个可预测的随机过程，当 n_1 时刻随机过程的取值为 1 时，也就意味着在本次随机试验中取的是样本函数 $x_1[n]$，则由图 2.3(a)可以看出，$x_1[n_2]=-1$，即在 n_2 时刻随机过程的取值必定为 -1，取其他值的概率为 0。

所以

$$P\{X[n_1]=1,X[n_2]=-1\}=1/2$$

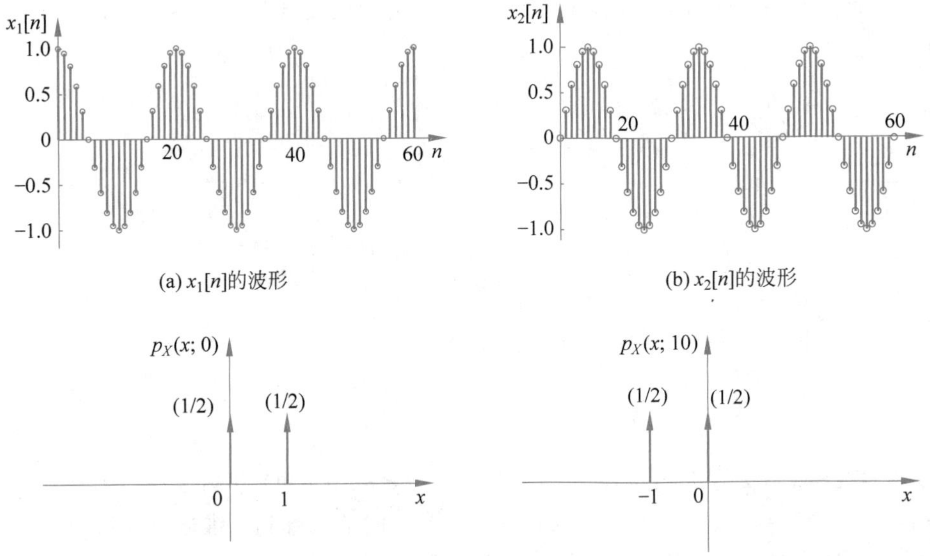

(a) $x_1[n]$的波形　(b) $x_2[n]$的波形

(c) $X[0]$的概率密度　(d) $X[10]$的概率密度

图 2.3　随机过程 $X[n]$的样本和概率密度函数

同理,

$$P\{X[n_1]=0,X[n_2]=0\}=1/2$$

$$P\{X[n_2]=0,X[n_1]=1\}=0$$

$$P\{X[n_2]=-1,X[n_1]=0\}=0$$

由此可以列出二维概率分布列如表 2.3 所示。

表 2.3　$X[n_1]$和 $X[n_2]$的二维概率分布列

$X[n_2]$	$X[n_1]$	
	1	0
−1	1/2	0
0	0	1/2

根据二维分布列可写出二维概率密度函数:

$$p_X(x_1,x_2;\ 0,10)=\frac{1}{2}\delta(x_1-1,x_2+1)+\frac{1}{2}\delta(x_1,x_2)$$

图 2.4 画出了 $n_1=0,n_2=10$ 时的二维概率密度函数。相应地,其二维概率分布函数为

$$F_X(x_1,x_2;\ 0,10)=P\{X[0]\leqslant x_1,X[10]\leqslant x_2\}$$

上式可以采用图形法计算,如图 2.5 所示,对 x_1-x_2 平面上的任意点 $A=(x_1,x_2)$,由 A 点向 $x_1\to-\infty$和 $x_2\to-\infty$作扇形,这个扇形区域用 S_A 表示,将 S_A 内所包含的冲激函数的强度值相加,即可得到对应点的概率分布函数值,即

$$F_X(x_1,x_2,0,10)=\sum_{\{(x_1,x_2)\in S_A\}}P\{X[0]\leqslant x_1,X[10]\leqslant x_2\}$$

据此原理,可以画出二维概率分布函数。

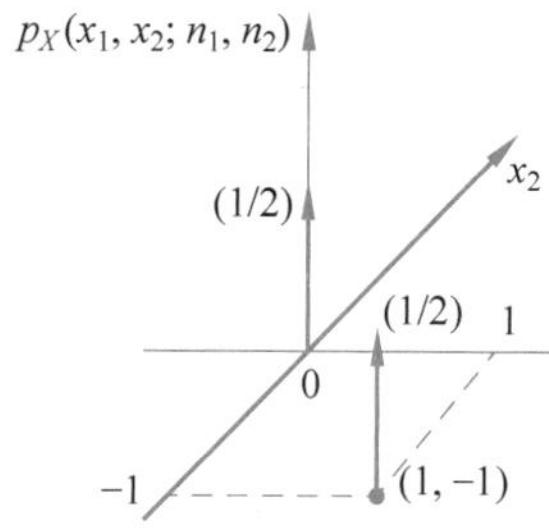

图 2.4　$X[n]$的二维概率密度函数

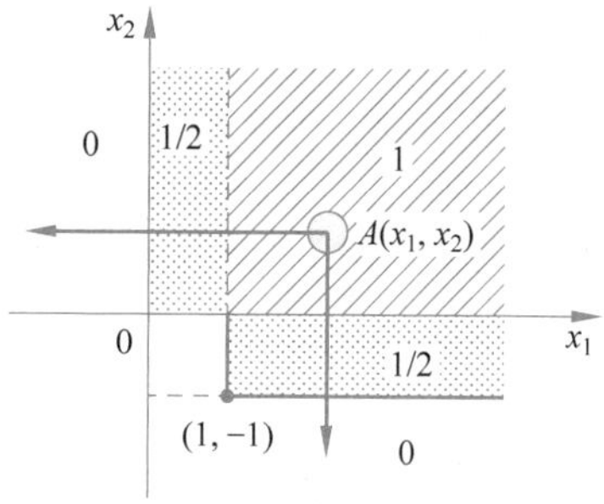

图 2.5　$X[n]$的二维概率分布函数平面图

2.2.4　联合分布

前面只讨论了单个随机过程的统计特性，在实际中经常要处理两个或两个以上的信号，如雷达信号的检测问题，雷达接收机输出端一般包含两个信号，即目标回波信号和噪声信号，且回波信号往往也是随机的，要有效地抑制噪声、检测信号，不仅要了解回波信号和噪声各自的统计特性，而且也需要了解它们之间的联合统计特性。

设有随机过程 $X(t)$的 N 维分布函数为 $F_X(x_1,x_2,\cdots,x_N;t_1,t_2,\cdots,t_N)$，$Y(t)$的 M 维分布函数为 $F_Y(y_1,y_2,\cdots,y_M;t'_1,t'_2,\cdots,t'_M)$，定义 $X(t)$和 $Y(t)$的 $N+M$ 维联合概率分布函数为

$$\begin{aligned}&F_{XY}(x_1,x_2,\cdots,x_N;t_1,t_2,\cdots,t_N;y_1,y_2,\cdots,y_M;t'_1,t'_2,\cdots,t'_M)\\&=P\{X(t_1)\leqslant x_1,X(t_2)\leqslant x_2,\cdots,X(t_N)\leqslant x_N,Y(t'_1)\leqslant y_1,\\&\quad Y(t'_2)\leqslant y_2,\cdots,Y(t'_M)\leqslant y_M\}\end{aligned}\tag{2.2.8}$$

$N+M$ 维联合概率密度为

$$\begin{aligned}&f_{XY}(x_1,x_2,\cdots,x_N;t_1,t_2,\cdots,t_N;y_1,y_2,\cdots,y_M;t'_1,t'_2,\cdots,t'_M)\\&=\frac{\partial^{N+M}F_{XY}(x_1,x_2,\cdots,x_N;t_1,t_2,\cdots,t_N;y_1,y_2,\cdots,y_M;t'_1,t'_2,\cdots,t'_M)}{\partial x_1\partial x_2\cdots\partial x_N\partial y_1\partial y_2\cdots\partial y_M}\end{aligned}\tag{2.2.9}$$

若

$$\begin{aligned}&f_{XY}(x_1,x_2,\cdots,x_N;t_1,t_2,\cdots,t_N;y_1,y_2,\cdots,y_M;t'_1,t'_2,\cdots,t'_M)\\&=f_X(x_1,x_2,\cdots,x_N;t_1,t_2,\cdots,t_N)f_Y(y_1,y_2,\cdots,y_M;t'_1,t'_2,\cdots,t'_M)\end{aligned}\tag{2.2.10}$$

则称 $X(t)$与 $Y(t)$是相互独立的。

2.3　随机过程的数字特征

视频

随机变量的数字特征有均值、方差、相关系数等，相应地随机过程的数字特征常用的也是均值、方差、相关函数，它们都是从随机变量的数字特征推广而来的，所不同的是，随机过程的数字特征一般不是常数，而是时间 t 的函数，因此随机过程的数字特征也常称为

矩函数或示性函数。

2.3.1 均值函数与方差函数

对于任意的时刻 t，$X(t)$是一个随机变量，把这个随机变量的均值定义为随机过程的均值，记为 $m_X(t)$。即

$$m_X(t)=E[X(t)]=\int_{-\infty}^{+\infty} x p_X(x;t)\mathrm{d}x \tag{2.3.1}$$

随机过程 $X(t)$的均值是时间 t 的函数，也称为均值函数，统计均值是对随机过程 $X(t)$中所有样本函数在时间 t 的所有取值进行概率加权平均，所以又称为集合平均，它反映了样本函数统计意义下的平均变化规律。

方差也是随机过程重要的数字特征之一，定义

$$\sigma_X^2(t)=\mathrm{Var}[X(t)]=E\{[X(t)-m_X(t)]^2\} \tag{2.3.2}$$

为随机过程 $X(t)$的方差。随机过程的方差也是时间的函数，由定义可以看出，方差是非负函数。

方差还可以表示为

$$\sigma_X^2(t)=E[X^2(t)]-m_X^2(t) \tag{2.3.3}$$

均值与方差的物理意义：假定 $X(t)$表示单位电阻($R=1$)上两端的噪声电压，且假定噪声电压的均值 $m_X(t)=m_X$ 为常数，则均值 m_X 代表噪声电压中直流分量。$X(t)-m_X$ 代表噪声电压的交流分量，$[X(t)-m_X]^2/1$ 代表消耗在单位电阻上瞬时交流功率，而方差 $\sigma_X^2(t)=E\{[X(t)-m_X]^2\}$表示消耗在单位电阻上瞬时交流功率的统计平均值，$m_X^2/1$ 表示消耗在单位电阻上的直流功率。所以

$$E[X^2(t)]=\sigma_X^2(t)+m_X^2 \tag{2.3.4}$$

表示消耗在单位电阻上的总的平均功率。

2.3.2 自相关函数和自协方差函数

均值和方差只描述了随机过程在某个特定时刻的统计特性，所用的只是一维概率密度，并不能反映随机过程在两个不同时刻状态之间的联系，要反映两个时刻状态之间的关系，可用自相关函数或自协方差函数。

设任意两个时刻 t_1、t_2，定义

$$\begin{aligned} R_X(t_1,t_2)&=E[X(t_1)X(t_2)] \\ &=\int_{-\infty}^{+\infty}\int_{-\infty}^{+\infty} x_1x_2p(x_1,x_2;t_1,t_2)\mathrm{d}x_1\mathrm{d}x_2 \end{aligned} \tag{2.3.5}$$

为随机过程 $X(t)$的自相关函数，通常简称为相关函数。

当 $t_1=t_2=t$ 时，$R_X(t,t)=E[X^2(t)]$。由式(2.3.3)可得

$$R_X(t,t)=\sigma_X^2(t)+m_X^2(t) \tag{2.3.6}$$

自相关函数反映了随机过程在两个不同时刻状态之间的相关性。$R_X(t_1,t_2)$的取值可正可负，其绝对值越大，表示相关性越强。一般说来，t_1、t_2 相隔越远，相关性越弱，

$R_X(t_1,t_2)$的绝对值也越弱，当 $t_1=t_2=t$ 时，其相关性应是最强的，$R_X(t_1,t_2)$最大。

定义

$$C_X(t_1,t_2)=E\{[X(t_1)-m_X(t_1)][X(t_2)-m_X(t_2)]\} \tag{2.3.7}$$

为随机过程 $X(t)$的自协方差函数。很显然，自协方差函数也可表示为

$$\begin{aligned}C_X(t_1,t_2)&=E[X(t_1)X(t_2)]-m_X(t_1)m_X(t_2)\\&=R_X(t_1,t_2)-m_X(t_1)m_X(t_2)\end{aligned} \tag{2.3.8}$$

当 $t_1=t_2=t$ 时，$C_X(t,t)$即为方差函数。

若 $C_X(t_1,t_2)=0$，则称 $X(t_1)$和 $X(t_2)$是不相关的。若 $R_X(t_1,t_2)=0$，则称 $X(t_1)$和 $X(t_2)$是相互正交的。不相关和正交也是随机过程两个重要的概念。

若 $p_X(x_1,x_2;t_1,t_2)=p_X(x_1;t_1)p_X(x_2;t_2)$，则称随机过程在 t_1 和 t_2 时刻的状态是相互独立的。

2.3.3 离散随机过程的数字特征

若 $X(t)$是时间连续、状态离散的离散型随机过程，假定它有 N 个离散状态，任意时刻 t 的取值为 $x_1(t),x_2(t),\cdots,x_N(t)$，取这些值的概率分别为 $p_1(t),p_2(t),\cdots,p_N(t)$，则均值为

$$\begin{aligned}m_X(t)&=\int_{-\infty}^{+\infty}xp_X(x;t)\mathrm{d}x\\&=\int_{-\infty}^{+\infty}x\sum_{i=1}^{N}P\{X(t)=x_i(t)\}\delta[x-x_i(t)]\mathrm{d}x\\&=\int_{-\infty}^{+\infty}x_i(t)\sum_{i=1}^{N}p_i(t)\delta[x-x_i(t)]\mathrm{d}x\\&=\sum_{i=1}^{N}x_i(t)p_i(t)\end{aligned} \tag{2.3.9}$$

用类似的方法，可以得到其他数字特征的表达式，其方差为

$$\sigma_X^2(t)=\sum_{i=1}^{N}[x_i(t)-m_X(t)]^2p_i(t) \tag{2.3.10}$$

自相关函数为

$$R_X(t_1,t_2)=E[X(t_1)X(t_2)]=\sum_{i=1}^{N}\sum_{j=1}^{N}x_i(t_1)x_j(t_2)p_{ij}(t_1,t_2) \tag{2.3.11}$$

其中

$$p_{ij}(t_1,t_2)=P\{X(t_1)=x_i(t_1),\quad X(t_2)=x_j(t_2)\}$$

自协方差函数为

$$\begin{aligned}C_X(t_1,t_2)&=E\{[X(t_1)-m_X(t_1)][X(t_2)-m_X(t_2)]\}\\&=\sum_{i=1}^{N}\sum_{j=1}^{N}[x_i(t_1)-m_X(t_1)][x_j(t_2)-m_X(t_2)]p_{ij}(t_1,t_2)\end{aligned} \tag{2.3.12}$$

视频

2.3.4 数字特征计算实例

【例 2.4】 求例 2.1 所述随机相位信号的均值、方差和自相关函数。

解：$m_X(t)=E[X(t)]=E[A\cos(\omega_0 t+\Phi)]=A\int_0^{2\pi}\cos(\omega_0 t+\varphi)\ \frac{1}{2\pi}\mathrm{d}\varphi=0$

$$
\begin{aligned}
R_X(t_1,t_2)&=E[X(t_1)X(t_2)]=E[A\cos(\omega_0 t_1+\Phi)A\cos(\omega_0 t_2+\Phi)]\\
&=\frac{1}{2}A^2E\{\cos[\omega_0(t_1-t_2)]+\cos[\omega_0(t_1+t_2)+2\Phi]\}\\
&=\frac{1}{2}A^2\cos[\omega_0(t_1-t_2)]+\frac{1}{2}A^2\int_0^{2\pi}\frac{1}{2\pi}\cos[\omega_0(t_1+t_2)+2\varphi]\mathrm{d}\varphi\\
&=\frac{1}{2}A^2\cos[\omega_0(t_1-t_2)]
\end{aligned}
$$

方差为

$$\sigma_X^2(t)=R_X(t,t)-m_X^2(t)=\frac{1}{2}A^2$$

【例 2.5】 设有一个随机过程 $X(t)$，由四条样本函数组成，而且每条样本函数出现的概率相等，$X(t)$在 t_1、t_2 的取值如表 2.4 所示，求 $X(t)$的均值和自相关函数。

表 2.4 $X(t)$的四条样本函数在 t_1、t_2 时刻的取值

t	$X(t)$			
	$x_1(t)$	$x_2(t)$	$x_3(t)$	$x_4(t)$
t_1	1	2	6	3
t_2	5	4	2	1

解：根据题意可知 $X(t)$是一个离散型随机过程，由式(2.3.9)可得

$$m_X(t_1)=\sum_{i=1}^{N}x_i(t)p_i(t)=\frac{1}{4}(1+2+6+3)=3$$

$$m_X(t_2)=\sum_{i=1}^{N}x_i(t)p_i(t)=\frac{1}{4}(5+4+2+1)=3$$

由式(2.3.11)可得

$$R_X(t_1,t_2)=E[X(t_1)X(t_2)]=\sum_{i=1}^{4}\sum_{j=1}^{4}x_i(t_1)x_j(t_2)p_{ij}(t_1,t_2)$$

关键在于计算 $p_{ij}(t_1,t_2)$，

$$
\begin{aligned}
p_{ij}(t_1,t_2)&=P\{X(t_1)=x_i(t_1),X(t_2)=x_j(t_2)\}\\
&=P\{X(t_1)=x_i(t_1)\}P\{X(t_2)=x_j(t_2)\mid X(t_1)=x_i(t_1)\}
\end{aligned}
$$

当 $i\neq j$ 时，后一项的条件概率为零。而当 $i=j$ 时，

$$P\{X(t_2)=x_i(t_2)\mid X(t_1)=x_i(t_1)\}=1$$

所以

$$p_{ij}(t_1,t_2)=\begin{cases}0, & i\neq j\\ 1/4, & i=j\end{cases}$$

因此

$$R_X(t_1,t_2)=\sum_{i=1}^{4}x_i(t_1)x_i(t_2)p_{ii}(t_1,t_2)=\frac{1}{4}(1\times5+2\times4+6\times2+3\times1)=7$$

2.3.5 互相关函数

互相关函数是两个随机过程联合统计特性中重要的数字特征。它的定义为

$$\begin{aligned}R_{XY}(t_1,t_2)&=E[X(t_1)Y(t_2)]\\&=\int_{-\infty}^{+\infty}\int_{-\infty}^{+\infty}xyf_{XY}(x,y;\ t_1,t_2)\mathrm{d}x\mathrm{d}y\end{aligned}\tag{2.3.13}$$

类似地可定义互协方差函数为

$$C_{XY}(t_1,t_2)=E\{[X(t_1)-m_X(t_1)][Y(t_2)-m_X(t_2)]\}\tag{2.3.14}$$

互协方差函数与互相关函数之间的关系为

$$C_{XY}(t_1,t_2)=R_{XY}(t_1,t_2)-m_X(t_1)m_X(t_2)\tag{2.3.15}$$

若 $R_{XY}(t_1,t_2)=0$,则称 $X(t)$ 与 $Y(t)$ 是相互正交的;若 $C_{XY}(t_1,t_2)=0$,则称 $X(t)$ 与 $Y(t)$ 是不相关的。可以证明,若 $X(t)$ 与 $Y(t)$ 是相互独立的,则一定是不相关的,但反之不一定成立。

【例 2.6】 设两个连续时间的随机相位信号。$X(t)=\sin(\omega_0 t+\Phi)$,$Y(t)=\cos(\omega_0 t+\Phi)$ 其中 ω_0 为常数,Φ 在 $(0,2\pi)$ 上均匀分布,求互协方差函数。

解:

$$E[X(t)]=E[\sin(\omega_0 t+\Phi)]=\frac{1}{2\pi}\int_0^{2\pi}\sin(\omega_0 t+\varphi)\mathrm{d}\varphi=0$$

同理

$$E[Y(t)]=E[\cos(\omega_0 t+\Phi)]=\frac{1}{2\pi}\int_0^{2\pi}\cos(\omega_0 t+\varphi)\mathrm{d}\varphi=0$$

$$\begin{aligned}C_{XY}(t_1,t_2)&=R_{XY}(t_1,t_2)-m_Xm_Y\\&=E[\sin(\omega_0 t_1+\Phi)\cos(\omega_0 t_2+\Phi)]\\&=\frac{1}{2}E[\sin(\omega_0 t_1+\omega_0 t_2+2\Phi)+\sin\omega_0(t_1-t_2)]\\&=\frac{1}{2}\sin\omega_0(t_1-t_2)\end{aligned}$$

当 $\omega_0(t_1-t_2)\tau=k\pi(k=0,\pm1,\cdots)$ 时,$C_{XY}(t_1,t_2)=R_{XY}(t_1,t_2)=0$,即 $X(t)$ 与 $Y(t)$ 在某些时刻是正交的、不相关的,但很显然,$X(t)$ 与 $Y(t)$ 并非独立。

2.4 平稳随机过程

视频

随机过程可分为平稳和非平稳两大类,严格地说,所有过程都是非平稳的,但是平稳过程的分析要容易得多,而且在电子系统中,若产生一个随机过程的主要物理条件在时间的进程中不改变,或变化极小,可以忽略,则此信号可以认为是平稳的。如接收机的噪声电压信号,刚开机时由于元器件上温度的变化,使得噪声电压在开始时有一段暂态过程,经过一段时间后,温度变化趋于稳定,这时的噪声电压信号可以认为是平稳的。

2.4.1 平稳随机过程的定义

随机过程的平稳性定义有许多种，常见的是严格平稳和广义平稳。

1. 严格平稳随机过程

定义 若随机过程 $X(t)$的任意 N 维分布不随时间起点的不同而变化，即当时间平移 c(c 为任意常数)时，其任意的 N 维概率密度不变化，则称 $X(t)$是严格平稳的随机过程或称为狭义平稳随机过程。

根据定义，严格平稳随机过程的任意 N 维概率密度应满足

$$p_X(x_1,x_2,\cdots,x_N;\ t_1+c,t_2+c,\cdots,t_N+c)=p_X(x_1,x_2,\cdots,x_N;\ t_1,t_2,\cdots,t_N) \tag{2.4.1}$$

特别是一维概率密度

$$p_X(x;\ t)=p_X(x) \tag{2.4.2}$$

与时间 t 无关，而二维概率密度

$$p_X(x_1,x_2;\ t_1,t_2)=p_X(x_1,x_2;\ \tau)\quad (\tau=t_1-t_2) \tag{2.4.3}$$

只与 τ 有关。由此可见，对于严格平稳的随机过程，它的均值和方差是与时间无关的常数，而自相关函数只与 t_1 和 t_2 的差值有关。严格平稳最基本的特征是时间起点的平移不影响它的统计特性，即 $X(t)$与 $X(t+c)$具有相同的统计特性。

可以证明，独立同分布(Independent Identical Distribution，IID)的随机序列是严格平稳的。这是因为，对于任意的 n，$X(n)$具有相同的概率密度，且对于任意的 n_i 和 $n_j(i\neq j)$，$X(n_i)$和 $X(n_j)$相互独立，因此，

$$\begin{aligned}&p_X(x_1,x_2,\cdots,x_N;\ n_1+c,n_2+c,\cdots,n_N+c)\\&=\prod_{i=1}^{N}p_X(x_i;\ n_i+c)=\prod_{i=1}^{N}p_X(x_i;\ n_i)=\prod_{i=1}^{N}p_X(x_i)\end{aligned}$$

而

$$p_X(x_1,x_2,\cdots,x_N;\ n_1,n_2,\cdots,n_N)=\prod_{i=1}^{N}p_X(x_i;\ n_i)=\prod_{i=1}^{N}p_X(x_i)$$

可见 $X(n)$是严格平稳的。

2. 广义平稳随机过程

定义 若随机过程 $X(t)$的均值为常数，自相关函数只与 $\tau=t_1-t_2$ 有关，即

$$m_X(t)=m_X \tag{2.4.4}$$

$$R_X(t_1,t_2)=R_X(\tau)\quad (\tau=t_1-t_2) \tag{2.4.5}$$

则称随机过程 $X(t)$是广义平稳的。

很显然，严格平稳的随机过程必定是广义平稳的，但广义平稳的随机过程不一定是严格平稳的。

由于在许多工程技术问题中，常常仅在相关理论(一、二阶矩)的范围内讨论问题，因此划分出广义平稳随机过程。而相关理论之所以重要，是因为在实际中，一、二阶矩能给

出有关平稳随机过程平均功率的几个主要指标，例如，若随机过程 $X(t)$ 代表噪声电压信号，则在相关理论范围内就可以给出直流分量、交流分量、平均功率及功率在频域上的分布(将在后面讨论功率谱密度)等。另外，在电子系统中经常遇到最多的是正态随机过程，对于正态随机过程而言，它的任意维分布都只由它的一、二阶矩确定，广义平稳的正态随机过程必定是严格平稳的。因此，在实际中，通常只考虑广义平稳，今后除特别声明外，平稳性是指广义平稳。

在例 2.2 讨论的随机幅度信号，由于一维概率密度与时间 t 有关，所以随机幅度信号是非平稳信号，而例 2.4 讨论的随机相位信号，由于均值是常数，而相关函数只与时间差有关，所以随机相位信号是广义平稳随机过程。

【例 2.7】 设随机过程 $X(t)=A\cos\omega_0 t+B\sin\omega_0 t$，其中 ω_0 为已知常数，A、B 为统计独立的随机变量，且分别以概率 2/3、1/3 取值 -1 和 2，试讨论 $X(t)$ 的平稳性。

解：先确定随机变量 A 和 B 的一、二阶矩的特性，由题意知

$$E(A)=E(B)=(-1)\times\frac{2}{3}+2\times\frac{1}{3}=0$$

$$E(A^2)=E(B^2)=(-1)^2\times\frac{2}{3}+2^2\times\frac{1}{3}=2$$

$$E(A^3)=E(B^3)=(-1)^3\times\frac{2}{3}+2^3\times\frac{1}{3}=2$$

$$E(AB)=0$$

则

$$E[X(t)]=E(A)\cos\omega_0 t+E(B)\sin\omega_0 t=0$$

$$\begin{aligned}R_X(t_1,t_2)&=E[X(t_1)X(t_2)]\\&=E[(A\cos\omega_0 t_1+B\sin\omega_0 t_1)(A\cos\omega_0 t_2+B\sin\omega_0 t_2)]\\&=E[A^2\cos\omega_0 t_1\cos\omega_0 t_2+B^2\sin\omega_0 t_1\sin\omega_0 t_2+\\&\quad AB\cos\omega_0 t_1\sin\omega_0 t_2+AB\sin\omega_0 t_1\cos\omega_0 t_2]\\&=E(A^2)\cos\omega_0 t_1\cos\omega_0 t_2+E(B^2)\sin\omega_0 t_1\sin\omega_0 t_2\\&=2\cos\omega_0(t_1-t_2)\end{aligned}$$

由于 $X(t)$ 的均值为零，自相关函数只与 t_1-t_2 有关，所以，$X(t)$ 是平稳随机过程。又由于

$$\begin{aligned}E[X^3(t)]&=E[(A\cos\omega_0 t+B\sin\omega_0 t)^3]\\&=E(A^3)\cos^3\omega_0 t+E(B^3)\sin^3\omega_0 t+3E(A^2)E(B)\cos^2\omega_0 t\sin\omega_0 t+\\&\quad 3E(A)E(B^2)\cos\omega_0 t\sin\omega_0 t\\&=2(\cos^3\omega_0 t+\sin^3\omega_0 t)\end{aligned}$$

$X(t)$ 的三阶矩与时间 t 有关，可见其一维概率密度与时间 t 有关，$X(t)$ 不是严格平稳的随机过程。

视频

2.4.2 平稳随机过程自相关函数的特性

对于平稳随机过程而言，它的均值为常数，自相关函数只与时间的差值有关，平稳随

机过程的自相关函数具有如下特性。

(1) 相关函数是偶函数,即

$$R_X(-\tau)=R_X(\tau) \tag{2.4.6}$$

(2) $R_X(\tau)$在$\tau=0$时有最大值,即

$$R_X(0)\geqslant|R_X(\tau)| \tag{2.4.7}$$

证明参见习题2.5,同理,

$$C_X(0)\geqslant|C_X(\tau)| \tag{2.4.8}$$

(3) 若随机过程$X(t)$中含有周期分量,则自相关函数中也含有周期分量。例如

$$X(t)=A\cos(\omega_0 t+\Phi)+W(t)$$

其中,A和ω_0为常数,Φ在$(0,2\pi)$上均匀分布,$W(t)$是与Φ统计独立的平稳随机过程,则

$$R_X(\tau)=\frac{A^2}{2}\cos\omega_0\tau+R_W(\tau)$$

可见自相关函数中也包含周期分量。

(4) 一般说来,若随机过程$X(t)$中不含周期分量,则

$$\lim_{\tau\to\infty}R_X(\tau)=m_X^2 \tag{2.4.9}$$

从物理概念上理解,随着τ的增大,$X(t)$与$X(t+\tau)$的相关性逐渐减弱,当$\tau\to\infty$时,$X(t)$与$X(t+\tau)$变为两个相互独立的随机变量,所以

$$\lim_{\tau\to\infty}R_X(\tau)=\lim_{\tau\to\infty}E[X(t)X(t+\tau)]=\lim_{\tau\to\infty}E[X(t)]E[X(t+\tau)]=m_X^2$$

也有该性质不成立的特例。设$X(t)=A$,A是随机变量,概率密度为$p_A(a)$,很显然,该过程是严格平稳的,因为对于任意的实数c,$X(t+c)$的概率密度与c无关。另外,$E[X(t)]=E(A)=m_A$,$R_X(\tau)=E[X(t+\tau)X(t)]=E(A^2)=\sigma_A^2+m_A^2\neq m_A^2$,可见,式(2.4.9)并不成立。

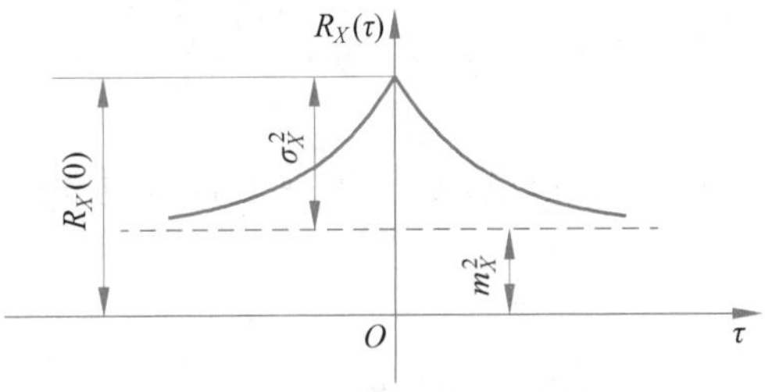

图2.6　一般相关函数示意图

(5) $R_X(0)=\sigma_X^2+m_X^2$ (2.4.10)

根据以上特性,可以画出一条典型的自相关函数的曲线,如图2.6所示。

(6) 相关函数具有非负定性,即对于任意N个复数$\alpha_1,\alpha_2,\cdots,\alpha_N$,有

$$\sum_{i=1}^{N}\sum_{j=1}^{N}\alpha_i\alpha_j^*R_X(t_i-t_j)\geqslant 0 \tag{2.4.11}$$

式中的*号代表取复共轭,证明从略。

【例2.8】 假定平稳随机过程的自相关函数为

$$R_X(\tau)=49+\frac{9}{1+5\tau}$$

求该过程的均值和方差。

解:由式(2.4.9)可得$R_X(\infty)=49=m_X^2$,$m_X=\pm7$。另外,$R_X(0)=49+9=58$,由

式(2.4.10)，$\sigma_X^2=R_X(0)-m_X^2=58-49=9$。

2.4.3 随机过程的各态历经性

对于平稳随机过程，它的均值、方差都是常数，相关函数只与 $\tau=t_1-t_2$ 有关，这些数字特征都是集合平均的概念，即若要得到这些数字特征的准确值，需要观测到所有样本函数，这在实际中是很难做到的。若只通过随机过程的一个样本函数，就可以解决随机过程数字特征的估计问题，那是很有实际意义的。各态历经的随机过程就具有这一特征。

视频

设平稳随机过程 $X(t)$，它的时间平均定义为

$$\overline{m_X}=\lim_{T\to\infty}\frac{1}{2T}\int_{-T}^{T}X(t)\mathrm{d}t \tag{2.4.12}$$

其中 lim 为均方极限[①]，式中的积分也是均方意义下的积分，为了简化符号仍用一般的极限符号和积分符号表示。

时间相关函数定义为

$$\overline{R_X(\tau)}=\lim_{T\to\infty}\frac{1}{2T}\int_{-T}^{T}X(t+\tau)X(t)\mathrm{d}t \tag{2.4.13}$$

一般说来，$\overline{m_X}$ 和 $\overline{R_X(\tau)}$ 都是随机变量。

对于平稳随机过程 $X(t)$，若时间平均依概率 1 等于集合平均，即

$$\overline{m_X}\overset{P}{=}m_X \tag{2.4.14}$$

则称 $X(t)$ 具有均值遍历性。

若时间相关函数依概率 1 等于集合相关函数，即

$$\overline{R_X(\tau)}\overset{P}{=}R_X(\tau) \tag{2.4.15}$$

则称 $X(t)$ 具有相关函数遍历性。

若平稳随机过程 $X(t)$ 的均值和自相关函数都具有遍历性，则称 $X(t)$ 为各态历经过程。

可以证明，平稳随机过程 $X(t)$ 具有均值遍历性的充要条件是

$$\lim_{T\to\infty}\frac{1}{T}\int_{0}^{2T}\left(1-\frac{\tau}{2T}\right)[R_X(\tau)-m_X^2]\mathrm{d}\tau=0 \tag{2.4.16}$$

具有相关函数遍历性的充要条件是

$$\lim_{T\to\infty}\frac{1}{T}\int_{0}^{2T}\left(1-\frac{\tau}{2T}\right)[R_\Phi(\tau)-R_X^2(\tau)]\mathrm{d}\tau=0 \tag{2.4.17}$$

其中 $\Phi(t)=X(t+\tau)X(t)$，对于零均值的平稳正态随机过程，若 $R_X(\tau)$ 连续，则具有各态历经性的充要条件可简化为

$$\int_{0}^{+\infty}|R_X(\tau)|\mathrm{d}\tau<\infty \tag{2.4.18}$$

---

① 随机变量 X 是随机变量序列 $\{X_n\}$ 的均方极限是指 $\lim\limits_{n\to\infty}E[(X_n-X)^2]$。

【例 2.9】 判断随机相位信号的各态历经性。

设有随机相位信号

$$X(t)=A\cos(\omega_0 t+\Phi)$$

$X(t)$的均值为

$$E[X(t)]=\frac{1}{2\pi}\int_0^{2\pi}A\cos(\omega_0 t+\varphi)\mathrm{d}\varphi=0$$

$X(t)$的自相关函数为

$$\begin{aligned}R_X(t+\tau,t)&=E[X(t+\tau)X(t)]\\&=A^2E[\cos(\omega_0(t+\tau)+\Phi)\cos(\omega_0 t+\Phi)]\\&=\frac{A^2}{2}\{E[\cos(2\omega_0 t+\omega_0\tau+2\Phi)]+E[\cos\omega_0\tau]\}\\&=\frac{A^2}{2}\cos\omega_0\tau+\frac{A^2}{2}\cdot\frac{1}{2\pi}\int_0^{2\pi}\cos(2\omega_0 t+\omega_0\tau+2\varphi)\mathrm{d}\varphi\\&=\frac{A^2}{2}\cos\omega_0\tau\end{aligned}$$

$$\overline{m_X}=\lim_{T\to\infty}\frac{1}{2T}\int_{-T}^{T}A\cos(\omega_0 t+\Phi)\mathrm{d}t=0$$

$$\begin{aligned}\overline{R_X(\tau)}&=\lim_{T\to\infty}\frac{1}{2T}\int_{-T}^{T}A\cos(\omega_0(t+\tau)+\Phi)A\cos(\omega_0 t+\Phi)\mathrm{d}t\\&=\frac{A^2}{2}\lim_{T\to\infty}\frac{1}{2T}\int_{-T}^{T}[\cos(2\omega_0 t+\omega_0\tau+2\Phi)+\cos\omega_0\tau]\,\mathrm{d}t\\&=\frac{A^2}{2}\cos\omega_0\tau\end{aligned}$$

可见,时间平均等于统计平均,时间相关函数等于统计相关函数,随机相位信号是各态历经过程。

由式(2.4.14)可以看出,不同的样本函数,时间平均的结果不同,所以,一般说来时间平均是随机变量,但对于各态历经的随机过程而言,时间平均趋于一个常数,这就表明,各态历经随机过程的各个样本函数的时间平均可以认为是相同的,因此随机过程的均值可以用它的任意一个样本函数的时间平均来代替。同样,相关函数亦可以用任意的一个样本函数的时间相关函数来代替,也就是说,各态历经随机过程一个样本函数经历了随机过程所有可能的状态。这一性质在实际应用中是很有用的,因为可以通过对一个样本函数的观测,就可以估计出随机过程均值、方差和相关函数。

图 2.7(a)所示的连续时间随机相位信号 $X(t)=A\cos(\omega_0 t+\Phi)$具有各态历经性,因为它的每个样本都经历过程各种可能的状态,而图 2.7(b)所示的随机信号就不是各态历经过程。

在实际应用中,要根据式(2.4.16)和式(2.4.17)判断随机过程是否具有各态历经性是很困难的,对大多数的平稳随机过程而言,它们都是具有各态历经性的,因此在实际分析一个平稳随机信号时,不管它是否具有各态历经性,都按各态历经随机过程处理,因为

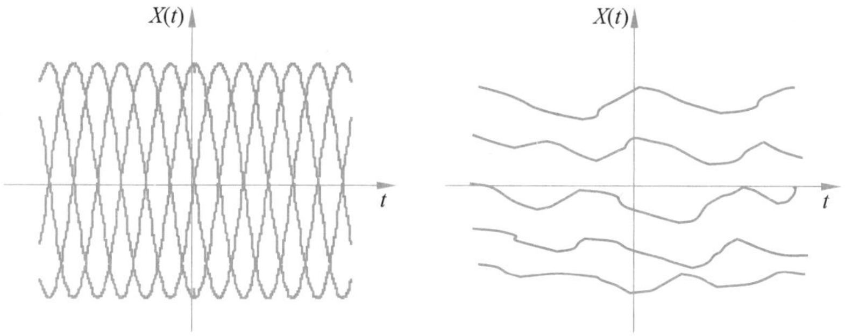

(a) 各态历经过程　　(b) 非各态历经过程

图 2.7　各态历经过程和非各态历经过程

如果不是这样，无法对随机过程进行数值分析。在这样假定的前提下，可以按照下列两式估计均值和自相关函数

$$\hat{m}_X = \frac{1}{2T}\int_{-T}^{T} x(t)\mathrm{d}t \tag{2.4.19}$$

$$\hat{R}_X(\tau) = \frac{1}{2T}\int_{-T}^{T} x(t+\tau)x(t)\mathrm{d}t \tag{2.4.20}$$

其中 $x(t)$ 为平稳随机信号 $X(t)$ 的一条样本函数。

对于随机序列 $X[n]$，它的均值、方差和自相关函数的估计为

$$\hat{m}_X = \frac{1}{N}\sum_{n=0}^{N-1} x[n] \tag{2.4.21}$$

$$\sigma_X^2 = \frac{1}{N-1}\sum_{n=0}^{N-1}[x[n] - \hat{m}_X]^2 \tag{2.4.22}$$

$$\hat{R}_X[m] = \frac{1}{N-|m|}\sum_{n=0}^{N-|m|-1} x[n]x[n+m] \quad (m=0,\pm 1,\pm 2,\cdots) \tag{2.4.23}$$

2.4.4 广义联合平稳及互相关函数的性质

若 $X(t)$ 与 $Y(t)$ 是广义平稳随机过程，且

$$R_{XY}(t_1,t_2) = R_{XY}(\tau) \quad (\tau = t_1 - t_2) \tag{2.4.24}$$

则称 $X(t)$ 与 $Y(t)$ 是广义联合平稳的。例 2.6 所述的两个随机相位信号是联合广义平稳的。

广义联合平稳随机过程互相关函数的性质：

(1) 对于实的随机过程，

$$R_{XY}(-\tau) = R_{YX}(\tau) \tag{2.4.25}$$

$$C_{XY}(-\tau) = C_{YX}(\tau) \tag{2.4.26}$$

这是因为，

$$R_{XY}(-\tau) = E[X(t-\tau)Y(t)] = E[Y(t)X(t-\tau)] = R_{YX}(\tau)$$

类似地可以得到式(2.4.26)。由此可见,互相关函数不是偶函数。

(2)
$$|R_{XY}(\tau)|^2 \leqslant R_X(0)R_Y(0) \tag{2.4.27}$$
$$2R_{XY}(\tau) \leqslant R_X(0) + R_Y(0) \tag{2.4.28}$$
$$|C_{XY}(\tau)|^2 \leqslant \sigma_X^2\sigma_Y^2 \tag{2.4.29}$$
证明参见习题2.10。

(3) 若 $X(t)$与 $Y(t)$是联合平稳的,则 $Z(t)=X(t)+Y(t)$是平稳的,且
$$R_Z(\tau) = R_X(\tau) + R_Y(\tau) + R_{XY}(\tau) + R_{YX}(\tau) \tag{2.4.30}$$
若 $X(t)$与 $Y(t)$不相关,则
$$R_Z(\tau) = R_X(\tau) + R_Y(\tau) + 2m_Xm_Y \tag{2.4.31}$$
若 $X(t)$与 $Y(t)$相互正交,则
$$R_Z(\tau) = R_X(\tau) + R_X(\tau) \tag{2.4.32}$$

视频

2.5 随机过程的功率谱密度

前面研究了随机过程的统计特性,包括分布函数、概率密度、均值、方差和相关函数等,这些统计特性都是从时域的角度进行分析的。对于确知信号,若在时域分析较复杂,可以利用傅里叶变换转到频域进行分析。同样,对于随机过程,也可以利用傅里叶变换分析随机过程的频谱结构。不过,随机过程的样本函数一般不满足傅里叶变换的绝对可积条件,而且,随机过程的样本函数往往并不具有确定的形状,因此不能直接对随机过程进行谱分解。但随机过程的平均功率一般总是有限的,因此可以分析它的功率谱。

2.5.1 连续时间随机过程的功率谱

连续时间随机过程的功率谱密度定义为
$$G_X(\omega) = E\left[\lim_{T\to\infty}\frac{1}{2T}|X_T(\omega)|^2\right] \tag{2.5.1}$$
其中
$$X_T(\omega) = \int_{-T}^{T} X(t)\mathrm{e}^{-\mathrm{j}\omega t}\,\mathrm{d}t \tag{2.5.2}$$

随机过程的功率谱密度表示单位频带内信号的频谱分量消耗在单位电阻上的平均功率的统计平均值。功率谱密度也简称为功率谱。

功率谱密度是从频域的角度描述 $X(t)$的统计特性的重要数字特征,但是功率谱密度仅表示 $X(t)$的平均功率在频域上的分布情况,不包含 $X(t)$的相位信息。

根据维纳-辛钦定理,平稳随机过程的相关函数和功率谱之间是傅里叶变换对的关系,即
$$G_X(\omega) = \int_{-\infty}^{+\infty} R_X(\tau)\mathrm{e}^{-\mathrm{j}\omega\tau}\,\mathrm{d}\tau \tag{2.5.3}$$
$$R_X(\tau) = \frac{1}{2\pi}\int_{-\infty}^{+\infty} G_X(\omega)\mathrm{e}^{\mathrm{j}\omega\tau}\,\mathrm{d}\omega \tag{2.5.4}$$

由于平稳随机过程的相关函数是偶函数，因此，

$$G_X(\omega)=2\int_0^{+\infty}R_X(\tau)\cos\omega\tau\mathrm{d}\tau \tag{2.5.5}$$

可以看出，功率谱是实函数，而且是偶函数，从功率谱的定义式(2.5.1)可知功率谱是非负的。即对于实的平稳随机过程，它的功率谱是一个实的、非负的偶函数，这是功率谱非常重要的性质。

在式(2.5.4)中令 $\tau=0$，则

$$R_X(0)=\frac{1}{2\pi}\int_{-\infty}^{+\infty}G_X(\omega)\mathrm{d}\omega \tag{2.5.6}$$

这是用功率谱表示随机过程的总的平均功率，总的平均功率等于功率谱密度在整个频率轴上的积分。

【例 2.10】 计算连续时间随机相位信号的功率谱。

解：在例 2.4 已经计算出随机相位信号的均值为零，自相关函数为

$$R_X(\tau)=\frac{A^2}{2}\cos\omega_0\tau$$

可见 $X(t)$是平稳随机过程，它的功率谱为自相关函数的傅里叶变换，即

$$G_X(\omega)=\frac{1}{2}\pi A^2[\delta(\omega-\omega_0)+\delta(\omega+\omega_0)]$$

【例 2.11】 线谱。假定$\{a_i\}$是均值为零，方差为 σ_i^2 的互不相关的随机变量序列，令 $X(t)=\sum_i a_i\mathrm{e}^{\mathrm{j}\omega_i t}$，求 $X(t)$ 的功率谱密度。

解：很显然，$E(a_i)=0$，$E(a_ia_k^*)=\sigma_i^2\delta_{ik}$，其中 $\delta_{ik}=\begin{cases}1, & i=k\\ 0, & i\neq k\end{cases}$。

$$\begin{aligned}R_X(\tau)&=E[X(t+\tau)X^*(t)]\\&=\sum_i\sum_k E(a_ia_k^*)\mathrm{e}^{\mathrm{j}\omega_i(t+\tau)-\mathrm{j}\omega_k t}\\&=\sum_i\sigma_i^2\mathrm{e}^{\mathrm{j}\omega_i\tau}\end{aligned}$$

所以

$$G_X(\omega)=2\pi\sum_i\sigma_i^2\delta(\omega-\omega_i)$$

线谱图如图 2.8 所示。

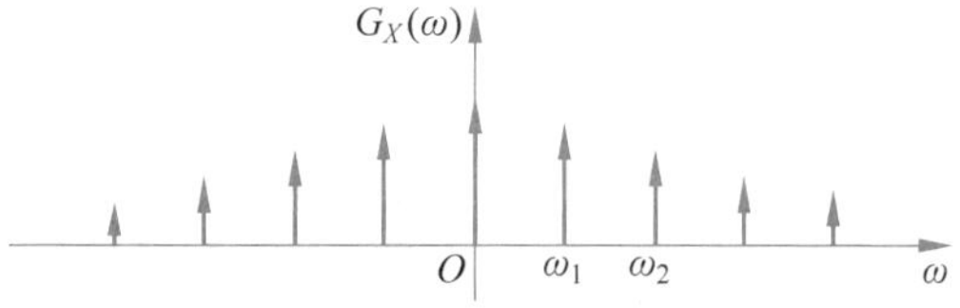

图 2.8 线谱图

【例 2.12】 已知平稳随机过程的功率谱为

$$G_X(\omega)=\frac{\omega^2+4}{\omega^4+10\omega^2+9}$$

求自相关函数。

解：采用因式分解法，再利用常见的

傅里叶变换对求解。

$$G_X(\omega)=\frac{\omega^2+4}{(\omega^2+9)(\omega^2+1)}$$
$$=\frac{1}{8}\left(\frac{3}{\omega^2+1}+\frac{5}{\omega^2+9}\right)$$
$$=\frac{1}{8}\left(\frac{3}{2}\times\frac{2\times 1}{\omega^2+1^2}+\frac{5}{6}\times\frac{2\times 3}{\omega^2+3^2}\right)$$

利用如下关系：

$$\mathrm{e}^{-\alpha|\tau|}\leftrightarrow\frac{2\alpha}{\omega^2+\alpha^2}$$

可得，

$$R_X(\tau)=\frac{1}{48}(9\mathrm{e}^{-|\tau|}+5\mathrm{e}^{-3|\tau|})$$

在例 2.12 中，平稳随机过程的功率谱为有理函数的形式，在实际中，许多平稳随机过程的功率谱都具有有理谱的形式，即

$$G_X(\omega)=c_0^2\,\frac{\omega^{2M}+a_{2(M-1)}\omega^{2(M-1)}+\cdots+a_2\omega^2+a_0}{\omega^{2N}+b_{2(N-1)}\omega^{2(N-1)}+\cdots+b_2\omega^2+b_0}\tag{2.5.7}$$

注意到上式中自变量都是以 ω^2 项出现的。由于平均功率总是有限的，所以分母的阶数要高于分子的阶数，即 $N>M$。根据平稳随机过程功率谱具有非负和实偶函数的特性可知，c_0^2 是实数，且分母多项式无实根。由于 $G_X(\omega)$是实函数，即 $G_X^*(\omega)=G_X(\omega)$，综合以上特性，具有有理谱的功率谱可以分解为

$$G_X(\omega)=c_0\,\frac{(\mathrm{j}\omega+\alpha_1)\cdots(\mathrm{j}\omega+\alpha_M)}{(\mathrm{j}\omega+\beta_1)\cdots(\mathrm{j}\omega+\beta_N)}\times c_0\,\frac{(-\mathrm{j}\omega+\alpha_1)\cdots(-\mathrm{j}\omega+\alpha_M)}{(-\mathrm{j}\omega+\beta_1)\cdots(-\mathrm{j}\omega+\beta_N)}$$
$$=G_X^+(\omega)G_X^-(\omega)\tag{2.5.8}$$

其中，

$$G_X^+(\omega)=c_0\,\frac{(\mathrm{j}\omega+\alpha_1)\cdots(\mathrm{j}\omega+\alpha_M)}{(\mathrm{j}\omega+\beta_1)\cdots(\mathrm{j}\omega+\beta_N)}\tag{2.5.9}$$

$$G_X^-(\omega)=c_0\,\frac{(-\mathrm{j}\omega+\alpha_1)\cdots(-\mathrm{j}\omega+\alpha_M)}{(-\mathrm{j}\omega+\beta_1)\cdots(-\mathrm{j}\omega+\beta_N)}\tag{2.5.10}$$

并且$[G_X^-(\omega)]^*=G_X^+(\omega)$。若用拉普拉斯变换表示，则

$$G_X(s)=G_X^+(s)G_X^-(s)\tag{2.5.11}$$

其中，

$$G_X^+(s)=c_0\,\frac{(s+\alpha_1)\cdots(s+\alpha_M)}{(s+\beta_1)\cdots(s+\beta_N)}\tag{2.5.12}$$

$$G_X^-(s)=c_0\,\frac{(-s+\alpha_1)\cdots(-s+\alpha_M)}{(-s+\beta_1)\cdots(-s+\beta_N)}\tag{2.5.13}$$

α_k,β_k 分别代表功率谱在复平面的零点和极点，$G_X^+(\omega)$表示所有零极点在复平面的左半

平面的那一部分，$G_X^-(\omega)$表示所有零极点在复平面的右半平面的那一部分。

【例 2.13】 对例 2.12 中的功率谱进行谱分解。

解：

$$\begin{aligned}G_X(\omega) &= \frac{\omega^2+4}{\omega^4+10\omega^2+9}\\ &= \frac{\omega^2+4}{(\omega^2+1)(\omega^2+9)}\\ &= \frac{(\mathrm{j}\omega+2)(-\mathrm{j}\omega+2)}{(\mathrm{j}\omega+1)(-\mathrm{j}\omega+1)(\mathrm{j}\omega+3)(-\mathrm{j}\omega+3)}\\ &= \frac{\mathrm{j}\omega+2}{(\mathrm{j}\omega+1)(\mathrm{j}\omega+3)}\times\frac{-\mathrm{j}\omega+2}{(-\mathrm{j}\omega+1)(-\mathrm{j}\omega+3)}\end{aligned}$$

所以，

$$G_X^+(\omega)=\frac{\mathrm{j}\omega+2}{(\mathrm{j}\omega+1)(\mathrm{j}\omega+3)},\quad G_X^-(\omega)=\frac{-\mathrm{j}\omega+2}{(-\mathrm{j}\omega+1)(-\mathrm{j}\omega+3)}$$

2.5.2 随机序列的功率谱

视频

可以用类似于式(2.5.1) 和式(2.5.2)的方法定义随机序列的功率谱。设有随机序列 $X[n]$，功率谱定义为

$$G_X(\omega)=E\left[\lim_{N\to\infty}\frac{1}{2N+1}\mid X_N(\omega)\mid^2\right] \tag{2.5.14}$$

其中

$$X_N(\omega)=\sum_{n=-N}^{N}X[n]\mathrm{e}^{-\mathrm{j}n\omega} \tag{2.5.15}$$

对于平稳随机序列，若它的相关函数满足

$$\sum_{m=-\infty}^{+\infty}\mid R_X[m]\mid<\infty \tag{2.5.16}$$

根据维纳—辛钦定理，平稳随机序列的自相关函数与功率谱密度是离散傅里叶变换对的关系，即

$$G_X(\omega)=\sum_{m=-\infty}^{+\infty}R_X[m]\mathrm{e}^{-\mathrm{j}m\omega} \tag{2.5.17}$$

$$R_X[m]=\frac{1}{2\pi}\int_{-\pi}^{\pi}G_X(\omega)\mathrm{e}^{\mathrm{j}m\omega}\,\mathrm{d}\omega \tag{2.5.18}$$

很显然，功率谱密度 $G_X(\omega)$是周期为 2π 的周期函数。

当 $m=0$ 时，

$$R_X[0]=E\{X^2[n]\}=\frac{1}{2\pi}\int_{-\pi}^{\pi}G_X(\omega)\,\mathrm{d}\omega \tag{2.5.19}$$

平稳随机序列的功率谱通常也用 z 变换表示，即

$$G_X(z)=\sum_{m=-\infty}^{+\infty}R_X[m]z^{-m} \tag{2.5.20}$$

由于自相关函数为偶函数，所以，

$$G_X(z)=G_X(z^{-1}) \tag{2.5.21}$$

自相关函数 z 变换的收敛域是一个包含单位圆的环形区域,即收敛域为

$$a<|z|<\frac{1}{a},\quad 0<a<1 \tag{2.5.22}$$

很显然有

$$G_X(\omega)=G_X(z)\Big|_{z=e^{j\omega}} \tag{2.5.23}$$

自相关函数也用功率谱的 z 反变换表示为

$$R_X(m)=\frac{1}{2\pi j}\oint_C G_X(z)z^{m-1}dz \tag{2.5.24}$$

其中 C 是收敛域内包含 z 平面原点逆时针的闭合围线。

平稳随机序列功率谱的性质:

(1) 功率谱密度是实的偶函数,即

$$G_X(\omega)=G_X(-\omega),\quad G_X^*(\omega)=G_X(\omega) \tag{2.5.25}$$

由于自相关函数是偶函数,对于用 z 变换表示的功率谱满足

$$G_X(z)=G_X(z^{-1}) \tag{2.5.26}$$

(2) 功率谱密度是非负的函数,即

$$G_X(\omega)\geqslant 0 \tag{2.5.27}$$

(3) 若随机序列的功率谱具有有理谱的形式,则功率谱可以进行谱分解:

$$G_X(z)=G_X^+(z)G_X^-(z) \tag{2.5.28}$$

其中,$G_X^+(z)$表示功率谱中所有零极点在单位圆内的那一部分,而 $G_X^-(z)$表示功率谱中所有零极点在单位圆外的那一部分,且

$$G_X^+(z^{-1})=G_X^-(z),\quad G_X^-(z^{-1})=G_X^+(z) \tag{2.5.29}$$

根据以上性质,功率谱中 z 和 z^{-1} 总是成对出现,即 $G_X(z)$可表示为 $G_X(z+z^{-1})$,由于 $G_X(z+z^{-1})|_{z=e^{j\omega}}=G_X(2\cos\omega)$,所以,用离散傅里叶变换表示的功率谱是 $\cos\omega$ 的函数,即功率谱密度可表示为 $G_X(\cos\omega)$。

【例 2.14】 设随机序列 $X[n]$为 $X[n]=W[n]+W[n-1]$,其中 $W[n]$是高斯随机序列,均值为零,自相关函数为 $R_W[m]=\sigma^2\delta[m]$,求 $X[n]$的自相关函数和功率谱。其中,$\delta[m]$为单位样值函数,$\delta[m]=\begin{cases}1, & m=0\\ 0, & m\neq 0\end{cases}$。

解: $X[n]$的均值为

$$E(X[n])=E(W[n])+E(W[n-1])=0$$

$X[n]$的自相关函数为

$$\begin{aligned}R_X[m]&=E(X[n+m]X[n])\\&=E\{(W[n+m]+W[n+m-1])(W[n]+W[n-1])\}\\&=\sigma^2(2\delta[m]+\delta[m+1]+\delta[m-1])\end{aligned}$$

$$G_X(z)=\sum_{m=-\infty}^{+\infty}R_X(m)z^{-m}=\sum_{m=-\infty}^{+\infty}\sigma^2(2\delta[m]+\delta[m+1]+\delta[m-1])z^{-m}$$
$$=\sigma^2(2+z+z^{-1})$$
$$G_X(\omega)=G_X(z)\big|_{z=e^{j\omega}}=\sigma^2(e^{j\omega}+2+e^{-j\omega})=2\sigma^2(1+\cos\omega)$$

2.5.3 白噪声

随机过程的功率谱密度从频域反映了随机过程的统计特性，它表示过程的平均功率在整个频率轴上的分布情况，在实际中经常遇到这样的随机过程，它的功率谱在很宽的频率范围内为常数，这就是下面要介绍的白噪声。

视频

设随机过程 $X(t)$ 的均值为零，自相关函数为

$$R_X(t_1,t_2)=V(t_1)\delta(t_1-t_2) \tag{2.5.30}$$

其中，$V(t_1)$ 是大于零的任意函数，则称 $X(t)$ 为白噪声；若 $V(t_1)=N_0/2$ 为常数，则 $X(t)$ 是平稳白噪声，这时，它的功率谱密度为

$$G_X(\omega)=\frac{N_0}{2} \tag{2.5.31}$$

即平稳白噪声的功率谱在整个频率轴上的分布是均匀的。在光学中，白光的频谱包含了所有的可见光，具有均匀的光谱，白噪声也因此而得名，今后除特别声明外，白噪声是指平稳白噪声。

图 2.9 给出了白噪声的功率谱密度与自相关函数的示意图。

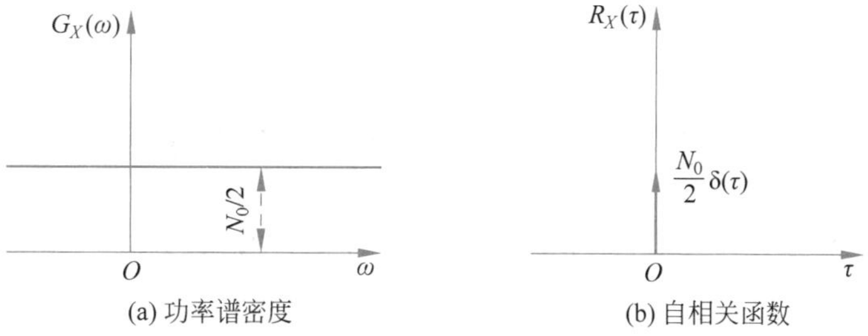

图 2.9 白噪声的功率谱密度和自相关函数

由于白噪声的相关系数为

$$r_X(\tau)=\frac{R_X(\tau)}{R_X(0)}=\begin{cases}1, & \tau=0\\ 0, & \tau\neq 0\end{cases} \tag{2.5.32}$$

可见白噪声在任意两个相邻时刻的状态是不相关的，即白噪声随时间的起伏变化极快。

白噪声的平均功率是无限的，这在实际中是不存在的，因此白噪声是一种理想化的数学模型。实际中，如果噪声的功率谱密度在所关心的频带内是均匀的或变化较小，就可以把它近似看作白噪声处理，这样可以使处理问题得到简化。在电子设备中，器件的热噪声与散弹噪声起伏都非常快，具有极宽的功率谱，可以认为是白噪声。

白噪声是从功率谱的角度定义的，并未涉及概率分布，因此可以有各种不同分布的白噪声，最常见的是正态分布的白噪声。

对于随机序列 $X[n]$，若 $X[n]$的均值为零，自相关函数为

$$R_X[n_1,n_2]=\begin{cases}\sigma_X^2[n_1], & n_1=n_2\\ 0, & n_1\neq n_2\end{cases}$$
$$=\sigma_X^2[n_1]\delta[n_1-n_2] \tag{2.5.33}$$

则称 $X[n]$为白噪声，其中，$\delta[n]$为单位样值函数。若 $\sigma_X^2[n_1]=\sigma_X^2$，则 $X[n]$称为平稳白噪声。与连续时间的平稳白噪声类似，离散时间平稳白噪声的功率谱为常数。图 2.10 给出了一个平稳白噪声的样本函数，可以看出，白噪声随时间变化非常快。

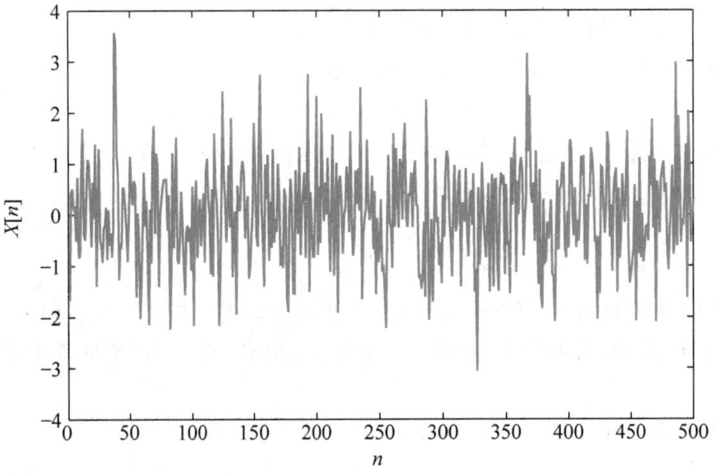

图 2.10　平稳白噪声 500 个样本点的波形

2.6 高斯随机过程

高斯随机过程也称为正态随机过程，它是一种重要的随机过程，在统计信号处理中占有重要的地位。

2.6.1 一维高斯随机变量

若随机变量 X 的概率密度是高斯函数，则称 X 为高斯随机变量，高斯随机变量的概率密度定义为

$$p_X(x)=\frac{1}{\sqrt{2\pi\sigma^2}}\exp\left[-\frac{(x-m)^2}{2\sigma^2}\right] \tag{2.6.1}$$

式中，m、σ 为常数，X 的均值为 m、方差为 σ^2，高斯分布也称为正态分布，正态分布通常简记为$\mathcal{N}(m,\sigma^2)$。均值为 0，方差为 1 的正态分布$\mathcal{N}(0,1)$称为标准正态分布。

对于零均值高斯随机变量 X，它的 n 阶矩为

$$E(X^n)=\begin{cases}1\cdot 3\cdot 5\cdots(n-1)\sigma^n, & n=2k,k\geqslant 1\\ 0, & n=2k+1,k\geqslant 0\end{cases} \tag{2.6.2}$$

而它的绝对值的 n 阶矩可表示为

$$E(|x|^n)=\begin{cases}1\cdot 3\cdot 5\cdots(n-1)\sigma^n, & n=2k,k\geqslant 1\\ \sqrt{\dfrac{2}{\pi}}2^k k!\sigma^{2k+1}, & n=2k+1,k\geqslant 0\end{cases} \tag{2.6.3}$$

标准正态随机变量的概率分布通常用 $\Phi(x)$ 表示，即

$$\Phi(x)=\int_{-\infty}^{x}\frac{1}{\sqrt{2\pi}}\exp\left(-\frac{u^2}{2}\right)\mathrm{d}u \tag{2.6.4}$$

而更常用的一种函数表示是正态概率右尾函数 $Q(x)$，它定义为标准正态随机变量超过某个给定值 x 的概率。即

$$Q(x)=\int_{x}^{\infty}\frac{1}{\sqrt{2\pi}}\exp\left(-\frac{u^2}{2}\right)\mathrm{d}u \tag{2.6.5}$$

很显然，$Q(x)=1-\Phi(x)$。

2.6.2 二维高斯随机变量

设二个随机变量 X_1、X_2，若它们的联合概率密度为

$$p_{X_1X_2}(x_1,x_2)=\frac{1}{2\pi\sigma_1\sigma_2\sqrt{1-r^2}}\cdot \exp\left\{-\frac{1}{2(1-r^2)}\left[\frac{(x_1-m_1)^2}{\sigma_1^2}-\frac{2r(x_1-m_1)(x_2-m_2)}{\sigma_1\sigma_2}+\frac{(x_2-m_2)^2}{\sigma_2^2}\right]\right\} \tag{2.6.6}$$

其中，$m_1,m_2,\sigma_1^2,\sigma_2^2,r$ 为常数，则称 X_1、X_2 是二维高斯随机变量。可见二维联合高斯概率密度由参数 $m_1,m_2,\sigma_1^2,\sigma_2^2,r$ 确定。可以证明，若 X_1、X_2 是联合高斯随机变量，则 X_1、X_2 的边缘分布也是高斯的，且

$$p_{X_1}(x_1)=\frac{1}{\sqrt{2\pi\sigma_1^2}}\exp\left[-\frac{(x_1-m_1)^2}{2\sigma_1^2}\right]$$

$$p_{X_2}(x_2)=\frac{1}{\sqrt{2\pi\sigma_2^2}}\exp\left[-\frac{(x_2-m_2)^2}{2\sigma_2^2}\right]$$

还可以证明，式(2.6.6)中的系数 r 为 X_1 和 X_2 的相关系数，若 $r=0$，即 X_1 和 X_2 是不相关的，则 $p_{X_2X_2}(x_1,x_2)=p_{X_1}(x_1)p_{X_2}(x_2)$，所以 X_1 和 X_2 是相互独立的。

X_1 和 X_2 的条件分布可计算如下：

$$\begin{aligned}p_{X_2|X_1}(x_2\mid x_1)&=\frac{p_{X_1X_2}(x_1,x_2)}{p_{X_1}(x_1)}\\&=\frac{1}{\sqrt{2\pi(1-r^2)\sigma_2^2}}\exp\left\{-\frac{1}{2(1-r^2)\sigma_2^2}\left[x_2-m_2-\frac{r\sigma_2}{\sigma_1}(x_1-m_1)\right]^2\right\}\end{aligned} \tag{2.6.7}$$

条件均值和条件方差可表示为

$$E(X_2 \mid X_1 = x_1) = m_2 + \frac{r\sigma_2}{\sigma_1}(x_1 - m_1) \tag{2.6.8}$$

$$\mathrm{Var}(X_2 \mid X_1 = x_1) = (1 - r^2)\sigma_2^2 \tag{2.6.9}$$

2.6.3 多维高斯随机变量

设有 N 个随机变量 $X_0, X_1, \cdots, X_{N-1}$,若 N 维联合概率密度为

$$p(\boldsymbol{x}) = \frac{1}{(2\pi)^{\frac{N}{2}} \det^{\frac{1}{2}}(\boldsymbol{C})} \exp\left[-\frac{1}{2}(\boldsymbol{x} - \boldsymbol{m})^{\mathrm{T}} \boldsymbol{C}^{-1} (\boldsymbol{x} - \boldsymbol{m})\right] \tag{2.6.10}$$

式中,det(•)表示矩阵的行列式,

$$\boldsymbol{x} = \begin{bmatrix} x_0 \\ x_1 \\ \vdots \\ x_{N-1} \end{bmatrix}, \quad \boldsymbol{m} = \begin{bmatrix} m_0 \\ m_1 \\ \vdots \\ m_{N-1} \end{bmatrix}, \quad \boldsymbol{C} = \begin{bmatrix} C_{00} & C_{01} & \cdots & C_{0(N-1)} \\ C_{10} & C_{11} & \cdots & C_{1(N-1)} \\ \cdots & \cdots & \ddots & \cdots \\ C_{(N-1)0} & C_{(N-1)1} & \cdots & C_{(N-1)(N-1)} \end{bmatrix}$$

$\boldsymbol{C}$ 为 N 个随机变量的协方差矩阵,$C_{ij} = \mathrm{Cov}(x_i, x_j)$ $(i, j = 0, 1, \cdots, N-1)$ 为 X_i 与 X_j 的协方差,则称 $X_0, X_1, \cdots, X_{N-1}$ 是联合高斯随机变量。

若 $X_0, X_1, \cdots, X_{N-1}$ 彼此不相关,则 $C_{ij} = 0\ (i \neq j)$,$\boldsymbol{C} = \mathrm{diag}(\sigma_0^2, \sigma_1^2, \cdots, \sigma_{N-1}^2)$,这时

$$p(\boldsymbol{x}) = \frac{1}{(2\pi)^{N/2}(\sigma_0 \cdots \sigma_{N-1})} \exp\left[-\sum_{i=0}^{N-1} \frac{(x_i - m_i)^2}{2\sigma_i^2}\right]$$
$$= p_{X_0}(x_0) p_{X_1}(x_1) \cdots p_{X_{N-1}}(x_{N-1})$$

可见 $X_0, X_1, \cdots, X_{N-1}$ 是相互独立的,即对于高斯随机变量,不相关与独立等价。

设有一 N 维高斯随机矢量 $\boldsymbol{X} = [X_0 \quad X_1 \quad \cdots \quad X_{N-1}]^{\mathrm{T}}$,定义如下变换:

$$\boldsymbol{Y} = \boldsymbol{L}\boldsymbol{X} \tag{2.6.11}$$

其中

$$\boldsymbol{Y} = \begin{bmatrix} Y_0 \\ Y_1 \\ \vdots \\ Y_{N-1} \end{bmatrix}, \quad \boldsymbol{L} = \begin{bmatrix} l_{00} & l_{01} & \cdots & l_{0(N-1)} \\ l_{10} & l_{11} & \cdots & l_{1(N-1)} \\ \vdots & \vdots & \ddots & \vdots \\ l_{(N-1)0} & l_{(N-1)1} & \cdots & l_{(N-1)(N-1)} \end{bmatrix}$$

随机矢量 $\boldsymbol{Y}$ 的概率密度为

$$p_Y(\boldsymbol{y}) = |J|\, p_X(\boldsymbol{x}) = |J|\, p_X(\boldsymbol{L}^{-1}\boldsymbol{y}) \tag{2.6.12}$$

式中,$\boldsymbol{x} = [x_0 \quad x_1 \quad \cdots \quad x_{N-1}]^{\mathrm{T}}$,$\boldsymbol{y} = [y_0 \quad y_1 \quad \cdots \quad y_{N-1}]^{\mathrm{T}}$,$J$ 为雅可比行列式,

$$J = \frac{\mathrm{d}\boldsymbol{x}}{\mathrm{d}\boldsymbol{y}} = \det(\boldsymbol{L}^{-1}) = \frac{1}{\det(\boldsymbol{L})}$$

所以,

$$
\begin{aligned}
p_Y(\boldsymbol{y}) &= \frac{1}{|\det(\boldsymbol{L})|} p_X(\boldsymbol{L}^{-1}\boldsymbol{y}) \\
&= \frac{1}{(2\pi)^{\frac{N}{2}} |\det(\boldsymbol{L})| \det^{\frac{1}{2}}(\boldsymbol{C})} \exp\left[-\frac{1}{2}(\boldsymbol{L}^{-1}\boldsymbol{y}-\boldsymbol{m})^{\mathrm{T}}\boldsymbol{C}^{-1}(\boldsymbol{L}^{-1}\boldsymbol{y}-\boldsymbol{m})\right] \\
&= \frac{1}{(2\pi)^{\frac{N}{2}} \det^{\frac{1}{2}}(\boldsymbol{LCL}^{\mathrm{T}})]} \exp\left[-\frac{1}{2}(\boldsymbol{y}-\boldsymbol{Lm})^{\mathrm{T}}(\boldsymbol{LCL}^{\mathrm{T}})^{-1}(\boldsymbol{y}-\boldsymbol{Lm})\right]
\end{aligned}
$$

(2.6.13)

可见,随机矢量 $\boldsymbol{X}$ 经过式(2.6.11)的变换后仍服从高斯分布,其均值为 $\boldsymbol{Lm}$,协方差阵为 $\boldsymbol{LCL}^{\mathrm{T}}$。

2.6.4 多维高斯随机变量的条件分布

假定 $\boldsymbol{X}$ 和 $\boldsymbol{Y}$ 是联合高斯分布的,其中 $\boldsymbol{X}$ 是 k 维随机矢量,$\boldsymbol{Y}$ 是 l 维随机矢量,它们的均值矢量为$[(E(\boldsymbol{X}))^{\mathrm{T}} \quad (E(\boldsymbol{Y}))^{\mathrm{T}}]^{\mathrm{T}}$,分块协方差矩阵为

$$
\boldsymbol{C} = \begin{bmatrix} \boldsymbol{C}_X & \boldsymbol{C}_{XY} \\ \boldsymbol{C}_{YX} & \boldsymbol{C}_Y \end{bmatrix} = \begin{bmatrix} k\times k & k\times l \\ l\times k & l\times l \end{bmatrix} \tag{2.6.14}
$$

其联合概率密度为

$$
p_{XY}(\boldsymbol{x},\boldsymbol{y}) = \frac{1}{(2\pi)^{\frac{k+l}{2}}\det^{\frac{1}{2}}(\boldsymbol{C})} \exp\left\{-\frac{1}{2}\begin{bmatrix}\boldsymbol{x}-E(\boldsymbol{x})\\ \boldsymbol{y}-E(\boldsymbol{y})\end{bmatrix}^{\mathrm{T}} \boldsymbol{C}^{-1} \begin{bmatrix}\boldsymbol{x}-E(\boldsymbol{x})\\ \boldsymbol{y}-E(\boldsymbol{y})\end{bmatrix}\right\}
$$

(2.6.15)

条件概率密度 $p_{Y|X}(\boldsymbol{y}|\boldsymbol{x})$也是高斯分布的,且条件均值和条件方差分别为

$$
E(\boldsymbol{Y} \mid \boldsymbol{X}=\boldsymbol{x}) = E(\boldsymbol{Y}) + \boldsymbol{C}_{YX}\boldsymbol{C}_X^{-1}[\boldsymbol{x}-E(\boldsymbol{X})] \tag{2.6.16}
$$

$$
\boldsymbol{C}_{Y|X} = \boldsymbol{C}_Y - \boldsymbol{C}_{YX}\boldsymbol{C}_X^{-1}\boldsymbol{C}_{XY} \tag{2.6.17}
$$

注意到条件协方差矩阵与 $\boldsymbol{x}$ 无关,这只是联合高斯随机变量的特性,对其他分布并不成立。

2.6.5 χ^2 分布

设有 N 个相互独立的零均值、单位方差的高斯随机变量 $X_0, X_1, \cdots, X_{N-1}$,称

$$
\chi^2 = \sum_{i=0}^{N-1} X_i^2 \tag{2.6.18}
$$

为具有 N 个自由度的χ^2 变量,它的概率密度为

$$
p_{\chi^2}(x) = \begin{cases} \dfrac{1}{2^{N/2}\Gamma(N/2)} x^{\frac{N}{2}-1}\exp\left(-\dfrac{x}{2}\right), & x \geqslant 0 \\ 0, & x < 0 \end{cases} \tag{2.6.19}
$$

其中 $\Gamma(\cdot)$为伽马函数。χ^2 变量的均值和方差分别为

$$
E(\chi^2) = N, \quad \mathrm{Var}(\chi^2) = 2N \tag{2.6.20}
$$

2.6.6 高斯随机过程

设有随机过程 $X(t)$,若它的任意 N 维分布都是高斯分布,则称该随机过程为高斯随机过程。高斯随机过程的 N 维概率密度为

$$p_X(\boldsymbol{x})=\frac{1}{(2\pi)^{\frac{N}{2}}\det^{\frac{1}{2}}(\boldsymbol{C})}\exp\left[-\frac{1}{2}(\boldsymbol{x}-\boldsymbol{m})^{\mathrm{T}}\boldsymbol{C}^{-1}(\boldsymbol{x}-\boldsymbol{m})\right] \tag{2.6.21}$$

式中

$$\boldsymbol{x}=\begin{bmatrix} x_0 \\ x_1 \\ \vdots \\ x_{N-1} \end{bmatrix},\quad \boldsymbol{m}=\begin{bmatrix} E[X(t_0)] \\ E[X(t_1)] \\ \vdots \\ E[X(t_{N-1})] \end{bmatrix},$$

$$\boldsymbol{C}=\begin{bmatrix} C_X(t_0,t_0) & C_X(t_0,t_1) & \cdots & C_X(t_0,t_{N-1}) \\ C_X(t_1,t_0) & C_X(t_1,t_1) & \cdots & C_X(t_1,t_{N-1}) \\ \cdots & \cdots & \cdots & \cdots \\ C_X(t_{N-1},t_0) & C_X(t_{N-1},t_1) & \cdots & C_X(t_{N-1},t_{N-1}) \end{bmatrix} \tag{2.6.22}$$

其中 $C_X(t_i,t_j)=\mathrm{Cov}[X(t_i),X(t_j)](i,j=0,1,\cdots,N-1)$为 $X(t_i)$与 $X(t_j)$的协方差。对于高斯随机过程 $X(t)$,若它是广义平稳的,则它也是严格平稳的;若 $X(t)$在不同时刻状态不相关,即

$$\mathrm{Cov}[X(t_i),X(t_j)]=\begin{cases}\sigma_i^2, & i=j \\ 0, & i\neq j\end{cases}\quad (i,j=0,1,\cdots N-1)$$

这时,$\boldsymbol{C}=\mathrm{diag}(\sigma_0^2,\sigma_1^2,\cdots,\sigma_{N-1}^2)$,

$$p_X(\boldsymbol{x})=\prod_{i=0}^{N-1}\frac{1}{\sqrt{2\pi\sigma_i^2}}\exp\left[-\frac{(x_i-m_i)^2}{2\sigma_i^2}\right]=\prod_{i=0}^{N-1}p_X(x_i)$$

其中 $m_i=E[X(t_i)]$,所以,$X(t_1),X(t_2),\cdots,X(t_N)$是相互独立的。

习题

2.1 设有正弦波随机过程 $X(t)=A\cos\omega_0 t$,其中 $0\leqslant t<\infty$,ω 为常数,A 是均匀分布于$[0,1]$区间的随机变量。

(1) 画出该过程两条样本函数。

(2) 确定随机变量 $X(t)$的一维概率密度,画出 $t_i=0$、$\frac{\pi}{4\omega_0}$、$\frac{3\pi}{4\omega_0}$、$\frac{\pi}{\omega_0}$时概率密度的图形。

(3) 当 $t=\frac{\pi}{2\omega_0}$时,求 $X(t)$的一维概率密度。

2.2 用一枚硬币掷一次试验定义一个随机过程：

$$X(t)=\begin{cases}\cos\pi t, & \text{出现正面}\\ 2t, & \text{出现反面}\end{cases}$$

设“出现正面”和“出现反面”的概率均为$\frac{1}{2}$。

(1) 确定 $X(t)$的一维分布函数 $F_x\left(x,\frac{1}{2}\right)$,$F_x(x,1)$。

(2) 确定 $X(t)$的二维分布函数 $F_x\left(x_1,x_2;\frac{1}{2},1\right)$。

(3) 画出上述分布函数的图形。

2.3 设某信号源,每 T 秒产生一个幅度为 A 的方波脉冲,其脉冲宽度 X 为均匀分布于$[0,T]$区间的随机变量。这样构成一个随机过程 $Y(t)$,$0\leqslant t<\infty$,其中一个样本函数示于图 2.11。设不同间隔中的脉冲是统计独立的,求 $Y(t)$的概率密度 $f_Y(y)$。

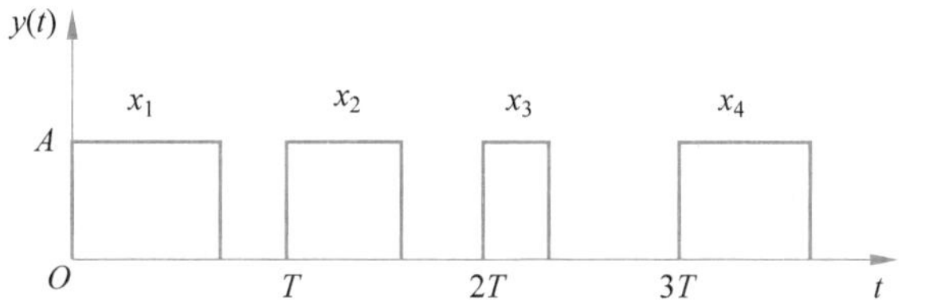

图 2.11 脉冲信号源的样本函数示意图

2.4 设随机过程 $X(t)=U\cos\omega_0 t+V\sin\omega_0 t$,其中 ω_0 为常数,U 和 V 是两个相互独立的高斯随机变量。已知

$$E(U)=E(V)=0$$
$$E(U^2)=E(V^2)=\sigma^2$$

求 $X(t)$的一维和二维概率密度函数。

2.5 设平稳随机过程 $X(t)$的相关函数为 $R_X(\tau)$,试证明：$R_X(0)\geqslant|R_X(\tau)|$。

2.6 设有复随机过程 $Z(t)=\sum_{k=0}^{N-1}A_K\mathrm{e}^{\mathrm{j}\theta_k t}$,其中 A_k,$k=0,1,\cdots,N-1$ 分别服从$\mathcal{N}(0,\sigma_k^2)$,且相互独立,$\theta_k$,$k=0,1,\cdots,N-1$ 是常数,试求该过程的均值和相关函数。

2.7 给定随机过程 $X(t)=A\cos\omega_0 t+B\sin\omega_0 t$,其中 ω_0 为常量,A 和 B 是两个独立的正态随机变量,而且 $E(A)=E(B)=0$,$E(A^2)=E(B^2)=\sigma^2$。试求随机过程 $X(t)$的均值和自相关函数,并判断它的平稳性。

2.8 设有一脉冲串,其脉宽为 1,脉冲可为正脉冲也可为负脉冲,幅值为+1 或−1；各脉冲取+1 或−1 是相互独立的；脉冲的起始时间均匀分布于单位时间内。求此随机过程的相关函数。此过程的一个样本函数见图 2.12。

2.9 随机过程 $X(t)$示于图 2.13,该过程仅由三个样本函数组成。而且每个样本函数均等概率发生。试计算：

(1) $E[X(2)]$,$E[X(6)]$,$R_X(2,6)$；

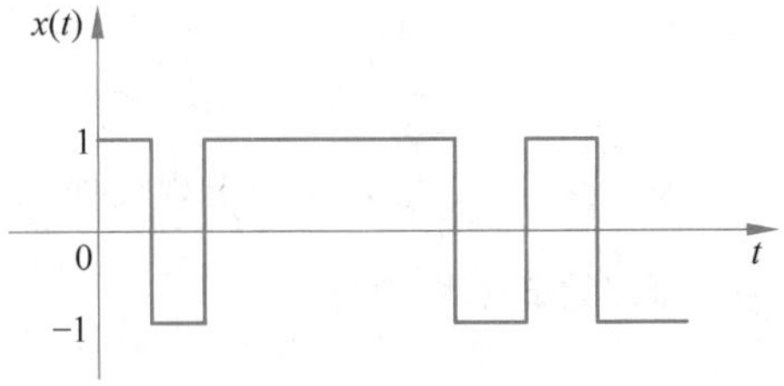

图 2.12　脉冲串信号的样本函数示意图

(2) $F_X(x,2)$,$F_X(x,6)$及 $F_X(x_1,x_2,2,6)$,分别画出它们的图形。

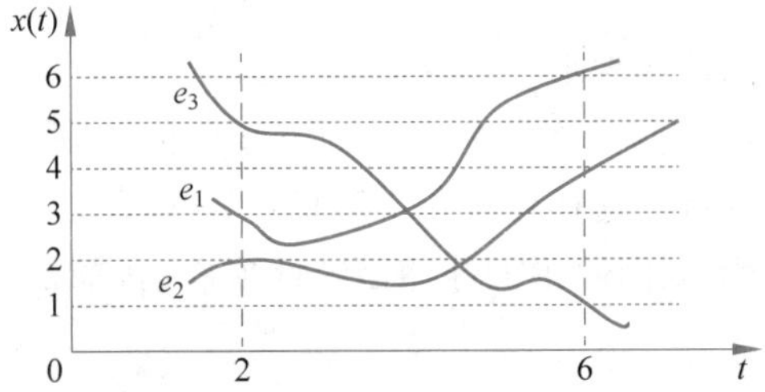

图 2.13　样本函数示意图

2.10　设 $X(t)$和 $Y(t)$是广义联合平稳的随机过程,证明:

(1) $|R_{XY}(\tau)|^2 \leqslant R_X(0)R_Y(0)$;

(2) $2R_{XY}(\tau) \leqslant R_X(0)+R_Y(0)$;

(3) $|C_{XY}(\tau)|^2 \leqslant \sigma_X^2\sigma_Y^2$。

2.11　两个统计独立的平稳随机过程 $X(t)$和 $Y(t)$,其均值都为 0,自相关函数分别为

$$R_X(\tau)=\mathrm{e}^{-|\tau|},\quad R_Y(\tau)=\cos 2\pi\tau$$

试求:

(1) $Z(t)=X(t)+Y(t)$的自相关函数;

(2) $W(t)=X(t)-Y(t)$的自相关函数;

(3) 互相关函数 $R_{ZW}(\tau)$。

2.12　设 $X(t)$是雷达发射信号,遇到目标后返回接收机的微弱信号为 $\alpha X(t-\tau_0)$,其中 $\alpha \leqslant 1$,τ_0 是信号返回时间。由于接收到的信号总是伴随有噪声 $W(t)$,于是接收到的信号为

$$Y(t)=\alpha X(t-\tau_0)+W(t)$$

(1) 若 $X(t)$和 $Y(t)$是联合平稳过程,求互相关函数 $R_{XY}(\tau)$;

(2) 在(1)的条件下,假如 $W(t)$为零均值,且与 $X(t)$统计独立,求 $R_{XY}(\tau)$。

2.13　已知平稳随机过程 $X(t)$的功率谱密度为

$$G_X(\omega)=\frac{\omega^2}{\omega^4+3\omega^2+2}$$

试求 $X(t)$的均方值。

2.14　已知平稳随机过程 $X(t)$的自相关函数为

$$R_X(\tau)=4e^{-|\tau|}\cos\pi\tau+\cos3\pi\tau$$

试求功率谱密度 $G_X(\omega)$。

2.15 随机序列 $X[n]$的相关函数为

$$R_X(m)=a^{|m|},\quad |a|<1$$

试求其功率谱密度。

2.16 已知离散时间随机信号

$$X(n)=W(n)+\sum_{k=1}^{p}a_k\cos(\omega_k n+\theta_k)$$

式中,$W(n)$是均值为零、方差为 σ_W^2 的白噪声,a_k 为实常数,$\theta_k(k=1,2,\cdots,p)$是在$(0,2\pi)$区间均匀分布的相互独立的随机变量,$W(n)$与正弦项不相关。试求$X(n)$的功率谱密度。

2.17 如图 2.14 所示的系统中,若 $X(t)$为平稳过程。证明的功率谱密度

$$G_Y(\omega)=G_X(\omega)(1+\cos\omega T)$$

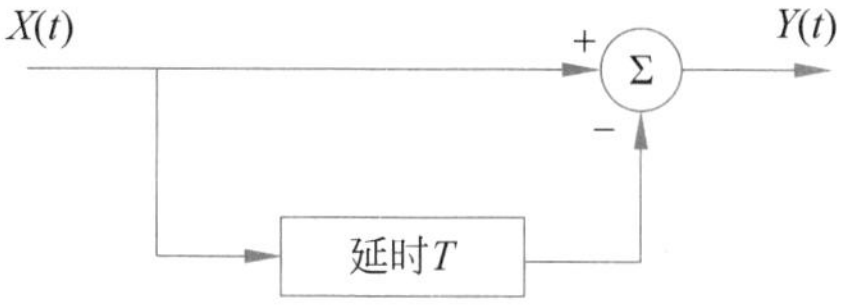

图 2.14 系统示意图

2.18 已知平稳随机过程 $X(t)$的功率谱密度为

$$G_X(\omega)=\begin{cases}8\delta(\omega)+20\left(1-\dfrac{|\omega|}{10}\right), & |\omega|\leqslant 10\\ 0, & \text{其他}\end{cases}$$

试求 $X(t)$的自相关函数。

2.19 设随机过程 $X(t)=a\cos(\Omega t+\Theta)$,其中 a 为常量,Ω 和 Θ 为相互独立的随机变量,且 Θ 均匀分布于$(0,2\pi)$中,Ω 的一维概率密度为偶函数,即 $f_\Omega(\Omega)=f_\Omega(-\Omega)$。求证 $X(t)$的功率谱密度为 $G_X(\omega)=\pi a^2 f_\Omega(\omega)$。

2.20 一正态随机过程的均值 $m_X(t)=2$,协方差 $C_X(t_1,t_2)=8\cos\pi(t_1-t_2)$,写出当 $t_1=0,t_2=1/2$ 时的二维概率密度。

第3章 随机过程的线性变换

在电子系统中，通常需要将信号经过一系列的变换，才能提取到有用的信息。变换可以看作信号通过系统，所以随机过程的变换就是分析随机过程通过系统后的响应。系统一般分为线性系统和非线性系统两大类，因此随机过程的变换也分为线性变换和非线性变换两大类。本章着重介绍随机过程的线性变换。

3.1 变换的基本概念和基本定理

3.3.1 变换的基本概念

1. 变换的定义

给定一个随机过程 $X(t)$，按照某种法则 T，对它的每个样本函数 $x(t)$，都指定一个对应函数 $y(t)$，就得到一个新的随机过程 $Y(t)$，记为

$$Y(t)=T[X(t)] \tag{3.1.1}$$

T 就称为从随机过程 $X(t)$到 $Y(t)$的变换，$Y(t)$是随机过程 $X(t)$经过变换后的结果。

随机过程的变换也可以用系统的观点解释。如图 3.1 所示，假定系统是按照法则 T 定义的，则 $Y(t)$就可以看作随机过程 $X(t)$通过系统后的响应。

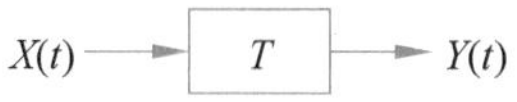

图 3.1 随机过程变换示意图

变换有确定性变换和随机性变换两种。对于某个试验结果 e_i，对应一个特定的时间函数 $x(t,e_i)$，用这个信号作为系统的输入，可以得到一个特定的输出函数 $y(t,e_i)$，这个函数是 $Y(t)$对应于 e_i 的一个样本。于是，系统对随机输入的响应与确定性信号的响应是相同的，所谓随机性主要表现在输入上，而不是变换本身。按这种方式解释的变换称为确定性变换。即，若 e_1 和 e_2 是二个试验结果，且 $x(t,e_1)=x(t,e_2)$，则 $y(t,e_1)=y(t,e_2)$，称 T 是确定性变换，否则称为随机性变换。本章只介绍确定性变换。

2. 线性变换

定义：设有任意两个随机变量 A_1 和 A_2 及任意两个随机过程 $X_1(t)$和 $X_2(t)$，若满足

$$L[A_1X_1(t)+A_2X_2(t)]=A_1L[X_1(t)]+A_2L[X_2(t)] \tag{3.1.2}$$

则称 L 是线性变换。

对于线性变换 L，$Y(t)=L[X(t)]$，若

$$Y(t+\varepsilon)=L[X(t+\varepsilon)] \tag{3.1.3}$$

其中 ε 为任意常数，即输入的时延对输出也只产生一个相应的时延，则称 L 是线性时不变的。在后面的讨论中，除特别说明外，线性变换都是指线性时不变变换。

3.3.2 线性变换的基本定理

下面针对线性变换给出两个基本定理，这两个定理描述了随机过程经过线性变换后数字特征的变化。

定理 1：设 $Y(t)=L[X(t)]$,其中 L 是线性变换,则

$$E[Y(t)]=L\{E[X(t)]\} \tag{3.1.4}$$

或者写成

$$m_Y(t)=L[m_X(t)] \tag{3.1.5}$$

即随机过程经过线性变换后,其输出的数学期望等于输入的数学期望通过线性变换后的结果。

由于

$$E[Y(t)]=E\{L[X(t)]\}=L\{E[X(t)]\} \tag{3.1.6}$$

可见,若把 L 和 E 看作算子,则 L 和 E 这两个算子是可以交换次序的。

定理 1 可以用大数定理加以证明。设第 i 次试验时得到样本函数 $x_i(t)$,将其加到系统的输入端,而在输出端得到一个样本函数 $y_i(t)$,

$$y_i(t)=L[x_i(t)] \tag{3.1.7}$$

在 n 次重复试验后,可以得到 n 个样本函数 $y_1(t),y_2(t),\cdots,y_n(t)$,则 $Y(t)$ 的样本均值为

$$\begin{aligned}\overline{Y(t)}&=\frac{1}{n}[y_1(t)+y_2(t)+\cdots+y_n(t)]\\&=\frac{1}{n}\{L[x_1(t)]+L[x_2(t)]+\cdots+L[x_n(t)]\}\\&=L\left\{\frac{1}{n}[x_1(t)+x_2(t)+\cdots+x_n(t)]\right\}\\&=L\{\overline{X(t)}\}\end{aligned} \tag{3.1.8}$$

当 $X(t)$ 与 $Y(t)$ 的方差有限时,根据大数定理,当 $n\to\infty$ 时,

$$\overline{X(t)}\to E[X(t)],\quad \overline{Y(t)}\to E[Y(t)]$$

所以

$$E[Y(t)]=L\{E[X(t)]\}$$

定理 2：0 设 $Y(t)=L[X(t)]$,其中 L 是线性变换,则

$$R_{XY}(t_1,t_2)=L_{t_2}[R_X(t_1,t_2)] \tag{3.1.9}$$

$$R_Y(t_1,t_2)=L_{t_1}[R_{XY}(t_1,t_2)]=L_{t_1}L_{t_2}[R_X(t_1,t_2)] \tag{3.1.10}$$

其中 L_{t_1} 表示对 t_1 做 L 变换,L_{t_2} 表示对 t_2 做 L 变换。

证明：因为

$$X(t_1)Y(t)=X(t_1)L[X(t)]=L[X(t_1)X(t)]$$

$$E[X(t_1)Y(t)]=E\{L[X(t_1)X(t)]\}=L\{E[X(t_1)X(t)]\}$$

令 $t=t_2$,可得

$$R_{XY}(t_1,t_2)=L_{t_2}[R_X(t_1,t_2)]$$

同理可证

$$R_Y(t_1,t_2)=L_{t_1}[R_{XY}(t_1,t_2)]$$

联合上面两式,得

$$R_Y(t_1,t_2)=L_{t_1}L_{t_2}[R_X(t_1,t_2)]$$

以上两个定理是线性变换的两个基本定理，它给出了随机过程经过线性变换后，输出的均值和相关函数的计算方法。

从两个定理可知，对于线性变换，输出的均值和相关函数可以分别由输入的均值和相关函数确定。推广而言，对于线性变换，输出的 k 阶矩可以由输入的相应阶矩来确定。如

$$E[Y(t_1)Y(t_2)Y(t_3)]=L_{t_1}L_{t_2}L_{t_3}\{E[X(t_1)X(t_2)X(t_3)]\} \tag{3.1.11}$$

假定系统是线性时不变的，由线性时不变的基本特性和两个基本定理可以看出，若 $X(t)$ 是严格平稳的，则 $Y(t)$ 也是严格平稳的。若 $X(t)$ 是广义平稳的，则 $Y(t)$ 也是广义平稳的。

3.2 随机过程通过线性系统分析

随机过程通过线性系统分析的中心问题是：给定系统的输入函数和线性系统的特性，求输出函数，由于输入是随机过程，所以输出也是随机过程，对于随机过程，一般很难给出确切的函数形式，因此，通常只分析随机过程通过线性系统后输出的概率分布特性和某些数字特征。线性系统既可以用冲激响应描述，也可以用系统传递函数描述，因此，随机过程通过线性系统的常用分析方法也有两种：冲激响应法和频谱法。

3.2.1 冲激响应法

视频

设有如图 3.2 所示线性系统，其中 $h(t)$ 为系统的冲激响应。

根据线性系统的理论，输出 $Y(t)$ 为

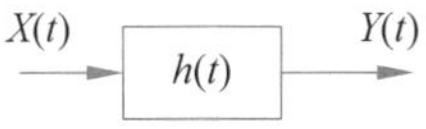

图 3.2 线性系统示意图

$$Y(t)=\int_{-\infty}^{+\infty}X(t-\tau)h(\tau)\mathrm{d}\tau=\int_{-\infty}^{+\infty}X(\tau)h(t-\tau)\mathrm{d}\tau$$
$$=h(t)*X(t) \tag{3.2.1}$$

若用 $L=h(t)*$ 表示与冲激响应的卷积，即 $Y(t)=L[X(t)]$，很容易证明，L 是线性变换，由线性变换的定理 1，输出的均值为

$$m_Y(t)=L[m_X(t)]=h(t)*m_X(t)=\int_{-\infty}^{+\infty}m_X(t-\tau)h(\tau)\mathrm{d}\tau \tag{3.2.2}$$

若 $X(t)$ 为平稳随机过程，则

$$m_Y=\int_{-\infty}^{+\infty}m_X h(\tau)\mathrm{d}\tau=m_X\int_{-\infty}^{+\infty}h(\tau)\mathrm{d}\tau=m_X H(0) \tag{3.2.3}$$

其中 $H(0)$ 为系统的传递函数在 $\omega=0$ 时的值。

由定理 2，输入和输出的互相关函数为

$$R_{XY}(t_1,t_2)=L_{t_2}[R_X(t_1,t_2)]=h(t_2)*R_X(t_1,t_2)$$
$$=\int_{-\infty}^{+\infty}h(u)R_X(t_1,t_2-u)\mathrm{d}u \tag{3.2.4}$$

输出的自相关函数为

$$R_Y(t_1,t_2)=L_{t_1}[R_{XY}(t_1,t_2)]=h(t_1)*R_{XY}(t_1,t_2)$$
$$=\int_{-\infty}^{+\infty}R_{XY}(t_1-u,t_2)h(u)\mathrm{d}u \tag{3.2.5}$$

结合式(3.2.4)与式(3.2.5),得

$$R_Y(t_1,t_2)=h(t_1)*R_{XY}(t_1,t_2)=h(t_1)*h(t_2)*R_X(t_1,t_2) \tag{3.2.6}$$

同理可证,

$$R_{YX}(t_1,t_2)=h(t_1)*R_X(t_1,t_2) \tag{3.2.7}$$

$$R_Y(t_1,t_2)=h(t_2)*R_{YX}(t_1,t_2) \tag{3.2.8}$$

输入输出相关函数之间的关系如图 3.3 所示。

若 $X(t)$是平稳随机过程,则

$$R_{XY}(t_1,t_2)=\int_{-\infty}^{+\infty}R_X(t_1,t_2-u)h(u)\mathrm{d}u=\int_{-\infty}^{+\infty}R_X(t_1-t_2+u)h(u)\mathrm{d}u$$
$$=\int_{-\infty}^{+\infty}R_X(\tau+u)h(u)\mathrm{d}u$$

其中 $\tau=t_1-t_2$,即

$$R_{XY}(\tau)=h(-\tau)*R_X(\tau) \tag{3.2.9}$$

同理,

$$R_Y(t_1,t_2)=\int_{-\infty}^{+\infty}R_{XY}(t_1-u,t_2)h(u)\mathrm{d}u=\int_{-\infty}^{+\infty}R_{XY}(t_1-t_2-u)h(u)\mathrm{d}u$$
$$=\int_{-\infty}^{+\infty}R_{XY}(\tau-u)h(u)\mathrm{d}u$$

即

$$R_Y(\tau)=h(\tau)*R_{XY}(\tau) \tag{3.2.10}$$

所以

$$R_Y(\tau)=h(\tau)*h(-\tau)*R_X(\tau) \tag{3.2.11}$$

类似地,

$$R_{YX}(\tau)=h(\tau)*R_X(\tau) \tag{3.2.12}$$

$$R_Y(\tau)=h(-\tau)*R_{YX}(\tau) \tag{3.2.13}$$

平稳随机过程通过线性系统后输入输出相关函数之间的关系如图 3.4 所示。

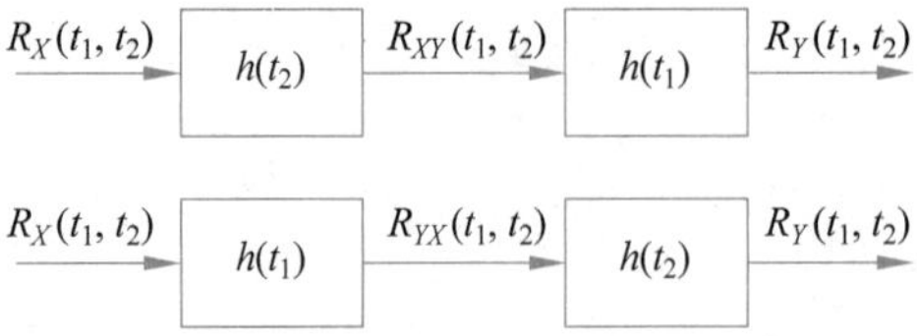

图 3.3 随机过程通过线性系统输入输出相关函数之间的关系

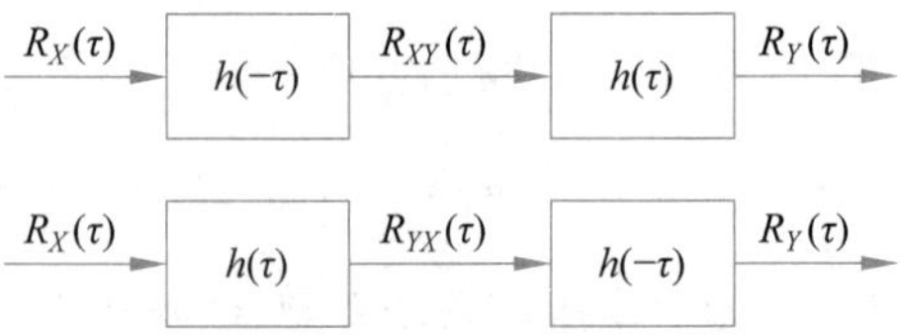

图 3.4 平稳随机过程通过线性系统输入输出相关函数之间的关系

视频

3.2.2 频谱法

所谓频谱法,就是利用系统的传递函数分析输出的统计特性。对于平稳随机过程,

对式(3.2.9)～式(3.2.11)两边同时做傅里叶变换,可得

$$G_{XY}(\omega)=H^*(\omega)G_X(\omega) \tag{3.2.14}$$

$$G_Y(\omega)=H(\omega)G_{XY}(\omega) \tag{3.2.15}$$

$$G_Y(\omega)=H(\omega)H^*(\omega)G_X(\omega)=|H(\omega)|^2G_X(\omega) \tag{3.2.16}$$

同理,

$$G_{YX}(\omega)=H(\omega)G_X(\omega) \tag{3.2.17}$$

$$G_Y(\omega)=H^*(\omega)G_{YX}(\omega) \tag{3.2.18}$$

3.2.3 计算举例

视频

【例 3.1】 设有图 3.5 所示的 RC 电路,假定输入为零均值的平稳随机过程,自相关函数分别为

(1) $R_X(\tau)=(N_0/2)\delta(\tau)$

(2) $R_X(\tau)=\mathrm{e}^{-\beta|\tau|}$

求输出 $Y(t)$ 的自相关函数。

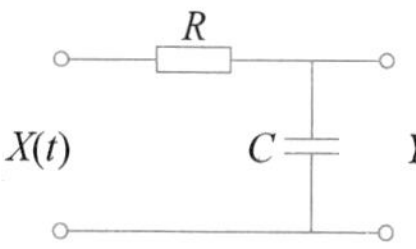

图 3.5 RC 电路

解：RC 电路的冲激响应为

$$h(t)=\alpha\mathrm{e}^{-\alpha t}U(t),\quad \alpha=1/RC$$

其中 $U(t)$ 为单位阶跃函数,系统的传递函数为

$$H(\omega)=\frac{\alpha}{\alpha+\mathrm{j}\omega}$$

(1) $R_X(\tau)=(N_0/2)\delta(\tau)$。采用冲激响应法,由式(3.2.11),得

$$\begin{aligned}R_Y(\tau)&=h(\tau)*h(-\tau)*[(N_0/2)\delta(\tau)]=(N_0/2)h(\tau)*h(-\tau)\\&=(N_0/2)\int_{-\infty}^{+\infty}h(u+\tau)h(u)\mathrm{d}u\end{aligned}$$

当 $\tau>0$ 时, $R_Y(\tau)=\dfrac{N_0}{2}\displaystyle\int_0^{+\infty}\alpha\mathrm{e}^{-\alpha(\tau+u)}\alpha\mathrm{e}^{-\alpha u}\mathrm{d}u=\dfrac{N_0\alpha}{4}\mathrm{e}^{-\alpha\tau}$

利用相关函数的偶函数特性,可得

$$R_Y(\tau)=\frac{N_0\alpha}{4}\mathrm{e}^{-\alpha|\tau|}$$

(2) $R_X(\tau)=\mathrm{e}^{-\beta|\tau|}$。采用频谱法, $X(t)$ 的功率谱密度为

$$G_X(\omega)=\int_{-\infty}^{+\infty}R_X(\tau)\mathrm{e}^{-\mathrm{j}\omega\tau}\mathrm{d}\tau=\frac{2\beta}{\beta^2+\omega^2}$$

由式(3.2.16),可得

$$\begin{aligned}G_Y(\omega)&=G_X(\omega)|H(\omega)|^2=\frac{2\beta}{\beta^2+\omega^2}\cdot\frac{\alpha^2}{\alpha^2+\omega^2}\\&=\frac{\alpha}{\alpha^2-\beta^2}\left[\alpha\cdot\frac{2\beta}{\beta^2+\omega^2}-\beta\cdot\frac{2\alpha}{\alpha^2+\omega^2}\right]\end{aligned}$$

求上式的傅里叶反变换,可得

$$R_Y(\tau)=\frac{\alpha}{\alpha^2-\beta^2}(\alpha e^{-\beta|\tau|}-\beta e^{-\alpha|\tau|})$$

【例 3.2】 求随机相位信号通过线性系统后的自相关函数。设有图 3.6 所示线性系统,信号 $S(t)=a\cos(\omega_0 t+\Phi)$,其中 a 和 ω_0 均为常数,Φ 为$(0,2\pi)$区间上均匀分布的随机变量,求输出信号的自相关函数。

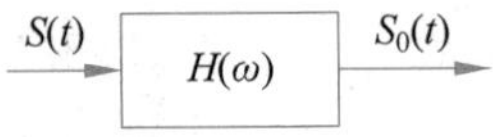

图 3.6 信号通过线性系统示意图

解:根据线性系统的理论,输出信号可以表示为 $S_0(t)=a|H(\omega_0)|\cos(\omega_0 t+\Phi+\arg H(\omega_0))$,其中$|H(\omega_0)|$表示系统传递函数在 ω_0 处的幅度值,$\arg H(\omega_0)$表示系统传递函数在 ω_0 处的相角。输出的自相关函数为

$$\begin{aligned}R_{S_0}(\tau)&=E[S_0(t+\tau)S_0(t)]\\&=E\{a^2|H(\omega_0)|^2\cos[\omega_0(t+\tau)+\Phi+\arg H(\omega_0)]\cos[\omega_0 t+\Phi+\arg H(\omega_0)]\}\\&=\frac{1}{2}a^2|H(\omega_0)|^2E\{\cos[\omega_0(t+\tau)+\omega_0 t+2\Phi+2\arg H(\omega_0)]+\cos\omega_0\tau\}\\&=\frac{1}{2}a^2|H(\omega_0)|^2\cos\omega_0\tau\end{aligned}$$

输出信号的平均功率为 $R_{S_0}(0)=\frac{1}{2}a^2|H(\omega_0)|^2$。

视频

3.3 随机序列通过离散线性系统

3.3.1 基本关系

设有图 3.7 所示的离散线性系统。

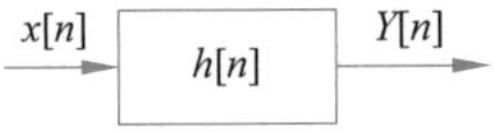

图 3.7 离散线性系统

离散线性系统的单位样值响应为 $h[n]$,系统传递函数 $H(\omega)$与单位样值响应之间是离散时间傅里叶变换对的关系,即

$$H(\omega)=\sum_{n=-\infty}^{+\infty}h[n]e^{-jn\omega} \tag{3.3.1}$$

或者用 z 变换可表示为

$$H(z)=\sum_{n=-\infty}^{+\infty}h[n]z^{-n} \tag{3.3.2}$$

随机序列 $X[n]$通过线性系统后,输出 $Y[n]$为

$$Y[n]=\sum_{k=-\infty}^{+\infty}h[k]X[n-k]=\sum_{k=-\infty}^{+\infty}h[n-k]X[k]=h(n)*X(n) \tag{3.3.3}$$

可以把式(3.3.3)用变换形式表示,即

$$Y[n]=L(X[n]) \tag{3.3.4}$$

其中 $L=h[n]*$,很容易验证 L 是线性变换,根据线性变换的定理 1,输出的均值为

$$m_Y[n]=L(m_X[n])=h[n]*m_X[n]=\sum_{k=-\infty}^{+\infty}h[k]m_X[n-k] \tag{3.3.5}$$

同理,根据线性变换的定理 2,可得

$$R_{XY}(n_1,n_2)=L_{n_2}(R_X[n_1,n_2])=h[n_2]*R_X[n_1,n_2]$$
$$=\sum_{k=-\infty}^{+\infty}h[k]R_X[n_1,n_2-k] \tag{3.3.6}$$
$$R_Y(n_1,n_2)=L_{n_1}(R_{XY}[n_1,n_2])=h[n_1]*R_{XY}[n_1,n_2]$$
$$=\sum_{k=-\infty}^{+\infty}h[k]*R_{XY}[n_1-k,n_2] \tag{3.3.7}$$

将式(3.3.6)代入式(3.3.7),得

$$R_Y(n_1,n_2)=h[n_1]*h[n_2]*R_X[n_1,n_2] \tag{3.3.8}$$

若输入 $X(n)$为平稳随机序列,由式(3.3.5)可得

$$m_Y=m_X\sum_{k=-\infty}^{+\infty}h[k]=m_XH(0) \tag{3.3.9}$$

其中 $H(0)$是系统传递函数 $H(\omega)$在 $\omega=0$ 的值。由式(3.3.6)可得

$$R_{XY}(n_1,n_2)=\sum_{k=-\infty}^{+\infty}h[k]R_X[n_1,n_2-k]=\sum_{k=-\infty}^{+\infty}h[k]R_X[n_1-n_2+k]$$

令 $m=n_1-n_2$,可得

$$R_{XY}[m]=\sum_{k=-\infty}^{+\infty}h[k]R_X[m+k]=h[-m]*R_X[m] \tag{3.3.10}$$

同理,由式(3.3.7)可得

$$R_Y[m]=h[m]*R_{XY}[m]=h[-m]*h[m]*R_X[m] \tag{3.3.11}$$

对式(3.3.10)和式(3.3.11)分别做离散时间傅里叶变换,可得

$$G_{XY}(\omega)=H(-\omega)G_X(\omega) \tag{3.3.12}$$
$$G_Y(\omega)=H(\omega)G_{XY}(\omega)=|H(\omega)|^2G_X(\omega) \tag{3.3.13}$$

若用 z 变换表示,则

$$G_{XY}(z)=H(z^{-1})G_X(z) \tag{3.3.14}$$
$$G_Y(z)=H(z)G_{XY}(z)=H(z)H(z^{-1})G_X(z) \tag{3.3.15}$$

【例 3.3】 图像边缘检测。边缘检测在图像处理中具有重要作用,如机场与机场周边的环境、公路路面与公路两边的区域具有不同的灰度等级,一阶差分运算是边缘检测简单实用的方法。一阶差分运算定义为 $Y[n]=X[n]-X[n-1]$,求输出 $Y[n]$的均值和自相关函数。

解:定义差分算子 $L(X[n])=X[n]-X[n-1]$,很显然,L 是线性变换。由式(3.3.5)可得 $Y[n]$的均值为

$$m_Y[n]=L[m_X(n)]=m_X[n]-m_X[n-1]$$

由式(3.3.6)可得输入与输出的互相关函数为

$$R_{XY}[n_1,n_2]=L_{n_2}(R_X[n_1,n_2])=R_X[n_1,n_2]-R_X[n_1,n_2-1]$$

输出的自相关函数为

$$\begin{aligned}R_Y[n_1,n_2]&=L_{n_1}(R_{XY}[n_1,n_2])=R_{XY}[n_1,n_2]-R_{XY}[n_1-1,n_2]\\&=R_X[n_1,n_2]-R_X[n_1,n_2-1]-R_X[n_1-1,n_2]+R_X[n_1-1,n_2-1]\end{aligned}$$

若 $X[n]$为平稳随机序列,且自相关函数为 $R_X[n_1,n_2]=a^{|n_1-n_2|}$,$0<a<1$,则 $E(Y[n])=0$

$$R_{XY}[n_1,n_2]=R_X[n_1-n_2]-R_X[n_1-n_2+1]=a^{|n_1-n_2|}-a^{|n_1-n_2+1|}$$

$$\begin{aligned}R_Y[n_1,n_2]&=R_{XY}[n_1,n_2]-R_{XY}[n_1-1,n_2]\\&=a^{|n_1-n_2|}-a^{|n_1-n_2+1|}-a^{|n_1-1-n_2|}+a^{|n_1-n_2|}\\&=2a^{|n_1-n_2|}-a^{|n_1-n_2+1|}-a^{|n_1-n_2-1|}\end{aligned}$$

即 $Y[n]$的自相关函数为

$$R_Y[m]=2a^{|m|}-a^{|m+1|}-a^{|m-1|}$$

输入和输出的自相关函数如图 3.8 所示,还可以看出,输入序列 $X[n]$是有相关性的,经过差分变换后,输出的相关性减弱了,因此,差分器有去相关的作用。

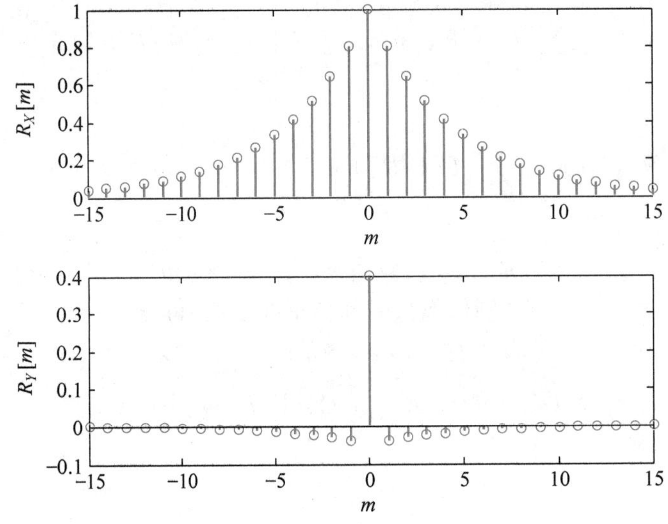

图 3.8 图像边缘检测器输入和输出的自相关函数

视频

3.3.2 常用时间序列模型

1. AR 模型

设有如下差分方程描述的离散线性系统,

$$X[n]=aX[n-1]+W[n] \tag{3.3.16}$$

系统如图 3.9 所示,其中 $W[n]$为平稳白噪声,方差为 σ^2,式(3.3.16)也称为一阶 AR (Autoregressive)模型,由 AR 模型所产生的随机过程称为 AR 过程。

首先考虑一阶 AR 模型的单位样值响应 $h[n]$,单位样值响应是当输入 $W[n]=\delta[n]$

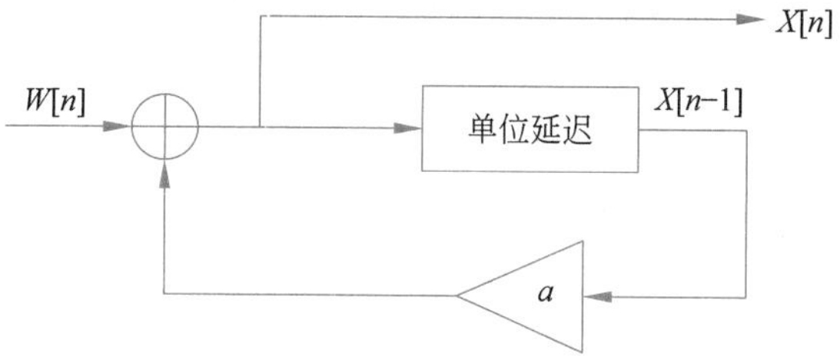

图 3.9 一阶 AR 模型

时系统的输出，即

$$h[n]=ah[n-1]+\delta[n]=a^2h[n-2]+a\delta[n-1]+\delta[n]$$
$$=\delta[n]+a\delta[n-1]+a^2\delta[n-2]+\cdots$$

或者写成

$$h[n]=\begin{cases}a^n, & n\geqslant 0\\ 0, & n<0\end{cases} \tag{3.3.17}$$

系统稳定的条件是$|a|<1$。系统的传递函数为

$$H(\omega)=\sum_{n=-\infty}^{+\infty}h[n]\mathrm{e}^{-\mathrm{j}n\omega}=\sum_{n=0}^{+\infty}a^n\mathrm{e}^{-\mathrm{j}n\omega}=\frac{1}{1-a\mathrm{e}^{-\mathrm{j}\omega}} \tag{3.3.18}$$

假定$|a|<1$，由于输入$W[n]$的均值为零，所以，$X[n]$的均值亦为零。由式(3.3.11)，$X[n]$的自相关函数为

$$R_X[m]=h[-m]*h[m]*R_W[m]=h[-m]*h[m]*\sigma^2\delta[m]$$
$$=\sigma^2h[-m]*h[m]=\sigma^2\sum_{k=-\infty}^{\infty}h[m+k]h[k]$$

由于自相关函数是偶函数，所以可以先考虑$m\geqslant 0$的情况，有

$$R_X[m]=\sigma^2\sum_{k=0}^{+\infty}a^{m+k}a^k=\frac{\sigma^2a^m}{1-a^2}$$

综合$m<0$的情况，有

$$R_X[m]=\frac{\sigma^2a^{|m|}}{1-a^2} \tag{3.3.19}$$

可见一阶 AR 过程的自相关函数是无限长度的。

下面再用频谱法求解，由式(3.3.13)，有

$$G_X(\omega)=|H(\omega)|^2G_W(\omega)=\frac{\sigma^2}{|1-a\mathrm{e}^{-\mathrm{j}\omega}|^2}=\frac{\sigma^2}{1+a^2-2a\cos\omega} \tag{3.3.20}$$

式(3.3.16)可以推广到N阶差分方程：

$$X[n]=a_1X[n-1]+a_2X[n-2]+\cdots+a_NX[n-N]+W[n] \tag{3.3.21}$$

称为N阶 AR 模型，对应的$X[n]$称为N阶 AR 过程，N阶 AR 过程的功率谱为

$$G_X(\omega)=|H(\omega)|^2G_W(\omega)=\frac{\sigma^2}{\left|1-\sum_{k=1}^{N}a_k\mathrm{e}^{-\mathrm{j}\omega k}\right|^2} \tag{3.3.22}$$

在实际中,可以利用观测到的数据,估计模型的参数,用一个 AR 模型对一个时间序列建模。

2. MA 过程

设有如下差分方程描述的离散线性系统:

$$X[n]=b_0W[n]+b_1W[n-1] \tag{3.3.23}$$

系统如图 3.10 所示,其中 $W(n)$ 为平稳白噪声,方差为 σ^2,式(3.3.21)也称为一阶 MA (Moving Average)模型,由 MA 模型所产生的随机过程称为 MA 过程。

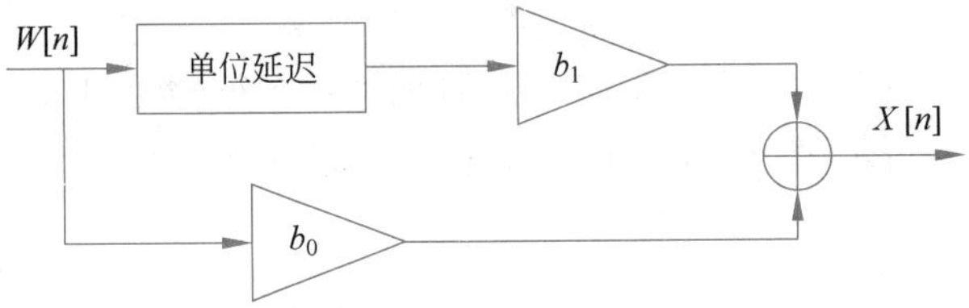

图 3.10 一阶 MA 模型

当 $W[n]=\delta[n]$时,系统的响应为单位样值响应,即

$$h[n]=b_0\delta[n]+b_1\delta[n-1] \tag{3.3.24}$$

可见系统的单位样值响应是有限长度的,系统的传递函数为

$$H(\omega)=b_0+b_1\mathrm{e}^{-\mathrm{j}\omega} \tag{3.3.25}$$

输出的均值为

$$E(X[n])=b_0E(W[n])+b_1E(W[n-1])=0$$

由式(3.3.11)可得一阶 MA 过程的自相关函数为

$$\begin{aligned} R_X[m]&=h[-m]*h[m]*R_X[m]\\ &=(b_0\delta[-m]+b_1\delta[-m-1])*(b_0\delta[m]+b_1\delta[m-1])*\sigma^2\delta[m]\\ &=\sigma^2(b_0b_1\delta[m+1]+(b_0^2+b_1^2)\delta[m]+b_0b_1\delta[m-1]) \end{aligned} \tag{3.3.26}$$

一阶 MA 过程的功率谱为

$$\begin{aligned} G_X(\omega)&=\sigma^2[b_0b_1\mathrm{e}^{\mathrm{j}\omega}+b_0^2+b_1^2+b_0b_1\mathrm{e}^{-\mathrm{j}\omega}]\\ &=\sigma^2[2b_0b_1\cos\omega+b_0^2+b_1^2] \end{aligned} \tag{3.3.27}$$

式(3.3.23)可以推广到 M 阶 MA 过程:

$$X[n]=b_0W[n]+b_1W[n-1]+\cdots+b_MW[n-M] \tag{3.3.28}$$

很显然,M 阶 MA 过程的均值仍为零,可以证明,当 $m\geqslant 0$ 时,MA 过程的自相关函数为

$$R_X[m]=\begin{cases}\sigma^2\sum\limits_{k=m}^{M}b_kb_{k-m}, & 0\leqslant m\leqslant M\\ 0, & m>M\end{cases} \tag{3.3.29}$$

由自相关函数的性质,可得当 $m<0$ 时,$R_X[m]=R_X[-m]$。

3. ARMA 模型

组合 AR 模型和 MA 模型可以构成 ARMA 模型如下:

$$a_0X[n]+a_1X[n-1]+a_2X[n-2]+a_NX[n-N]$$
$$=b_0W[n]+b_1W[n-1]+\cdots+b_MW[n-M] \qquad (3.3.30)$$

称 $X[n]$ 为 ARMA(N,M)(Autoregressive/Moving Average)过程。ARMA 系统的传递函数为

$$H(\omega)=\frac{\sum_{k=0}^{N}b_k\mathrm{e}^{-\mathrm{j}k\omega}}{\sum_{k=0}^{M}a_k\mathrm{e}^{-\mathrm{j}k\omega}} \qquad (3.3.31)$$

ARMA 过程的功率谱密度为

$$G_X(\omega)=\sigma^2\left|\frac{\sum_{k=0}^{N}b_k\mathrm{e}^{-\mathrm{j}k\omega}}{\sum_{k=0}^{N}a_k\mathrm{e}^{-\mathrm{j}k\omega}}\right|^2 \qquad (3.3.32)$$

【例 3.4】 设有 ARMA(2,2)模型,

$$X[n]+1.4X[n]+0.5X[n-2]=W[n]-0.2W[n-1]-0.1W[n-M]$$

其中 $W(n)$ 是零均值单位方差的平稳白噪声,求该过程的功率谱。

解:系统的传递函数为

$$H(\omega)=\frac{1-0.2\mathrm{e}^{-\mathrm{j}\omega}-0.1\mathrm{e}^{-\mathrm{j}2\omega}}{1+1.4\mathrm{e}^{-\mathrm{j}\omega}+0.15\mathrm{e}^{-\mathrm{j}2\omega}}$$

由式(3.3.13)可得功率谱为

$$G_X(\omega)=\left|\frac{1-0.2\mathrm{e}^{-\mathrm{j}\omega}-0.1\mathrm{e}^{-\mathrm{j}2\omega}}{1+1.4\mathrm{e}^{-\mathrm{j}\omega}+0.15\mathrm{e}^{-\mathrm{j}2\omega}}\right|^2$$

在实际中,AR 模型、MA 模型或者 ARMA 模型都可以用来描述实际的过程,三种模型各有所长,从功率谱的角度来分析,AR 模型适合描述功率谱有尖峰而没有深谷的随机过程,MA 模型适合描述功率谱有深谷而没有尖峰的随机过程,ARMA 模型适合描述功率谱既有深谷又有尖峰的随机过程。

3.4 最佳线性滤波器

视频

在许多回波探测型的电子系统(如雷达、声呐、红外探测等)中,一个基本的问题是如何在噪声背景中检测微弱信号,接收机输出的信噪比越高,越容易发现目标。同样,信噪比在通信系统中是系统有效性的一个度量,信噪比越大,信息传输发生错误的概率越小,因此我们很自然会想到以输出信噪比最大作为准则设计接收机,一般说来,能给出最大信噪比的接收机,其系统的性能也是最好的,因此,本节介绍的最佳线性滤波器是许多接收机的重要组成部分。

3.4.1 输出信噪比最大的最佳线性滤波器

如图 3.11 所示线性系统,假定系统的输入波形为

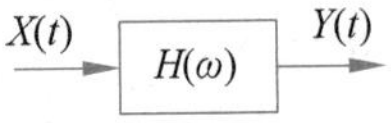

图 3.11 线性系统示意图

$$X(t)=s(t)+w(t) \tag{3.4.1}$$

其中 $s(t)$ 是确知信号，$w(t)$ 是零均值平稳随机过程，它的功率谱密度为 $G_w(\omega)$。

根据线性系统的理论，输出 $Y(t)$ 可表示为

$$Y(t)=s_0(t)+w_0(t) \tag{3.4.2}$$

其中

$$s_0(t)=\frac{1}{2\pi}\int_{-\infty}^{+\infty} S(\omega)H(\omega)\mathrm{e}^{\mathrm{j}\omega t}\,\mathrm{d}\omega \tag{3.4.3}$$

式中，$S(\omega)$ 是输入信号 $s(t)$ 的频谱，$H(\omega)$ 是系统的传递函数，$w_0(t)$ 是输出的噪声，它的功率谱密度为

$$G_{w_0}(\omega)=G_w(\omega)\mid H(\omega)\mid^2 \tag{3.4.4}$$

输出噪声的平均功率为

$$E[w_0^2(t)]=\frac{1}{2\pi}\int_{-\infty}^{+\infty} G_w(\omega)\mid H(\omega)\mid^2\mathrm{d}\omega \tag{3.4.5}$$

定义在某个时刻 $t=t_0$ 时滤波器输出端信号的瞬时功率与噪声的平均功率之比(简称信噪比)为

$$d_0=\frac{s_0^2(t_0)}{E[w_0^2(t)]} \tag{3.4.6}$$

将式(3.4.3)和式(3.4.5)代入式(3.4.6)，得

$$d_0=\frac{1}{2\pi}\frac{\left|\int_{-\infty}^{+\infty} S(\omega)H(\omega)\mathrm{d}\omega\right|^2}{\int_{-\infty}^{+\infty} G_w(\omega)\mid H(\omega)\mid^2\mathrm{d}\omega} \tag{3.4.7}$$

我们的任务是设计一个线性系统，使得输出的信噪比达到最大。可以证明(参见习题 3.14)，当

$$H(\omega)=cS^*(\omega)\mathrm{e}^{-\mathrm{j}\omega t_0}/G_w(\omega) \tag{3.4.8}$$

时，输出信噪比 d_0 达到最大，式中 c 为任意常数，把这个最大的信噪比记为 d_{m}。将式(3.4.8)代入式(3.4.7)可得最大的信噪比为

$$d_{\mathrm{m}}=\frac{1}{2\pi}\frac{\int_{-\infty}^{+\infty}\mid S(\omega)\mid^2\mathrm{d}\omega}{\int_{-\infty}^{+\infty} G_w(\omega)\mathrm{d}\omega} \tag{3.4.9}$$

将式(3.4.8)代入式(3.4.3)得到输出信号为

$$s_0(t)=\frac{c}{2\pi}\int_{-\infty}^{+\infty}\frac{\mid S(\omega)\mid^2}{G_w(\omega)}\mathrm{e}^{\mathrm{j}\omega(t-t_0)}\mathrm{d}\omega \tag{3.4.10}$$

由式(3.4.10)可以看出，当 $t=t_0$ 时，输出信号达到最大。

下面从物理意义上解释上面的几个公式。滤波器的幅频特性为

$$\mid H(\omega)\mid=c\mid S(\omega)\mid/G_w(\omega) \tag{3.4.11}$$

$|H(\omega)|$ 实际上是对输入信号的频谱进行加权，由滤波器的幅频特性可以看出，最佳线性

滤波器幅频特性与信号频谱的幅度成正比，与噪声的功率谱密度成反比，对于某个频率点，信号越强，该频率点的加权系数越大，噪声越强，加权越小。可见，最佳线性滤波器的幅频特性有抑制噪声的作用。

再考察滤波器的相频特性。由式(3.4.8)得

$$\arg H(\omega)=-\arg S(\omega)-\omega t_0 \tag{3.4.12}$$

相频特性由两项组成，第一项与信号的相频特性反相，第二项与频率呈线性关系，为一时间延迟项，由式(3.4.3)得

$$\begin{aligned} s_0(t) &= \frac{1}{2\pi}\int_{-\infty}^{+\infty} |S(\omega)||H(\omega)| \mathrm{e}^{\mathrm{j}[\arg S(\omega)+\arg H(\omega)+\omega t]}\mathrm{d}\omega \\ &= \frac{1}{2\pi}\int_{-\infty}^{+\infty} |S(\omega)||H(\omega)| \mathrm{e}^{\mathrm{j}[\arg S(\omega)-\arg S(\omega)-\omega t_0+\omega t]}\mathrm{d}\omega \\ &= \frac{1}{2\pi}\int_{-\infty}^{+\infty} |S(\omega)||H(\omega)| \mathrm{e}^{\mathrm{j}\omega(t-t_0)}\mathrm{d}\omega \end{aligned}$$

可以看出，滤波器的相频特性 $\arg H(\omega)$ 起到了抵消输入信号相角 $\arg S(\omega)$ 的作用，并且使输出信号 $s_0(t)$ 的全部频率分量的相位在 $t=t_0$ 时刻相同，达到了相位相同、幅度相加的目的。而噪声是平稳随机过程，各频率分量的相位是随机的，$\arg H(\omega)$ 不影响噪声的功率，即滤波器对信号的各频率分量起到幅度同相相加的作用，而对噪声的各频率分量起到功率相加的作用，综合而言，信噪比得到提高。

3.4.2 匹配滤波器

视频

式(3.4.8)是针对一般的平稳噪声，若噪声是白噪声，这时的最佳滤波器称为匹配滤波器。即匹配滤波器是在白噪声环境下以输出信噪比作为准则的最佳线性滤波器。由式(3.4.8)可得，匹配滤波器的传递函数为

$$H(\omega)=cS^*(\omega)\mathrm{e}^{-\mathrm{j}\omega t_0} \tag{3.4.13}$$

对式(3.4.13)做傅里叶反变换可得冲激响应为

$$h(t)=cs^*(t_0-t) \tag{3.4.14}$$

即匹配滤波器的冲激响应是输入信号的共轭镜像。对于实信号，

$$h(t)=cs(t_0-t) \tag{3.4.15}$$

即当 $c=1$ 时，$h(t)$ 与 $s(t)$ 关于 $t_0/2$ 呈偶对称关系。

匹配滤波器具有如下一些重要的性质和特点。

1. 输出的最大信噪比与输入信号的波形无关

由于白噪声的功率谱为一个常数，由式(3.4.9)可得

$$d_{\mathrm{m}}=\frac{1}{2\pi}\frac{\int_{-\infty}^{+\infty}|S(\omega)|^2\mathrm{d}\omega}{N_0/2}=\frac{2E}{N_0} \tag{3.4.16}$$

其中，E 代表信号的能量，由式(3.4.16)可以看出，最大信噪比只与信号的能量和噪声的强度有关，与信号的波形无关。

2. t_0 应该选在信号 $s(t)$ 结束之后

由式(3.4.15)可以看出,若要求系统是物理可实现的,则 t_0 必须选择在信号结束之后才能满足 $h(t)=0, t<0$。这从物理概念上也很好理解,对于物理可实现系统,因为只有 t_0 选在信号结束之后,才能把信号的能量全部利用上,信噪比才能达到最大。若 t_0 不是选在信号结束之后,则由式(3.4.15)确定的 $h(t)$ 在 $t<0$ 时不为零,若将 $h(t)$ 当 $t<0$ 的部分截断为零,这时的滤波器就不是最佳的。

3. 匹配滤波器对信号幅度和时延具有适应性

在回波探测型系统中,发射信号的波形是已知的,接收信号通常在幅度上有一定的衰减,并且在时间上有一定的时延,若发射信号为 $s(t)$,则接收信号为 $s_1(t)=as(t-\tau)$,$s_1(t)$ 的频谱为

$$S_1(\omega)=aS(\omega)\mathrm{e}^{-\mathrm{j}\omega\tau}$$

对 $s_1(t)$ 的匹配滤波器的传递函数 $H_1(\omega)$ 为

$$\begin{aligned}H_1(\omega)&=cS_1^*(\omega)\mathrm{e}^{-\mathrm{j}\omega t_1}=caS^*(\omega)\mathrm{e}^{-\mathrm{j}\omega(t_1-\tau)}\\&=caS^*(\omega)\mathrm{e}^{-\mathrm{j}\omega t_0}\mathrm{e}^{-\mathrm{j}\omega(t_1-\tau-t_0)}=aH(\omega)\mathrm{e}^{-\mathrm{j}\omega(t_1-\tau-t_0)}\end{aligned}$$

其中 $H(\omega)=cS^*(\omega)\mathrm{e}^{-\mathrm{j}\omega t_0}$ 是 $s(t)$ 信号的匹配滤波器,t_0 为 $s(t)$ 信号结束的时间,若取 $t_1=t_0+\tau$,即取信号 $s_1(t)$ 结束的时间,这时 $H_1(\omega)=aH(\omega)$,a 相当于放大系数,它只影响输出信号的相对大小,对信号和噪声的作用是相同的,$H_1(\omega)$ 也可使输出信噪比达到最大。因此,若按照发射信号设计匹配滤波器,当接收信号有一定的衰减和时延时,对接收信号同样是匹配的。

注意,匹配滤波器对信号的频移不具有适应性。即若有一个信号的频谱为

$$S_2(\omega)=S(\omega+\omega_{\mathrm{d}})$$

ω_{d} 可以看作目标由于运动产生的多普勒频移,则对应的匹配滤波器为

$$H_2(\omega)=cS^*(\omega+\omega_{\mathrm{d}})\mathrm{e}^{-\mathrm{j}\omega t_0}$$

可见 $H_2(\omega)$ 与 $H(\omega)$ 是不同的。

视频

【例 3.5】 单个矩形脉冲的匹配滤波器。

设脉冲信号为

$$s(t)=\begin{cases}a, & 0\leqslant t\leqslant\tau\\0, & 其他\end{cases}\tag{3.4.17}$$

其中 a 是已知常数,求匹配滤波器的传递函数和输出波形。

解:信号的频谱为

$$S(\omega)=\int_{-\infty}^{+\infty}s(t)\mathrm{e}^{-\mathrm{j}\omega t}\,\mathrm{d}t=\int_0^{\tau}a\,\mathrm{e}^{-\mathrm{j}\omega t}\,\mathrm{d}t=\frac{a}{\mathrm{j}\omega}(1-\mathrm{e}^{-\mathrm{j}\omega\tau})\tag{3.4.18}$$

取匹配滤波器的时间 $t_0=\tau$,由式(3.4.13),矩形脉冲信号的匹配滤波器的传递函数为

$$H(\omega)=\frac{ca}{-\mathrm{j}\omega}(1-\mathrm{e}^{\mathrm{j}\omega\tau})\mathrm{e}^{-\mathrm{j}\omega\tau}=\frac{ca}{\mathrm{j}\omega}(1-\mathrm{e}^{\mathrm{j}\omega\tau})\tag{3.4.19}$$

它的冲激响应为

$$h(t)=cs(t) \tag{3.4.20}$$

冲激响应与信号只相差一个比例因子。匹配滤波器的输出信号为

$$s_0(t)=s(t)*h(t)=cs(t)*s(t)=\begin{cases}ca^2t, & 0\leqslant t\leqslant\tau\\ ca^2(2\tau-t), & \tau\leqslant t\leqslant 2\tau\\ 0, & 0\end{cases} \tag{3.4.21}$$

可以看出,输入信号是矩形波,而输出信号变成了三角波(见图 3.12),因此,信号经过匹配滤波器以后出现了变形,对于雷达和声呐系统而言,重要的是要检测到目标,信号波形出现变形并不影响检测目标。滤波器的实现如图 3.13 所示。

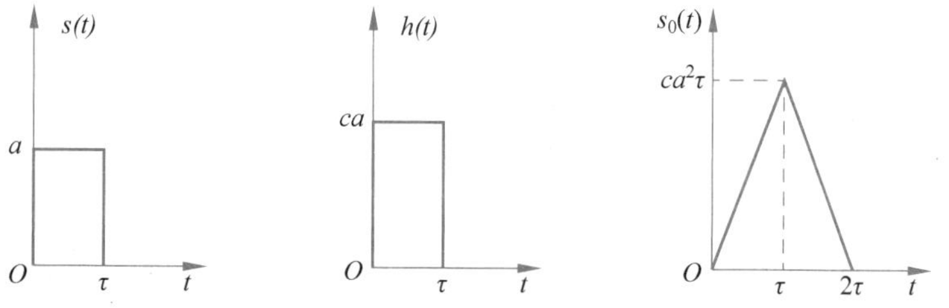

(a) 矩形脉冲信号　(b) 匹配滤波器的冲击响应　(c) 匹配滤波器的输出信号

图 3.12　矩形脉冲的匹配滤波器

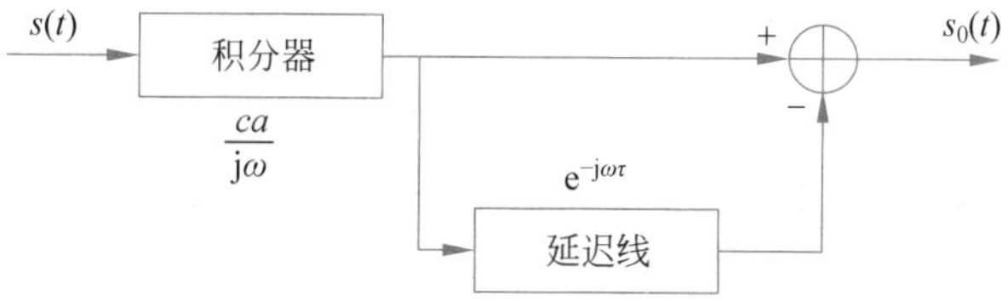

图 3.13　矩形脉冲信号匹配滤波器实现框图

【例 3.6】 矩形脉冲串信号的匹配滤波器。

设矩形脉冲串信号为

$$s(t)=\sum_{k=0}^{M-1}s_1(t-kT) \tag{3.4.22}$$

式中,$s_1(t)$是如式(3.4.17)所示的单个矩形脉冲信号,T 为脉冲的重复间隔,信号的频谱为

$$S(\omega)=\sum_{k=0}^{M-1}S_1(\omega)\mathrm{e}^{-\mathrm{j}k\omega T} \tag{3.4.23}$$

$s(t)$的匹配滤波器为

$$H(\omega)=cS^*(\omega)\mathrm{e}^{-\mathrm{j}\omega t_0}=c\sum_{k=0}^{M-1}S_1^*(\omega)\mathrm{e}^{\mathrm{j}k\omega T}\mathrm{e}^{-\mathrm{j}\omega t_0}$$

取 $t_0=(M-1)T+\tau$,则

$$H(\omega)=c\sum_{k=0}^{M-1}S_1^*(\omega)\mathrm{e}^{\mathrm{j}k\omega T}\mathrm{e}^{-\mathrm{j}\omega[(M-1)T+\tau]}=cS_1^*(\omega)\mathrm{e}^{-\mathrm{j}\omega\tau}\sum_{k=0}^{M-1}\mathrm{e}^{-\mathrm{j}\omega(M-1-k)T} \tag{3.4.24}$$

可见匹配滤波器可表示为

$$H(\omega)=H_1(\omega)H_2(\omega) \tag{3.4.25}$$

匹配滤波器的组成如图 3.14 所示,其中

$$H_1(\omega)=cS_1^*(\omega)\mathrm{e}^{-\mathrm{j}\omega\tau} \tag{3.4.26}$$

$H_1(\omega)$是单个矩形脉冲信号的匹配滤波器,由于矩形脉冲串信号是由单个矩形信号经周期延拓得到的,将单个矩形脉冲信号称为矩形脉冲串信号的子脉冲,$H_1(\omega)$称为子脉冲匹配滤波器。而 $H_2(\omega)$为

$$H_2(\omega)=\sum_{k=0}^{M-1}\mathrm{e}^{-\mathrm{j}\omega(M-1-k)T}=1+\mathrm{e}^{-\mathrm{j}\omega T}+\cdots+\mathrm{e}^{-\mathrm{j}\omega(M-1)T} \tag{3.4.27}$$

它是由延迟单元和求和器构成的,通常称为相参积累器,它的作用是调整脉冲串信号的相位,使其在 $t_0=(M-1)T+\tau$ 实现同相相加。

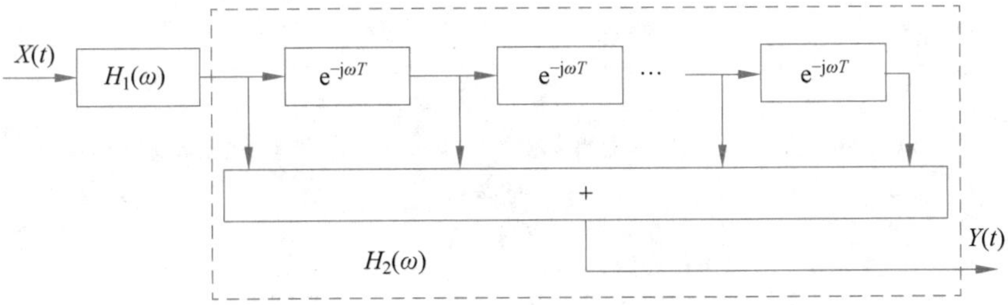

图 3.14 矩形脉冲串信号的匹配滤波器

由于矩形脉冲串信号的能量是单个矩形脉冲信号能量的 M 倍,由式(3.4.16),匹配滤波器输出的最大信噪比为

$$d_{\mathrm{m}}=\frac{2E}{N_0}=\frac{2ME_1}{N_0}=M\frac{2E_1}{N_0}=Md_1 \tag{3.4.28}$$

式中,E_1 代表单个矩形脉冲信号的能量,d_1 代表子脉冲匹配滤波器输出的最大信噪比。由式(3.4.28)可以看出,矩形脉冲串信号匹配滤波器输出的最大信噪比是单个矩形脉冲信号的 M 倍,即信噪比提高了$(M-1)$倍,信噪比的提高得益于相参积累器的作用。式(3.4.25)和式(3.4.28)可以推广到任意的脉冲串信号。

3.4.3 广义匹配滤波器

下面进一步讨论式(3.4.8)。假定噪声具有有理的功率谱,由式(2.5.8),它可以分解为

$$G_w(\omega)=G_w^+(\omega)G_w^-(\omega)=G_w^+(\omega)[G_w^+(\omega)]^* \tag{3.4.29}$$

则式(3.4.8)可以写成

$$H(\omega)=cS^*(\omega)\mathrm{e}^{-\mathrm{j}\omega t_0}/G_w(\omega)=\frac{1}{G_w^+(\omega)}c\left[\frac{S(\omega)}{G_w^+(\omega)}\right]^*\mathrm{e}^{-\mathrm{j}\omega t_0}$$

$$=H_1(\omega)H_2(\omega) \tag{3.4.30}$$

其中

$$H_1(\omega)=\frac{1}{G_w^+(\omega)},\quad H_2(\omega)=cS'^*(\omega)\mathrm{e}^{-\mathrm{j}\omega t_0} \tag{3.4.31}$$

式中

$$S'(\omega)=S(\omega)/G_w^+(\omega) \tag{3.4.32}$$

它是 $s(t)$ 信号经过滤波器 $H_1(\omega)$ 后输出的信号。而平稳噪声通过 $H_1(\omega)$ 后，输出噪声的功率谱为

$$G_{w'}(\omega)=G_w(\omega)\mid H_1(\omega)\mid^2=G_w(\omega)\frac{1}{G_w^+(\omega)}\frac{1}{[G_w^+(\omega)]^*}=1$$

可见 $w'(t)$ 是白噪声，则 $H_2(\omega)$ 就可以看作白噪声环境下的匹配滤波器，只不过现在匹配的信号是 $s'(t)$ 而不是 $s(t)$。很显然，$H_1(\omega)$ 是物理可实现的滤波器，而 $H_2(\omega)$ 有可能是物理不可实现的，若取物理可实现部分 $H_{2c}(\omega)$，则滤波器的传递函数为

$$H(\omega)=H_1(\omega)H_{2c}(\omega)=\frac{1}{G_w^+(\omega)}\left[\frac{cS^*(\omega)\mathrm{e}^{-\mathrm{j}\omega t_0}}{G_w^-(\omega)}\right]^+ \tag{3.4.33}$$

式中$[\ ]^+$表示取物理可实现部分。若用拉普拉斯变换表示，则式(3.4.33)可表示为

$$H(s)=H_1(s)H_{2c}(s)=\frac{1}{G_w^+(s)}\left[\frac{cS(-s)\mathrm{e}^{-st_0}}{G_w^-(s)}\right]^+ \tag{3.4.34}$$

式(3.4.33)或式(3.4.34)称为广义匹配滤波器，它的实现结构如图 3.15 所示。

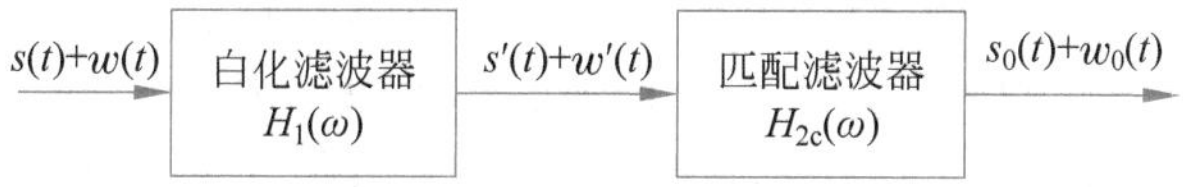

图 3.15 广义匹配滤波器结构

【例 3.7】 设信号为

$$s(t)=\begin{cases}\mathrm{e}^{-t/2}-\mathrm{e}^{-t}, & t\geqslant 0\\ 0, & t<0\end{cases}$$

噪声的功率谱为 $G_w(\omega)=1/(1+\omega^2)$，求广义匹配滤波器的传递函数。

解：首先将噪声功率谱用拉普拉斯变换表示为

$$G_w(s)=\frac{1}{1-s^2}=\frac{1}{(1+s)(1-s)}$$

所以，

$$G_w^+(s)=\frac{1}{1+s},\quad G_w^-(s)=\frac{1}{1-s},\quad H_1(s)=\frac{1}{G_w^+(s)}=1+s$$

信号的拉普拉斯变换为

$$S(s)=\frac{1}{1/2+s}-\frac{1}{1+s}=\frac{1}{(1+2s)(1+s)}$$

$$H_2(s)=\frac{cS(-s)\mathrm{e}^{-st_0}}{G_n^-(s)}=\frac{c}{1-2s}\mathrm{e}^{-st_0}$$

求 $H_2(s)$的拉普拉斯反变换的冲激响应为

$$h_2(t)=\begin{cases}\dfrac{c}{2}\mathrm{e}^{(t-t_0)/2}, & -\infty<t\leqslant t_0\\ 0, & t>t_0\end{cases}$$

很显然,$h_2(t)$在 $t<0$ 时不为零,因此 $H_2(s)$不是物理可实现的滤波器,若取物理可实现部分,则

$$h_{2\mathrm{c}}(t)=\begin{cases}\dfrac{c}{2}\mathrm{e}^{(t-t_0)/2}, & 0<t\leqslant t_0\\ 0, & t<0 \text{ 或 } t>t_0\end{cases}$$

对应的传递函数为

$$H_{2\mathrm{c}}(s)=\int_0^{t_0}\frac{c}{2}\mathrm{e}^{(t-t_0)/2}\mathrm{e}^{-st}\,\mathrm{d}t=\frac{c}{1-2s}(\mathrm{e}^{-st_0}-\mathrm{e}^{-t_0/2})$$

则 $s(t)$的广义匹配滤波器为

$$H(s)=H_1(s)H_{2\mathrm{c}}(s)=c\,\frac{1+s}{1-2s}(\mathrm{e}^{-st_0}-\mathrm{e}^{t_0/2})$$

视频

3.5 信号处理实例——线性调频信号的匹配滤波器

早期脉冲雷达所用信号多是简单矩形脉冲信号,这时脉冲信号能量 $E=PT$,P 为脉冲功率,T 为脉冲宽度。当要求雷达探测目标的作用距离增大时,应该加大信号能量 E。增大发射机的脉冲功率是一个途径,但它受到发射管峰值功率及传输线容量等因素的限制,只能有一定的范围。在发射机平均功率允许的条件下,可以通过增大脉冲宽度的 T 的办法来提高信号能量。而距离分辨力取决于所用信号的带宽 B。B 越大,距离分辨力越好。对于简单矩形脉冲,信号带宽 B 与其脉冲宽度 T 满足 $BT\approx 1$ 的关系,因此采用宽脉冲时必然降低其距离分辨力。因此,脉冲宽度 T 的大小会受到明显的限制。提高雷达的探测能力和保证必需的距离分辨力这对矛盾,在简单脉冲信号中很难解决,因此有必要寻找和采用较为复杂的信号形式。

如果在宽脉冲内采用附加频率或相位调制以增加信号带宽 B,则在接收时用匹配滤波器进行处理,可将长脉冲压缩到 $1/B$ 的宽度,这样既可使雷达用长脉冲去获得大能量,又可以得到短脉冲所具备的距离分辨力。这种信号称为脉冲压缩信号或大时宽带宽信号,线性调频信号就是一种典型的大时宽带宽信号,其脉宽 T 和带宽 B 的乘积大于 1,一般采用 $BT\gg 1$。

3.5.1 线性调频信号

线性调频信号是通过非线性相位调制或线性频率调制(LFM)来获得大时宽带宽积的,又称为 chirp 信号,这是研究得最早而应用最广泛的一种脉冲压缩信号。采用这种信

号的雷达可以同时获得远作用距离和高距离分辨力。线性调频信号实信号形式可表示为

$$s(t)=A\cdot \mathrm{rect}\left(\frac{t}{T}\right)\cos\left(\omega_0 t+\frac{\mu t^2}{2}\right)$$

其中,包络是宽度为 T 的矩形脉冲,μ 为频率变化斜率

$$\mathrm{rect}\left(\frac{t}{T}\right)=\begin{cases}1, & \left|\frac{t}{T}\right|\leqslant\frac{1}{2}\\ 0, & \left|\frac{t}{T}\right|>\frac{1}{2}\end{cases}$$

信号的瞬时载频是随时间线性变化的。瞬时角频率 ω_i 为

$$\omega_i=\frac{\mathrm{d}\varphi}{\mathrm{d}t}=\omega_0+\mu t$$

在脉冲宽度内,信号角频率由 $\omega_0-\frac{\mu T}{2}$变化到 $\omega_0+\frac{\mu T}{2}$。调频信号的带宽 $B=\frac{\mu T}{2\pi}$。对于这种信号,其时宽频宽乘积 D 是一个重要参数,表示为

$$D=BT=\frac{\mu T^2}{2\pi}$$

3.5.2 线性调频信号通过匹配滤波器的输出分析

首先讨论线性调频信号通过匹配滤波器的输出以观察脉冲压缩的情况。时域上,滤波器输入信号 $s(t)$与输出信号 $s_0(t)$及冲激响应 $h(t)$之间的关系是

$$s_0(t)=\int_{-\infty}^{+\infty}s(\tau)h(t-\tau)\mathrm{d}\tau$$

而匹配滤波器的冲激响应 $h(t)=cs(t_0-t)$,其中 c 为常数。

由于

$$h(t-\tau)=cs[\tau-(t-t_0)]$$

于是

$$s_0(t)=c\int_{-\infty}^{+\infty}s(\tau)s[\tau-(t-t_0)]\mathrm{d}\tau$$

将 $s(\tau)=A\cdot\mathrm{rect}\left(\frac{\tau}{T}\right)\cos\left(\omega_0\tau+\frac{\mu\tau^2}{2}\right)$代入上式后,再展开三角函数。推导可得

$$s_0(t)=\frac{cA^2T}{2}\frac{\sin\left[\frac{\mu T}{2}(t-t_0)\right]}{\frac{\mu T}{2}(t-t_0)}\cos\omega_0(t-t_0)$$

上式表示线性调频信号经过匹配滤波器的输出,是一个固定载频 ω_0 的信号,其包络近似为 sinc 函数

$$\frac{cA^2T}{2}\frac{\sin\left[\frac{\mu T}{2}(t-t_0)\right]}{\frac{\mu T}{2}(t-t_0)}$$

由于 $x=\frac{\pi}{2}$ 时,$\frac{\sin(x)}{x}=\frac{2}{\pi}$,接近 -4dB,匹配滤波器输出脉冲 -4dB 间的宽度 $T'=2x$。可得压缩后的宽度 $T'=\frac{2\pi}{\mu T}=\frac{1}{B}$,$B$ 为信号调频宽度。可见压缩后的脉冲宽度反比于 B,而与输入信号脉冲宽度 T 无关。

线性调频信号的输入脉冲宽度 T 与输出脉宽 T' 之比通常称为压缩比,即

$$\frac{T}{T'}=\frac{T}{1/B}=BT=D$$

它就是信号的时宽带宽乘积。早期线性调频信号常用的压缩比在数十至数百的范围,而近代雷达用的线性调频信号,其压缩比可达 10^6 数量级。

通过匹配滤波器后,脉冲宽度变窄,t_0 时刻输出端最大信噪比为

$$d_{\max}=\frac{s_0^2(t_0)}{E[n_0^2(t)]}$$

式中,$E[n_0^2(t)]=\frac{1}{2\pi}\int_{-\infty}^{+\infty}|H(\omega)|\frac{N_0}{2}\mathrm{d}\omega$,$N_0/2$ 为白噪声功率谱密度。

匹配滤波器的频率响应为

$$H(\omega)=cS^*(\omega)\mathrm{e}^{-\mathrm{j}\omega t_0}$$

所以,

$$E[n_0^2(t)]=\frac{N_0}{2}\frac{c^2}{2\pi}\int_{-\infty}^{+\infty}|S^*(\omega)|\mathrm{d}\omega=\frac{N_0c^2}{2}\int_{-\infty}^{+\infty}s^2(t)\mathrm{d}t=\frac{N_0Ec^2}{2}$$

式中,E 为信号能量。当 $t=t_0$ 时,有

$$s_0(t_0)=\frac{cA^2T}{2}$$

所以输出端最大瞬时信噪比为

$$d_{\mathrm{m}}=\frac{s_0^2(t_0)}{E[n_0^2(t)]}=\frac{(cA^2T/2)^2}{N_0Ec^2/2}=\frac{(cE)^2}{N_0Ec^2/2}=\frac{2E}{N_0}$$

式中,$E=A^2T/2$ 为线性调频脉冲能量。当信号振幅 A 一定时,可以加大脉冲宽度 T 增加信号能量。

下面讨论线性调频信号经过匹配滤波器后的信号幅度变化。由于压缩网络是无源的,所以输入和输出端能量相等。即

$$E=PT=P'T'$$

P 和 P' 为输入信号功率和输出信号功率,即

$$\frac{P'}{P}=\frac{T}{T'}=D$$

又因为脉冲功率与信号幅度平方成正比,故得压缩前后脉冲振幅比为

$$\frac{A'}{A}=\sqrt{D}$$

可见输出脉冲振幅增大为原来的$\sqrt{D}$倍。

根据线性调频信号匹配滤波器的频率响应可知，压缩比 D 的值越大，幅频特性在频带外幅度的下降越快，即频谱形状和矩形更接近。当 $D=10$ 时，就有 95%的信号能量包含在此频带范围内。通常使用的线性调频脉冲均满足 $D\gg1$，故其频谱的振幅部分很接近矩形，中心频率为信号的频率，而带宽近似等于信号的调频带宽 B。相位特性的特点是具有平方律的相频特性和平方相位项共轭，然后再加一个时延项，即 $\Phi(\omega)=\frac{(\omega-\omega_0)^2}{2\mu}-\omega t_0$。

图 3.16 画出脉冲宽度为 $100\mu s$，调频带宽为 1MHz，即 $D=100$ 的线性调频信号的时域波形(图 3.16(a))、功率谱密度(图 3.16(b))和匹配滤波器的输出响应(图 3.16(c)和图 3.16(d)，其中图 3.16(d)为对数形式)。

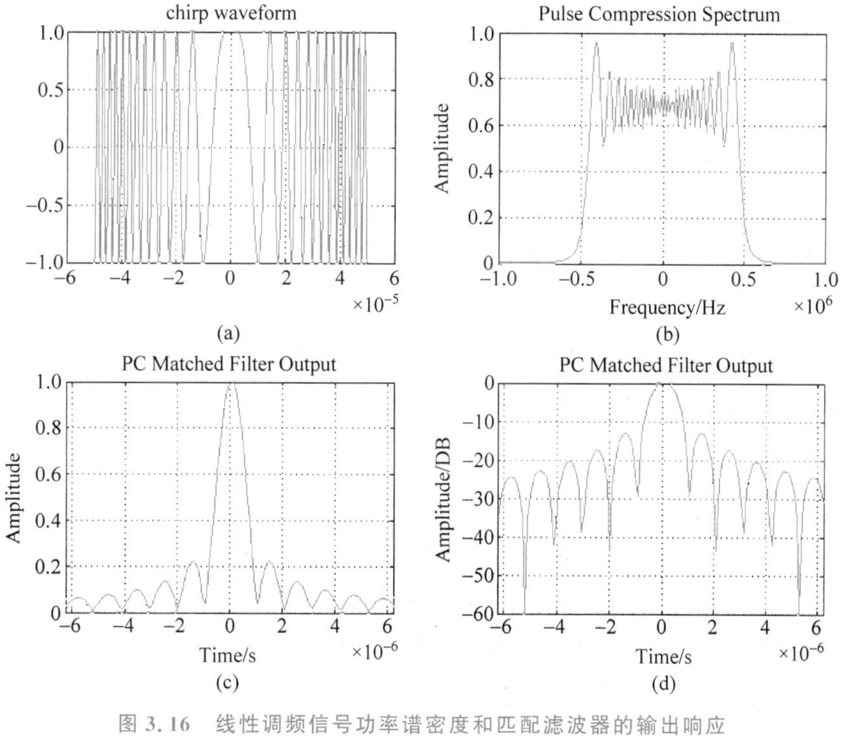

图 3.16　线性调频信号功率谱密度和匹配滤波器的输出响应

图 3.16 表明，匹配滤波器对于线性调频脉冲信号的输出有比较高的时间旁瓣。这些时间旁瓣是不需要的，因为在大目标附近的小目标有可能被遮蔽而探测不到。该问题的解决方法是用一个窗函数对线性调频的幅度进行加权，以修正匹配滤波器的输出响应，感兴趣的读者可以参考相关书籍。

3.6 随机动态系统

对于一个物理系统，可以用状态矢量描述系统随时间变化的动态过程，一般的动态过程可以用如下的状态方程描述：

$$\dot{\boldsymbol{x}}(t)=f[\boldsymbol{x}(t),\boldsymbol{u}(t),\boldsymbol{n}(t)] \tag{3.6.1}$$

式中，$\boldsymbol{x}(t)$为系统的$M\times 1$维的状态矢量，$\boldsymbol{u}(t)$为$r\times 1$维的控制矢量，$\boldsymbol{n}(t)$为$p\times 1$维的系统扰动噪声矢量。若矢量函数f对于$\boldsymbol{x}(t)$、$\boldsymbol{u}(t)$、$\boldsymbol{n}(t)$都是线性的，则系统称为随机线性系统，本节只介绍随机线性系统。

3.6.1 随机连续线性系统

随机连续线性系统的状态方程可表示为

$$\dot{\boldsymbol{x}}(t)=\boldsymbol{A}(t)\boldsymbol{x}(t)+\boldsymbol{G}(t)\boldsymbol{u}(t)+\boldsymbol{F}(t)\boldsymbol{n}(t) \tag{3.6.2}$$

式中，$\boldsymbol{A}(t)$是$M\times M$维矩阵，$\boldsymbol{G}(t)$是$M\times r$维矩阵，$\boldsymbol{F}(t)$是$M\times p$维矩阵。假定$\boldsymbol{n}(t)$是零均值白噪声，且

$$E[\boldsymbol{n}(t)\boldsymbol{n}^{\mathrm{T}}(\tau)]=\boldsymbol{Q}(t)\delta(t-\tau) \tag{3.6.3}$$

系统的起始状态$\boldsymbol{x}(t_0)$假定为随机矢量，且

$$E[\boldsymbol{x}(t_0)]=\boldsymbol{m}_x(t_0),\quad E\{[\boldsymbol{x}(t_0)-\boldsymbol{m}_x(t_0)][\boldsymbol{x}(t_0)-\boldsymbol{m}_x(t_0)]^{\mathrm{T}}\}=\boldsymbol{P}_x(t_0) \tag{3.6.4}$$

根据线性系统理论，式(3.6.2)的解由两部分组成，一部分是零输入解，另一部分是零状态解，其解可以表示为

$$\boldsymbol{x}(t)=\boldsymbol{\Phi}(t,t_0)\boldsymbol{x}(t_0)+\int_{t_0}^{t}\boldsymbol{\Phi}(t,\tau)[\boldsymbol{G}(\tau)\boldsymbol{u}(\tau)+\boldsymbol{F}(\tau)\boldsymbol{n}(\tau)]\mathrm{d}\tau \tag{3.6.5}$$

式中，$\boldsymbol{\Phi}(t,t_0)$称为状态转移矩阵，它是下列状态方程的解：

$$\begin{cases}\dot{\boldsymbol{\Phi}}(t,t_0)=\boldsymbol{A}(t)\,\boldsymbol{\Phi}(t,t_0)\\ \boldsymbol{\Phi}(t_0,t_0)=\boldsymbol{I}\end{cases} \tag{3.6.6}$$

若$\boldsymbol{A}(t)$、$\boldsymbol{G}(t)$和$\boldsymbol{F}(t)$为与时间t无关的常系数矩阵，则式(3.6.2)可表示为

$$\dot{\boldsymbol{x}}(t)=\boldsymbol{A}\boldsymbol{x}(t)+\boldsymbol{G}\boldsymbol{u}(t)+\boldsymbol{F}\boldsymbol{n}(t) \tag{3.6.7}$$

称式(3.6.7)描述的线性系统为定常线性系统。对于定常线性系统，其状态转移矩阵为

$$\begin{aligned}\boldsymbol{\Phi}(t,t_0)&=\mathrm{e}^{\boldsymbol{A}(t-t_0)}=\boldsymbol{I}+\boldsymbol{A}(t-t_0)+\frac{1}{2!}\boldsymbol{A}^2(t-t_0)^2+\cdots\\ &=\sum_{k=0}^{\infty}\frac{1}{k!}\boldsymbol{A}^k(t-t_0)^k\end{aligned} \tag{3.6.8}$$

【例 3.8】 设有如下微分方程描述的线性系统，

$$\begin{cases}\dot{x}_1(t)=x_2(t)\\ \dot{x}_2(t)=0\end{cases}$$

试建立系统的状态方程，并求出状态转移矩阵。

解：本例的微分方程可以写成如下形式，

$$\begin{bmatrix}\dot{x}_1(t)\\ \dot{x}_2(t)\end{bmatrix}=\begin{bmatrix}0 & 1\\ 0 & 0\end{bmatrix}\begin{bmatrix}x_1(t)\\ x_2(t)\end{bmatrix}$$

令

$$\boldsymbol{x}(t)=\begin{bmatrix}x_1(t)\\ x_2(t)\end{bmatrix},\quad \boldsymbol{A}=\begin{bmatrix}0 & 1\\ 0 & 0\end{bmatrix}$$

则系统的状态方程可表示为

$$\dot{\boldsymbol{x}}(t)=\boldsymbol{A}\boldsymbol{x}(t)$$

由于

$$\boldsymbol{A}^2=\begin{bmatrix}0 & 1\\ 0 & 0\end{bmatrix}\begin{bmatrix}0 & 1\\ 0 & 0\end{bmatrix}=\begin{bmatrix}0 & 0\\ 0 & 0\end{bmatrix}$$

所以

$$\boldsymbol{\Phi}(t,t_0)=\boldsymbol{I}+\boldsymbol{A}(t-t_0)=\begin{bmatrix}1 & t-t_0\\ 0 & 1\end{bmatrix}$$

状态方程的解为

$$\boldsymbol{x}(t)=\boldsymbol{\Phi}(t,t_0)\boldsymbol{x}(t_0)$$

【例 3.9】 设有微分方程，

$$\ddot{x}(t)+\dot{x}(t)=u(t)$$

求状态转移矩阵。

解：令 $x_1(t)=x(t)$，$x_2(t)=\dot{x}_1(t)$，则

$$\begin{cases}\dot{x}_1(t)=x_2(t)\\ \dot{x}_2(t)=-x_2(t)+u(t)\end{cases}$$

写成矩阵形式，

$$\dot{\boldsymbol{x}}(t)=\boldsymbol{A}\boldsymbol{x}(t)+\boldsymbol{G}u(t)$$

其中，

$$\boldsymbol{A}=\begin{bmatrix}0 & 1\\ 0 & -1\end{bmatrix},\quad \boldsymbol{G}=\begin{bmatrix}0\\ 1\end{bmatrix}$$

由于

$$\boldsymbol{A}^2=\begin{bmatrix}0 & -1\\ 0 & 1\end{bmatrix},\quad \boldsymbol{A}^3=\begin{bmatrix}0 & 1\\ 0 & -1\end{bmatrix}$$

所以

$$\begin{aligned}\boldsymbol{\Phi}(t,t_0)&=\mathrm{e}^{\boldsymbol{A}(t-t_0)}\\ &=\boldsymbol{I}+\boldsymbol{A}(t-t_0)+\frac{1}{2!}\boldsymbol{A}^2(t-t_0)2+\cdots\\ &=\begin{bmatrix}1 & 0\\ 0 & 1\end{bmatrix}+\begin{bmatrix}0 & 1\\ 0 & -1\end{bmatrix}(t-t_0)+\frac{1}{2!}\begin{bmatrix}0 & -1\\ 0 & 1\end{bmatrix}(t-t_0)2+\cdots\end{aligned}$$

$$= \begin{bmatrix} 1 & (t-t_0) - \frac{1}{2!}(t-t_0)^2 + \frac{1}{3!}(t-t_0)^3 \\ 0 & 1-(t-t_0) + \frac{1}{2!}(t-t_0)^2 - \frac{1}{3!}(t-t_0)^3 \end{bmatrix}$$

$$= \begin{bmatrix} 1 & 1-\mathrm{e}^{-(t-t_0)} \\ 0 & \mathrm{e}^{-(t-t_0)} \end{bmatrix}$$

3.6.2 随机连续线性系统的离散化

将随机连续线性系统的状态方程离散化可得到随机离散线性系统的状态方程。在式(3.6.5)中,令 $t_0=t_k$,$t=t_{k+1}$,则

$$\boldsymbol{x}(t_{k+1}) = \boldsymbol{\Phi}(t_{k+1},t_k)x(t_k) + \int_{t_k}^{t_{k+1}} \boldsymbol{\Phi}(t_{k+1},\tau)[\boldsymbol{G}(\tau)\boldsymbol{u}(\tau) + \boldsymbol{F}(\tau)\boldsymbol{n}(\tau)]\mathrm{d}\tau \tag{3.6.9}$$

当采样间隔 $t_{k+1}-t_k$ 比较小时,可以认为在采样间隔(t_k,t_{k+1})上,$\boldsymbol{u}(\tau)$和 $\boldsymbol{n}(\tau)$保持不变,取端点值 $\boldsymbol{u}(\tau)=\boldsymbol{u}(t_k)$,$\boldsymbol{n}(\tau)=\boldsymbol{n}(t_k)$,则式(3.6.9)可近似为

$$\boldsymbol{x}(t_{k+1}) = \boldsymbol{\Phi}(t_{k+1},t_k)x(t_k) + \int_{t_k}^{t_{k+1}} \boldsymbol{\Phi}(t_{k+1},\tau)\boldsymbol{G}(\tau)\mathrm{d}\tau\boldsymbol{u}(t_k) + \int_{t_k}^{t_{k+1}} \boldsymbol{\Phi}(t_{k+1},\tau)\boldsymbol{F}(\tau)\mathrm{d}\tau\boldsymbol{n}(t_k) \tag{3.6.10}$$

令

$$\boldsymbol{x}[k+1]=\boldsymbol{x}(t_{k+1}),\quad \boldsymbol{x}[k]=\boldsymbol{x}(t_k),\quad \boldsymbol{u}[k]=\boldsymbol{u}(t_k),\quad \boldsymbol{n}[k]=\boldsymbol{n}(t_k)$$

$$\boldsymbol{B}[k]=\int_{t_k}^{t_{k+1}} \boldsymbol{\Phi}(t_{k+1},\tau)\boldsymbol{G}(\tau)\mathrm{d}\tau,\quad \boldsymbol{\Gamma}[k]=\int_{t_k}^{t_{k+1}} \boldsymbol{\Phi}(t_{k+1},\tau)\boldsymbol{F}(\tau)\mathrm{d}\tau$$

则式(3.6.10)可表示为

$$\boldsymbol{x}[k+1] = \boldsymbol{\Phi}[k+1,k]\boldsymbol{x}[k] + \boldsymbol{B}[k]\boldsymbol{u}[k] + \boldsymbol{\Gamma}[k]\boldsymbol{n}[k] \tag{3.6.11}$$

式(3.6.11)是式(3.6.2)离散化以后的状态方程。其中 $\boldsymbol{n}[k]$是零均值白噪声,且 $E(\boldsymbol{n}[k]\boldsymbol{n}^{\mathrm{T}}[j])=\boldsymbol{Q}[k]\delta_{kj}$。

【例 3.10】 运动目标的恒速模型(CV)。设目标的运动方程可表示为

$$\ddot{x}(t) = \tilde{v}(t) \tag{3.6.12}$$

其中 $\tilde{v}(t)$表示速度的轻微变化,且假定 $E[\tilde{v}(t)]=0$,$E[\tilde{v}(t)\tilde{v}(\tau)]=q\delta(t-\tau)$,其中 $q>0$。求离散化后的状态方程。

解:式(3.6.12)用状态方程可表示为

$$\dot{\boldsymbol{x}}(t) = \boldsymbol{A}(t)\boldsymbol{x}(t) + \boldsymbol{F}(t)\tilde{v}(t) \tag{3.6.13}$$

式中,$\boldsymbol{x}=[x \quad \dot{x}]^{\mathrm{T}}$,$\boldsymbol{A}=\begin{bmatrix} 0 & 1 \\ 0 & 0 \end{bmatrix}$,$\boldsymbol{F}=\begin{bmatrix} 0 \\ 1 \end{bmatrix}$。式(3.6.13)的解为

$$\boldsymbol{x}(t) = \boldsymbol{\Phi}(t,t_0)\boldsymbol{x}(t_0) + \int_{t_0}^{t} \boldsymbol{\Phi}(t,\tau)\boldsymbol{F}(\tau)\tilde{v}(\tau)\mathrm{d}\tau \tag{3.6.14}$$

式中,

$$\boldsymbol{\Phi}(t,t_0)=\mathrm{e}^{\boldsymbol{A}(t-t_0)}=\boldsymbol{I}+\boldsymbol{A}(t-t_0)+\frac{1}{2!}\boldsymbol{A}^2(t-t_0)^2+\cdots=\sum_{k=0}^{\infty}\frac{1}{k!}\boldsymbol{A}^k(t-t_0)^k$$

由于 $\boldsymbol{A}^k=\boldsymbol{0}(k\geqslant 2)$，所以，

$$\boldsymbol{\Phi}(t,t_0)=\boldsymbol{I}+\boldsymbol{A}(t-t_0)=\begin{bmatrix}1 & t-t_0\\0 & 1\end{bmatrix} \tag{3.6.15}$$

令 $t_0=t_k, t=t_{k+1}$，则

$$\boldsymbol{x}(t_{k+1})=\boldsymbol{\Phi}(t_{k+1},t_k)\boldsymbol{x}(t_k)+\int_{t_k}^{t_{k+1}}\boldsymbol{\Phi}(t_{k+1},\tau)\boldsymbol{F}(\tau)\tilde{v}(\tau)\mathrm{d}\tau \tag{3.6.16}$$

其中

$$\boldsymbol{\Phi}(t_{k+1},t_k)=\begin{bmatrix}1 & t_{k+1}-t_k\\0 & 1\end{bmatrix} \tag{3.6.17}$$

若采样间隔相等，且 $t_{k+1}-t_k=T$，则式(3.6.17)可表示为

$$\boldsymbol{x}[k+1]=\boldsymbol{\Phi x}[k]+\boldsymbol{n}[k]$$

其中，$\boldsymbol{\Phi}=\begin{bmatrix}1 & T\\0 & 1\end{bmatrix}$，

$$\boldsymbol{n}[k]=\int_{kT}^{(k+1)T}\begin{bmatrix}1 & (k+1)T-\tau\\0 & 1\end{bmatrix}\begin{bmatrix}0\\1\end{bmatrix}\tilde{v}(\tau)\mathrm{d}\tau \tag{3.6.18}$$

可以证明，

$$E(\boldsymbol{n}[k])=0,\quad E(\boldsymbol{n}[k]\boldsymbol{n}^{\mathrm{T}}[l])=\begin{bmatrix}T^3/3 & T^2/2\\T^2/2 & T\end{bmatrix}q\delta_{kl} \tag{3.6.19}$$

可见 $\boldsymbol{n}[k]$是零均值白噪声。

习题

3.1 已知一个平稳随机过程输入到 RL 滤波器，如图 3.17 所示，其 $E[X(t)]=0$，$R_X(t_1,t_2)=\sigma^2\exp[-\beta(t_1-t_2)]=\sigma^2\exp[-\beta|\tau|]$，$\beta>0$，求输出的自相关函数 $R_Y(\tau)$。

3.2 设线性时不变系统的冲激响应为 $h(t)=\mathrm{e}^{-\beta t}U(t)$，输入平稳随机过程 $X(t)$的自相关函数为 $R_X(\tau)=\mathrm{e}^{-\alpha|\tau|}$，其中 $\alpha>0,\beta>0$。
(1)求输入输出之间的互相关函数 $R_{XY}(\tau)$；(2)当令 $\alpha=3,\beta=1$ 时，将所得结果画出来。

3.3 图 3.18 为单输入双输出线性系统。求证：输出 $Y_1(t)$和 $Y_2(t)$的互功率谱密度

$$G_{Y_1Y_2}(\omega)=H_1(\omega)H_2^*(\omega)G_X(\omega)$$

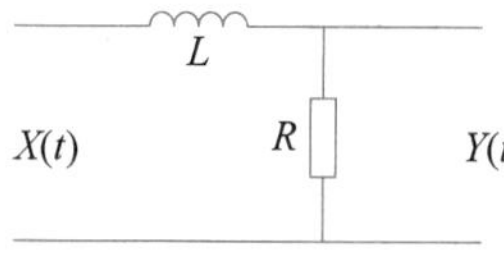

图 3.17 RL 滤波器

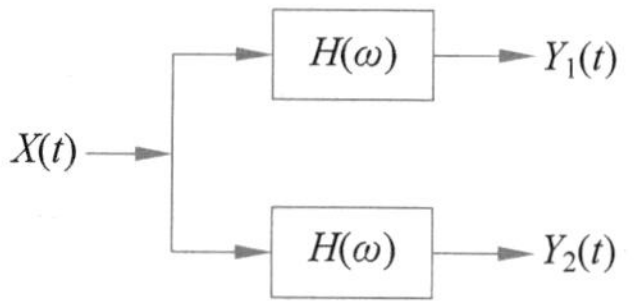

图 3.18 单输入双输出线性系统

3.4 若线性系统输入随机过程 $X(t)$ 的功率谱密度为

$$G_X(\omega)=\frac{\omega^2+3}{\omega^2+8}$$

现已知其输出过程 $Y(t)$ 的功率谱密度 $G_Y(\omega)=1$，求该系统的传递函数。

3.5 证明随机过程的采样定理。设 $X(t)$ 为限带随机过程，即功率谱密度满足

$$G_X(\omega)=0,\ |\omega|>\omega_c$$

试证明：

$$\hat{X}(t)=\sum_{n=-\infty}^{+\infty}X(nT)\frac{\sin(\omega_c t-n\pi)}{\omega_c t-n\pi}$$

提示：要证明上式，只需证明 $E\{[X(t)-\hat{X}(t)]^2\}=0$。

3.6 在雷达信号处理中，杂波的对消非常重要，用杂波衰减因子描述杂波对消的效果，它的定义为 $CA=C_i/C_o$，其中 C_i 表示杂波对消器的输入杂波功率，C_o 表示杂波对消器的输出杂波功率。图 3.19 描述的就是一种最简单的二脉冲杂波对消器，假定进入二脉冲对消器的杂波功率谱密度为 $G_X(f)=\frac{P_c}{\sqrt{2\pi}\sigma_c}\exp\left(-\frac{f^2}{2\sigma_c^2}\right)$，$P_c$ 为输入杂波的功率，求二脉冲对消器的杂波衰减因子。(提示：对正弦函数可以采用近似计算：对于小的 x，$\sin x\approx x$，在实际中通常有 $fT\ll 1$)

3.7 设 $X(t)$ 为一个零均值高斯过程，其功率谱密度 $G_X(f)$ 如图 3.20 所示，若每 $1/2B$ 秒对 $X(t)$ 采样，得到样本集合 $X(0),X(1/2B),\cdots$，求前 N 个样本的联合概率密度。

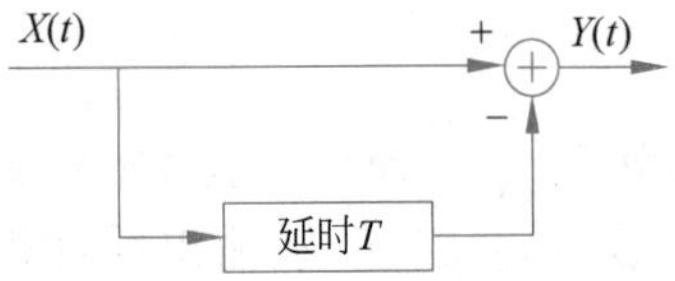

图 3.19 系统示意图

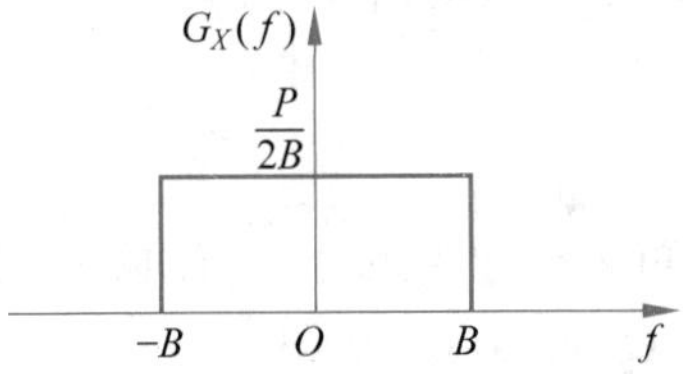

图 3.20 功率谱密度

3.8 设 $X[n]$ 是一个均值为零、方差为 σ_X^2 的白噪声，$Y[n]$ 是单位脉冲响应为 $h[n]$ 的线性时不变离散系统的输出。

试证：(1) $E(X[n]Y[n])=h[0]\sigma_X^2$；

(2) $\sigma_Y^2=\sigma_X^2\sum_{n=0}^{\infty}h^2[n]$。

3.9 图 3.21 所示离散线性系统，激励为均值为零、方差为 σ_X^2 的白噪声序列，其中 $h_1[n]=a^nU(n)$，$h_2[n]=b^nU(n)$，$|a|<1$，$|b|<1$。试求 σ_Z^2。

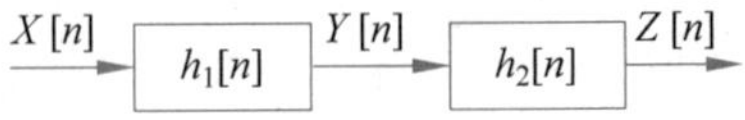

图 3.21 离散线性系统

3.10 序列 $Y[n]$ 和 $X[n]$ 满足差分方程

$$Y[n]=Y[n+a]-Y[n-a]$$

其中 a 为常数,试用 $X[n]$ 的自相关函数表示 $Y[n]$ 的自相关函数。

3.11 输入过程 $X(n)$ 的功率谱密度为 σ_X^2,二阶 MA 模型

$$Y(n)=X(n)+a_1X(n-1)+a_2X(n-2)$$

试求 $Y(n)$ 的自相关函数和功率谱密度。

3.12 假定一广义平稳随机过程由下面的差分方程描述:

$$X[n]-aX[n-1]=W[n]-bW[n-1]$$

其中 $W[n]$ 为白噪声,方差为 $\sigma_W^2=1$,对于参数 a 和 b 取下面两组值,分别画出 $X[n]$ 的功率谱密度,并解释你的结果。(1) $a=0.9,b=0.2$;(2) $a=0.2,b=0.9$。

3.13 假定二阶 AR 过程由如下差分方程描述:

$$X[n]-2r\cos(2\pi f_0)X[n-1]+r^2X[n-2]=W[n]$$

其中 $W[n]$ 为白噪声,方差为 $\sigma_W^2=1$,对于参数 r 和 f_0 取下面两组值,分别画出 $X[n]$ 的功率谱密度,并解释你的结果。(1) $r=0.7,f_0=0.1$;(2) $r=0.95,f_0=0.1$。(提示:确定 $H(z)$ 的极点)

3.14 试证明式(3.4.8)。

3.15 设线性滤波器的输入为 $X(t)=s(t)+w(t)$,其中信号

$$s(t)=\begin{cases}Ae^{\alpha(t-T)}, & t\leqslant T\\ 0, & t>T\end{cases}$$

为指数形式脉冲,$\alpha>0,T>0$,$w(t)$ 为平稳白噪声,试求匹配滤波器的传输函数,并画出电路示意图。

3.16 分析单个射频信号的匹配滤波器。信号 $s(t)$ 是矩形包络的射频脉冲,脉冲宽度为 τ,中心频率为 ω_0,其表示式为 $s(t)=a\ \mathrm{rect}(t)\cos\omega_0 t$,其中

$$\mathrm{rect}(t)=\begin{cases}1, & 0\leqslant t\leqslant\tau\\ 0, & \text{其他}\end{cases}$$

设 τ 时间内有很多个射频振荡周期(周期为 T_0),即 $\omega_0\tau=\dfrac{2\pi\tau}{T_0}=2\pi m$,$m\gg1$,$m$ 为整数,相加白噪声的功率谱 $G_w(\omega)=N_0/2$,求 $s(t)$ 的匹配滤波器的传递函数、输出信号的波形、输出的信噪比,并画出匹配滤波器的实现框图。

3.17 设信号 $s(t)$ 为

$$s(t)=\sum_{k=0}^{M-1}s_1(t-kT)$$

其中 $s_1(t)$ 是习题 3.16 表示的单个射频脉冲信号,求 $s(t)$ 的匹配滤波器的传递函数、输出信号的波形、输出的信噪比,并画出匹配滤波器的实现框图,再进行比较。

第4章 估计的基本概念与性能评估

信号估计包含两方面的含义，一是从含有噪声的观测信号中最佳地提取信号的某些特征参量，称为参量估计或参数估计；二是从含有噪声的观测信号中最佳地提取信号的波形，称为信号波形估计或最佳滤波。信号估计理论是信号处理技术核心的理论基础。本章介绍估计的基本概念和性能评估方法，第 5～8 章将详细介绍参量估计的几种基本方法，第 9、10 章将介绍波形估计方法。

本章首先通过一个简单的估计问题，介绍估计的基本概念，快速引入几种估计准则和性能评估方法；然后着重介绍估计量性能评估的克拉美-罗下限，以及性能评估的蒙特卡洛方法；最后介绍矢量参数和变换参数的克拉美-罗下限，以及充分统计量的概念。

4.1 估计理论概述

视频

4.1.1 估计问题的统计模型

信号处理的基本问题就是从观测信号或者是观测数据中最佳地提取有用的信息，观测信号通常包含接收信号、设备噪声、环境杂波和周边有意或无意的干扰，可以表示为

$$z(t)=s(t;a,f_0,\phi,\tau_0)+n(t)+c(t)+I(t) \tag{4.1.1}$$

其中，$s(t;a,f_0,\phi,\tau_0)$表示信号，$n(t)$表示接收设备的噪声，$c(t)$表示环境杂波，$I(t)$表示干扰信号。这里信号可能包含多个参数，如信号的幅度 a、频率 f_0、相位 ϕ，以及信号的时延 τ_0 等。这些参数可能是未知常数，也可能是随机变量。若是未知常数，通常采用非贝叶斯方法；若是随机变量，通常采用贝叶斯方法，贝叶斯方法和非贝叶斯方法的区别在于：是否利用了先验信息，若利用了被估计量的先验信息，如被估计量的概率密度或者数字特征，则称为贝叶斯估计；否则称为非贝叶斯估计。常用的非贝叶斯估计有最大似然估计、最小二乘估计等；常用的贝叶斯估计有最小均方估计、最大后验概率估计、条件中位数估计、线性最小均方估计等。

为了简单起见，通常把测量设备的噪声、环境杂波以及干扰信号统称为噪声，用$w(t)$表示，于是，式(4.1.1)可简化为

$$z(t)=s(t;a,f_0,\phi,\tau_0)+w(t) \tag{4.1.2}$$

即观测可表示为信号加噪声的情况，最简单的情况是噪声为零均值的高斯白噪声，参数估计问题就是根据观测 $z(t)$最佳地提取信号的未知参数。

在实际中，通常采用计算机进行处理，或者采用数字技术进行处理，所以对于连续的观测信号，首先进行离散化，式(4.1.2)离散化以后得到的观测模型可表示为

$$z[n]=s[n;a,f_0,\phi,\tau_0]+w[n],\quad n=0,1,\cdots,N-1 \tag{4.1.3}$$

信号处理问题中遇到的典型信号主要有三种。

(1) 未知常数，即 $s[n]=\theta$。

(2) 时延信号 $s[n-n_0]$，它通常是主动型探测系统中的发射信号 $s(t)$，遇到目标后产生的回波信号 $s(t-\tau_0)$，回波信号经离散化得 $s(n\Delta-n\tau_0)\to s[n-n_0]$，其中 Δ 为离散化时的采样间隔，$n_0=\mathrm{INT}(\tau_0/\Delta)$，$\mathrm{INT}(\cdot)$表示取整数函数。

(3) 正弦信号,即 $s[n]=a\cos[2\pi(f_0-f_d)(n-n_0)+\phi]$,其中 a 表示信号的幅度,f_0 表示正弦信号的中心频率,f_d 表示多普勒频移,n_0 表示信号的时延,ϕ 为正弦信号的相位。这些参数可能是未知的,或者部分参数已知,部分参数未知,也有可能部分参数是随机变量,对这些未知参数的估计称为正弦参数的估计。

以上三类信号在实际中是遇到最多的,若能够把这三类信号参数的估计方法都掌握了,则信号处理中的很多问题能得到解决。

从数学的观点上讲,所谓参数估计,实际上就是根据一组观测数据 $z_0,z_1,\cdots,z_{N-1}$,最佳地求取未知参数 θ,即

$$\hat{\theta}=g(z_0,z_1,\cdots,z_{N-1}) \tag{4.1.4}$$

也就是说在得到观测数据以后,建立起一种函数关系,根据这个函数关系求出这个未知量。函数关系的确定需要遵循一定的准则,常用的准则包括最大似然准则、最小二乘准则、最小均方准则、线性最小均方准则、最大后验概率准则等。

根据以上分析,可以把参数估计的统计模型用图 4.1 表示。

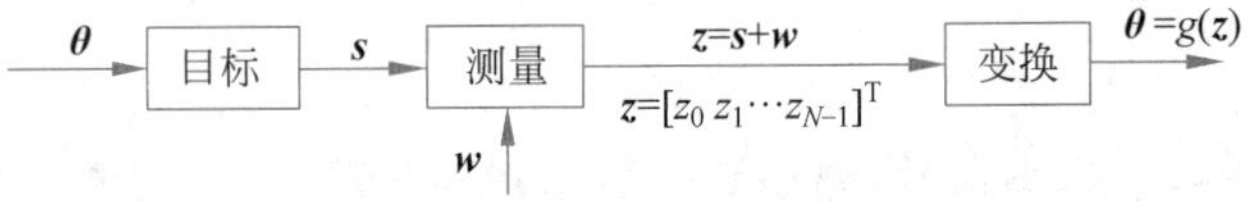

图 4.1　参数估计的统计模型

图 4.1 中假定被估计量用$\boldsymbol{\theta}$ 表示,$\boldsymbol{\theta}$ 是一个矢量,它可以包含多个参量,例如正弦信号,它的幅度、频率、相位都有可能是未知的,这些未知的参数用矢量$\boldsymbol{\theta}$ 表示,它是以信号作为载体,信号用 $\boldsymbol{s}$ 表示,为了要估计这些参数,必须对信号进行观测,在观测的过程中可能会引入噪声,所以观测是由信号加噪声构成的,即

$$\boldsymbol{z}=\boldsymbol{s}+\boldsymbol{w} \tag{4.1.5}$$

这里的观测也是一个矢量,$\boldsymbol{z}=[z_0 \quad z_1 \quad \cdots \quad z_{N-1}]^{\mathrm{T}}$,它是由多次观测所构成的一个观测矢量,$\boldsymbol{w}$ 为噪声矢量。得到观测数据 $\boldsymbol{z}$ 以后,对观测进行变换得到估计量,即

$$\hat{\boldsymbol{\theta}}=g(\boldsymbol{z}) \tag{4.1.6}$$

这就是参数估计的一般的统计模型。

视频

4.1.2　估计的基本方法

下面通过一个简单的例子说明估计的方法。

考察一个高斯白噪声中未知参量 θ 的估计问题,θ 可能是未知常数,也可能是随机变量,若是随机变量,假定概率密度 $p(\theta)$是已知的。测量可以是单次测量,也可以是多次测量,若是单次测量,观测为

$$z=\theta+w \tag{4.1.7}$$

其中,w 是一个均值为零、方差为 σ^2 的高斯随机变量。若是多次测量,则观测可表示为

$$z_i=\theta+w_i,\quad i=0,1,\cdots,N-1 \tag{4.1.8}$$

其中,$\{w_i\}$ 是一个均值为零、方差为 σ^2 的高斯随机序列。

首先考察 θ 为未知常数，且观测为单次测量。由于 w 是一个高斯随机变量，所以观测 z 也是高斯随机变量，它的均值为 θ，方差与 w 的方差 σ^2 相同，所以，观测 z 的概率密度可表示为

$$p(z;\theta)=\frac{1}{\sqrt{2\pi}\sigma}\exp\left(-\frac{(z-\theta)^2}{2\sigma^2}\right) \tag{4.1.9}$$

θ 的估计就是在得到观测 z 以后，根据式(4.1.6)确定函数 $g(\cdot)$。观测给定以后，$p(z;\theta)$ 是 θ 的函数，通常把这个函数称为似然函数。

如何确定 $g(\cdot)$？由图 4.2 可见，得到观测 z 后，可以猜测，θ 的值应该在 z 附近，因为 θ 落在以 z 为中心、$\delta/2$ 为半径的邻域内的概率为

$$\begin{aligned}&P\{z-\delta/2\leqslant\theta\leqslant z-\delta/2\}\\&=P\{\theta-\delta/2\leqslant z\leqslant\theta+\delta/2\}\\&=\int_{\theta-\delta/2}^{\theta+\delta/2}p(z;\theta)\mathrm{d}z\end{aligned} \tag{4.1.10}$$

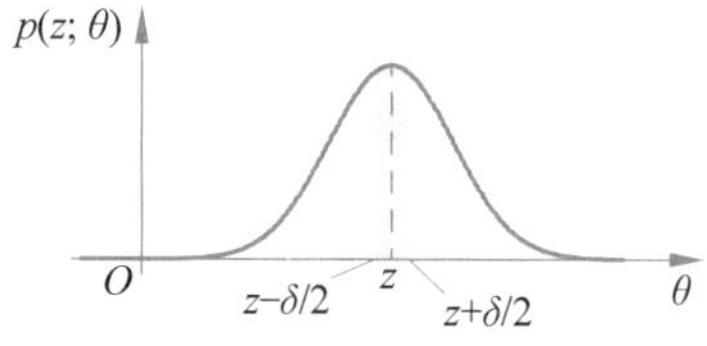

图 4.2 似然函数

这个概率要大于 θ 落在以其他值为中心、相同半径邻域的概率。因此认为 θ 的值为 z 是合理的，而 z 是似然函数 $p(z;\theta)$ 最大值对应的 θ 值，由此导出最大似然估计准则。

1. 最大似然估计

最大似然估计就是使似然函数最大的 θ 值作为估计。这是一个极值问题，可通过似然函数对 θ 求导，然后令导数为零求得。

$$\hat{\theta}_{\mathrm{ml}}=\underset{\theta}{\arg\max}\, p(z;\theta) \tag{4.1.11}$$

由式(4.1.9)可得

$$\hat{\theta}_{\mathrm{ml}}=z \tag{4.1.12}$$

若是多次测量，则观测的概率密度为

$$p(\boldsymbol{z};\theta)=\prod_{i=0}^{N-1}\frac{1}{\sqrt{2\pi}\sigma}\exp\left(-\frac{(z_i-\theta)^2}{2\sigma^2}\right) \tag{4.1.13}$$

似然函数的最大值对应的 θ 值和对数似然函数对应的 θ 值是一致的，所以最大似然估计也可以通过令对数似然函数对 θ 的导数为零求得，即

$$\hat{\theta}_{\mathrm{ml}}=\underset{\theta}{\arg\max}\ln p(\boldsymbol{z};\theta) \tag{4.1.14}$$

对式(4.1.13)取对数，得

$$\ln p(\boldsymbol{z};\theta)=-\frac{N}{2}\ln(2\pi\sigma^2)-\frac{1}{2\sigma^2}\sum_{i=0}^{N-1}(z_i-\theta)^2 \tag{4.1.15}$$

式(4.1.15)对 θ 求导，令导数为零，可求得

$$\hat{\theta}_{\mathrm{ml}}=\frac{1}{N}\sum_{i=0}^{N-1}z_i \tag{4.1.16}$$

2. 最小二乘估计

假定有 N 次独立的观测，这时可以计算每个观测与 θ 差值的平方和，即

$$J(\theta)=\sum_{i=0}^{N-1}(z_i-\theta)^2 \tag{4.1.17}$$

称 $J(\theta)$ 为观测的残差和,使残差和最小的估计称为最小二乘估计。这是一个极值问题,很容易得出

$$\hat{\theta}_{\mathrm{ls}}=\frac{1}{N}\sum_{i=0}^{N-1}z_i \tag{4.1.18}$$

若是单次测量,则残差为

$$J(\theta)=(z-\theta)^2 \tag{4.1.19}$$

这时的估计为

$$\hat{\theta}_{\mathrm{ls}}=z \tag{4.1.20}$$

3. 最小均方估计

前面两种估计方法都是假定 θ 是一个未知常数,若 θ 是随机变量,并且假定概率密度 $p(\theta)$ 是已知的,这时可以采用均方误差最小作为估计的准则,这里的均方误差定义为

$$\mathrm{Mse}(\hat{\theta})=E[(\theta-\hat{\theta})^2]=\int_{-\infty}^{+\infty}\int_{-\infty}^{+\infty}(\theta-\hat{\theta})^2p(z,\theta)\mathrm{d}\theta\mathrm{d}z \tag{4.1.21}$$

即找到一个估计 $\hat{\theta}$,使均方误差 $\mathrm{Mse}(\hat{\theta})$ 最小,这还是一个极值问题,为了求这个极值,可将式(4.1.21)写成如下形式:

$$\mathrm{Mse}(\hat{\theta})=\int_{-\infty}^{+\infty}\left[\int_{-\infty}^{+\infty}(\theta-\hat{\theta})^2p(\theta\mid z)\mathrm{d}\theta\right]p(z)\mathrm{d}z \tag{4.1.22}$$

由于 $p(z)$ 是非负函数,使均方误差最小,只需要使式(4.1.22)中积分最小,即只要使

$$\mathrm{Mse}(\hat{\theta}\mid z)=\int_{-\infty}^{+\infty}(\theta-\hat{\theta})^2p(\theta\mid z)\mathrm{d}\theta \tag{4.1.23}$$

最小,$\mathrm{Mse}(\hat{\theta}|z)$ 也称为条件均方误差。$\mathrm{Mse}(\hat{\theta}|z)$ 对估计量 $\hat{\theta}$ 求导,

$$\frac{\partial\mathrm{Mse}(\hat{\theta}\mid z)}{\partial\hat{\theta}}=-2\int_{-\infty}^{+\infty}(\theta-\hat{\theta})p(\theta\mid z)\mathrm{d}\theta$$

令上式等于零,可得

$$\hat{\theta}_{\mathrm{ms}}=\int_{-\infty}^{+\infty}\theta p(\theta\mid z)\mathrm{d}\theta=E(\theta\mid z) \tag{4.1.24}$$

即最小均方估计为被估计量的条件均值。

假定 θ 服从高斯分布,$\theta\sim\mathcal{N}(0,\sigma_\theta^2)$,由于

$$p(z\mid\theta)=\frac{1}{\sqrt{2\pi\sigma^2}}\exp\left\{-\frac{(z-\theta)^2}{2\sigma^2}\right\}$$

根据贝叶斯公式,

$$\begin{aligned}p(\theta\mid z)&=\frac{p(z\mid\theta)p(\theta)}{p(z)}\\&=\frac{1}{p(z)\sqrt{2\pi\sigma^2}}\exp\left\{-\frac{(z-\theta)^2}{2\sigma^2}\right\}\frac{1}{\sqrt{2\pi\sigma_\theta^2}}\exp\left\{-\frac{\theta^2}{2\sigma_\theta^2}\right\}\end{aligned}$$

上式化简整理后可得

$$p(\theta \mid z)=\frac{1}{\sqrt{2\pi\sigma_{\theta|z}^{2}}}\exp\left\{-\frac{(\theta-m_{\theta|z})^{2}}{2\sigma_{\theta|z}^{2}}\right\} \tag{4.1.25}$$

其中，

$$\frac{1}{\sigma_{\theta|z}^{2}}=\frac{1}{\sigma^{2}}+\frac{1}{\sigma_{\theta}^{2}} \tag{4.1.26}$$

$$m_{\theta|z}=\frac{\sigma_{\theta}^{2}}{\sigma^{2}+\sigma_{\theta}^{2}}z \tag{4.1.27}$$

由式(4.1.25)可见，在观测 z 给定的条件下，θ 的条件概率密度仍然是高斯分布，条件均值为 $m_{\theta|z}$，所以，θ 的最小均方估计为

$$\hat{\theta}_{\mathrm{ms}}=E(\theta \mid z)=\frac{\sigma_{\theta}^{2}}{\sigma^{2}+\sigma_{\theta}^{2}}z \tag{4.1.28}$$

4. 最大后验概率估计

在讨论随机变量估计时，通常都假定 θ 的概率密度是已知的，一般把这个概率密度 $p(\theta)$ 称为先验概率密度，得到观测以后，再考察这个概率密度，这个条件概率密度 $p(\theta|z)$ 称为后验概率密度。一般来说，这个后验概率密度要比先验概率密度更加集中，概率密度越集中，说明 θ 取值的确定性在增强，由于观测包含有 θ 的信息，所以观测数据的获得，使得 θ 的不确定性减小。

图 4.3 画出了高斯随机变量 θ 的先验概率密度和后验概率密度，可以看出，可以选择后验概率密度最大的 θ 值作为估计，这种估计称为最大后验概率估计，即

$$\hat{\theta}_{\mathrm{map}}=\underset{\theta}{\operatorname{argmax}}\,p(\theta \mid z) \tag{4.1.29}$$

即最大后验概率估计，就是使后验概率密度最大的 θ 的值作为估计，由式(4.1.25)可见

$$\hat{\theta}_{\mathrm{map}}=m_{\theta|z} \tag{4.1.30}$$

将式(4.1.27)代入式(4.1.30)，可得

$$\hat{\theta}_{\mathrm{map}}=\frac{\sigma_{\theta}^{2}}{\sigma^{2}+\sigma_{\theta}^{2}}z \tag{4.1.31}$$

对比式(4.1.28)和式(4.1.31)可见，由于后验概率密度是高斯函数，所以条件均值和后验概率密度最大值所对应的 θ 值是相等的，所以最小均方估计与最大后验概率估计是相等的。

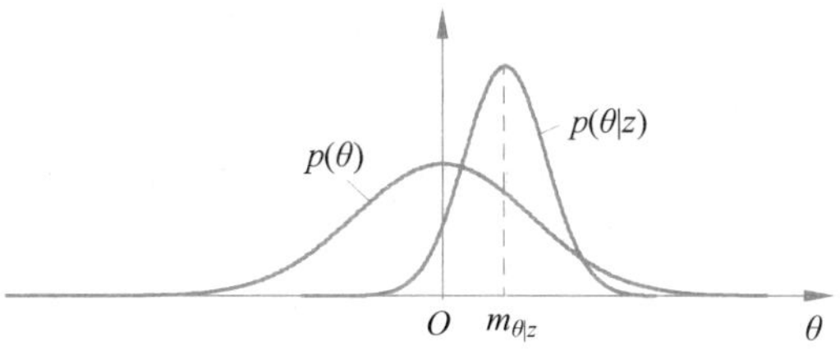

图 4.3　先验概率密度和后验概率密度

5. 条件中位数估计

若条件概率密度满足如下关系,

$$\int_{-\infty}^{\theta_{\mathrm{med}}} p(\theta \mid z)\mathrm{d}\theta=\int_{\theta_{\mathrm{med}}}^{+\infty} p(\theta \mid z)\mathrm{d}\theta \tag{4.1.32}$$

即条件概率密度以 θ_{med} 为分界点,左右两边的积分相等,则称 θ_{med} 为条件概率密度的中位数,取中位数作为估计,称为条件中位数估计,即

$$\int_{-\infty}^{\hat{\theta}_{\mathrm{med}}} p(\theta \mid z)\mathrm{d}\theta=\int_{\hat{\theta}_{\mathrm{med}}}^{+\infty} p(\theta \mid z)\mathrm{d}\theta \tag{4.1.33}$$

由式(4.1.25)可见,由于后验概率密度为高斯分布,所以条件中位数与条件均值是相等的,即

$$\hat{\theta}_{\mathrm{med}}=\frac{\sigma_{\theta}^{2}}{\sigma^{2}+\sigma_{\theta}^{2}}z \tag{4.1.34}$$

表 4.1 对五种估计方法进行小结。

表 4.1　五种估计方法总结

参数 θ 的类型	估 计 方 法	估计表达式
未知常数	最大似然估计	$\hat{\theta}_{\mathrm{ml}}=\underset{\theta}{\operatorname{argmax}}\, p(z;\theta)$ $\hat{\theta}_{\mathrm{ml}}=\underset{\theta}{\operatorname{argmax}}\ln p(z;\theta)$
	最小二乘估计	$J(\theta)=\sum_{i=0}^{N-1}(z_i-\theta)^2 \rightarrow \min$
随机变量,$p(\theta)$已知	最小均方估计	$\mathrm{Mse}(\hat{\theta})=E[(\theta-\hat{\theta})^2]\rightarrow \min$ $\hat{\theta}_{\mathrm{ms}}=E(\theta/z)$
	最大后验概率估计	$\hat{\theta}_{\mathrm{map}}=\underset{\theta}{\operatorname{argmax}}\, p(\theta/z)$
	条件中位数估计	$\int_{-\infty}^{\hat{\theta}_{\mathrm{med}}} p(\theta \mid z)\mathrm{d}\theta=\int_{\hat{\theta}_{\mathrm{med}}}^{+\infty} p(\theta \mid z)\mathrm{d}\theta$

视频

4.1.3 估计量的性能评估

根据观测,可以得到多个估计量,这些估计量的性能如何需要进行比较,性能评估需要有评价的指标。估计量是观测的函数,而观测是随机变量(或矢量),因此,估计量也是随机变量,评价估计量的性能实际上就是评价这个随机变量的统计特性,一个好的估计量,它的概率密度应该集中在它的真值附近,而且越集中越好,即估计量的均值要等于真值,估计量的方差越小越好,而且,随着观测的增加,估计量要逐步趋于真值,即一个好的估计应该具有无偏性、有效性和一致性。

1. 无偏性

当被估计量 θ 是一个未知常量时,若估计量的均值等于被估计量,即

$$E(\hat{\theta})=\theta \tag{4.1.35}$$

则称 $\hat{\theta}$ 为无偏估计，否则称为有偏估计。$b=E(\hat{\theta})-\theta$ 称为估计的偏差量，对于无偏估计，$b=0$。

当被估计量 θ 是随机变量时，若估计量的均值等于被估计量的均值，即

$$E(\hat{\theta})=E(\theta) \tag{4.1.36}$$

则称 $\hat{\theta}$ 为无偏估计。通常希望估计量的均值趋于被估计量的真值或被估计量的均值，即估计应该是无偏的。

当观测是多次测量时，估计量可表示为 $\hat{\theta}=\hat{\theta}(\boldsymbol{z}_N)$，其中观测矢量为 $\boldsymbol{z}_N=[z_0 z_1 \cdots z_{N-1}]^{\mathrm{T}}$，一般说来，观测数据越多，估计的性能越好，对于有偏估计，如果

$$\lim_{N\to\infty} E[\hat{\theta}(\boldsymbol{z}_N)]=\begin{cases}\theta, & \theta\text{ 为未知常量}\\ E(\theta), & \theta\text{ 为随机变量}\end{cases} \tag{4.1.37}$$

则称 $\hat{\theta}(\boldsymbol{z}_N)$ 为渐近无偏估计。

2. 有效性

估计量具有无偏性并不表明已经保证了估计的品质，当被估计量为未知常数时，不仅希望估计量的均值等于真值，而且希望估计量的取值集中在真值附近，这一品质可以通过估计的方差描述，估计的方差为

$$\mathrm{Var}(\hat{\theta})=E\{[\hat{\theta}-E(\hat{\theta})]^2\} \tag{4.1.38}$$

对于无偏估计，方差越小，表明估计量的取值越集中，估计的性能越好，估计也越有效。

对于有偏估计，估计的方差小并不能说明估计是好的，因为若估计有偏差，方差小的估计仍然可能有较大的估计误差，这时用均方误差加以描述更合理，估计的均方误差定义为

$$\mathrm{Mse}(\hat{\theta})=E[(\hat{\theta}-\theta)^2] \tag{4.1.39}$$

均方误差越小，表明估计越有效。

注意，在式(4.1.35)～式(4.1.39)中要注意对估计量取数学期望 E 的含义，对于非随机参量的估计，数学期望运算用概率密度 $p(\boldsymbol{z})$ 求取，而对于随机参量的估计，数学期望运算用二维概率密度 $p(\boldsymbol{z},\theta)$ 求取。

3. 一致性

当用 N 个观测值估计参量时，一般来说，观测值越多，估计越趋于真值，如果

$$\lim_{N\to\infty} P[|\theta-\hat{\theta}(\boldsymbol{z}_N)|<\varepsilon]=1 \tag{4.1.40}$$

其中，ε 是任意小的正数，则称 $\hat{\theta}(\boldsymbol{z}_N)$ 为一致估计。

【例 4.1】 估计量性能评估实例 高斯白噪声中未知常数的估计，假定观测为

$$z_i=\theta+w_i,\quad i=0,1,\cdots,N-1$$

其中，$\{w_i\}$ 为零均值高斯白噪声序列，方差为 σ^2，θ 为未知常数，现有两个估计量 $\hat{\theta}_0=z_0$，

$\hat{\theta}_1=\frac{1}{N}\sum_{i=0}^{N-1}z_i$，试分析这两个估计量的性能。

解：由于

$$E(\hat{\theta}_0)=E(z_0)=\theta$$

$$E(\hat{\theta}_1)=E\left(\frac{1}{N}\sum_{i=0}^{N-1}z_i\right)=\frac{1}{N}\sum_{i=0}^{N-1}E(z_i)=\theta$$

可见这两个估计都是无偏的。

两个估计量的方差：

$$\mathrm{Var}(\hat{\theta}_0)=\mathrm{Var}(z_0)=\sigma^2$$

$$\mathrm{Var}(\hat{\theta}_1)=\frac{1}{N^2}\sum_{i=0}^{N-1}\mathrm{Var}(z_i)=\frac{1}{N^2}\sum_{i=0}^{N-1}\sigma^2=\frac{\sigma^2}{N}$$

可见，$\hat{\theta}_1$ 的方差要比 $\hat{\theta}_0$ 的方差小，所以，$\hat{\theta}_1$ 比 $\hat{\theta}_0$ 更有效。

根据切比雪夫不等式，

$$P\{|\hat{\theta}_1-\theta|<\varepsilon\}=P\left\{\left|\frac{1}{N}\sum_{i=0}^{N-1}z_i-\theta\right|<\varepsilon\right\}\geqslant 1-\frac{\sigma^2/N}{\varepsilon^2}$$

所以，

$$\lim_{N\to\infty}P\{|\hat{\theta}_1-\theta|<\varepsilon\}=1$$

而

$$P\{|\hat{\theta}_0-\theta|<\varepsilon\}=P\{|z_0-\theta|<\varepsilon\}\geqslant 1-\frac{\sigma^2}{\varepsilon^2}$$

$$\lim_{N\to\infty}P\{|\hat{\theta}_0-\theta|<\varepsilon\}\neq 1$$

可见，$\hat{\theta}_1$ 是一致估计，而 $\hat{\theta}_0$ 不是一致估计。

视频

4.2 参数估计的克拉美-罗下限

不同的估计方法可以得到不同的估计量，估计量的性能可以通过 4.1.3 节介绍的无偏性、有效性和一致性来评价，但实际中，估计量可能比较复杂，很难评价估计量的有效性和一致性。此外，在得到一个估计量以后，它的性能是否已经达到最佳？是否还有更好的估计量？克拉美-罗下限(Cramer-Rao Lower Bound，CRLB)揭示了无偏估计量估计方差的最小值。

4.2.1 估计的精度与似然函数的关系

在阐述 CRLB 之前，先考察估计的精度与似然函数 $p(\boldsymbol{z};\theta)$之间的关系，由于所有关于参量 θ 的信息都是通过观测以它的概率密度具体表现出来的，很显然，估计的精度与概率密度有关系。似然函数就反映了观测的概率密度对参量 θ 的依赖程度，若似然函数 $p(\boldsymbol{z};\theta)$对参量 θ 的依赖性较弱，或者在极端情况，$p(\boldsymbol{z};\theta)$根本就与参量 θ 无关，则要根据观测获得好的估计是很困难的。如图 4.4 所示，在图 4.4(a)的 $p_1(z;\theta)$中，观测 z 没有提供任何 θ 的信息，而在图 4.4(b)的 $p_2(z;\theta)$中，θ 在$[\theta_1,\theta_2]$区间上的可能性很大，一般说来，$p(z;\theta)$受未知参量的影响越大，越容易获得好的估计。

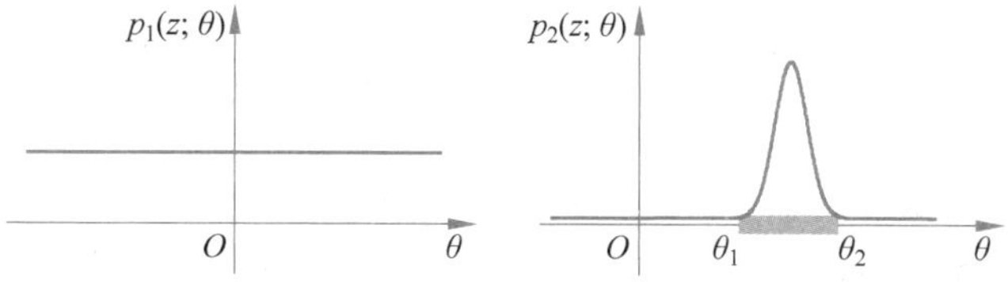

(A) $p(z;\theta)$与θ无关　　(b) $p(z;\theta)$与θ有关联

图 4.4　概率密度与参数 θ 的依赖性

假定有一个观测，$z=\theta+w$，其中 θ 为未知常数，$w\sim\mathcal{N}(0,\sigma^2)$，考虑 $\sigma_1^2=1/3$ 和 $\sigma_2^2=1$ 两种情况，$p_i(z;\theta)=\dfrac{1}{\sqrt{2\pi}\sigma_i}\exp\left\{-\dfrac{(z-\theta)^2}{2\sigma_i^2}\right\}$，假定得到观测 $z=3$，对应的两条似然函数如图 4.5 所示。

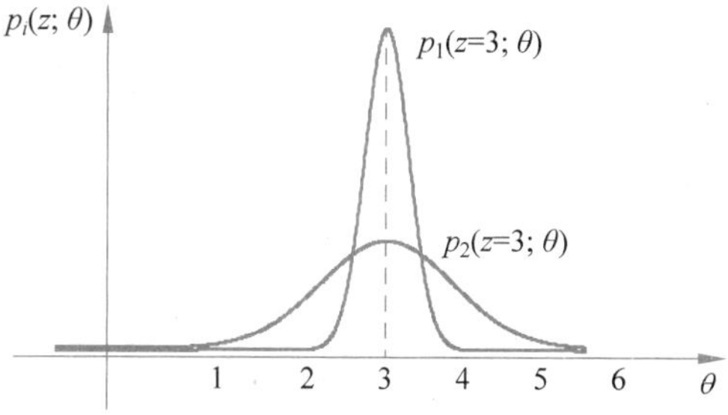

图 4.5　$z=3$ 时对应的两条似然函数

对比图 4.5 中给出的两条似然函数可以看出，$p_1(z;\theta)$对 θ 的依赖性很强，得到观测 $z=3$ 后，θ 落在以 3 为中心的一个窄小范围内，而 $p_2(z;\theta)$与 θ 的依赖性很弱，尽管 θ 仍以 3 为中心，但 θ 的取值范围要大，取值很分散，因此由 $p_1(z;\theta)$更容易获得一个好的估计。$p_1(z;\theta)$对 θ 的依赖性越强，表明似然函数越"尖锐"，可见，$p(z;\theta)$的"尖锐"性决定了估计能够达到的精度，这种"尖锐"性可以用对数似然函数的曲率(峰值处的负的二阶导数)来度量，由于观测是随机变量，所以采用对数似然函数的平均曲率 $-E\left\{\dfrac{\partial^2\ln p(z;\theta)}{\partial\theta^2}\right\}$来度量"尖锐"性。

4.2.2　克拉美-罗下限定理

下面详细描述 CRLB。假定概率密 $p(z;\theta)$满足正则条件：

$$E\left\{\frac{\partial\ln p(z;\theta)}{\partial\theta}\right\}=0 \tag{4.2.1}$$

那么，任何无偏估计量 $\hat{\theta}$ 的方差满足

$$\mathrm{Var}(\hat{\theta})=E\{[\hat{\theta}-\theta]^2\}\geqslant I^{-1}(\theta) \tag{4.2.2}$$

其中，

$$I(\theta)=E\left\{\left[\frac{\partial\ln p(\boldsymbol{z};\theta)}{\partial\theta}\right]^2\right\}=-E\left\{\frac{\partial^2\ln p(\boldsymbol{z};\theta)}{\partial\theta^2}\right\} \tag{4.2.3}$$

当且仅当

$$\frac{\partial\ln p(\boldsymbol{z};\theta)}{\partial\theta}=I(\theta)(\hat{\theta}-\theta) \tag{4.2.4}$$

时，式(4.2.2)的等号成立，式(4.2.2)～式(4.2.4)的证明留作习题(参见习题4.3)。

CRLB给出了无偏估计量估计方差的下限，$I^{-1}(\theta)$称为无偏估计量的CRLB，达到CRLB的估计，其估计的方差是最小的，称这样的估计为有效估计。$I(\theta)$称为数据$\boldsymbol{z}$的费希尔(Fisher)信息，CRLB是费希尔信息的倒数，直观理解是费希尔信息越大，CRLB越低。

费希尔信息具有信息度量的基本性质，首先由式(4.2.3)可以看出费希尔信息具有非负性；其次，对于独立观测，费希尔信息具有可加性，这是因为，对于独立的观测，

$$\ln p(\boldsymbol{z};\theta)=\sum_{i=0}^{N-1}\ln p(z_i;\theta)$$

于是，

$$-E\left\{\frac{\partial^2\ln p(\boldsymbol{z};\theta)}{\partial\theta^2}\right\}=-\sum_{i=0}^{N-1}E\left[\frac{\partial^2\ln p(z_i;\theta)}{\partial\theta^2}\right]$$

若观测是独立同分布的，则

$$I(\theta)=Ni(\theta)$$

其中，

$$i(\theta)=-E\left[\frac{\partial^2\ln p(z_i;\theta)}{\partial\theta^2}\right]$$

对于非独立观测，可能认为费希尔信息比独立观测低。例如，对于$z_0=z_1=\cdots=z_{N-1}$这种完全相关的情况，$I(\theta)=i(\theta)$，在这种情况下，CRLB并不随观测数据的增加而降低。但实际上，也有可能出现比独立观测高的情况，如习题4.6中当$\rho=-1$时所讨论的完全负相关的观测，费希尔信息达到了无穷大，CRLB为零。

注意，应用CRLB定理时，概率密度$p(\boldsymbol{z};\theta)$要满足式(4.2.1)的正则条件，式(4.2.1)可写成

$$\int_{-\infty}^{+\infty}\frac{\partial\ln p(\boldsymbol{z};\theta)}{\partial\theta}p(\boldsymbol{z};\theta)\mathrm{d}\boldsymbol{z}=0 \tag{4.2.5}$$

式(4.2.5)的左边可表示为

$$\int_{-\infty}^{+\infty}\frac{\partial\ln p(\boldsymbol{z};\theta)}{\partial\theta}p(\boldsymbol{z};\theta)\mathrm{d}\boldsymbol{z}=\int_{-\infty}^{+\infty}\frac{1}{p(\boldsymbol{z};\theta)}\frac{\partial p(\boldsymbol{z};\theta)}{\partial\theta}p(\boldsymbol{z};\theta)\mathrm{d}\boldsymbol{z}=\int_{-\infty}^{+\infty}\frac{\partial p(\boldsymbol{z};\theta)}{\partial\theta}\mathrm{d}\boldsymbol{z}$$

代入式(4.2.5)可得

$$\int_{-\infty}^{+\infty}\frac{\partial p(\boldsymbol{z};\theta)}{\partial\theta}\mathrm{d}\boldsymbol{z}=0 \tag{4.2.6}$$

若式(4.2.6)中的积分和求导可以交换次序，则式(4.2.6)是恒成立的，但若积分和求导不能交换次序，则正则条件是不成立的。一般说来，若式(4.2.6)中的积分限与被估计量

有关，这时积分与求导就不能交换次序，此时正则条件是不成立，在实际中，若概率密度 $p(\boldsymbol{z};\theta)$ 的非零的区间与被估计量 θ 有关，则正则条件是不成立的。例如 $p(\boldsymbol{z};\theta)$ 在 $(0,\theta)$ 区间上为均匀分布，而 θ 是被估计量，这时的正则条件不成立。

【例 4.2】 高斯白噪声中未知常数的估计，假定观测为

$$z_i=\theta+w_i,\quad i=0,1,\cdots,N-1$$

其中，$\{w_i\}$ 为零均值高斯白噪声序列，方差为 σ^2，θ 为未知常数，θ 的有效估计量是否存在？若存在，它的方差是多少？

解：对数似然函数可表示为

$$\ln p(\boldsymbol{z};\theta)=-N\ln(\sqrt{2\pi}\sigma)-\frac{1}{2\sigma^2}\sum_{i=0}^{N-1}(z_i-\theta)^2$$

$$\frac{\partial\ln p(\boldsymbol{z};\theta)}{\partial\theta}=\frac{N}{\sigma^2}\left(\frac{1}{N}\sum_{i=0}^{N-1}z_i-\theta\right)\tag{4.2.7}$$

视频

假定估计为 $\hat{\theta}=\frac{1}{N}\sum_{i=0}^{N-1}z_i$，则 $E(\hat{\theta})=E\left(\frac{1}{N}\sum_{i=0}^{N-1}z_i\right)=\frac{1}{N}\sum_{i=0}^{N-1}E(z_i)=\theta$，可见 $\hat{\theta}$ 是无偏估计。此外，式(4.2.7)可表示为

$$\frac{\partial\ln p(\boldsymbol{z};\theta)}{\partial\theta}=\frac{N}{\sigma^2}(\hat{\theta}-\theta)\tag{4.2.8}$$

式(4.2.8)满足有效估计量存在的条件，且 $I(\theta)=\frac{N}{\sigma^2}$，所以，$\hat{\theta}=\frac{1}{N}\sum_{i=0}^{N-1}z_i$ 是 θ 的有效估计量，它的方差等于 CRLB，即 $\mathrm{Var}(\hat{\theta})=I^{-1}(\theta)=\frac{\sigma^2}{N}$。

【例 4.3】 假定观测为

$$z_i=r^i+w_i,\quad i=0,1,\cdots,N-1,r>0$$

其中，$\{w_i\}$ 为零均值高斯白噪声序列，方差为 σ^2，求 r 的 CRLB，r 的有效估计量是否存在？

解：$\ln p(\boldsymbol{z};r)=-N\ln(\sqrt{2\pi}\sigma)-\frac{1}{2\sigma^2}\sum_{i=0}^{N-1}(z_i-r^i)^2$

$$\frac{\partial\ln p(\boldsymbol{z};r)}{\partial r}=\frac{1}{\sigma^2}\sum_{i=0}^{N-1}(z_i-r^i)\cdot i\cdot r^{i-1}=\frac{1}{\sigma^2}\sum_{i=0}^{N-1}(z_i\cdot i\cdot r^{i-1}-i\cdot r^{2i-1})\tag{4.2.9}$$

$$\frac{\partial^2\ln p(\boldsymbol{z};r)}{\partial r^2}=\frac{1}{\sigma^2}\sum_{i=0}^{N-1}(i(i-1)r^{i-2}z_i-i(2i-1)r^{2i-2})$$

$$E\left\{\frac{\partial^2\ln p(\boldsymbol{z};r)}{\partial r^2}\right\}=\frac{1}{\sigma^2}\sum_{i=0}^{N-1}(i(i-1)r^{i-2}r^i-i(2i-1)r^{2i-2})=-\frac{1}{\sigma^2}\sum_{i=0}^{N-1}(i^2r^{2i-2})$$

$$I(\theta)=-E\left\{\frac{\partial^2\ln p(\boldsymbol{z};\theta)}{\partial\theta^2}\right\}=\frac{1}{\sigma^2}\sum_{i=0}^{N-1}(i^2r^{2i-2})$$

$$\mathrm{Var}(\hat{r})\geqslant I^{-1}(\theta)=\frac{\sigma^2}{\sum_{i=0}^{N-1}(i^2r^{2i-2})}$$

所以,r 的 CRLB 为$\dfrac{\sigma^2}{\sum\limits_{i=0}^{N-1}(i^2 r^{2i-2})}$,由式(4.2.9)可以看出,$\dfrac{\partial \ln p(z;r)}{\partial r}$不满足有效估计量存在的条件,所以,$r$ 的有效估计量不存在。

4.2.3 随机参量估计的克拉美-罗下限

类似于非随机参量的 CRLB,也可以建立随机参量估计 θ 的 CRLB,假定观测与被估计量 θ 的联合概率密度为 $p(z,\theta)$,$\dfrac{\partial p(z,\theta)}{\partial\theta}$和$\dfrac{\partial^2 p(z,\theta)}{\partial\theta^2}$满足绝对可积的条件,且

$$\lim_{\theta\to\pm\infty} p(\theta)\int_{-\infty}^{+\infty}(\hat{\theta}-\theta)p(z\mid\theta)\mathrm{d}z=0 \tag{4.2.10}$$

若 $\hat{\theta}$ 是无偏估计量,则

$$\mathrm{Mse}(\hat{\theta})=E[(\hat{\theta}-\theta)^2]\geqslant I^{-1} \tag{4.2.11}$$

其中,

$$I=E\left\{\left[\frac{\partial \ln p(z,\theta)}{\partial\theta}\right]^2\right\}=-E\left\{\left[\frac{\partial^2 \ln p(z,\theta)}{\partial\theta^2}\right]\right\} \tag{4.2.12}$$

当且仅当对所有的 z 和 θ 满足

$$\frac{\partial \ln p(z,\theta)}{\partial\theta}=I(\hat{\theta}-\theta) \tag{4.2.13}$$

时,式(4.2.11)等号成立,注意,在式(4.2.11)中 I 是常数,不是 θ 的函数。I^{-1} 称为随机参量估计的 CRLB,当式(4.2.13)成立时,估计的均方误差达到 CRLB,均方误差达到最小,这时的估计与最小均方估计等价。

【例 4.4】 在例 4.2 中,如果 θ 为随机变量,概率密度为

$$p(\theta)=\frac{1}{\sqrt{2\pi\sigma_\theta^2}}\exp\left[\frac{1}{2\sigma_\theta^2}(\theta-m_\theta)^2\right]$$

试确定 θ 估计的 CRLB。

解:

$$\begin{aligned}p(z,\theta)&=p(z\mid\theta)p(\theta)\\&=\frac{1}{(2\pi\sigma^2)^{N/2}}\exp\left[-\frac{1}{2\sigma^2}\sum_{i=0}^{N-1}(z_i-\theta)^2\right]\frac{1}{\sqrt{2\pi\sigma_\theta^2}}\exp\left[-\frac{1}{2\sigma_\theta^2}(\theta-m_\theta)^2\right]\end{aligned}$$

$$\ln p(z,\theta)=-\frac{N}{2}\ln(2\pi\sigma^2)-\frac{1}{2\sigma^2}\sum_{i=0}^{N-1}(z_i-\theta)^2-\frac{1}{2}\ln(2\pi\sigma_\theta^2)-\frac{1}{2\sigma_\theta^2}(\theta-m_\theta)^2$$

$$\begin{aligned}\frac{\partial \ln p(z,\theta)}{\partial\theta}&=\frac{1}{\sigma^2}\sum_{i=0}^{N-1}(z_i-\theta)-\frac{1}{\sigma_\theta^2}(\theta-m_\theta)=\left(\frac{N}{\sigma^2}+\frac{1}{\sigma_\theta^2}\right)\left(\frac{\dfrac{N}{\sigma^2}\bar{z}+\dfrac{m_\theta}{\sigma_\theta^2}}{\dfrac{N}{\sigma^2}+\dfrac{1}{\sigma_\theta^2}}-\theta\right)\\&=\left(\frac{N}{\sigma^2}+\frac{1}{\sigma_\theta^2}\right)(\hat{\theta}-\theta)\end{aligned} \tag{4.2.14}$$

其中，$\bar{z}=\dfrac{1}{N}\sum\limits_{i=0}^{N-1}z_i$ 为样本均值，$\hat{\theta}=\dfrac{\dfrac{N}{\sigma^2}\bar{z}+\dfrac{m_\theta}{\sigma_\theta^2}}{\dfrac{N}{\sigma^2}+\dfrac{1}{\sigma_\theta^2}}$，它的均值为

$$E(\hat{\theta})=E\left(\frac{\dfrac{N}{\sigma^2}\bar{z}+\dfrac{m_\theta}{\sigma_\theta^2}}{\dfrac{N}{\sigma^2}+\dfrac{1}{\sigma_\theta^2}}\right)=m_\theta=E(\theta)$$

可见 $\hat{\theta}$ 是无偏估计。由式(4.2.14)可以看出，$\hat{\theta}$ 满足式(4.2.13)，因此，它的均方误差等于 CRLB。又

$$I=-E\left[\frac{\partial^2\ln p(z,\theta)}{\partial\theta^2}\right]=\frac{N}{\sigma^2}+\frac{1}{\sigma_\theta^2}$$

所以，

$$\mathrm{Mse}(\hat{\theta})=E[(\hat{\theta}-\theta)^2]=\left(\frac{N}{\sigma^2}+\frac{1}{\sigma_\theta^2}\right)^{-1}=\frac{\sigma_\theta^2\sigma^2}{N\sigma_\theta^2+\sigma^2}$$

4.3 高斯白噪声中一般信号参数的克拉美-罗下限

视频

假定观测信号为

$$z[n]=s[n;\theta]+w[n]\quad n=0,1,\cdots,N-1$$

其中，$w[n]$是均值为零、方差为 σ^2 的高斯白噪声，$s[n;\theta]$为含有未知参数的信号。

似然函数可表示为

$$p(\mathbf{z};\theta)=\frac{1}{(2\pi\sigma^2)^{N/2}}\exp\left\{-\frac{1}{2\sigma^2}\sum_{n=0}^{N-1}(z[n]-s[n;\theta])^2\right\}$$

$$\ln p(\mathbf{z};\theta)=-\frac{N}{2}\ln(2\pi\sigma^2)-\frac{1}{2\sigma^2}\sum_{n=0}^{N-1}(z[n]-s[n;\theta])^2$$

对数似然函数对 θ 求导可得

$$\frac{\partial\ln p(\mathbf{z};\theta)}{\partial\theta}=\frac{1}{\sigma^2}\sum_{n=0}^{N-1}(z[n]-s[n;\theta])\frac{\partial s[n;\theta]}{\partial\theta}$$

对数似然函数对 θ 的二阶导数为

$$\frac{\partial^2\ln p(\mathbf{z};\theta)}{\partial\theta^2}=\frac{1}{\sigma^2}\sum_{n=0}^{N-1}\left\{(z[n]-s[n;\theta])\frac{\partial^2 s[n;\theta]}{\partial\theta^2}-\left(\frac{\partial s[n;\theta]}{\partial\theta}\right)^2\right\}$$

上式两边取数学期望，得

$$E\left\{\frac{\partial^2\ln p(\mathbf{z};\theta)}{\partial\theta^2}\right\}=-\frac{1}{\sigma^2}\sum_{n=0}^{N-1}\left(\frac{\partial s[n;\theta]}{\partial\theta}\right)^2$$

所以，

$$\operatorname{Var}(\hat{\theta}) \geqslant \frac{\sigma^2}{\sum_{n=0}^{N-1}\left(\frac{\partial s[n;\theta]}{\partial\theta}\right)^2} \tag{4.3.1}$$

从式(4.3.1)可以看出,信号随未知参数的变化率越大,估计的精度越好。

【例 4.5】 正弦信号相位的估计,假定信号为 $s[n;\phi]=A\cos(2\pi f_0 n+\phi)$,其中 A,f_0 为常数,信号对参数 ϕ 的导数为

$$\frac{\partial s[n;\phi]}{\partial\phi}=-A\sin(2\pi f_0 n+\phi) \tag{4.3.2}$$

将式(4.3.2)代入式(4.3.1)可得

$$\operatorname{Var}(\hat{\phi}) \geqslant \frac{\sigma^2}{A^2\sum_{n=0}^{N-1}\sin^2(2\pi f_0 n+\phi)}=\frac{\sigma^2}{\frac{A^2}{2}\sum_{n=0}^{N-1}(1-\cos(4\pi f_0 n+2\phi))} \tag{4.3.3}$$

当 f_0 不在 0 或 1/2 附近时,由于

$$\sum_{n=0}^{N-1}\cos(4\pi f_0 n+2\phi) \ll N \tag{4.3.4}$$

所以,

$$\sum_{n=0}^{N-1}(1-\cos(4\pi f_0 n+2\phi)) \approx N \tag{4.3.5}$$

将式(4.3.5)代入式(4.3.3),可得

$$\operatorname{Var}(\hat{\phi}) \geqslant \frac{2\sigma^2}{NA^2} \tag{4.3.6}$$

在式(4.3.5)的推导中,用到了式(4.3.4)的近似关系,下面证明这一关系。

令 $\alpha=4\pi f_0$,则

$$\begin{aligned}\sum_{n=0}^{N-1}\cos(n\alpha+2\phi) &= \operatorname{Re}\left(\sum_{n=0}^{N-1}e^{j(n\alpha+2\phi)}\right)=\operatorname{Re}\left(e^{j2\phi}\sum_{n=0}^{N-1}e^{jn\alpha}\right)\\ &=\operatorname{Re}\left(e^{j2\phi}\frac{1-e^{jN\alpha}}{1-e^{j\alpha}}\right)\\ &=\operatorname{Re}\left(e^{j2\phi}\frac{e^{j\alpha N/2}}{e^{j\alpha/2}}\frac{e^{-j\alpha N/2}-e^{jN\alpha/2}}{e^{-j\alpha/2}-e^{j\alpha/2}}\right)\\ &=\operatorname{Re}\left(e^{j2\phi}e^{j\alpha(N-1)/2}\frac{\sin(N\alpha/2)}{\sin(\alpha/2)}\right)\\ &=\cos[(N-1)\alpha/2+2\phi]\frac{\sin(N\alpha/2)}{\sin(\alpha/2)}\end{aligned}$$

将 $\left|\frac{\sin(N\alpha/2)}{\sin(\alpha/2)}\right|$ 绘于图 4.6 中,可以看出,当 α 不在 0 或者 2π 附近时,即当 f_0 不在 0 或 1/2 附近时,$\left|\frac{\sin(N\alpha/2)}{\sin(\alpha/2)}\right| \ll N$,所以,$\sum_{n=0}^{N-1}\cos(4\pi f_0 n+2\phi) \ll N$。

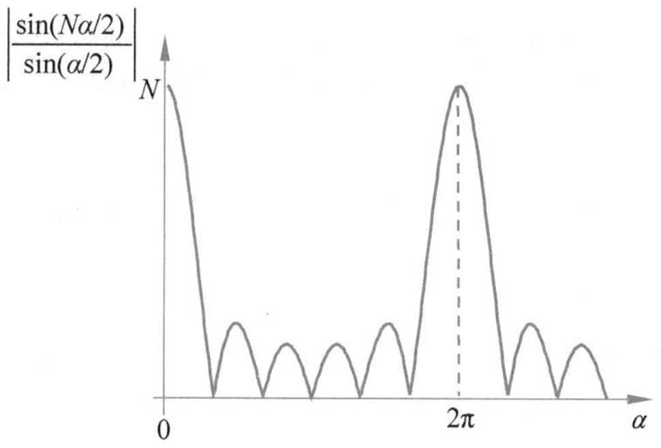

图 4.6 $\left|\frac{\sin(N\alpha/2)}{\sin(\alpha/2)}\right|$ 随 α 的变化曲线

【例 4.6】 正弦信号中心频率估计，假定信号为 $s[n;\phi]=A\cos(2\pi f_0 n+\phi)$，其中 A,ϕ 为常数，信号对 f_0 的导数为

$$\frac{\partial s[n;f_0]}{\partial f_0}=-2\pi n A\sin(2\pi f_0 n+\phi) \tag{4.3.7}$$

$$\mathrm{Var}(\hat{f}_0)\geqslant\frac{\sigma^2}{A^2\sum_{n=0}^{N-1}4\pi^2n^2\sin^2(2\pi f_0 n+\phi)}$$

图 4.7 给出了 CRLB：$I^{-1}(f_0)=\frac{\sigma^2}{A^2\sum_{n=0}^{N-1}4\pi^2n^2\sin^2(2\pi f_0 n+\phi)}$ 随 f_0 的变化曲线，其中参数选择为 $A^2/\sigma^2=1,N=10,\phi=0$。

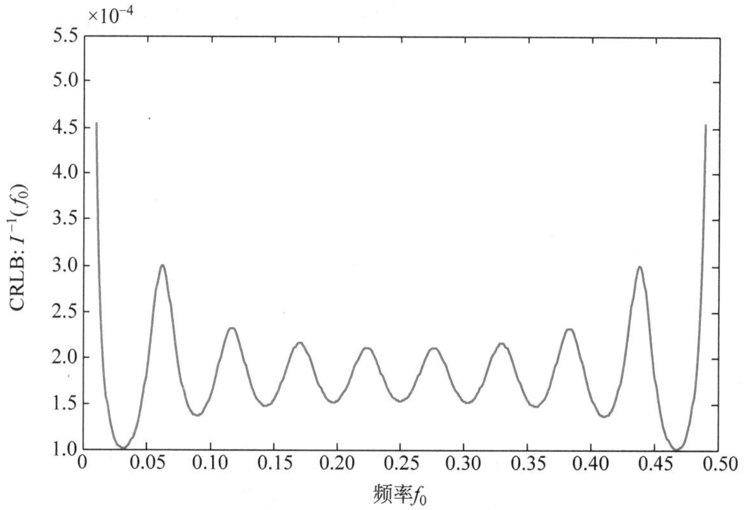

图 4.7 CRLB 随 f_0 变化的曲线

从图 4.7 可以看出，频率估计的 CRLB 随频率变化。

视频

4.4 估计性能的蒙特卡洛仿真

随机现象的计算机模拟已成为现代科学研究必不可少的工具,计算机模拟也称为蒙特卡洛仿真。下面先通过一个例子说明蒙特卡洛仿真的基本思想。假定需要计算函数 $f(x)$ 在(0,1)区间上的定积分,即求 $I=\int_0^1 f(x)\mathrm{d}x$,也就是要求图 4.8 阴影所示区域的面积。若函数 $f(x)$ 比较简单,这个积分是很容易计算的;若函数比较复杂,往往需要采用数值积分的方法进行近似计算。

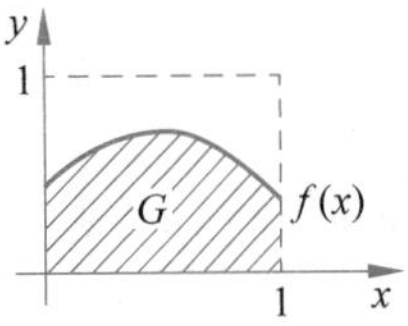

图 4.8　函数 $f(x)$的积分

下面阐述如何用蒙特卡洛方法进行近似计算。假定有两个相互独立且均匀分布于(0,1)区间上的随机变量 X 和 Y,则

$$P\{(X,Y)\in G\}=\frac{\int_0^1 f(x)\mathrm{d}x}{\text{正方形面积}}$$

正方形的面积刚好为 1,所以,$P\{(X,Y)\in G\}=\int_0^1 f(x)\mathrm{d}x$,而概率 $P\{(X,Y)\in G\}$ 可以用频数估计来计算。具体过程如下:独立产生两个随机数 X 和 Y,记为(x,y),判断点(x,y)是否落在区域 G 中,将此过程重复 M 次,若点(x,y)落在区域 G 的次数为 N,则

$$I=\hat{P}\{(X,Y)\in G\}=\frac{N}{M}$$

其中重复试验次数 M 称为蒙特卡洛仿真次数。

【例 4.7】 下面给出一个蒙特卡洛方法求积分的实例。假定 $f(x)=0.5-(0.5-x)^2$,直接积分求解可得,$\int_0^1 f(x)\mathrm{d}x=5/12=0.41666667$。采用蒙特卡洛仿真方法计算的程序如下:

```
clear all
M = 10000
I = 0;
for i = 1:M
    x = rand; y = rand;
    if y < 0.5 - (0.5 - x)^2
        I = I + 1
    end
end
I = I/M
```

运行以上程序得到的结果为 I=0.4122(注意,由于随机数每次调用得到的数不同,因此,每次运行得到的 I 值可能有差异,但一般只有后两位的数字有差异)。

从以上分析可以看出,采用蒙特卡洛仿真方法的基本步骤如下:

(1) 针对处理的问题建立一个统计模型;

(2) 进行多次重复试验;

（3）对重复试验结果进行统计分析（估计相对频数、均值等）、分析精度。

蒙特卡洛方法既可以处理概率问题，也可以处理非概率问题。

【例 4.8】 在例 4.2 中，已经证明了样本均值是 θ 有效估计量。试用蒙特卡洛仿真的方法分析估计量 $\hat{\theta} = \dfrac{1}{N}\displaystyle\sum_{i=0}^{N-1} z_i$ 的性能。

根据上面的蒙特卡洛仿真步骤，可画出估计量性能仿真的流程图，如图 4.9 所示。

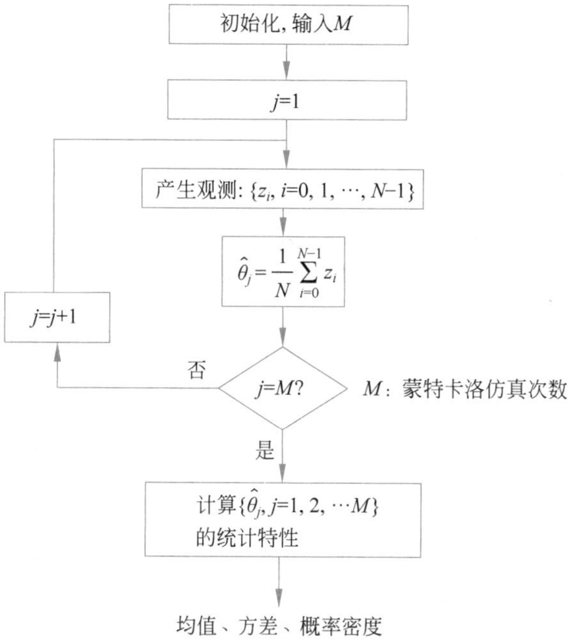

图 4.9　估计量性能的仿真流程图

蒙特卡洛仿真结果如图 4.10 所示。

仿真参数选择：

$\theta=1$，$\sigma^2=1$，$N=100$

蒙特卡洛仿真次数

$M=1000$

仿真分析结果

估计量的均值：$E(\hat{\theta})=1.002$

估计量的方差：$\mathrm{Var}(\hat{\theta})=0.0097$

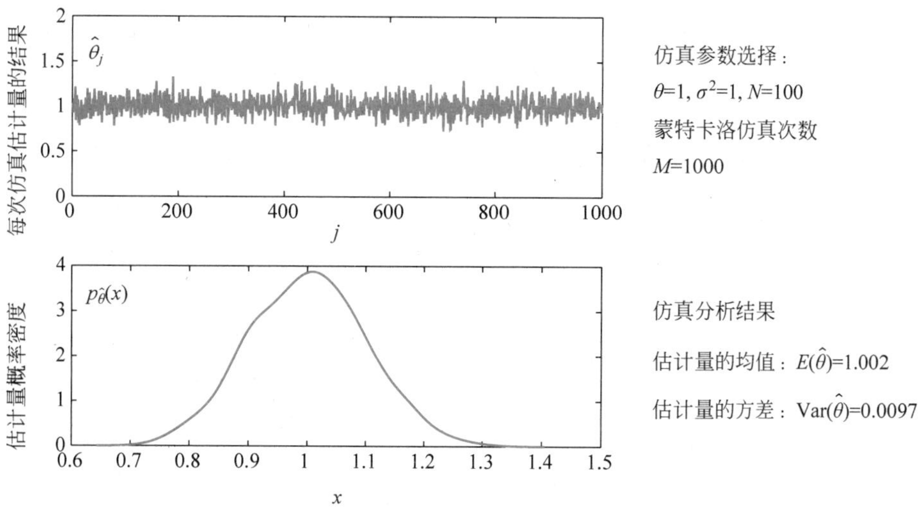

图 4.10　估计量性能仿真结果

蒙特卡洛仿真程序如下：

```
clear;
M = 1000;N = 100;
sigmax2 = 1; theta = 1;
for j = 1:M
z = theta + normrnd (0,sqrt (sigmax2) ,1,N);
etheta (j) = mean (z);
end
est_mean = mean(etheta)
est_var = var(etheta)
[f,xi] = ksdensity (etheta);
subplot (2,1,1)
plot (etheta)
axis ([0 M 0 2])
subplot (2,1,2)
plot (xi,f)
```

视频

4.5 矢量参数的克拉美-罗下限

假定$\boldsymbol{\theta}=[\theta_1 \quad \theta_2 \quad \cdots \quad \theta_p]^{\mathrm{T}}$，观测的概率密度$p(\boldsymbol{z};\boldsymbol{\theta})$满足正则条件：

$$E\left\{\frac{\partial \ln p(\boldsymbol{z};\boldsymbol{\theta})}{\partial \boldsymbol{\theta}}\right\}=\mathbf{0} \tag{4.5.1}$$

则任何无偏估计量$\hat{\boldsymbol{\theta}}$的协方差矩阵满足

$$\boldsymbol{C}_{\hat{\theta}} \geqslant \boldsymbol{I}^{-1}(\boldsymbol{\theta}) \tag{4.5.2}$$

$\boldsymbol{C}_{\hat{\theta}} \geqslant \boldsymbol{I}^{-1}(\boldsymbol{\theta})$要理解成$\boldsymbol{C}_{\hat{\theta}}-\boldsymbol{I}^{-1}(\boldsymbol{\theta})$为半正定的矩阵，其中费希尔信息矩阵$\boldsymbol{I}(\boldsymbol{\theta})$为

$$\boldsymbol{I}(\boldsymbol{\theta})=-E\left[\frac{\partial^2 \ln p(\boldsymbol{z};\boldsymbol{\theta})}{\partial \boldsymbol{\theta}\, \partial \boldsymbol{\theta}^{\mathrm{T}}}\right] \tag{4.5.3}$$

式(4.5.2)等号成立的条件是

$$\frac{\partial \ln p(\boldsymbol{z};\boldsymbol{\theta})}{\partial \boldsymbol{\theta}}=\boldsymbol{I}(\boldsymbol{\theta})[\boldsymbol{g}(\boldsymbol{z})-\boldsymbol{\theta}] \tag{4.5.4}$$

当式(4.5.4)成立时，估计的方差阵达到CRLB，估计的方差阵达到最小，最小的方差阵为

$$\boldsymbol{C}_{\hat{\theta}}=\boldsymbol{I}^{-1}(\boldsymbol{\theta}) \tag{4.5.5}$$

其中，

$$\frac{\partial \ln p(\boldsymbol{z};\boldsymbol{\theta})}{\partial \boldsymbol{\theta}}=\left[\frac{\partial \ln p(\boldsymbol{z};\boldsymbol{\theta})}{\partial \theta_1} \quad \frac{\partial \ln p(\boldsymbol{z};\boldsymbol{\theta})}{\partial \theta_2} \quad \cdots \quad \frac{\partial \ln p(\boldsymbol{z};\boldsymbol{\theta})}{\partial \theta_p}\right]^{\mathrm{T}} \tag{4.5.6}$$

$$\frac{\partial^2 \ln p(\boldsymbol{z};\boldsymbol{\theta})}{\partial \boldsymbol{\theta}\, \partial \boldsymbol{\theta}^{\mathrm{T}}}=\begin{bmatrix} \frac{\partial^2 \ln p(\boldsymbol{z};\boldsymbol{\theta})}{\partial \theta_1^2} & \frac{\partial^2 \ln p(\boldsymbol{z};\boldsymbol{\theta})}{\partial \theta_1 \partial \theta_2} & \cdots & \frac{\partial^2 \ln p(\boldsymbol{z};\boldsymbol{\theta})}{\partial \theta_1 \partial \theta_p} \\ \frac{\partial^2 \ln p(\boldsymbol{z};\boldsymbol{\theta})}{\partial \theta_2 \partial \theta_1} & \frac{\partial^2 \ln p(\boldsymbol{z};\boldsymbol{\theta})}{\partial \theta_2^2} & \cdots & \frac{\partial^2 \ln p(\boldsymbol{z};\boldsymbol{\theta})}{\partial \theta_2 \partial \theta_p} \\ \vdots & \vdots & \ddots & \vdots \\ \frac{\partial^2 \ln p(\boldsymbol{z};\boldsymbol{\theta})}{\partial \theta_p \partial \theta_1} & \frac{\partial^2 \ln p(\boldsymbol{z};\boldsymbol{\theta})}{\partial \theta_p \partial \theta_2} & \cdots & \frac{\partial^2 \ln p(\boldsymbol{z};\boldsymbol{\theta})}{\partial \theta_p^2} \end{bmatrix} \tag{4.5.7}$$

方差达到 CRLB 的估计称为有效估计量。$\boldsymbol{\theta}$ 每个分量的 CRLB 可以通过费希尔信息矩阵的逆的对角线上元素来得到，即

$$\operatorname{Var}(\theta_i)=[\boldsymbol{C}_{\hat{\theta}}]_{ii}\geqslant[\boldsymbol{I}^{-1}(\boldsymbol{\theta})]_{ii} \tag{4.5.8}$$

其中，

$$[\boldsymbol{I}(\boldsymbol{\theta})]_{ij}=-E\left[\frac{\partial^2\ln p(\boldsymbol{z}\mid\boldsymbol{\theta})}{\partial\theta_i\partial\theta_j}\right] \tag{4.5.9}$$

【例 4.9】 考虑高斯白噪声中恒定电平和噪声方差的估计问题，观测为

$$z_i=A+w_i,\quad i=0,1,\cdots,N-1$$

其中，A 为未知常数，$\{w_i\}$为零均值高斯白噪声序列，方差为 σ^2。假定$\boldsymbol{\theta}=[A\quad\sigma^2]^{\mathrm{T}}$，试确定矢量$\boldsymbol{\theta}$ 的 CRLB。

解：根据题意费希尔信息矩阵是 2×2 的矩阵，

$$\boldsymbol{I}(\boldsymbol{\theta})=-E\left[\frac{\partial^2\ln p(\boldsymbol{z};\boldsymbol{\theta})}{\partial\boldsymbol{\theta}\partial\boldsymbol{\theta}^{\mathrm{T}}}\right]=\begin{bmatrix}-E\left[\dfrac{\partial^2\ln p(\boldsymbol{z};\boldsymbol{\theta})}{\partial A^2}\right] & -E\left[\dfrac{\partial^2\ln p(\boldsymbol{z};\boldsymbol{\theta})}{\partial A\partial\sigma^2}\right]\\ -E\left[\dfrac{\partial^2\ln p(\boldsymbol{z};\boldsymbol{\theta})}{\partial\sigma^2\partial A}\right] & -E\left[\dfrac{\partial^2\ln p(\boldsymbol{z};\boldsymbol{\theta})}{\partial(\sigma^2)^2}\right]\end{bmatrix}$$

由于

$$\ln p(\boldsymbol{z};\boldsymbol{\theta})=-\frac{N}{2}\ln(2\pi\sigma^2)-\frac{1}{2\sigma^2}\sum_{i=0}^{N-1}(z_i-A)^2$$

所以

$$\frac{\partial\ln p(\boldsymbol{z};\boldsymbol{\theta})}{\partial A}=\frac{1}{\sigma^2}\sum_{i=0}^{N-1}(z_i-A)$$

$$\frac{\partial\ln p(\boldsymbol{z};\boldsymbol{\theta})}{\partial\sigma^2}=-\frac{N}{2\sigma^2}+\frac{1}{2\sigma^4}\sum_{i=0}^{N-1}(z_i-A)^2$$

$$\frac{\partial^2\ln p(\boldsymbol{z};\boldsymbol{\theta})}{\partial A^2}=-\frac{N}{\sigma^2}$$

$$\frac{\partial^2\ln p(\boldsymbol{z};\boldsymbol{\theta})}{\partial(\sigma^2)^2}=\frac{N}{2\sigma^4}-\frac{1}{\sigma^6}\sum_{i=0}^{N-1}(z_i-A)^2$$

$$\frac{\partial^2\ln p(\boldsymbol{z};\boldsymbol{\theta})}{\partial A\partial\sigma^2}=-\frac{1}{\sigma^4}\sum_{i=0}^{N-1}(z_i-A)$$

$$\frac{\partial^2\ln p(\boldsymbol{z};\boldsymbol{\theta})}{\partial\sigma^2\partial A}=\frac{\partial^2\ln p(\boldsymbol{z};\boldsymbol{\theta})}{\partial A\partial\sigma^2}$$

费希尔信息矩阵为

$$\boldsymbol{I}(\boldsymbol{\theta})=\begin{bmatrix}-E\left(-\dfrac{N}{\sigma^2}\right) & -E\left[-\dfrac{1}{\sigma^4}\sum\limits_{i=0}^{N-1}(z_i-A)\right]\\ -E\left[-\dfrac{1}{\sigma^4}\sum\limits_{i=0}^{N-1}(z_i-A)\right] & -E\left[\dfrac{N}{2\sigma^4}-\dfrac{1}{\sigma^6}\sum\limits_{i=0}^{N-1}(z_i-A)^2\right]\end{bmatrix}=\begin{bmatrix}\dfrac{N}{\sigma^2} & 0\\ 0 & \dfrac{N}{2\sigma^4}\end{bmatrix}$$

因此,很容易得出

$$\mathrm{Var}(\hat{A}) \geqslant \frac{\sigma^2}{N} \tag{4.5.10}$$

$$\mathrm{Var}(\sigma^2) \geqslant \frac{2\sigma^4}{N} \tag{4.5.11}$$

视频

4.6 参数变换的克拉美-罗下限

在实际中经常遇到希望估计的参量是某个基本参量的函数的情况,例如,在例 4.2 中,感兴趣的不是 θ 的估计,而是 θ^2 的估计,若已知 θ 的 CRLB,如何得到 θ^2 估计的 CRLB 呢?

假定希望估计 $\alpha=h(\theta)$,则可以证明(参见习题 4.4)$\hat{\alpha}$ 的 CRLB 为

$$\mathrm{Var}(\hat{\alpha}) \geqslant \frac{\left[\dfrac{\partial h(\theta)}{\partial \theta}\right]^2}{-E\left[\dfrac{\partial^2 \ln p(\boldsymbol{z};\theta)}{\partial \theta^2}\right]} = \left[\frac{\partial h(\theta)}{\partial \theta}\right]^2 I^{-1}(\theta) \tag{4.6.1}$$

例如,对例 4.2 讨论的估计问题,已经求得 $I(\theta)=\dfrac{N}{\sigma^2}$,假定 $\alpha=\theta^2$,$\dfrac{\partial \alpha}{\partial \theta}=2\theta$,则

$$\mathrm{Var}(\hat{\alpha}) \geqslant \left[\frac{\partial \alpha}{\partial \theta}\right]^2 I^{-1}(\theta) = (2\theta)^2 \frac{\sigma^2}{N} = \frac{4\theta^2\sigma^2}{N}$$

由例 4.2 可知,样本均值 $\bar{z}=\dfrac{1}{N}\sum\limits_{i=0}^{N-1} z_i$ 是 θ 的有效估计量,但是,$\bar{z}^2$ 并不是 θ^2 的有效估计量,实际上 $\bar{z}^2$ 是 θ^2 的有偏估计,这是因为

$$E(\bar{z}^2) = E^2(\bar{z}) + \mathrm{Var}(\bar{z}) = \theta^2 + \frac{\sigma^2}{N} \neq \theta^2$$

由此可以得出结论,估计量的有效性由于非线性变换而被破坏,很容易证明,对于线性变换,有效性将得以维持。尽管有效性因为非线性变换而被破坏,但是,当观测数据很长时,有效性是渐近维持的。也就是说,若 $\hat{\theta}$ 是 θ 的有效估计量,则 $h(\hat{\theta})$ 是 $h(\theta)$ 的渐近有效估计量。

式(4.6.1)很容易推广到矢量参数变换的情况。假定希望估计 $\boldsymbol{\alpha}=\boldsymbol{h}(\boldsymbol{\theta})$,其中 $\boldsymbol{\alpha}$ 是 $r\times1$ 的矢量,$\boldsymbol{\theta}$ 是 $p\times1$ 的矢量,$\boldsymbol{h}$ 是 $r\times1$ 的矢量函数,则

$$\boldsymbol{C}_{\hat{\alpha}} \geqslant \frac{\partial \boldsymbol{h}(\boldsymbol{\theta})}{\partial \boldsymbol{\theta}^{\mathrm{T}}} \boldsymbol{I}^{-1}(\boldsymbol{\theta}) \left[\frac{\partial \boldsymbol{h}(\boldsymbol{\theta})}{\partial \boldsymbol{\theta}^{\mathrm{T}}}\right]^{\mathrm{T}} \tag{4.6.2}$$

其中

$$\frac{\partial \boldsymbol{h}(\boldsymbol{\theta})}{\partial \boldsymbol{\theta}^{\mathrm{T}}} = \begin{bmatrix} \dfrac{\partial h_1(\boldsymbol{\theta})}{\partial \theta_1} & \dfrac{\partial h_1(\boldsymbol{\theta})}{\partial \theta_2} & \cdots & \dfrac{\partial h_1(\boldsymbol{\theta})}{\partial \theta_p} \\ \dfrac{\partial h_2(\boldsymbol{\theta})}{\partial \theta_1} & \dfrac{\partial h_2(\boldsymbol{\theta})}{\partial \theta_2} & \cdots & \dfrac{\partial h_2(\boldsymbol{\theta})}{\partial \theta_p} \\ \cdots & \cdots & \ddots & \cdots \\ \dfrac{\partial h_r(\boldsymbol{\theta})}{\partial \theta_1} & \dfrac{\partial h_r(\boldsymbol{\theta})}{\partial \theta_2} & \cdots & \dfrac{\partial h_r(\boldsymbol{\theta})}{\partial \theta_p} \end{bmatrix}$$

【例 4.10】 信噪比的 CRLB。在例 4.9 中讨论了高斯白噪声中恒定电平估计和噪声方差估计的 CRLB，假定希望估计信噪比 $\alpha = A^2/\sigma^2$，求信噪比估计的 CRLB。

解：设 $\boldsymbol{\theta} = [A \quad \sigma^2]^{\mathrm{T}}$，则 $\boldsymbol{h}(\boldsymbol{\theta}) = A^2/\sigma^2$，由例 4.9 可知

$$\boldsymbol{I}(\boldsymbol{\theta}) = \begin{bmatrix} \dfrac{N}{\sigma^2} & 0 \\ 0 & \dfrac{N}{2\sigma^4} \end{bmatrix}$$

又

$$\frac{\partial \boldsymbol{h}(\boldsymbol{\theta})}{\partial \boldsymbol{\theta}^{\mathrm{T}}} = \begin{bmatrix} \dfrac{\partial \boldsymbol{h}(\boldsymbol{\theta})}{\partial A} & \dfrac{\partial \boldsymbol{h}(\boldsymbol{\theta})}{\partial \sigma^2} \end{bmatrix} = \begin{bmatrix} \dfrac{2A}{\sigma^2} & -\dfrac{A^2}{\sigma^4} \end{bmatrix}$$

所以

$$\begin{aligned} \frac{\partial \boldsymbol{h}(\boldsymbol{\theta})}{\partial \boldsymbol{\theta}} \boldsymbol{I}^{-1}(\boldsymbol{\theta}) \left[\frac{\partial \boldsymbol{h}(\boldsymbol{\theta})}{\partial \boldsymbol{\theta}} \right]^{\mathrm{T}} &= \begin{bmatrix} \dfrac{2A}{\sigma^2} & -\dfrac{A^2}{\sigma^4} \end{bmatrix} \begin{bmatrix} \dfrac{\sigma^2}{N} & 0 \\ 0 & \dfrac{2\sigma^4}{N} \end{bmatrix} \begin{bmatrix} \dfrac{2A}{\sigma^2} \\ -\dfrac{A^2}{\sigma^4} \end{bmatrix} \\ &= \frac{4A^2}{N\sigma^2} + \frac{2A^4}{N\sigma^4} = \frac{4\alpha + 2\alpha^2}{N} \end{aligned}$$

类似于标量参数的变换，对矢量参数的有效估计量经过线性变换后仍然是有效估计量(证明参见习题 4.9)，而矢量参数的有效估计量经过非线性变换后是渐近有效估计量。

4.7 充分统计量

视频

在例 4.2 中讨论了高斯白噪声中未知常数的估计问题，求得 θ 的估计量 $\hat{\theta} = \dfrac{1}{N}\sum_{i=0}^{N-1} z_i$ 是有效估计量，估计的方差可以达到最小。实际上也可以选择估计 $\hat{\theta}_1 = z_0$ 作为 θ 的估计，很容易证明，$\hat{\theta}_1$ 也是无偏估计，但 $\hat{\theta}_1$ 的方差要比 $\hat{\theta}$ 大。$\hat{\theta}_1$ 的估计精度不如 $\hat{\theta}$，直观的理解是因为放弃了观测数据 $\{z_1, z_2, \cdots, z_{N-1}\}$ 的缘故，放弃的这些数据中包含有关 θ 的信息。那么在能够利用的原始数据集中，需要使用怎样的数据子集，才能充分利用信息呢？就例 4.2 的估计问题而言，下列数据集对于建立最佳估计而言都是充分的，

$$Z_1 = \{z_0, z_1, \cdots, z_{N-1}\}$$

$$Z_2 = \{z_0 + z_1, z_2, \cdots, z_{N-1}\}$$

$$Z_3 = \left\{\sum_{i=0}^{N-1} z_i\right\}$$

Z_1 是原始数据集，利用以上数据都可以建立最佳估计。事实上，还存在许多其他的充分的数据集，但每个数据集的维数是不同的，Z_3 是一维的，在所有充分的数据集中，维数最小的数据集称为最小数据集。若把数据集里的每个元素看作一个统计量，则 Z_1 的 N 个

统计量是充分的,Z_2 的 $N-1$ 个统计量是充分的,Z_3 的单个统计量也是充分的。$\sum_{i=0}^{N-1} z_i$ 不仅是一个充分统计量,也是最小的充分统计量。对于参量 θ 的估计问题,只要已知 $\sum_{i=0}^{N-1} z_i$,由于所有信息都包含在 $\sum_{i=0}^{N-1} z_i$ 中,因此利用 $\sum_{i=0}^{N-1} z_i$ 就可以建立最佳估计,其他数据都可以放弃,$\sum_{i=0}^{N-1} z_i$ 称为参数 θ 的充分统计量,下面给出充分统计量的定义。

定义:对于未知参数 θ 的估计,若统计量 $T(\boldsymbol{z})$ 给定后,观测中将不再含有 θ 的信息,即

$$p[\boldsymbol{z} \mid T(\boldsymbol{z})=T_0;\boldsymbol{\theta}]=p[\boldsymbol{z} \mid T(\boldsymbol{z})=T_0] \tag{4.7.1}$$

则称 $T(\boldsymbol{z})$ 为充分统计量(ss,sufficient statistic)。即观测中所有关于 θ 的信息都包含在充分统计量 $T(\boldsymbol{z})$ 中。要判断统计 $T(\boldsymbol{z})$ 是不是 θ 的充分统计量,只需要判断式(4.7.1)是否成立。

【例 4.11】 考虑例 4.2 的高斯白噪声中未知常数的估计问题,观测的概率密度为

$$p(\boldsymbol{z};\theta)=\frac{1}{(2\pi\sigma^2)^{N/2}}\exp\left[-\frac{1}{2\sigma^2}\sum_{i=0}^{N-1}(z_i-\theta)^2\right] \tag{4.7.2}$$

假定 $T(\boldsymbol{z})=\sum_{i=0}^{N-1} z_i=T_0$ 已经获得,证明该统计量是 θ 的充分统计量。

证明:根据贝叶斯关系,

$$p[\boldsymbol{z} \mid T(\boldsymbol{z})=T_0;\theta]=\frac{p[\boldsymbol{z},T(\boldsymbol{z})=T_0;\theta]}{p[T(\boldsymbol{z})=T_0;\theta]}=\frac{p(\boldsymbol{z};\theta)\delta[T(\boldsymbol{z})-T_0]}{p[T(\boldsymbol{z})=T_0;\theta]} \tag{4.7.3}$$

而 $T(\boldsymbol{z})\sim\mathcal{N}(N\theta,N\sigma^2)$,即 $p(T;\theta)=\frac{1}{\sqrt{2\pi N\sigma^2}}\exp\left[-\frac{1}{2N\sigma^2}(T-N\theta)^2\right]$,所以

$$p[T(\boldsymbol{z})=T_0;\theta]=\frac{1}{\sqrt{2\pi N\sigma^2}}\exp\left[-\frac{1}{2N\sigma^2}(T_0-N\theta)^2\right] \tag{4.7.4}$$

将式(4.7.2)和式(4.7.4)代入式(4.7.3),得

$$\begin{aligned}p[\boldsymbol{z} \mid T(\boldsymbol{z})=T_0;\theta]&=\frac{\frac{1}{(2\pi\sigma^2)^{\frac{N}{2}}}\exp\left[-\frac{1}{2\sigma^2}\sum_{i=0}^{N-1}(z_i-\theta)^2\right]\delta(T(\boldsymbol{z})-T_0)}{\frac{1}{\sqrt{2\pi N\sigma^2}}\exp\left[-\frac{1}{2N\sigma^2}(T_0-N\theta)^2\right]}\\&=\frac{\sqrt{N}}{(2\pi\sigma^2)^{\frac{N-1}{2}}}\exp\left(-\frac{1}{2\sigma^2}\sum_{i=0}^{N-1}z_i^2\right)\exp\left(\frac{T_0^2}{2N\sigma^2}\right)\delta[T(\boldsymbol{z})-T_0]\end{aligned} \tag{4.7.5}$$

由式(4.7.5)可以看出,若 $T(\boldsymbol{z})=\sum_{i=0}^{N-1} z_i=T_0$ 给定,则条件概率密度 $p(\boldsymbol{z} \mid T(\boldsymbol{z})=T_0;\theta)$ 与 θ 无关,因此,$T(\boldsymbol{z})=\sum_{i=0}^{N-1} z_i$ 就是 θ 的充分统计量。

例 4.11 说明了证明一个统计量是充分统计量的过程，但在许多实际问题中，条件概率密度的计算是非常烦琐的，下面的定理给出了一种确定充分统计量的简单方法。

纽曼-费希尔(Neyman-Fisher)分解定理：$T(\boldsymbol{z})$是参量 θ 的充分统计量的充分必要条件是 $p(\boldsymbol{z};\theta)$能分解成如下形式：

$$p(\boldsymbol{z};\theta)=g[T(\boldsymbol{z}),\theta]h(\boldsymbol{z}) \tag{4.7.6}$$

其中，g 是一个通过 $T(\boldsymbol{z})$与观测 $\boldsymbol{z}$ 有关的函数，$h(\boldsymbol{z})$只与 $\boldsymbol{z}$ 有关，与 θ 无关。定理证明从略。

【例 4.12】 考虑例 4.2 的高斯白噪声中未知常数的估计问题，由例 4.2 可知

$$p(\boldsymbol{z};\theta)=\left(\frac{1}{2\pi\sigma^2}\right)^{N/2}\exp\left[-\frac{1}{2\sigma^2}\sum_{i=0}^{N-1}(z_i-\theta)^2\right]$$

由于 $\sum_{i=0}^{N-1}(z_i-\theta)^2=\sum_{i=0}^{N-1}z_i^2-2\theta\sum_{i=0}^{N-1}z_i+N\theta^2$，因此，$p(\boldsymbol{z};\theta)$ 可分解为

$$\begin{aligned}p(\boldsymbol{z};\theta)&=\left(\frac{1}{2\pi\sigma^2}\right)^{N/2}\exp\left[-\frac{1}{2\sigma^2}\left(N\theta^2-2\theta\sum_{i=0}^{N-1}z_i\right)\right]\exp\left(-\frac{1}{2\sigma^2}\sum_{i=0}^{N-1}z_i^2\right)\\&=g[(T(\boldsymbol{z}),\theta)]h(\boldsymbol{z})\end{aligned}$$

其中，$T(\boldsymbol{z})=\sum_{i=0}^{N-1}z_i$，$h(\boldsymbol{z})=\exp\left(-\frac{1}{2\sigma^2}\sum_{i=0}^{N-1}z_i^2\right)$

$$g[T(\boldsymbol{z}),\theta]=\left(\frac{1}{2\pi\sigma^2}\right)^{N/2}\exp\left[-\frac{1}{2\sigma^2}\left(N\theta^2-2\theta\sum_{i=0}^{N-1}z_i\right)\right]$$

根据纽曼-费希尔分解定理，$T(\boldsymbol{z})=\sum_{i=0}^{N-1}z_i$ 是充分统计量。

习题

4.1 设 $z_0\sim U[0,1/\theta]$，其中 $U[a,b]$表示区间$[a,b]$上的均匀分布，$\theta>0$ 为未知参数。试问是否存在 θ 的无偏估计量？为什么？若 $z_0\sim U[0,\theta]$情况又如何？

4.2 设有 N 次独立同分布的观测 $\boldsymbol{z}=[z_0 z_1\cdots z_{N-1}]^{\mathrm{T}}$，且单个样本服从均匀分布，试讨论正则条件是否成立，并说明理由。

4.3 假定概率密度 $p(\boldsymbol{z};\theta)$满足正则条件：

$$E\left[\frac{\partial \ln p(\boldsymbol{z};\theta)}{\partial\theta}\right]=0$$

试证明：任何无偏估计量 $\hat{\theta}$ 的方差满足

$$\mathrm{Var}(\hat{\theta})=E\{[\hat{\theta}-\theta]^2\}\geqslant I^{-1}(\theta)$$

其中，

$$I(\theta)=E\left\{\left[\frac{\partial \ln p(\boldsymbol{z};\theta)}{\partial\theta}\right]^2\right\}=-E\left\{\frac{\partial^2 \ln p(\boldsymbol{z};\theta)}{\partial\theta^2}\right\}$$

当且仅当$\frac{\partial \ln p(\boldsymbol{z};\theta)}{\partial\theta}=I(\theta)(\hat{\theta}-\theta)$时，不等式的等号成立。

4.4 设观测的概率密度为 $p(\boldsymbol{z};\theta)$,θ 为未知参量,待估计量为 $\alpha=g(\theta)$。证明:估计 α 的 CRLB 为

$$\mathrm{Var}(\hat{\alpha})\geqslant\frac{\left(\frac{\partial g(\theta)}{\partial\theta}\right)^2}{-E\left[\frac{\partial^2\ln p(\boldsymbol{z};\theta)}{\partial\theta^2}\right]}$$

4.5 考虑一个直线拟合问题,观测为

$$z_n=Bn+w_n,\quad n=0,1,\cdots,N-1$$

其中,w_n 是零均值高斯白噪声,方差为 σ^2 是已知的。求参数 B 的 CRLB。是否存在有效估计量?若 B 是已知的,σ^2 为未知参数,则情况如何?

4.6 设有两次观测

$$z_0=\theta+w_0$$
$$z_1=\theta+w_1$$

其中 $\boldsymbol{w}=[w_0\quad w_1]^{\mathrm{T}}$ 是零均值高斯随机矢量,方差阵为

$$\boldsymbol{C}=\sigma^2\begin{bmatrix}1&\rho\\\rho&1\end{bmatrix}$$

求估计 θ 的 CRLB,并将它与 w_i 为高斯白噪声的情况(即 $\rho=0$)进行比较,解释当 $\rho\to\pm1$ 会怎样?

4.7 设有 N 次观测

$$z_i=Ar^i+w_i,\quad i=0,1,\cdots,N-1$$

其中,w_i 是零均值高斯白噪声,方差为 σ^2,$r>0$ 是已知的,求 A 的 CRLB。证明有效估计量存在,并求它的方差。对不同的 r 值,当 $N\to\infty$ 时方差会怎样?

4.8 考虑高斯白噪声中的 DC 电平参数估计问题,观测 $z_i=A+w_i,i=0,1,\cdots,N-1$,噪声方差为 σ^2,记 $\bar{z}=\frac{1}{N}\sum_{i=0}^{N-1}z_i$。试计算参数 $\boldsymbol{\theta}=[A\quad\sigma^2]^{\mathrm{T}}$、$\boldsymbol{\zeta}=g(\boldsymbol{\theta})=[A^2\quad\sigma^2]^{\mathrm{T}}$ 的 CRLB,并讨论 $\bar{z}^2$ 是否为 A^2 的渐近有效估计量,说明原因。

4.9 假定 $\boldsymbol{\alpha}=\boldsymbol{g}(\boldsymbol{\theta})=\boldsymbol{A}\boldsymbol{\theta}+\boldsymbol{b}$,其中 $\boldsymbol{\theta}$ 是 $p\times1$ 的矢量,$\boldsymbol{\alpha}$ 是 $r\times1$ 的矢量,$\boldsymbol{A}$ 是 $r\times p$ 的矩阵,$\boldsymbol{b}$ 是 $r\times1$ 的矢量,$\hat{\boldsymbol{\theta}}$ 为有效估计量,即 $\boldsymbol{C}_{\hat{\theta}}=\boldsymbol{I}^{-1}(\boldsymbol{\theta})$,证明 $\hat{\boldsymbol{\alpha}}=\boldsymbol{A}\hat{\boldsymbol{\theta}}+\boldsymbol{b}$ 也是有效估计量,即对于线性变换,估计量的有效性得以保持。

4.10 假定观测 $z_0,z_1,\cdots,z_{N-1}$ 是独立同分布随机变量,且分布为指数分布,可写为

$$p(z;\lambda)=\begin{cases}\lambda\exp(-\lambda z), & z\geqslant0\\0, & z<0\end{cases}$$

是否存在参数 λ 的充分统计量?若存在,试求之。

4.11 什么叫费希尔信息矩阵?矩阵的各分量是如何计算的?其对角元和非对角元分别表示什么含义?若费希尔信息矩阵的非对角元非零,这意味着什么?

4.12 假定 $z_i=\theta+w_i,i=0,1,\cdots,N-1$,其中 $\{w_i\}$ 是零均值高斯白噪声,方差 σ^2 为已

知量，θ 的估计量为 $\hat{\theta}=\frac{1}{N}\sum_{i=0}^{N-1}z_i$，试用蒙特卡洛仿真的方法分析估计量的性能（如估计量的均值、方差、PDF 以及与 CRLB 的关系等），并讨论估计量的方差随信噪比、样本容量的变化特性。

4.13 假定观测为

$$z_i = w_i,\quad i=0,1,\cdots,N-1$$

其中 $\{w_i\}$ 是独立同分布噪声，且 w_i 在 $(0,2\theta)$ 区间上服从均匀分布，证明 θ 的充分统计量为 $T(\boldsymbol{z})=\max\{z_0,z_1,\cdots,z_{N-1}\}$。

第5章 最小方差无偏估计

视频

对于未知常数的估计，第4章介绍的CRLB的计算，有可能得到有效估计量，同时也是方差最小的无偏估计量，但有效估计量的获得是有条件的，若有效估计量不存在，则还可以求得最小方差无偏(Minimum Variance Unbiased，MVU)估计。要获得好的估计，对信息的利用一定是充分的，即一般的MVU估计一定是根据充分统计量来求得的。本章讨论如何根据充分统计量求取最小方差无偏估计。

5.1 最小方差无偏估计的定义

估计的均方误差可以表示为

$$\begin{aligned}\mathrm{Mse}(\hat{\theta}) &= E\{[\hat{\theta}-\theta]^2\} \\ &= E[(\hat{\theta}-E(\hat{\theta}))^2]+[E(\hat{\theta})-\theta]^2 \\ &= \mathrm{Var}(\hat{\theta})+[E(\hat{\theta})-\theta]^2\end{aligned} \tag{5.1.1}$$

其中，$\mathrm{Var}(\hat{\theta})=E[(\hat{\theta}-E(\hat{\theta}))^2]$表示估计量的方差，$b=E(\hat{\theta})-\theta$表示估计的偏差项，即估计的均方误差等于估计的方差加上偏差项的平方。很显然，对于无偏估计而言，偏差项$b=0$，估计的均方误差就等于估计的方差。但是，对于有偏估计，估计的均方误差和估计的方差并不相等。对于未知常数的估计，一般不宜直接采用最小均方估计。例如，对于例4.2所述的高斯白噪声中未知常数的估计问题，若假定估计为$\hat{\theta}=\alpha\bar{z}$，其中$\bar{z}=\frac{1}{N}\sum_{i=0}^{N-1}z_i$为样本均值，由于$E(\hat{\theta})=\alpha\theta$，$\mathrm{Var}(\hat{\theta})=\alpha^2\mathrm{Var}(\bar{z})=\alpha^2\sigma^2/N$，$b=E(\hat{\theta})-\theta=(\alpha-1)\theta$，所以，

$$\mathrm{Mse}(\hat{\theta})=\frac{\alpha^2\sigma^2}{N}+(\alpha-1)^2\theta^2$$

$$\frac{\partial\mathrm{Mse}(\hat{\theta})}{\partial\alpha}=\frac{2\alpha\sigma^2}{N}+2(\alpha-1)\theta^2$$

令$\frac{\partial\mathrm{Mse}(\hat{\theta})}{\partial\alpha}=0$，可解得最佳系数为

$$\alpha_{\mathrm{opt}}=\frac{\theta^2}{\theta^2+\sigma^2/N}$$

最佳系数α_{opt}与被估计量θ有关，而θ是未知的，所以，得到的最佳估计是不可用的。

要得到可用的最佳的估计，可约束偏差项$b=0$，即约束估计为无偏估计的条件下，使均方误差

$$\mathrm{Mse}(\hat{\theta})=E[(\hat{\theta}-\theta)^2]=\int_{-\infty}^{+\infty}(\hat{\theta}-\theta)^2p(z)\mathrm{d}z \tag{5.1.2}$$

达到最小，这样的估计称为最小方差无偏(MVU)估计。

5.2 RBLS定理

第4章介绍的有效估计量，它是一个无偏估计量，而且它的方差达到CRLB，它的方差是最小的，所以，有效估计量就是一个MVU估计。若有效估计量不存在，MVU估计

需要寻找另外的方法求解，RBLS(Rao-Blackwell-Lehmann-Scheffe)定理就是根据充分统计量求解 MVU 估计的一种方法。

定理：若 $\breve{\theta}$ 是 θ 的一个无偏估计量，$T(\boldsymbol{z})$是 θ 的充分统计量，则 $\hat{\theta}=E(\breve{\theta}\,|\,T(\boldsymbol{z}))$是：

(1) θ 的一个可用的估计；

(2) 无偏估计；

(3) 对所有的 θ，方差小于或等于 $\breve{\theta}$ 的方差；

若充分统计量 $T(\boldsymbol{z})$是完备的，则 $\hat{\theta}=E(\breve{\theta}\,|\,T(\boldsymbol{z}))$是 MVU 估计量。

定理的证明从略。定理中完备的含义是指只存在唯一的 $T(\boldsymbol{z})$的函数，使 $\hat{\theta}=E(\breve{\theta}\,|\,T(\boldsymbol{z}))$是无偏的。

【例 5.1】 高斯白噪声中未知常数的估计，假定观测为

$$z_i=\theta+w_i,\quad i=0,1,\cdots,N-1$$

其中，$\{w_i\}$是零均值高斯白噪声序列，方差为 σ^2，θ 是未知常数，求 θ 的 MVU 估计。

解：首先找一个无偏估计量，很显然，$\breve{\theta}=z_0$ 是无偏的。其次，求 θ 的充分统计量，由例 4.12 可知，$T(\boldsymbol{z})=\sum_{i=0}^{N-1}z_i$ 是θ 的充分统计量。接着求条件均值 $\hat{\theta}=E(\breve{\theta}\mid T(\boldsymbol{z}))$。由高斯随机变量的理论，假定 X,Y 是联合高斯随机变量，有

$$E(X\mid Y)=E(X)+\mathrm{Cov}(X,Y)[\mathrm{Var}(Y)]^{-1}[Y-E(Y)] \tag{5.1.3}$$

很显然，$\breve{\theta}$ 和 $T(\boldsymbol{z})$是联合高斯随机变量，由于 $T(\boldsymbol{z})\sim N(N\theta,N\sigma^2)$，

$$\mathrm{Cov}[\breve{\theta},T(\boldsymbol{z})]=E\left[(z_0-\theta)\left(\sum_{i=0}^{N-1}z_i-N\theta\right)\right]=E\left\{w_0\sum_{i=0}^{N-1}w_i\right\}=\sigma^2$$

$$\hat{\theta}=E[\breve{\theta}\mid T(\boldsymbol{z})]=\theta+\sigma^2(N\sigma^2)^{-1}\left(\sum_{i=0}^{N-1}z_i-N\theta\right)=\frac{1}{N}\sum_{i=0}^{N-1}z_i$$

很容易验证，$T(\boldsymbol{z})=\sum_{i=0}^{N-1}z_i$ 是完备的，所以，$\hat{\theta}=\frac{1}{N}\sum_{i=0}^{N-1}z_i$ 是 MVU 估计。

由于完备的充分统计量只存在一个唯一的函数使其无偏，所以最小方差无估计量也可以通过下面的方法求解。

假定 $T(\boldsymbol{z})$是完备的充分统计量，则 $\hat{\theta}=g[T(\boldsymbol{z})]$，只要找到一个函数 $g(\cdot)$，使之满足

$$E\{g[T(\boldsymbol{z})]\}=\theta \tag{5.1.4}$$

在例 5.1 中，$T(\boldsymbol{z})=\sum_{i=0}^{N-1}z_i$，$E[T(\boldsymbol{z})]=E\left[\sum_{i=0}^{N-1}z_i\right]=N\theta$，所以，很容易找到这个函数为 $g(x)=\frac{x}{N}$，$\hat{\theta}=g[T(\boldsymbol{z})]=\frac{1}{N}\left(\sum_{i=0}^{N-1}z_i\right)$。

【例 5.2】 假定观测为

$$z_i=w_i,\quad i=0,1,\cdots,N-1$$

其中$\{w_i\}$是独立同分布噪声，且w_i在$(0,2\theta)$区间服从均匀分布，求θ的MVU估计。

解：首先要找一个无偏估计量，很显然，$\breve{\theta}=\frac{1}{N}\sum_{i=0}^{N-1}z_i$是无偏的，其次，要求一个充分统计量，由习题4.13可知，充分统计量为$T(\boldsymbol{z})=\max\{z_0,z_1,\cdots,z_{N-1}\}$，接下来求一个充分统计量的函数，使其无偏。

$T(\boldsymbol{z})$的分布函数为

$$\begin{aligned}F_T(t)&=P\{T(\boldsymbol{z})\leqslant t\}=P\{z_0\leqslant t,\cdots,z_{N-1}\leqslant t\}\\&=\prod_{i=0}^{N-1}P\{z_i\leqslant t\}=(P\{z_i\leqslant t\})^N\end{aligned}$$

而

$$P\{z_i\leqslant t\}=\begin{cases}0, & t\leqslant 0\\ \dfrac{t}{2\theta}, & 0<t\leqslant 2\theta\\ 1, & t>2\theta\end{cases}$$

$T(\boldsymbol{z})$的概率密度为

$$p_T(t)=\frac{\partial F_T(t)}{\partial t}=N(P\{z_i\leqslant t\})^{N-1}\frac{\partial P\{z_i\leqslant t\}}{\partial t}=\begin{cases}0, & t\leqslant 0\\ N\left(\dfrac{t}{2\theta}\right)^{N-1}\dfrac{1}{2\theta}, & 0<t\leqslant 2\theta\\ 0, & t>2\theta\end{cases}$$

$$E(T)=\int_0^{2\theta}tp_T(t)\mathrm{d}t=\int_0^{2\theta}tN\left(\frac{t}{2\theta}\right)^{N-1}\frac{1}{2\theta}\mathrm{d}t=\frac{2N}{N+1}\theta$$

因此，

$$\hat{\theta}=\frac{N+1}{2N}\max\{z_0,z_1,\cdots,z_{N-1}\}$$

统计量$T(\boldsymbol{z})$的完备性参见习题5.3。

5.3 线性最小方差无偏估计

视频

RBLS定理给出了求解MVU估计的一种方法，但求解的过程是比较复杂的，并且不能保证每次都能得到MVU估计，这时可以考虑采用线性最小方差无偏估计(Best Linear Unbiased Estimator，BLUE)。BLUE是一种线性估计，在约束估计为无偏的条件下，使估计的方差最小。

假定估计为

$$\hat{\theta}=\sum_{i=0}^{N-1}a_iz_i=\boldsymbol{a}^{\mathrm{T}}\boldsymbol{z} \tag{5.3.1}$$

其中$\boldsymbol{a}=[a_0\quad a_1\quad\cdots\quad a_{N-1}]^{\mathrm{T}}$，$\boldsymbol{z}=[z_0\quad z_1\quad\cdots\quad z_{N-1}]^{\mathrm{T}}$，估计的方差为

$$\begin{aligned}\mathrm{Var}(\hat{\theta})&=E\{[\boldsymbol{a}^{\mathrm{T}}\boldsymbol{z}-\boldsymbol{a}^{\mathrm{T}}E(\boldsymbol{z})]^2\}=E\{[\boldsymbol{a}^{\mathrm{T}}(\boldsymbol{z}-E(\boldsymbol{z}))]^2\}\\&=E[\boldsymbol{a}^{\mathrm{T}}(\boldsymbol{z}-E(\boldsymbol{z}))(\boldsymbol{z}-E(\boldsymbol{z}))^{\mathrm{T}}\boldsymbol{a}]=\boldsymbol{a}^{\mathrm{T}}\boldsymbol{C}_z\boldsymbol{a}\end{aligned} \tag{5.3.2}$$

其中 $\boldsymbol{C}_z$ 为观测矢量 $\boldsymbol{z}$ 的方差阵。

注意，根据无偏的约束条件，$E(\hat{\theta})=\sum_{i=0}^{N-1}a_iE(z_i)=\theta$，要求 $E(z_i)$ 是 θ 的线性函数，即

$$E(z_i)=s_i\theta,\quad i=0,1,\cdots,N-1 \tag{5.3.3}$$

其中，$s_i(i=0,1,\cdots,N-1)$是已知量，否则有可能不满足约束条件。例如，如果 $E(z_i)=\cos\theta$，显然不存在满足约束条件 $\sum_{i=0}^{N-1}a_i\cos\theta=\theta$ 的系数。

由式(5.3.3)，无偏的约束条件可表示为

$$E(\hat{\theta})=\sum_{i=0}^{N-1}a_iE(z_i)=\sum_{i=0}^{N-1}a_is_i\theta=\theta$$

即

$$\sum_{i=0}^{N-1}a_is_i=1 \tag{5.3.4}$$

用矢量表示为

$$\boldsymbol{a}^{\mathrm{T}}\boldsymbol{s}=1 \tag{5.3.5}$$

其中 $\boldsymbol{s}=[s_0\quad s_1\quad\cdots\quad s_{N-1}]^{\mathrm{T}}$。

构造目标函数，

$$J=\boldsymbol{a}^{\mathrm{T}}\boldsymbol{C}_z\boldsymbol{a}+\lambda(\boldsymbol{a}^{\mathrm{T}}\boldsymbol{s}-1) \tag{5.3.6}$$

对系数 $\boldsymbol{a}$ 求导，并令导数等于零，即

$$\frac{\partial J}{\partial\boldsymbol{a}}=2\boldsymbol{C}_z\boldsymbol{a}+\lambda\boldsymbol{s}=0 \tag{5.3.7}$$

由此可得最佳系数为

$$\boldsymbol{a}=-\frac{\lambda}{2}\boldsymbol{C}_z^{-1}\boldsymbol{s} \tag{5.3.8}$$

将式(5.3.8)代入式(5.3.5)，可得 $-\frac{1}{2}\lambda\boldsymbol{s}^{\mathrm{T}}\boldsymbol{C}_z^{-1}\boldsymbol{s}=1$，或者表示为 $-\frac{1}{2}\lambda=\frac{1}{\boldsymbol{s}^{\mathrm{T}}\boldsymbol{C}_z^{-1}\boldsymbol{s}}$，于是，最佳系数可表示为

$$\boldsymbol{a}=\frac{\boldsymbol{C}_z^{-1}\boldsymbol{s}}{\boldsymbol{s}^{\mathrm{T}}\boldsymbol{C}_z^{-1}\boldsymbol{s}} \tag{5.3.9}$$

线性最小方差无偏估计为

$$\hat{\theta}=\frac{\boldsymbol{s}^{\mathrm{T}}\boldsymbol{C}_z^{-1}\boldsymbol{z}}{\boldsymbol{s}^{\mathrm{T}}\boldsymbol{C}_z^{-1}\boldsymbol{s}} \tag{5.3.10}$$

将式(5.3.9)代入式(5.3.2)，可得估计的方差为

$$\operatorname{Var}(\hat{\theta})=\frac{\boldsymbol{s}^{\mathrm{T}}\boldsymbol{C}_z^{-1}\boldsymbol{C}_z\boldsymbol{C}_z^{-1}\boldsymbol{s}}{(\boldsymbol{s}^{\mathrm{T}}\boldsymbol{C}_z^{-1}\boldsymbol{s})^2}=\frac{\boldsymbol{s}^{\mathrm{T}}\boldsymbol{C}_z^{-1}\boldsymbol{s}}{(\boldsymbol{s}^{\mathrm{T}}\boldsymbol{C}_z^{-1}\boldsymbol{s})^2}=\frac{1}{\boldsymbol{s}^{\mathrm{T}}\boldsymbol{C}_z^{-1}\boldsymbol{s}} \tag{5.3.11}$$

【例 5.3】 高斯白噪声中未知常数的估计，假定观测为

$$z_i=\theta+w_i,\quad i=0,1,\cdots,N-1$$

其中，θ 为未知常数，$\{w_i\}$ 为非平稳的零均值高斯噪声，且协方差为 $E(w_i w_j)=\sigma_i^2\delta_{ij}$，$\delta_{ij}=\begin{cases}1, & i=j\\ 0, & i\neq j\end{cases}$，求 θ 的线性最小方差无偏估计。

解：根据无偏约束要求，

$$E(z_i)=s_i\theta,\quad i=0,1,\cdots,N-1$$

所以，$\boldsymbol{s}_i=1, i=0,1,\cdots,N-1, \boldsymbol{s}=[1\quad 1\quad \cdots\quad 1]^{\mathrm{T}}=\mathbf{1}_{N\times 1}$，测量噪声的方差阵为 $\boldsymbol{C}_z=\sigma^2\operatorname{diag}\{\sigma_0^2,\sigma_1^2,\cdots,\sigma_{N-1}^2\}$，由式(5.3.10)得

$$\hat{\theta}=\frac{\boldsymbol{s}^{\mathrm{T}}\boldsymbol{C}_z^{-1}\boldsymbol{z}}{\boldsymbol{s}^{\mathrm{T}}\boldsymbol{C}_z^{-1}\boldsymbol{s}}=\frac{\mathbf{1}^{\mathrm{T}}\boldsymbol{C}_z^{-1}\boldsymbol{z}}{\mathbf{1}^{\mathrm{T}}\boldsymbol{C}_z^{-1}\mathbf{1}}=\frac{\sum\limits_{i=0}^{N-1}\dfrac{z_i}{\sigma_i^2}}{\sum\limits_{i=0}^{N-1}\dfrac{1}{\sigma_i^2}}$$

由式(5.3.11)得

$$\operatorname{Var}(\hat{\theta})=\frac{1}{\boldsymbol{s}^{\mathrm{T}}\boldsymbol{C}_z^{-1}\boldsymbol{s}}=\frac{1}{\mathbf{1}^{\mathrm{T}}\boldsymbol{C}_z^{-1}\mathbf{1}}=\frac{1}{\sum\limits_{i=0}^{N-1}\dfrac{1}{\sigma_i^2}}$$

5.4 信号处理实例——系统辨识

视频

传递函数是描述惯性系统的重要工具，利用传递函数可进行系统预报、动态特性分析、分类等用途。通常，由系统的输入和输出来确定系统传递函数的过程也称为系统辨识。系统辨识在控制、通信、地质勘探、目标识别等领域有重要应用。系统辨识的典型方法包括阶跃响应法、脉冲响应法、相关分析法和最小二乘法等。本信号处理实例主要采用节拍延迟线模型阐述系统辨识的基本方法，尤其是线性最小方差无偏估计的应用。

节拍延迟线模型本质上可以看作一个 FIR 滤波器。输入信号 u_n 经过多步的延迟以后与抽头系数(加权系数)对应相乘并相加，即可得到系统的输出，如图 5.1(a)所示。从系统模型的角度看，图 5.1(a)可以简洁地表达为图 5.1(b)，其中 $H(z)=\sum\limits_{k=0}^{p-1}h_k z^{-k}$ 为系统函数，w_n 表示系统观测噪声。系统辨识就是根据输入序列 u_n 和输出序列 z_n 估计出节拍延迟线模型的权系数 h_k。

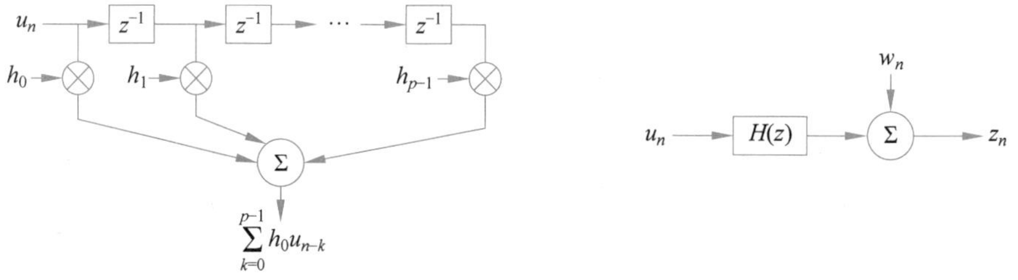

(a) 节拍延迟线模型　　　(b) 含噪声的观测模型

图 5.1　系统辨识的基本模型

为简单起见,可将观测模型表达如下:

$$z_n=\sum_{k=0}^{p-1}h_k u_{n-k}+w_n,\quad n=0,1,\cdots,N-1 \tag{5.4.1}$$

令 $\boldsymbol{z}=[z_0\quad z_1\quad\cdots\quad z_{N-1}]^{\mathrm{T}}$,$\boldsymbol{\theta}=[h_0\quad h_1\quad\cdots\quad h_{p-1}]^{\mathrm{T}}$,$\boldsymbol{w}=[w_0\quad w_1\quad\cdots\quad w_{N-1}]^{\mathrm{T}}$,$\boldsymbol{H}=\begin{bmatrix}u_0 & 0 & \cdots & 0\\ u_1 & u_0 & \cdots & 0\\ \vdots & \vdots & \ddots & \vdots\\ u_{N-1} & u_{N-2} & \cdots & u_{N-p}\end{bmatrix}$,于是式(5.4.1)可写为

$$\boldsymbol{z}=\boldsymbol{H}\boldsymbol{\theta}+\boldsymbol{w} \tag{5.4.2}$$

其中,$E(\boldsymbol{w})=\boldsymbol{0}$,$\mathrm{Cov}(\boldsymbol{w},\boldsymbol{w})=\boldsymbol{C}$。根据 5.3 节可知参数$\boldsymbol{\theta}$ 的线性最小方差无偏估计及其方差阵分别为

$$\hat{\boldsymbol{\theta}}=(\boldsymbol{H}^{\mathrm{T}}\boldsymbol{C}^{-1}\boldsymbol{H})^{-1}\boldsymbol{H}^{\mathrm{T}}\boldsymbol{C}^{-1}\boldsymbol{z} \tag{5.4.3}$$

$$\boldsymbol{C}_{\hat{\boldsymbol{\theta}}}=(\boldsymbol{H}^{\mathrm{T}}\boldsymbol{C}^{-1}\boldsymbol{H})^{-1} \tag{5.4.4}$$

特别地,当 $\boldsymbol{C}=\sigma^2\boldsymbol{I}$ 时,$\hat{\boldsymbol{\theta}}=(\boldsymbol{H}^{\mathrm{T}}\boldsymbol{H})^{-1}\boldsymbol{H}^{\mathrm{T}}\boldsymbol{z}$,$\boldsymbol{C}_{\hat{\boldsymbol{\theta}}}=\sigma^2(\boldsymbol{H}^{\mathrm{T}}\boldsymbol{H})^{-1}$。可见,参数估计精度与矩阵 $\boldsymbol{H}$ 或输入信号$\{u_n\}$有关,提高参数估计精度可设计选取不同的输入信号。因此,在回归分析中矩阵 $\boldsymbol{H}$ 也称为设计矩阵。需要说明的是,如果输入信号给定了,最小方差无偏估计及其性能也就确定了。本实例讨论在输入信号可变的情况下如何降低估计量的方差,即形成最佳的设计矩阵。由于估计量$\hat{\boldsymbol{\theta}}$ 第 i 个分量 $\hat{\theta}_i$ 的方差为

$$\mathrm{Var}(\hat{\theta}_i)=[\boldsymbol{C}_{\hat{\boldsymbol{\theta}}}]_{ii}=\sigma^2[(\boldsymbol{H}^{\mathrm{T}}\boldsymbol{H})^{-1}]_{ii} \tag{5.4.5}$$

直接寻求估计量的最小方差有一定困难。事实上,$\boldsymbol{H}^{\mathrm{T}}\boldsymbol{H}$ 是实对称矩阵,故存在正交阵 $\boldsymbol{V}=[\boldsymbol{v}_0,\cdots,\boldsymbol{v}_{p-1}]^{\mathrm{T}}$ 使得 $\boldsymbol{H}^{\mathrm{T}}\boldsymbol{H}=\boldsymbol{V}\boldsymbol{\Lambda}\boldsymbol{V}^{\mathrm{T}}$,其中$\boldsymbol{\Lambda}=\mathrm{diag}(\lambda_0,\lambda_1,\cdots,\lambda_{p-1})$。于是$[\boldsymbol{C}_{\hat{\boldsymbol{\theta}}}]_{ii}=\sigma^2[(\boldsymbol{H}^{\mathrm{T}}\boldsymbol{H})^{-1}]_{ii}=\sigma^2\boldsymbol{v}_i^{\mathrm{T}}\boldsymbol{\Lambda}^{-1}\boldsymbol{v}_i$。最小化估计方差可通过约束$\boldsymbol{v}_i^{\mathrm{T}}\boldsymbol{v}_i=1$ 的条件下,求出使 $\sigma^2\boldsymbol{v}_i^{\mathrm{T}}\boldsymbol{\Lambda}^{-1}\boldsymbol{v}_i$ 最小的$\boldsymbol{v}_i$。

利用拉格朗日乘因子法求解该优化问题。构造目标函数

$$J(\boldsymbol{v}_i,\gamma)=\sigma^2\boldsymbol{v}_i^{\mathrm{T}}\boldsymbol{\Lambda}^{-1}\boldsymbol{v}_i+\gamma(1-\boldsymbol{v}_i^{\mathrm{T}}\boldsymbol{v}_i) \tag{5.4.6}$$

令$\dfrac{\partial J}{\partial\boldsymbol{v}_i}=0$,$\dfrac{\partial J}{\partial\gamma}=0$,可得$(\sigma^2\boldsymbol{\Lambda}^{-1}-\gamma\boldsymbol{I})\boldsymbol{v}_i=0$,$\boldsymbol{v}_i^{\mathrm{T}}\boldsymbol{v}_i=1$,$i=0,1,\cdots,p-1$。结合$\boldsymbol{\Lambda}$ 的对角特性可知,$\gamma_i=\sigma^2\lambda_i^{-1}$,$\boldsymbol{v}_i=\boldsymbol{e}_i=[0\quad\cdots\quad 0\quad 1\quad 0\quad\cdots\quad 0]^{\mathrm{T}}$。显然,$\boldsymbol{H}^{\mathrm{T}}\boldsymbol{H}=\boldsymbol{\Lambda}$,$\min\limits_{\boldsymbol{H}}[\boldsymbol{C}_{\hat{\boldsymbol{\theta}}}]_{ii}=\sigma^2\lambda_i^{-1}$。

进一步,由于 $[\boldsymbol{H}]_{ij}=\begin{cases}u_{i-j}, & i\geqslant j\\ 0, & i<j\end{cases}$,则 $[\boldsymbol{H}^{\mathrm{T}}\boldsymbol{H}]_{ij}=\sum\limits_{n=\min(i,j)}^{N-1}u_{n-i}u_{n-j}\approx$

$\sum_{n=0}^{N-1-|i-j|} u_n u_{n+|i-j|}$。令 $r_k^{(uu)} = \frac{1}{N}\sum_{n=0}^{N-1-k} u_n u_{n+k}$ 表示序列$\{u_n\}$的自相关函数，则

$$\boldsymbol{H}^{\mathrm{T}}\boldsymbol{H} = N\begin{bmatrix} r_0^{(uu)} & r_1^{(uu)} & \cdots & r_{p-1}^{(uu)} \\ r_1^{(uu)} & r_0^{(uu)} & \cdots & r_{p-2}^{(uu)} \\ \cdots & \cdots & \ddots & \vdots \\ r_{p-1}^{(uu)} & r_{p-2}^{(uu)} & \cdots & r_0^{(uu)} \end{bmatrix} \tag{5.4.7}$$

由式(5.4.5)、式(5.4.6)可知，最小化估计量的方差 $\mathrm{Var}(\hat{\theta}_i)=[\boldsymbol{C}_{\hat{\boldsymbol{\theta}}}]_{ii}$，就是要使得矩阵 $\boldsymbol{H}^{\mathrm{T}}\boldsymbol{H}$ 对角化，即 $r_k^{(uu)} = r_0^{(uu)}\delta_k$，其中 δ_k 表示离散 δ 函数。通常，可选择输入信号 u_n 为伪随机白噪声序列。此时，$\boldsymbol{H}^{\mathrm{T}}\boldsymbol{H} = Nr_0^{(uu)}\boldsymbol{I}$，$\hat{\boldsymbol{\theta}} = (\boldsymbol{H}^{\mathrm{T}}\boldsymbol{H})^{-1}\boldsymbol{H}^{\mathrm{T}}\boldsymbol{z}$，即节拍延迟线模型的抽头系数估计量可写为

$$\hat{h}_i = \frac{1}{Nr_0^{(uu)}}\sum_{n=i}^{N-1} u_{n-i} z_n = \frac{\frac{1}{N}\sum_{n=0}^{N-1-i} u_n z_{n+i}}{r_0^{uu}} = \frac{r_i^{(uz)}}{r_0^{(uu)}} \tag{5.4.8}$$

其中，$r_i^{(uz)} = \frac{1}{N}\sum_{n=0}^{N-1-i} u_n z_{n+i}$ 为互相关函数，$r_0^{(uu)} = \sigma^2$ 为噪声方差。可见，系统参数的最小方差无偏估计量由输入输出序列互相关和输入序列自相关共同决定。

事实上，式(5.4.8)也可从频谱的角度理解。在无噪声情况下，当 N 足够大时，由式(5.4.1)可知

$$P_{uz}(f) = H(f)P_{uu}(f) \tag{5.4.9}$$

其中 $P_{uz}(f) = \sum_{k=-\infty}^{+\infty} \bar{r}_k^{(uz)} \mathrm{e}^{-\mathrm{j}2\pi fk}$，$\bar{r}_k^{(uz)} = E(u_n z_{n+k})$，$H(f) = \sum_{k=0}^{P-1} h_k \mathrm{e}^{-\mathrm{j}2\pi fk}$，$P_{uu}(f) = \sum_{k=-\infty}^{+\infty} r_k^{(uz)} \mathrm{e}^{-\mathrm{j}2\pi fk}$。可见，式(5.4.8)的结果与式(5.4.9)也是相符的。二者的差异在于一个使用期望，一个使用样本自相关函数。总的来说，从时域和频域看二者是等效的。要想获得更好的参数估计，需要对输入的信号有一定的要求，即频谱要宽且没有零点。因此，伪随机白噪声序列是一个比较好的选择，其功率谱是常数。

下面通过仿真实验进行验证。观测模型如式(5.4.1)所示，模型参数设置如下：$h_0 = 1.0$，$h_1 = -0.2$，$p=2$；观测样本数 $N=100,300$；信噪比 SNR 在-10～20dB 均匀变化，步长为 3dB。通过蒙特卡洛仿真后，统计参数估计的均方根误差和 CRLB 进行比较，仿真结果如图 5.2 所示。

由图 5.2 可以看出：①参数估计的克拉美-罗下限随着样本数的增加而降低，也随着信噪比的增大而减低；②随着样本数的增加，系数估计误差根方差更加接近克拉美-罗界。

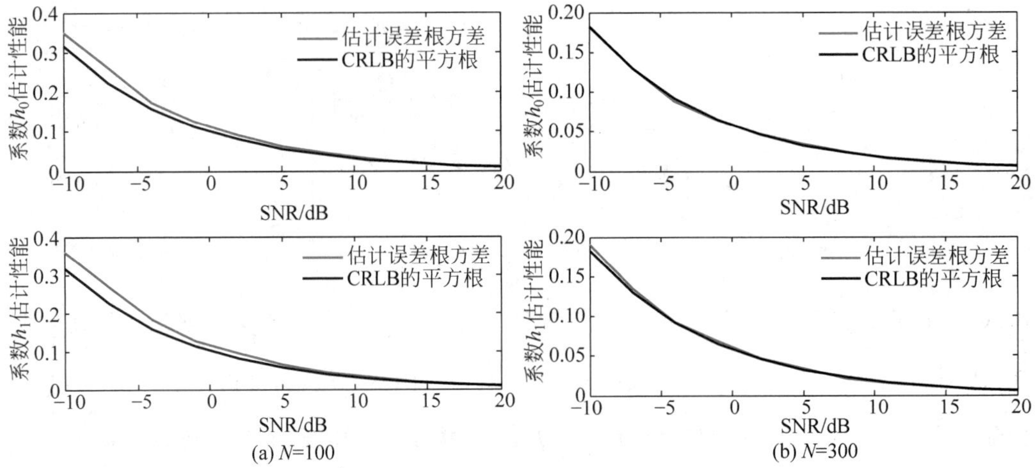

图 5.2 模型参数的估计性能曲线

习题

5.1 什么是完备的充分统计量？如何利用完备的充分统计量估计未知参数？由充分统计量是否能够获得 MVUE？

5.2 有效估计量、充分统计量、MVUE 之间是否有联系？可举例验证你的观点。

5.3 假定观测为

$$z_i = w_i, \quad i = 0,1,\cdots,N-1$$

其中$\{w_i\}$是独立同分布噪声，且 w_i 在$(0,2\theta)$区间服从均匀分布。试证明 $T(\boldsymbol{z})=\max\{z_0,z_1,\cdots,z_{N-1}\}$为参数 θ 的充分完备统计量。

5.4 设 $z_n, n=0,1,\cdots,N-1$ 表示 N 次独立贝努利试验(投掷硬币)的观测，且 $P(z_n=1)=\theta, P(z_n=0)=1-\theta$。试利用 RBLS 定理求 θ 的 MVU 估计量(RBLS 定理对概率分布函数也成立，可以假定充分统计量是完备的)。

5.5 考虑观测 $z_n=As_n+B+w_n, n=0,1,\cdots,N-1$，其中 s_n 为已知信号，$\{w_n\}$为零均值噪声序列，协方差阵为 $\boldsymbol{C}$。试求待估参数的 BLUE 及方差。特别地，若 B 已知，情况如何？

5.6 观测模型为

$$z_n = A\cos 2\pi f_0 n + w_n, \quad n=0,1,\cdots,N-1$$

其中 w_n 是零均值高斯白噪声，方差为 σ^2，f_0、σ^2 均已知。

(1) 求参数 A 的线性最小方差无偏估计量；

(2) 参数 A 的最小方差无偏估计量是否存在？若存在，试求之。

第6章 最大似然估计

当被估计量为未知常量时,可以采用比较简单的最大似然估计。最大似然估计可以简便地实现复杂估计问题的求解,而且,当观测数据足够多时,其性能也是非常好的。因此,最大似然估计在实际中得到了广泛采用。

视频

6.1 最大似然估计的定义与计算实例

设观测矢量 $\boldsymbol{z}=[z_0 \quad z_1 \quad \cdots \quad z_{N-1}]^{\mathrm{T}}$,被估计参量为 θ,观测的概率密度为 $p(\boldsymbol{z};\theta)$,这个概率密度是以 θ 为参量的函数,在观测给定的条件下,如 $\boldsymbol{z}=\boldsymbol{z}_0$,$p(\boldsymbol{z}=\boldsymbol{z}_0;\theta)$反映了 θ 取各个值的可能性大小,称 $p(\boldsymbol{z}=\boldsymbol{z}_0;\theta)$为 θ 的似然函数。估计问题本质上就是根据观测求出未知量,即在得到某个观测值 $\boldsymbol{z}=\boldsymbol{z}_0$ 后,如何根据这个观测确定未知量 θ 的值。

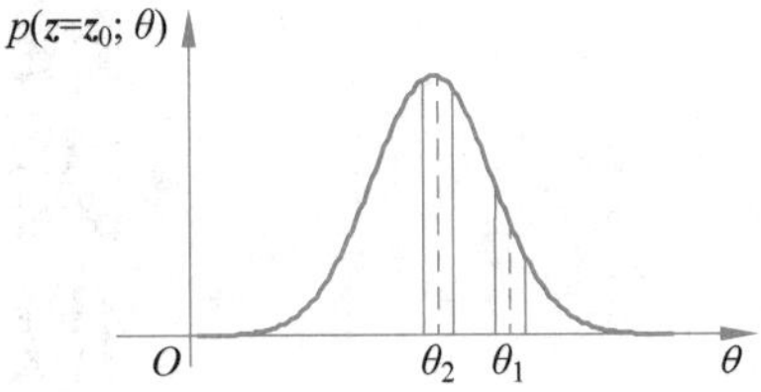

图 6.1 观测到 $z=z_0$ 后 θ 的似然函数

假定似然函数 $p(\boldsymbol{z}=\boldsymbol{z}_0;\theta)$如图 6.1 所示,它是参量 θ 的函数,反映了对不同的 θ 值观测到 $\boldsymbol{z}=\boldsymbol{z}_0$ 的概率,可以看出,$\theta=\theta_1$ 时观测到 $\boldsymbol{z}_0$ 的概率要小,而 $\theta=\theta_2$ 时观测到 $\boldsymbol{z}_0$ 的概率最大。由于已经得到了 $\boldsymbol{z}_0$,因此,用 θ_2 作为 θ 的估计值是合理的,而 θ_2 正是似然函数的最大值。使似然函数最大所对应的参数 θ 作为对 θ 的估计,称为最大似然估计,记为 $\hat{\theta}_{\mathrm{ml}}$,即

$$\hat{\theta}_{\mathrm{ml}}=\underset{\theta}{\operatorname{argmax}}\, p(\boldsymbol{z};\theta) \quad 或 \quad \hat{\theta}_{\mathrm{ml}}=\underset{\theta}{\operatorname{argmax}} \ln p(\boldsymbol{z};\theta) \tag{6.1.1}$$

这是一个极值问题。很显然,若似然函数是可导函数,则最大似然估计的必要条件为

$$\left.\frac{\partial p(\boldsymbol{z};\theta)}{\partial\theta}\right|_{\theta=\hat{\theta}_{\mathrm{ml}}}=0 \quad 或 \quad \left.\frac{\partial \ln p(\boldsymbol{z};\theta)}{\partial\theta}\right|_{\theta=\hat{\theta}_{\mathrm{ml}}}=0 \tag{6.1.2}$$

式(6.1.2)称为最大似然方程。

如果$\boldsymbol{\theta}=[\theta_1 \quad \theta_2 \quad \cdots \quad \theta_p]^{\mathrm{T}}$ 是 $p\times 1$ 的矢量,则最大似然估计的定义是类似的,即

$$\hat{\boldsymbol{\theta}}_{\mathrm{ml}}=\underset{\boldsymbol{\theta}}{\operatorname{argmax}}\, p(\boldsymbol{z};\boldsymbol{\theta}) \quad 或者 \quad \hat{\boldsymbol{\theta}}_{\mathrm{ml}}=\underset{\boldsymbol{\theta}}{\operatorname{argmax}} \ln p(\boldsymbol{z};\boldsymbol{\theta}) \tag{6.1.3}$$

对应的最大似然方程为

$$\left.\frac{\partial p(\boldsymbol{z};\boldsymbol{\theta})}{\partial\boldsymbol{\theta}}\right|_{\boldsymbol{\theta}=\hat{\boldsymbol{\theta}}_{\mathrm{ml}}}=\boldsymbol{0}_{p\times 1} \quad 或 \quad \left.\frac{\partial \ln p(\boldsymbol{z};\boldsymbol{\theta})}{\partial\boldsymbol{\theta}}\right|_{\boldsymbol{\theta}=\hat{\boldsymbol{\theta}}_{\mathrm{ml}}}=\boldsymbol{0}_{p\times 1} \tag{6.1.4}$$

【例 6.1】 高斯白噪声中未知常数的估计,假定观测为

$$z_i=\theta+w_i, \quad i=0,1,\cdots,N-1$$

其中,$\{w_i\}$为零均值高斯白噪声序列,方差为 σ^2,θ 为未知常数,求 θ 的最大似然估计。

解:先求似然函数:

$$p(\boldsymbol{z};\theta)=\left(\frac{1}{2\pi\sigma^2}\right)^{N/2}\exp\left[-\frac{1}{2\sigma^2}\sum_{i=0}^{N-1}(z_i-\theta)^2\right]$$

$$\ln p(\boldsymbol{z};\theta)=-\frac{N}{2}\ln(2\pi\sigma^2)-\frac{1}{2\sigma^2}\sum_{i=0}^{N-1}(z_i-\theta)^2$$

$$\frac{\partial \ln p(\boldsymbol{z};\theta)}{\partial \theta}=\frac{1}{\sigma^2}\sum_{i=0}^{N-1}(z_i-\theta)=\frac{N}{\sigma^2}\left(\frac{1}{N}\sum_{i=0}^{N-1}z_i-\theta\right)$$

根据最大似然方程,得

$$\hat{\theta}_{\text{ml}}=\bar{z}=\frac{1}{N}\sum_{i=0}^{N-1}z_i \tag{6.1.5}$$

$\bar{z}$ 为观测的样本均值,由于

$$\left.\frac{\partial^2 \ln p(\boldsymbol{z};\theta)}{\partial \theta^2}\right|_{\theta=\hat{\theta}_{\text{ml}}}=-\frac{N}{\sigma^2}<0$$

所以式(6.1.5)求得的是极大值,即 θ 的最大似然估计。

【例 6.2】 假定观测为

$$z_i=\theta+w_i,\quad i=0,1,\cdots,N-1$$

其中,θ 为已知常数,$\{w_i\}$为零均值高斯白噪声序列,其方差为 σ^2 是未知的,求 σ^2 的最大似然估计。

解:因为

$$p(\boldsymbol{z};\sigma^2)=\left(\frac{1}{2\pi\sigma^2}\right)^{N/2}\exp\left\{-\frac{1}{2\sigma^2}\sum_{i=0}^{N-1}(z_i-\theta)^2\right\}$$

$$\ln p(\boldsymbol{z};\sigma^2)=-\frac{N}{2}\ln(2\pi\sigma^2)-\frac{1}{2\sigma^2}\sum_{i=0}^{N-1}(z_i-\theta)^2$$

$$\frac{\partial \ln p(\boldsymbol{z};\sigma^2)}{\partial \sigma^2}=-\frac{N}{2\sigma^2}+\frac{1}{2\sigma^4}\sum_{i=0}^{N-1}(z_i-\theta)^2=-\frac{N}{2\sigma^4}\left[\sigma^2-\frac{1}{N}\sum_{i=0}^{N-1}(z_i-\theta)^2\right]$$

令上式等于零,得

$$\widehat{\sigma^2_{\text{ml}}}=\frac{1}{N}\sum_{i=0}^{N-1}(z_i-\theta)^2 \tag{6.1.6}$$

很容易验证,

$$\left.\frac{\partial^2 \ln p(\boldsymbol{z};\sigma^2)}{\partial (\sigma^2)^2}\right|_{\sigma^2=\frac{1}{N}\sum_{i=0}^{N-1}(z_i-\theta)^2}<0$$

所以式(6.1.6)求得的是最大似然估计。若 $\theta=0$,则

$$\widehat{\sigma^2_{\text{ml}}}=\frac{1}{N}\sum_{i=0}^{N-1}z_i^2 \tag{6.1.7}$$

【例 6.3】 设观测为

$$z_i=\theta+w_i,\quad i=0,1,\cdots,N-1$$

其中,$\{w_i\}$为零均值高斯白噪声序列,方差为 σ^2,θ 和σ^2 均为未知常数,求 θ 和σ^2 的最大似然估计。

解:令$\boldsymbol{\theta}=[\theta\quad \sigma^2]^{\mathrm{T}}$,则

$$p(\boldsymbol{z};\boldsymbol{\theta})=\left(\frac{1}{2\pi\sigma^2}\right)^{N/2}\exp\left[-\frac{1}{2\sigma^2}\sum_{i=0}^{N-1}(z_i-\theta)^2\right]$$

$$\ln p(\boldsymbol{z};\boldsymbol{\theta})=-\frac{N}{2}\ln(2\pi\sigma^2)-\frac{1}{2\sigma^2}\sum_{i=0}^{N-1}(z_i-\theta)^2$$

$$\frac{\partial \ln p(\boldsymbol{z};\boldsymbol{\theta})}{\partial \boldsymbol{\theta}}=\begin{bmatrix}\dfrac{N}{\sigma^2}\left(\dfrac{1}{N}\sum\limits_{i=0}^{N-1}z_i-\theta\right)\\ -\dfrac{N}{2\sigma^4}\left[\sigma^2-\dfrac{1}{N}\sum\limits_{i=0}^{N-1}(z_i-\theta)^2\right]\end{bmatrix}$$

令$\left.\dfrac{\partial \ln p(\boldsymbol{z};\boldsymbol{\theta})}{\partial \boldsymbol{\theta}}\right|_{\boldsymbol{\theta}=\hat{\boldsymbol{\theta}}_{\mathrm{ml}}}=\mathbf{0}$可求得最大似然估计为

$$\hat{\boldsymbol{\theta}}_{\mathrm{ml}}=\begin{bmatrix}\hat{\theta}_{\mathrm{ml}}\\ \widehat{\sigma^2_{\mathrm{ml}}}\end{bmatrix}=\begin{bmatrix}\bar{z}\\ \dfrac{1}{N}\sum\limits_{i=0}^{N-1}(z_i-\bar{z})^2\end{bmatrix}\tag{6.1.8}$$

比较例6.1和例6.3可以看出,在方差已知和未知两种情况下,参数θ估计的表达式是一样的,但是比较例6.2和例6.3可以看出,在参数θ已知和未知两种情况下,噪声方差的估计是不一样的。

【例6.4】 未知信号幅度的估计,假定观测模型为

$$z[n]=As[n]+w[n],\quad n=0,1,\cdots,N-1$$

其中,$w[n]$是方差为σ^2的高斯白噪声序列,σ^2已知,求信号幅度A的最大似然估计。

解:
$$\ln p(\boldsymbol{z};A)=-\frac{N}{2}\ln(2\pi\sigma^2)-\frac{1}{2\sigma^2}\sum_{n=0}^{N-1}(z[n]-As[n])^2$$

$$\frac{\partial \ln p(\boldsymbol{z};A)}{\partial A}=\frac{1}{\sigma^2}\sum_{n=0}^{N-1}(z[n]-As[n])s[n]$$

令$\left.\dfrac{\partial \ln p(\boldsymbol{z};A)}{\partial A}\right|_{A=\hat{A}_{\mathrm{ml}}}=0$,可求得

$$\hat{A}_{\mathrm{ml}}=\sum_{n=0}^{N-1}z[n]s[n]\Big/\sum_{n=0}^{N-1}s^2[n]\tag{6.1.9}$$

例如,对于正弦信号幅度的估计,有

$$z[n]=A\cos(2\pi f_0 n+\phi)+w[n],\quad n=0,1,\cdots,N-1$$

其中f_0,ϕ为已知常数,则

$$\hat{A}_{\mathrm{ml}}=\frac{\sum\limits_{n=0}^{N-1}z(n)\cos(2\pi f_0 n+\phi)}{\sum\limits_{n=0}^{N-1}\cos^2(2\pi f_0 n+\phi)}=\frac{\sum\limits_{n=0}^{N-1}z(n)\cos(2\pi f_0 n+\phi)}{\sum\limits_{n=0}^{N-1}\dfrac{1}{2}[1+\cos(4\pi f_0 n+2\phi)]}\tag{6.1.10}$$

当f_0不在0或1/2附近时,由式(4.3.4),有

$$\sum_{n=0}^{N-1}\cos(4\pi f_0 n+2\phi)\ll N\tag{6.1.11}$$

所以,式(6.1.10)可化简为

$$\hat{A} \approx \frac{2}{N}\sum_{n=0}^{N-1} z(n)\cos(2\pi f_0 n + \phi) \tag{6.1.12}$$

【例 6.5】 假定观测序列为

$$z[n] = A\cos(2\pi f_0 n + \phi) + w[n], \quad n = 0, 1, \cdots, N-1$$

其中,幅度 A 和频率 f_0 是已知常数,$w[n]$是零均值高斯白噪声序列,方差为 σ^2,求相位 ϕ 的最大似然估计。

解:似然函数为

$$p(z;\ \phi) = \frac{1}{(2\pi\sigma^2)^{N/2}} - \exp\left\{-\frac{1}{2\sigma^2}\sum_{n=0}^{N-1}[z[n] - A\cos(2\pi f_0 n + \phi)]^2\right\}$$

对数似然函数为

$$\ln p(z;\ \phi) = -\frac{N}{2}\ln(2\pi\sigma^2) - \frac{1}{2\sigma^2}\sum_{n=0}^{N-1}[z[n] - A\cos(2\pi f_0 n + \phi)]^2$$

$$\frac{\partial \ln p(z;\ \phi)}{\partial \phi} = -\frac{1}{\sigma^2}\sum_{n=0}^{N-1}[z[n] - A\cos(2\pi f_0 n + \phi)]A\sin(2\pi f_0 n + \phi)$$

令$\left.\dfrac{\partial \ln p(z;\ \phi)}{\partial \phi}\right|_{\phi=\hat{\phi}_{ml}} = 0$,得

$$\sum_{n=0}^{N-1} z[n]\sin(2\pi f_0 n + \hat{\phi}_{ml}) = A\sum_{n=0}^{N-1}\cos(2\pi f_0 n + \hat{\phi}_{ml})\sin(2\pi f_0 n + \hat{\phi}_{ml}) \tag{6.1.13}$$

当 f_0 不在 0 或 1/2 附近时,式(6.1.13)右边近似为零。因此,最大似然估计近似满足

$$\sum_{n=0}^{N-1} z[n]\sin(2\pi f_0 n + \hat{\phi}_{ml}) = 0$$

展开上式,得

$$\sum_{n=0}^{N-1} z[n]\sin 2\pi f_0 n\cos\hat{\phi}_{ml} = -\sum_{n=0}^{N-1} z[n]\cos 2\pi f_0 n\sin\hat{\phi}_{ml}$$

$$\hat{\phi}_{ml} = -\arctan\frac{\sum_{n=0}^{N-1} z[n]\sin 2\pi f_0 n}{\sum_{n=0}^{N-1} z[n]\cos 2\pi f_0 n} \tag{6.1.14}$$

【例 6.6】 线性高斯模型的参量估计。假定被估计量为矢量$\boldsymbol{\theta} = [\theta_1 \quad \theta_2 \quad \cdots \quad \theta_p]^{\mathrm{T}}$,观测数据 $\boldsymbol{z} = [z_0 \quad z_1 \quad \cdots \quad z_{N-1}]^{\mathrm{T}}$ 由如下的线性高斯模型表示:

$$\boldsymbol{z} = \boldsymbol{H\theta} + \boldsymbol{w} \tag{6.1.15}$$

其中 $\boldsymbol{H}$ 是 $N\times p$ 的矩阵,且 $N>p$,$\boldsymbol{H}$ 的秩为 p。$\boldsymbol{w}\sim\mathcal{N}(\boldsymbol{0}, \boldsymbol{C}_w)$,求$\boldsymbol{\theta}$ 的最大似然估计。

解:$\boldsymbol{\theta}$ 的似然函数为

$$p(\boldsymbol{z};\ \boldsymbol{\theta}) = \frac{1}{(2\pi)^{N/2}\det^{\frac{1}{2}}(\boldsymbol{C}_w)}\exp\left[-\frac{1}{2}(\boldsymbol{z} - \boldsymbol{H\theta})^{\mathrm{T}}\boldsymbol{C}_w^{-1}(\boldsymbol{z} - \boldsymbol{H\theta})\right] \tag{6.1.16}$$

要使似然函数最大,只需使下面的表达式最小,

$$J(\boldsymbol{\theta})=(\boldsymbol{z}-\boldsymbol{H\theta})^{\mathrm{T}}\boldsymbol{C}_w^{-1}(\boldsymbol{z}-\boldsymbol{H\theta}) \tag{6.1.17}$$

式(6.1.17)对$\boldsymbol{\theta}$求导,即

$$\frac{\partial J(\boldsymbol{\theta})}{\partial \boldsymbol{\theta}}=-2\boldsymbol{H}^{\mathrm{T}}\boldsymbol{C}_w^{-1}(\boldsymbol{z}-\boldsymbol{H\theta})$$

令$\left.\frac{\partial J(\boldsymbol{\theta})}{\partial \boldsymbol{\theta}}\right|_{\boldsymbol{\theta}=\hat{\boldsymbol{\theta}}_{\mathrm{ml}}}=\boldsymbol{0}$,即

$$\boldsymbol{H}^{\mathrm{T}}\boldsymbol{C}_w^{-1}(\boldsymbol{z}-\boldsymbol{H}\hat{\boldsymbol{\theta}}_{\mathrm{ml}})=\boldsymbol{0}$$

解上面的方程可得最大似然估计为

$$\hat{\boldsymbol{\theta}}_{\mathrm{ml}}=(\boldsymbol{H}^{\mathrm{T}}\boldsymbol{C}_w^{-1}\boldsymbol{H})^{-1}\boldsymbol{H}^{\mathrm{T}}\boldsymbol{C}_w^{-1}\boldsymbol{z} \tag{6.1.18}$$

下面计算估计的均值和方差阵。估计的均值为

$$E(\hat{\boldsymbol{\theta}}_{\mathrm{ml}})=(\boldsymbol{H}^{\mathrm{T}}\boldsymbol{C}_w^{-1}\boldsymbol{H})^{-1}\boldsymbol{H}^{\mathrm{T}}\boldsymbol{C}_w^{-1}E(\boldsymbol{z})=(\boldsymbol{H}^{\mathrm{T}}\boldsymbol{C}_w^{-1}\boldsymbol{H})^{-1}\boldsymbol{H}^{\mathrm{T}}\boldsymbol{C}_w^{-1}[\boldsymbol{H\theta}+E(\boldsymbol{w})]=\boldsymbol{\theta}$$

可见$\hat{\boldsymbol{\theta}}_{\mathrm{ml}}$是无偏估计。它的方差阵为

$$\begin{aligned}
\boldsymbol{C}_{\hat{\boldsymbol{\theta}}_{\mathrm{ml}}}&=E\{[\hat{\boldsymbol{\theta}}_{\mathrm{ml}}-E(\hat{\boldsymbol{\theta}}_{\mathrm{ml}})][\hat{\boldsymbol{\theta}}_{\mathrm{ml}}-E(\hat{\boldsymbol{\theta}}_{\mathrm{ml}})]^{\mathrm{T}}\}\\
&=E[(\hat{\boldsymbol{\theta}}_{\mathrm{ml}}-\boldsymbol{\theta})(\hat{\boldsymbol{\theta}}_{\mathrm{ml}}-\boldsymbol{\theta})^{\mathrm{T}}]\\
&=E\{[(\boldsymbol{H}^{\mathrm{T}}\boldsymbol{C}_w^{-1}\boldsymbol{H})^{-1}\boldsymbol{H}^{\mathrm{T}}\boldsymbol{C}_w^{-1}(\boldsymbol{H\theta}+\boldsymbol{w})-\boldsymbol{\theta}][(\boldsymbol{H}^{\mathrm{T}}\boldsymbol{C}_w^{-1}\boldsymbol{H})^{-1}\boldsymbol{H}^{\mathrm{T}}\boldsymbol{C}_w^{-1}(\boldsymbol{H\theta}+\boldsymbol{w})-\boldsymbol{\theta}]^{\mathrm{T}}\}\\
&=E\{[(\boldsymbol{H}^{\mathrm{T}}\boldsymbol{C}_w^{-1}\boldsymbol{H})^{-1}\boldsymbol{H}^{\mathrm{T}}\boldsymbol{C}_w^{-1}\boldsymbol{w}][(\boldsymbol{H}^{\mathrm{T}}\boldsymbol{C}_w^{-1}\boldsymbol{H})^{-1}\boldsymbol{H}^{\mathrm{T}}\boldsymbol{C}_w^{-1}\boldsymbol{w}]^{\mathrm{T}}\}\\
&=(\boldsymbol{H}^{\mathrm{T}}\boldsymbol{C}_w^{-1}\boldsymbol{H})^{-1}
\end{aligned} \tag{6.1.19}$$

由式(6.1.18)可以看出,线性观测模型的最大似然估计是观测的线性函数,而观测是服从高斯分布的,因此,估计也服从高斯分布,即

$$\hat{\boldsymbol{\theta}}_{\mathrm{ml}}\sim\mathcal{N}(\boldsymbol{\theta},(\boldsymbol{H}^{\mathrm{T}}\boldsymbol{C}_w^{-1}\boldsymbol{H})^{-1}) \tag{6.1.20}$$

此外,还可以证明,$\hat{\boldsymbol{\theta}}_{\mathrm{ml}}$是有效估计量,因而也是MVU估计。

视频

6.2 最大似然估计的性质

4.2.2节给出了有效估计量的定义,达到CRLB的无偏估计量称为有效估计量。如果有效估计量存在,这个有效估计量一定是最大似然估计。这是因为,有效估计量必须满足如下关系:

$$\frac{\partial \ln p(\boldsymbol{z};\theta)}{\partial \theta}=I(\theta)(\hat{\theta}-\theta) \tag{6.2.1}$$

而最大似然估计要满足最大似然方程,即

$$\left.\frac{\partial \ln p(\boldsymbol{z};\theta)}{\partial \theta}\right|_{\theta=\hat{\theta}_{\mathrm{ml}}}=0 \tag{6.2.2}$$

综合式(6.2.1)和式(6.2.2),可得

$$I(\hat{\theta}_{\mathrm{ml}})(\hat{\theta}-\hat{\theta}_{\mathrm{ml}})=0$$

由于 $I(\hat{\theta}_{ml})$不可能为零，所以 $\hat{\theta}=\hat{\theta}_{ml}$。

由例 6.6 也可以看到，当观测模型为线性高斯模型时，最大似然估计也是线性估计，而且是服从高斯分布的，

$$\hat{\boldsymbol{\theta}}_{ml} \sim \mathcal{N}(\boldsymbol{\theta},(\boldsymbol{H}^{T}\boldsymbol{C}_{w}^{-1}\boldsymbol{H})^{-1}) \tag{6.2.3}$$

即，式(6.1.15)表示的线性高斯模型的最大似然估计，它是服从高斯分布的，且是无偏估计，估计的方差达到 CRLB，因此也是有效估计量。

若有效估计量不存在，只要 $p(\boldsymbol{z};\theta)$满足正则条件，可以证明，当数据足够大时，最大似然估计是渐近无偏、渐近有效、渐近地服从高斯分布，即

$$\hat{\boldsymbol{\theta}}_{ml} \overset{a}{\sim} \mathcal{N}(\boldsymbol{\theta},\boldsymbol{I}^{-1}(\boldsymbol{\theta})) \tag{6.2.4}$$

【例 6.7】 假定观测为

$$z_i=\theta+w_i, \quad i=0,1,\cdots,N-1$$

其中，$\{w_i\}$为零均值高斯白噪声序列，方差为 σ^2，θ 和 σ^2 均为未知常数。分析 σ^2 的最大似然估计的渐近特性。

解：令$\boldsymbol{\theta}=[\theta \quad \sigma^2]^{T}$，由例 6.4 可知

$$\hat{\boldsymbol{\theta}}_{ml}=\begin{bmatrix}\hat{\theta}_{ml}\\ \widehat{\sigma^2_{ml}}\end{bmatrix}=\begin{bmatrix}\bar{z}\\ \frac{1}{N}\sum_{i=0}^{N-1}(z_i-\bar{z})^2\end{bmatrix} \tag{6.2.5}$$

根据数理统计的理论，

$$\hat{\theta}_{ml} \sim \mathcal{N}(\theta,\sigma^2/N) \tag{6.2.6}$$

$$\frac{N}{\sigma^2}\frac{1}{N}\sum_{i=0}^{N-1}(z_i-\bar{z})^2 \sim \chi^2_{N-1} \tag{6.2.7}$$

其中，χ^2_{N-1} 表示自由度为 N 的 χ^2 变量，且$\bar{z}$ 与$\frac{1}{N}\sum_{i=0}^{N-1}(z_i-\bar{z})^2$ 统计独立。χ^2_{N-1} 变量的均值为 $N-1$，方差为 $2(N-1)$，所以

$$E(\widehat{\sigma^2_{ml}})=E\left\{\frac{1}{N}\sum_{i=0}^{N-1}(z_i-\bar{z})^2\right\}=\frac{N-1}{N}\sigma^2 \tag{6.2.8}$$

$$\mathrm{Var}(\widehat{\sigma^2_{ml}})=\mathrm{Var}\left\{\frac{1}{N}\sum_{i=0}^{N-1}(z_i-\bar{z})^2\right\}=\frac{2(N-1)}{N^2}\sigma^4 \tag{6.2.9}$$

由式(6.2.6)可见，$\hat{\theta}_{ml}$ 是无偏的，方差达到 CRLB，是有效估计量，且服从高斯分布。但是，从式(6.2.8)和式(2.6.9)可以看出，$\widehat{\sigma^2_{ml}}$是有偏的，方差也没有达到 CRLB，且服从 χ^2 分布，而非高斯分布。然而，对于大 N，有

$$E(\widehat{\sigma^2_{ml}})=\frac{N-1}{N}\sigma^2 \rightarrow \sigma^2$$

$$\mathrm{Var}(\widehat{\sigma^2_{ml}})=\frac{2(N-1)}{N^2}\sigma^4 \rightarrow \frac{2\sigma^2}{N}$$

可见,$\widehat{\sigma^2_{ml}}$是渐近无偏、方差渐近达到 CRLB,而且,χ^2_{N-1} 也渐近趋于高斯分布,即 $\hat{\boldsymbol{\theta}}_{ml} \overset{a}{\sim} \mathcal{N}(\boldsymbol{\theta}, \boldsymbol{I}^{-1}(\boldsymbol{\theta}))$。

视频

6.3 信号处理实例——时延估计

在雷达、声呐系统中,通常是发射一个信号,从目标返回信号的延迟时间 τ_0 与发射机和目标之间的距离 R 有关,它们之间的关系可表示为

$$\tau_0 = \frac{2R}{c} \tag{6.3.1}$$

其中 c 是波的传播速度,可见距离的估计问题等价于时延估计问题。若发射信号为 $s(t)$,则接收信号为

$$z(t) = s(t-\tau_0) + w(t), \quad 0 \leqslant t \leqslant T \tag{6.3.2}$$

假定以恒定的间隔 Δ(满足奈奎斯特条件)对连续的观测波形进行抽样,得到观测数据

$$z(n\Delta) = s(n\Delta - \tau_0) + w(n\Delta), \quad n = 0, 1, \cdots, N-1$$

令 $z[n] = z(n\Delta)$,$w[n] = w(\Delta n)$,$s[n-n_0] = s(n\Delta - \tau_0/\Delta)$,其中 $n_0 = \mathrm{INT}(\tau_0/\Delta)$,$INT(\cdot)$表示取整数函数,当 Δ 很小时,这种近似是可以的。则得到的离散数据模型为

$$z[n] = s[n-n_0] + w[n] \tag{6.3.3}$$

发射信号通常是脉冲式的,只在时间间隔$(0, T_s)$上非零,因此回波信号只在 $\tau_0 \leqslant t \leqslant \tau_0 + T_s$ 时非零,式(6.3.3)可化成如下形式,

$$z[n] = \begin{cases} w[n], & 0 \leqslant n \leqslant n_0 - 1 \\ s[n-n_0] + w[n], & n_0 \leqslant n \leqslant n_0 + M - 1 \\ w[n], & n_0 + M \leqslant n \leqslant N-1 \end{cases} \tag{6.3.4}$$

其中 $M = \mathrm{INT}(T_s/\Delta)$为信号的数据长度,信号 $s[n-n_0]$如图 6.2 所示。

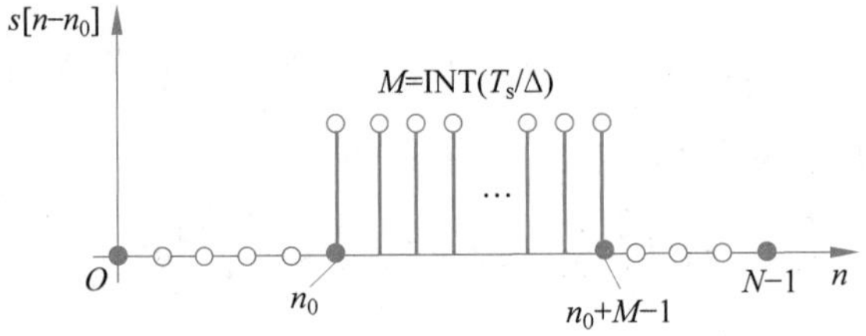

图 6.2　回波信号示意图

由式(6.3.4)可得似然函数为

$$\begin{aligned} p(\boldsymbol{z}; n_0) &= \prod_{n=0}^{N-1} p(z[n]; n_0) \\ &= \prod_{n=0}^{n_0-1} \frac{1}{\sqrt{2\pi\sigma^2}} \exp\left(-\frac{z^2[n]}{2\sigma^2}\right) \prod_{n=n_0}^{n_0+M-1} \frac{1}{\sqrt{2\pi\sigma^2}} \exp\left\{-\frac{(z[n]-s[n-n_0])^2}{2\sigma^2}\right\} \times \\ &\quad \prod_{n=n_0+M}^{N-1} \frac{1}{\sqrt{2\pi\sigma^2}} \exp\left(-\frac{z^2[n]}{2\sigma^2}\right) \end{aligned}$$

$$=\frac{1}{(2\pi\sigma^2)^{N/2}}\exp\left(-\frac{1}{2\sigma^2}\sum_{n=0}^{N-1}z^2[n]\right)\prod_{n=n_0}^{n_0+M-1}\exp$$

$$\left\{-\frac{1}{2\sigma^2}(-2z[n]s[n-n_0]+s^2[n-n_0])\right\}$$

$$=\frac{1}{(2\pi\sigma^2)^{N/2}}\exp$$

$$\left(-\frac{1}{2\sigma^2}\sum_{n=0}^{N-1}z^2[n]\right)\exp\left\{-\frac{1}{2\sigma^2}\sum_{n=n_0}^{n_0+M-1}(-2z[n]s[n-n_0]+s^2[n-n_0])\right\}$$

通过使

$$\exp\left\{-\frac{1}{2\sigma^2}\sum_{n=n_0}^{n_0+M-1}(-2z[n]s[n-n_0]+s^2[n-n_0])\right\}$$

最大,可求得 n_0 的最大似然估计,或等价于使

$$\sum_{n=n_0}^{n_0+M-1}(-2z[n]s[n-n_0]+s^2[n-n_0])$$

最小,而 $\sum_{n=n_0}^{n_0+M-1}s^2[n-n_0]=\sum_{n=0}^{N-1}s^2[n]$ 与 n_0 无关,所以,n_0 的最大似然估计$\widehat{n_0}$ 可通过使 $\sum_{n=n_0}^{n_0+M-1}z[n]s[n-n_0]$ 最大求得,即

$$\widehat{n_0}=\underset{n_0'}{\operatorname{argmax}}\left\{\sum_{n=n_0'}^{n_0'+M-1}z[n]s[n-n_0']\right\} \tag{6.3.5}$$

由式(6.3.5)可以看出,n_0 的最大似然估计的求解,首先是观测信号与延迟了 n_0'的发射信号在长度为 M 的窗口内做相关运算,然后选择使相关结果最大的 n_0'作为 n_0 的估计值。运算过程如图 6.3 所示。由于 $R=c\tau_0/2=cn_0\Delta/2$,所以

$$\hat{R}=c\widehat{n_0}\Delta/2$$

图 6.4 给出了距离估计器的实现框图。

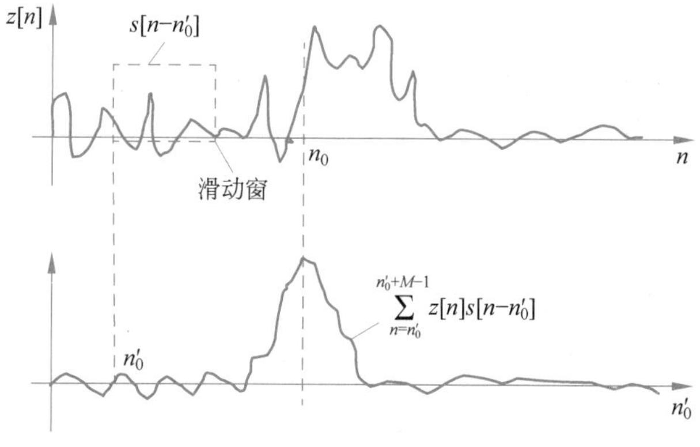

图 6.3 观测与信号相关运算示意图

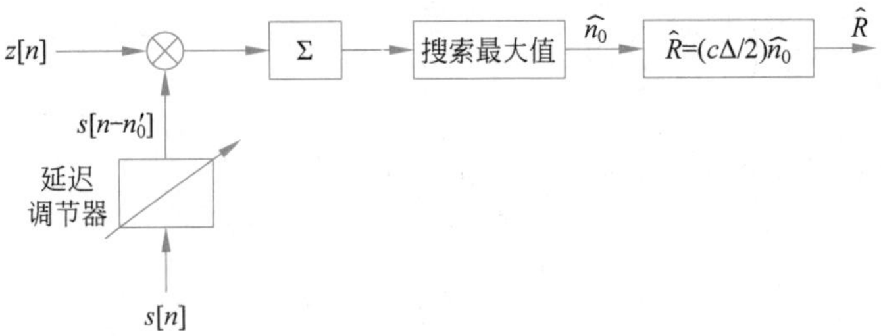

图 6.4　距离估计器的实现框图

视频

6.4 变换参数的最大似然估计

在许多情况下,希望估计参量 θ 的一个函数,例如 $\alpha=T(\theta)$,若求得了 $\hat{\theta}$,如何求 $\hat{\alpha}$?下面通过几个例子说明变换参数的最大似然估计的求法。

【例 6.8】 假定观测为

$$z_i=\theta+w_i,\quad i=0,1,\cdots,N-1$$

其中,$\{w_i\}$为零均值高斯白噪声序列,方差为已知常数 σ^2,θ 为未知参数,求 $\alpha=\mathrm{e}^\theta$ 的最大似然估计。

解:α 的似然函数为

$$p(\boldsymbol{z};\alpha)=\left(\frac{1}{2\pi\sigma^2}\right)^{N/2}\exp\left[-\frac{1}{2\sigma^2}\sum_{i=0}^{N-1}(z_i-\ln\alpha)^2\right]$$

$$\frac{\partial\ln p(\boldsymbol{z};\alpha)}{\partial\alpha}=\frac{1}{\alpha\sigma^2}\sum_{i=0}^{N-1}(z_i-\ln\alpha)=\frac{N}{\alpha\sigma^2}\left(\frac{1}{N}\sum_{i=0}^{N-1}z_i-\ln\alpha\right)$$

令$\dfrac{\partial\ln p(\boldsymbol{z};\alpha)}{\partial\alpha}=0$,可解得

$$\hat{\alpha}_{\mathrm{ml}}=\exp\left(\frac{1}{N}\sum_{i=0}^{N-1}z_i\right)=\exp(\bar{z})$$

由于 $\bar{z}$ 刚好是 θ 的最大似然估计,所以

$$\hat{\alpha}_{\mathrm{ml}}=\exp(\hat{\theta}_{\mathrm{ml}})$$

可见,α 的最大似然估计只需要将 θ 的最大似然估计代入变换式 $\alpha=\mathrm{e}^\theta$ 中就可以求得。因此,若变换 $\alpha=T(\theta)$是一一对应的,则变换参数后的最大似然估计可以直接由下式得到

$$\hat{\alpha}_{\mathrm{ml}}=T(\hat{\theta}_{\mathrm{ml}})\tag{6.4.1}$$

这一特性称为最大似然估计的不变性。

【例 6.9】 在例 6.2 中,求用分贝表示的噪声功率 $P=10\log_{10}\sigma^2$ 的最大似然估计。

解:在例 6.2 中已经求得 $\sigma_{\mathrm{ml}}^2=\dfrac{1}{N}\sum_{i=0}^{N-1}(z_i-\theta)^2$,由式(6.4.1)可得

$$\hat{P}_{\mathrm{ml}}=10\log_{10}\sigma_{\mathrm{ml}}^{2}=10\log_{10}\left(\frac{1}{N}\sum_{i=0}^{N-1}(z_i-\theta)^2\right)$$

若变换 $\alpha=T(\theta)$ 不是一一对应的，则不能简单地应用式(6.4.1)，下面通过一个例子加以说明。

【例 6.10】 在例 6.8 中，假定要求的估计为 $\alpha=\theta^2$，求 α 的最大似然估计。

解：由于 $\theta=\pm\sqrt{\alpha}$，变换不是一一对应的，先要求一个修正的似然函数。似然函数 $p(\boldsymbol{z};\alpha)$ 需要两个概率密度来描述，

$$p_{T_1}(\boldsymbol{z};\alpha)=\left(\frac{1}{2\pi\sigma^2}\right)^{N/2}\exp\left[-\frac{1}{2\sigma^2}\sum_{i=0}^{N-1}(z_i-\sqrt{\alpha})^2\right],\quad \alpha\geqslant 0$$

$$p_{T_2}(\boldsymbol{z};\alpha)=\left(\frac{1}{2\pi\sigma^2}\right)^{N/2}\exp\left[-\frac{1}{2\sigma^2}\sum_{i=0}^{N-1}(z_i+\sqrt{\alpha})^2\right],\quad \alpha\geqslant 0$$

对于给定的 α，比如 $\alpha=\alpha_0$，比较 $p_{T_1}(\boldsymbol{z};\alpha_0)$ 和 $p_{T_2}(\boldsymbol{z};\alpha_0)$ 的大小，若 $p_{T_1}(\boldsymbol{z};\alpha_0)>p_{T_2}(\boldsymbol{z};\alpha_0)$，则 $p_T(\boldsymbol{z};\alpha_0)=p_{T_1}(\boldsymbol{z};\alpha_0)$，否则，$p_T(\boldsymbol{z};\alpha_0)=p_{T_2}(\boldsymbol{z};\alpha_0)$ 对所有的 α 取值重复以上过程，得到 $p_T(\boldsymbol{z};\alpha)$，称 $p_T(\boldsymbol{z};\alpha)$ 为修正的似然函数，即

$$p_T(\boldsymbol{z};\alpha)=\max\{p_{T_1}(\boldsymbol{z};\alpha),p_{T_2}(\boldsymbol{z};\alpha)\}\tag{6.4.2}$$

得到修正似然函数 $p_T(z;\alpha)$ 后，再根据修正似然函数求最大似然估计，有

$$\hat{\alpha}_{\mathrm{ml}}=\underset{\alpha}{\operatorname{argmax}}\{p_T(\boldsymbol{z};\alpha)\}\tag{6.4.3}$$

对于本例，将 $p_{T_1}(\boldsymbol{z};\alpha)$ 和 $p_{T_2}(\boldsymbol{z};\alpha)$ 绘于图 6.5 中。

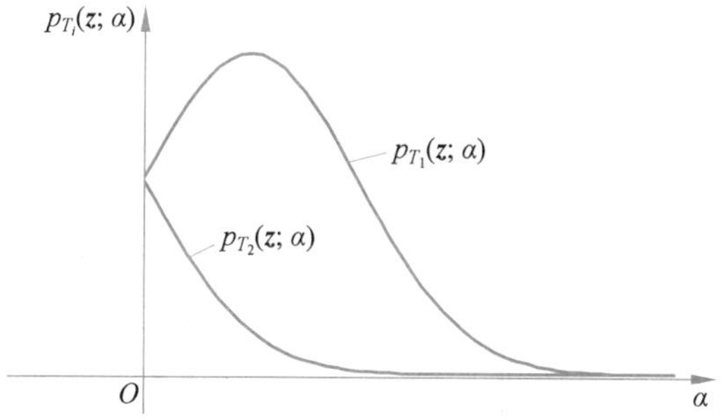

图 6.5 $p_1(z;\alpha_0)$ 和 $p_2(z;\alpha_0)$ 的图形

由图 6.5 可以看出，对所有的 $\alpha>0$，$p_{T_1}(\boldsymbol{z};\alpha)$ 总是大于 $p_{T_2}(\boldsymbol{z};\alpha)$，所以

$$p_T(\boldsymbol{z};\alpha)=p_{T_1}(z;\alpha)=\left(\frac{1}{2\pi\sigma^2}\right)^{N/2}\exp\left[-\frac{1}{2\sigma^2}\sum_{i=0}^{N-1}(z_i-\sqrt{\alpha})^2\right],\quad \alpha>0$$

$$\hat{\alpha}_{\mathrm{ml}}=\bar{z}^2=\left(\frac{1}{N}\sum_{i=0}^{N-1}z_i\right)^2\tag{6.4.4}$$

注意，若将 θ 的原始估计 $\hat{\theta}_{\mathrm{ml}}=\bar{z}$ 直接代入变换式 $\alpha=\theta^2$ 中也可以得到式(6.4.4)，但这只是一种巧合。参数变换若不是一一对应的，则变换后参数的最大似然估计不能简单地通过代入变换式得到。

6.5 最大似然估计的数值计算

最大似然估计的一个明显优势是,对于给定的数据集,即使不能得到解析结果,也可以通过数值计算的方法求得。若 θ 的取值范围在 (a,b) 区间,则只需要在此区间使似然函数 $p(\boldsymbol{z};\theta)$ 最大即可,这时,网格搜索法就是一种简单有效的方法,如图 6.6 所示。

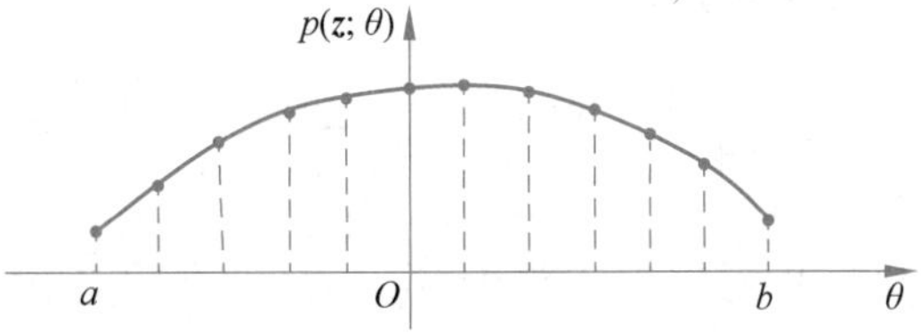

图 6.6 求解最大似然估计的网格搜索法

若 θ 的范围没有控制在有限的区间内,如方差 σ^2 的估计,它的取值范围为 $\sigma^2>0$,这时网格搜索法是不可行的,只能通过迭代来求最大值。经典的方法是牛顿-松弛法、得分法和数学期望最大算法。

迭代法是通过求导函数的零值使似然函数最大,为此,首先求对数似然函数的导数并令其为零,即

$$\frac{\partial \ln p(\boldsymbol{z};\theta)}{\partial \theta}=0 \tag{6.5.1}$$

然后令

$$g(\theta)=\frac{\partial \ln p(\boldsymbol{z};\theta)}{\partial \theta} \tag{6.5.2}$$

假定猜测一个初值 θ_0,将 $g(\theta)$ 在 θ_0 处用泰勒级数展开,并取前两项,则 $g(\theta)$ 近似为

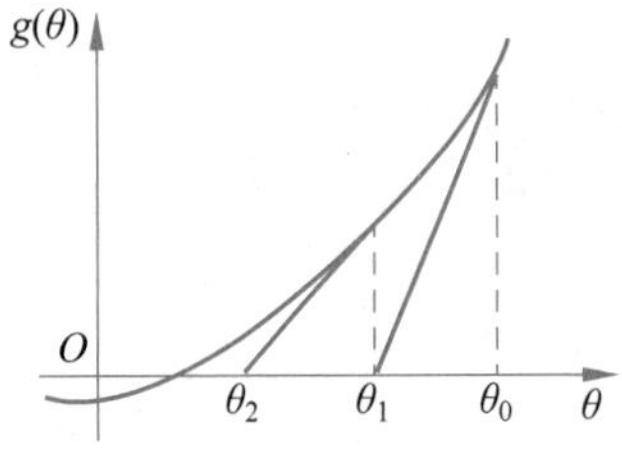

图 6.7 求解函数零值的牛顿-松弛法

$$g(\theta)\approx g(\theta_0)+\left.\frac{\partial g(\theta)}{\partial \theta}\right|_{\theta=\theta_0}(\theta-\theta_0) \tag{6.5.3}$$

如图 6.7 所示,式(6.5.3)是一条与 $g(\theta)$ 在 θ_0 处相切的一条直线,在式(6.5.3)中令 $g(\theta_1)=0$,解出新的猜测值 θ_1 为

$$\theta_1=\theta_0-\frac{g(\theta_0)}{\left.\frac{\mathrm{d}g(\theta)}{\mathrm{d}\theta}\right|_{\theta=\theta_0}} \tag{6.5.4}$$

以此类推,牛顿-松弛迭代法可以根据前一点的猜测值 θ_k,按如下公式得到一个新的猜测值 θ_{k+1},即

$$\theta_{k+1}=\theta_k-\frac{g(\theta_k)}{\left.\frac{\mathrm{d}g(\theta)}{\mathrm{d}\theta}\right|_{\theta=\theta_k}} \tag{6.5.5}$$

把式(6.5.2)代入式(6.5.5),得

$$\theta_{k+1}=\theta_k-\left[\frac{\partial^2 \ln p(\boldsymbol{z};\theta)}{\partial\theta^2}\right]^{-1}\left.\frac{\partial \ln p(\boldsymbol{z};\theta)}{\partial\theta}\right|_{\theta=\theta_k} \tag{6.5.6}$$

【例 6.11】 假定观测为

$$z_i=r^i+w_i,\quad i=0,1,\cdots,N-1$$

其中,$\{w_i\}$为零均值高斯白噪声序列,方差为已知常数 σ^2,r 为未知参数,且 $r>0$,求 r 的最大似然估计。

解:对数似然函数为

$$\ln p(\boldsymbol{z};r)=-\frac{N}{2}\ln(2\pi\sigma^2)-\frac{1}{2\sigma^2}\sum_{i=0}^{N-1}(z_i-r^i)^2$$

对数似然函数对 r 求导,得

$$\frac{\partial \ln p(\boldsymbol{z};r)}{\partial r}=\frac{1}{\sigma^2}\sum_{i=0}^{N-1}(z_i-r^i)ir^{i-1} \tag{6.5.7}$$

这是一个非线性方程,难以得到解析表达式。下面运用数值计算求解。

$$\begin{aligned}\frac{\partial^2 \ln p(\boldsymbol{z};r)}{\partial r^2}&=\frac{1}{\sigma^2}\sum_{i=0}^{N-1}[i(i-1)r^{i-2}(z_i-r^i)-i^2r^{2(i-1)}]\\&=\frac{1}{\sigma^2}\sum_{i=0}^{N-1}[i(i-1)r^{i-2}z_i-i(2i-1)r^{2i-2}]\\&=\frac{1}{\sigma^2}\sum_{i=0}^{N-1}ir^{i-2}[(i-1)z_i-(2i-1)r^i]\end{aligned} \tag{6.5.8}$$

将式(6.5.7)、式(6.5.8)代入式(6.5.6),选择合适的初值 r_0,即可得计算参数 r 最大似然估计的迭代公式

$$\begin{aligned}r_{k+1}&=r_k-\left[\frac{\partial^2 \ln p(\boldsymbol{z};r)}{\partial r^2}\right]^{-1}\left.\frac{\partial \ln p(\boldsymbol{z};r)}{\partial r}\right|_{r=r_k}\\&=\frac{\sum_{i=0}^{N-1}ir_k^{i-1}(z_i-r_k^i)}{\sum_{i=0}^{N-1}ir_k^{i-2}[(i-1)z_i-(2i-1)r_k^i]}\end{aligned} \tag{6.5.9}$$

下面利用仿真实验进行验证。

实验参数:观测序列$\{z_i\}$长度 $N=\mathbf{50}$,待估计量 r 的真值设置为 0.5,高斯白噪声的方差设置为 $\sigma^2=\mathbf{0.01}$。迭代初值分别取 $r_0=\mathbf{0.2},\mathbf{0.8},\mathbf{1.2}$,记录迭代过程,结果如图 6.8 所示。可以看出,当迭代初值接近真值时,迭代很快收敛到真实值;而当初值设置为 $r_0=\mathbf{1.2}$ 时,迭代次数增多。

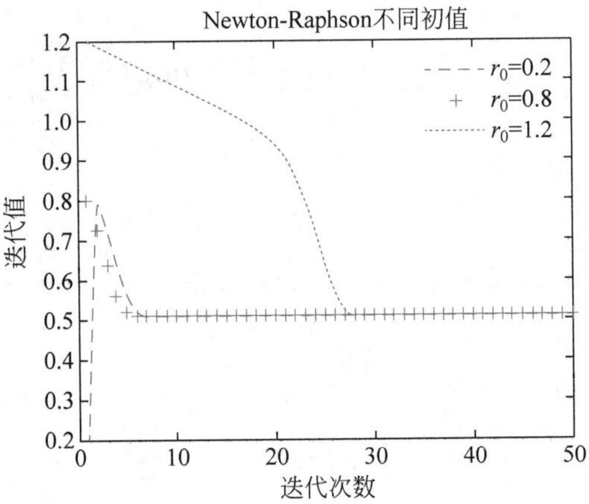

图 6.8　不同初值的迭代过程

习题

6.1　假定观测 $z_0,z_1,\cdots,z_{N-1}$ 是独立同分布的，且在 $(0,\theta)$ 区间服从均匀分布，其中 $\theta>0$。求 θ 的最大似然估计。

6.2　假定观测 $z_0,z_1,\cdots,z_{N-1}$ 是独立同分布的，且分布为指数分布，即

$$p(z\mid\lambda)=\begin{cases}\lambda\exp(-\lambda z), & z\geqslant 0\\ 0, & z<0\end{cases}$$

求 λ 的最大似然估计。

6.3　设有 N 次独立的观测为

$$z_i=A+w_i,\quad i=0,1,\cdots,N-1$$

其中，A 为未知常数，w_i 是拉普拉斯噪声，其概率密度为

$$p(w_i)=\frac{1}{2}\exp(-|w_i|)$$

求 A 的最大似然估计。当 $N\to\infty$ 时，最大似然估计的方差达到了 CRLB 吗？

6.4　放大器的故障时间 T 服从指数分布

$$p_T(t)=\begin{cases}\lambda\exp(-\lambda t), & t\geqslant 0\\ 0, & t<0\end{cases}$$

其中 λ 称为故障率。假定对 N 个同类放大器观测到相互统计独立的故障时间 T_0，$T_1,\cdots,T_{N-1}$。

(1) 求未知故障率 λ 的最大似然估计。

(2) 当 N 非常大时，求故障率 λ 估计的概率密度函数。

6.5　已知观测方程为

$$\boldsymbol{z}=\begin{bmatrix}1\\1\\1\end{bmatrix}s+\boldsymbol{w}$$

其中，s 为确定性未知参数，观测噪声矢量 $\boldsymbol{w}$ 服从高斯分布：$\boldsymbol{w}\sim\mathcal{N}\left(0,\begin{bmatrix}\sigma_1^2 & 0 & 0\\ 0 & \sigma_2^2 & 0\\ 0 & 0 & \sigma_3^2\end{bmatrix}\right)$

求 s 的最大似然估计。

6.6 设目标的加速度 a 是通过测量位移来估计的。如果时变观测方程为

$$z_i=(i+1)^2a+w_i,\quad i=0,1,\cdots$$

其中$\{w_i\}$是零均值高斯白噪声序列，方差为 σ^2。假定 a 是未知常数，前两个观测样本为 $z_0=a+w_0$，$z_1=4a+w_1$，求加速度 a 的最大似然估计 $\hat{a}_{\mathrm{ml}}$，并计算估计的均方误差。

6.7 要传输两个确定参数 A_0 和 A_1，为了保证传输可靠，现构造两个信号 s_0 和 s_1 分别在两个信道上传输，则有 $s_0=x_{00}+x_{01}A_0$，$s_1=x_{10}+x_{11}A_1$，$\begin{vmatrix}x_{00} & x_{01}\\ x_{10} & x_{11}\end{vmatrix}\neq 0$，其中，$x_{ij}(i,j=0,1)$均为已知常数。接收端获得的观测为

$$r_0=s_0+w_0,\quad r_1=s_1+w_1$$

其中，噪声 w_0 和 w_1 统计独立并且服从同样的分布$\mathcal{N}(0,\sigma^2)$。

(1) 求 A_0 和 A_1 的最大似然估计；

(2) A_0 和 A_1 的最大似然估计是否为无偏估计？

(3) A_0 和 A_1 的最大似然估计是否为有效估计？

6.8 设观测的概率密度为 $p(\boldsymbol{z};\theta)$，θ 为未知参量，待估计量为 $\alpha=g(\theta)$，证明：估计 α 的 CRLB 为

$$\mathrm{Var}(\hat{\alpha})\geqslant\frac{\left(\dfrac{\partial g(\theta)}{\partial\theta}\right)^2}{-E\left[\dfrac{\partial^2\ln p(\boldsymbol{z};\theta)}{\partial\theta^2}\right]}$$

第7章 贝叶斯估计

最大似然估计是针对未知常量的估计，若被估计量是随机变量，则可以采用贝叶斯估计。贝叶斯估计包括最小均方估计、最大后验概率估计、线性最小均方估计等。本章介绍前两种估计方法，线性最小均方估计将在第 8 章进行介绍。

7.1 贝叶斯估计的一般概念

最大似然估计对被估计量没有做任何假定，实际上也就相当于假定被估计量 θ 的取值范围为 $-\infty<\theta<+\infty$，这样的估计称为非贝叶斯估计；若被估计量 θ 是一个随机变量，它的概率密度 $p(\theta)$ 是已知的，这个概率密度称为先验分布或者先验信息，利用先验信息的估计称为贝叶斯估计。

7.1.1 先验信息与估计

视频

把先验信息引入到估计中能够改善估计的精度，下面通过一个例子说明这一点。

【例 7.1】 高斯白噪声中均匀分布随机变量的估计。假定观测为

$$z_i=\theta+w_i,\quad i=0,1,\cdots,N-1$$

其中，$\{w_i\}$ 为零均值高斯白噪声序列，方差为 σ^2；θ 为随机变量，在 $[-\theta_0,\theta_0]$ 区间服从均匀分布，且与 $\{w_i\}$ 统计独立。

对于本例，若仍然采用最大似然估计，例 6.1 已经得出

$$\hat{\theta}_{\mathrm{ml}}=\bar{z}=\frac{1}{N}\sum_{i=0}^{N-1}z_i \tag{7.1.1}$$

对于 θ 的某个特定样本来说，观测的样本均值是有效估计量，估计的方差最小，但对 θ 的其他样本值来说，观测的样本均值就不是有效估计量。由于最大似然估计没有利用 θ 在 $[-\theta_0,\theta_0]$ 区间均匀分布的先验信息，使得 $\hat{\theta}_{\mathrm{ml}}$ 的估计值可能超出 $[-\theta_0,\theta_0]$ 区间。但是，如果加入 θ 的取值只能在 $[-\theta_0,\theta_0]$ 区间的先验信息，取估计为截尾的样本均值，即

$$\breve{\theta}=\begin{cases}-\theta_0, & \bar{z}<-\theta_0\\ \bar{z}, & -\theta_0\leqslant\bar{z}\leqslant\theta_0\\ \theta_0, & \bar{z}>\theta_0\end{cases}$$

可以证明，$\mathrm{Mse}(\breve{\theta})\leqslant\mathrm{Mse}(\hat{\theta}_{\mathrm{ml}})$，即利用先验信息后，估计的精度有所改善。下面证明这一结论。

先求 $\breve{\theta}$ 的概率密度，很显然，$\bar{z}\sim\mathcal{N}(\theta,\sigma^2/N)$，而 $\breve{\theta}$ 的概率密度如图 7.1 所示，即

$$\begin{aligned}p_{\breve{\theta}}(x)=&P\{\bar{z}\leqslant-\theta_0\}\delta(x+\theta_0)+\\&p_{\bar{z}}(x)[U(x+\theta_0)-U(x-\theta_0)]+\\&P\{\bar{z}\geqslant\theta_0\}\delta(x-\theta_0)\end{aligned}\tag{7.1.2}$$

式中，$U(x)$ 表示单位阶跃函数，$\delta(x)$ 表示单位冲激函数。

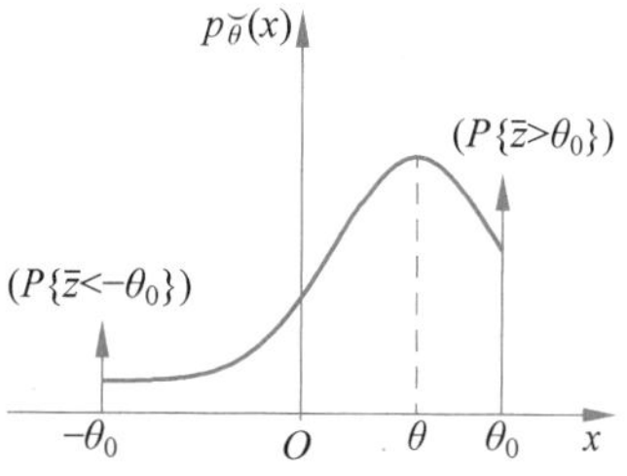

图 7.1 $\breve{\theta}$ 的概率密度

$\hat{\theta}_{\rm ml}$ 的均方误差为

$$\begin{aligned}
\mathrm{Mse}(\hat{\theta}_{\rm ml}) &= \int_{-\infty}^{\infty} (x-\theta)^2 p_{\bar{z}}(x)\,\mathrm{d}x \\
&= \int_{-\infty}^{-\theta_0} (x-\theta)^2 p_{\bar{z}}(x)\,\mathrm{d}x + \int_{-\theta_0}^{\theta_0} (x-\theta)^2 p_{\bar{z}}(x)\,\mathrm{d}x + \int_{\theta_0}^{\infty} (x-\theta)^2 p_{\bar{z}}(x)\,\mathrm{d}x \\
&\geqslant \int_{-\infty}^{-\theta_0} (-\theta_0-\theta)^2 p_{\bar{z}}(x)\,\mathrm{d}x + \int_{-\theta_0}^{\theta_0} (x-\theta)^2 p_{\bar{z}}(x)\,\mathrm{d}x + \\
&\quad \int_{\theta_0}^{\infty} (\theta_0-\theta)^2 p_{\bar{z}}(x)\,\mathrm{d}x
\end{aligned} \tag{7.1.3}$$

$\breve{\theta}$ 的均方误差为

$$\begin{aligned}
\mathrm{Mse}(\breve{\theta}) &= \int_{-\infty}^{+\infty} (x-\theta)^2 p_{\breve{\theta}}(x)\,\mathrm{d}x \\
&= \int_{-\infty}^{+\infty} (x-\theta)^2 P\{\bar{z} \leqslant -\theta_0\}\delta(x+\theta_0)\,\mathrm{d}x + \\
&\quad \int_{-\infty}^{+\infty} (x-\theta)^2 p_{\bar{z}}(x)[U(x+\theta_0)-U(x-\theta_0)]\,\mathrm{d}x + \\
&\quad \int_{-\infty}^{+\infty} (x-\theta)^2 P\{\bar{z} \geqslant \theta_0\}\delta(x-\theta_0)\,\mathrm{d}x \\
&= \int_{-\infty}^{-\theta_0} (-\theta_0-\theta)^2 p_{\bar{z}}(x)\,\mathrm{d}x + \int_{-\theta_0}^{\theta_0} (x-\theta)^2 p_{\bar{z}}(x)\,\mathrm{d}x + \\
&\quad \int_{\theta_0}^{+\infty} (-\theta_0-\theta)^2 p_{\bar{z}}(x)\,\mathrm{d}x
\end{aligned} \tag{7.1.4}$$

比较式(7.1.3)和式(7.1.4)可以看出,式(7.1.3)的最后一项刚好是 $\mathrm{Mse}(\breve{\theta})$,所以,$\mathrm{Mse}(\breve{\theta}) \leqslant \mathrm{Mse}(\hat{\theta}_{\rm ml})$。

视频

7.1.2 后验分布与估计

在得到观测 z 后,θ 的条件概率密度 $p(\theta|z)$ 通常称为后验概率密度。根据贝叶斯公式,

$$p(\theta \mid \boldsymbol{z}) = \frac{p(\boldsymbol{z} \mid \theta)p(\theta)}{p(\boldsymbol{z})} = \frac{p(\boldsymbol{z} \mid \theta)p(\theta)}{\int_{-\infty}^{+\infty} p(\boldsymbol{z} \mid \theta)p(\theta)\,\mathrm{d}\theta} \tag{7.1.5}$$

在例 7.1 中,

$$p(\theta) = \begin{cases} \dfrac{1}{2\theta_0}, & |\theta| < \theta_0 \\ 0, & \text{其他} \end{cases}$$

$$p(\boldsymbol{z} \mid \theta) = \frac{1}{(2\pi\sigma^2)^{N/2}} \exp\left[-\frac{1}{2\sigma^2}\sum_{i=0}^{N-1}(z_i-\theta)^2\right]$$

$$p(\theta \mid \boldsymbol{z}) = \frac{\dfrac{1}{2\theta_0(2\pi\sigma^2)^{N/2}} \exp\left[-\dfrac{1}{2\sigma^2}\displaystyle\sum_{i=0}^{N-1}(z_i-\theta)^2\right]}{p(\boldsymbol{z})}, \quad |\theta| < \theta_0 \tag{7.1.6}$$

由于 $\sum_{i=0}^{N-1}(z_i-\theta)^2=\sum_{i=0}^{N-1}z_i^2-2\theta N\bar{z}+N\theta^2=N(\theta-\bar{z})^2+\sum_{i=0}^{N-1}z_i^2-N\bar{z}^2$，所以

$$p(\theta\mid \boldsymbol{z})=\frac{1}{c(\boldsymbol{z})\sqrt{2\pi\sigma^2/N}}\exp\left[-\frac{(\theta-\bar{z})^2}{2\sigma^2/N}\right],\quad |\theta|<\theta_0 \tag{7.1.7}$$

其中，$c(\boldsymbol{z})=\int_{-\theta_0}^{\theta_0}\frac{1}{\sqrt{2\pi\sigma^2/N}}\exp\left[-\frac{(\theta-\bar{z})^2}{2\sigma^2/N}\right]\mathrm{d}\theta$。

先验概率密度和后验概率密度如图 7.2 所示，可以看出，观测的作用使得概率密度变得集中，概率密度的集中，使得被估计量的不确定性减少。最小均方估计就是一种基于后验概率密度的估计，式(4.1.24)给出了最小均方估计的表达式，即

$$\hat{\theta}_{\mathrm{ms}}=\int_{-\infty}^{+\infty}\theta p(\theta\mid z)\mathrm{d}\theta=E(\theta\mid z) \tag{7.1.8}$$

将式(7.1.6)代入式(7.1.8)，得

$$\hat{\theta}_{\mathrm{ms}}=E(\theta\mid \boldsymbol{z})=\int_{-\theta_0}^{\theta_0}\theta\frac{1}{c(\boldsymbol{z})\sqrt{2\pi\sigma^2/N}}\exp\left[-\frac{(\theta-\bar{z})^2}{2\sigma^2/N}\right]\mathrm{d}\theta$$

$$=\frac{\int_{-\theta_0}^{\theta_0}\theta\frac{1}{\sqrt{2\pi\sigma^2/N}}\exp\left[-\frac{(\theta-\bar{z})^2}{2\sigma^2/N}\right]\mathrm{d}\theta}{\int_{-\theta_0}^{\theta_0}\frac{1}{\sqrt{2\pi\sigma^2/N}}\exp\left[-\frac{(\theta-\bar{z})^2}{2\sigma^2/N}\right]\mathrm{d}\theta} \tag{7.1.9}$$

从式(7.1.9)可以看出，最小均方估计 $\hat{\theta}_{\mathrm{ms}}$ 不只是样本均值 $\bar{z}$ 的函数，而是 $\bar{z}$、θ_0 和 σ^2 的函数，这是由图 7.2(b)所示的截断效应引起的。

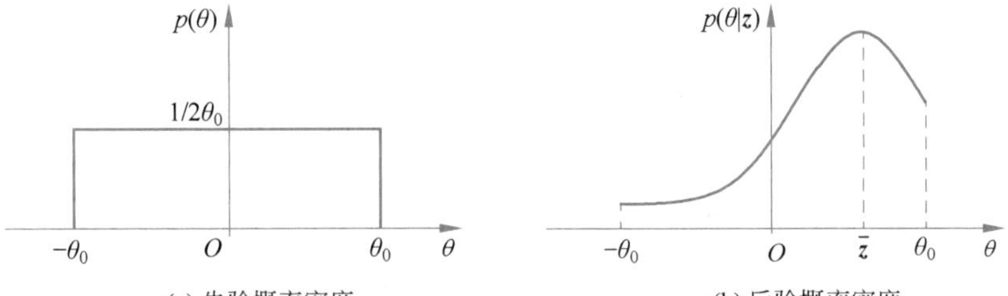

图 7.2 先验概率密度和后验概率密度的图形

若直接利用先验分布进行估计，即无数据时，最小均方估计会是什么呢？这时的均方误差为

$$E[(\theta-\hat{\theta})^2]=\int_{-\infty}^{+\infty}(\theta-\hat{\theta})^2p(\theta)\mathrm{d}\theta$$

$$\frac{E[(\theta-\hat{\theta})^2]}{\partial\hat{\theta}}=-2\int_{-\infty}^{+\infty}(\theta-\hat{\theta})p(\theta)\mathrm{d}\theta$$

令 $\frac{E[(\theta-\hat{\theta})^2]}{\partial\hat{\theta}}=0$，得

$$\int_{-\infty}^{+\infty}(\theta-\hat{\theta})p(\theta)\mathrm{d}\theta=0$$

由于 $\int_{-\infty}^{+\infty}\hat{\theta}p(\theta)\mathrm{d}\theta=\hat{\theta}$,所以

$$\hat{\theta}=\int_{-\infty}^{+\infty}\theta p(\theta)\mathrm{d}\theta=E(\theta)$$

这时的均方误差

$$E[(\theta-\hat{\theta})^2]=\int_{-\infty}^{+\infty}[\theta-E(\theta)]^2p(\theta)\mathrm{d}\theta=\sigma_\theta^2$$

也就是说,若不用观测数据,直接用先验分布进行估计,得到的估计就是被估计量的均值,估计的均方误差就是被估计量的方差,这样的估计可称为先验估计,或者称为无数据估计。例 7.1 给出的先验分布是均匀分布,被估计量的均值为零,所以,无数据的最小均方估计为 $\hat{\theta}=0$;有观测数据以后,最小均方估计为被估计量的条件均值,这时的估计可称为后验估计。而最大似然估计则没有利用先验信息,只利用了观测数据,可称这时的估计为数据估计。例 7.1 的先验估计、后验估计以及数据估计如图 7.3 所示。

此外,从式(7.1.7)给出的后验分布可以看出,随着 N 的增加,后验概率密度逐步集中到 $\bar{z}$ 附近,后验概率密度逐渐趋于高斯分布,$E(\theta|\boldsymbol{z})\to\bar{z}$,如图 7.4 所示,这时,后验估计逐渐趋于数据估计,对先验信息的依赖也就逐渐减弱,数据逐步"擦除"了先验信息。

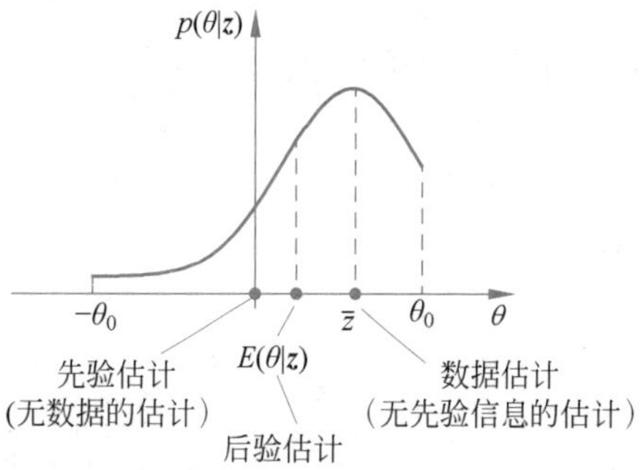

图 7.3 先验估计、后验估计和数据估计示意图

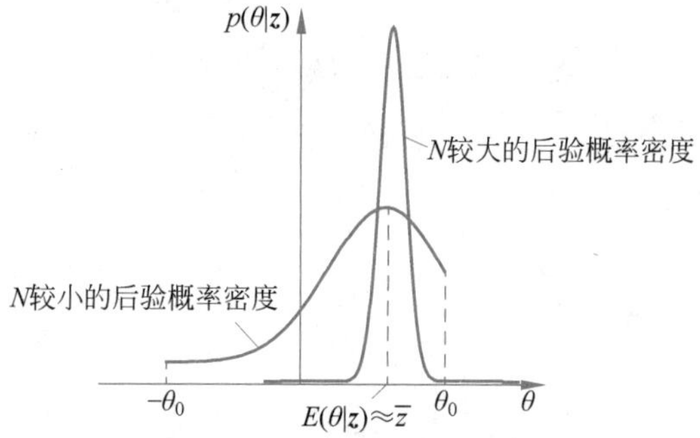

图 7.4 大数据记录时的后验概率密度

【例 7.2】 高斯白噪声中高斯随机变量的估计。假定观测为

$$z_i=\theta+w_i,\quad i=0,1,\cdots,N-1$$

其中 $\{w_i\}$ 为零均值高斯白噪声序列,方差为 σ^2,$\theta\sim\mathcal{N}(m_\theta,\sigma_\theta^2)$,$\theta$ 与 $\{w_i\}$ 是统计独立的,求 θ 的最小均方估计。

解:因为 $p(\boldsymbol{z}\mid\theta)=\frac{1}{(2\pi\sigma^2)^{N/2}}\exp\left[-\frac{1}{2\sigma^2}\sum_{i=0}^{N-1}(z_i-\theta)^2\right]$,根据式(7.1.5),

$$p(\theta\mid\boldsymbol{z})=\frac{p(\boldsymbol{z}\mid\theta)p(\theta)}{\int_{-\infty}^{+\infty}p(\boldsymbol{z}\mid\theta)p(\theta)\mathrm{d}\theta}$$

$$
=\frac{\dfrac{1}{(2\pi\sigma^2)^{N/2}}\exp\left[-\dfrac{1}{2\sigma^2}\sum_{i=0}^{N-1}(z_i-\theta)^2\right]\dfrac{1}{\sqrt{2\pi\sigma_\theta^2}}\exp\left[-\dfrac{1}{2\sigma_\theta^2}(\theta-m_\theta)^2\right]}{\displaystyle\int_{-\infty}^{+\infty}\dfrac{1}{(2\pi\sigma^2)^{N/2}}\exp\left[-\dfrac{1}{2\sigma^2}\sum_{i=0}^{N-1}(z_i-\theta)^2\right]\dfrac{1}{\sqrt{2\pi\sigma_\theta^2}}\exp\left[-\dfrac{1}{2\sigma_\theta^2}(\theta-m_\theta)^2\right]\mathrm{d}\theta}
$$

$$
=\frac{\exp\left[-\dfrac{1}{2\sigma^2}\sum_{i=0}^{N-1}(z_i-\theta)^2-\dfrac{1}{2\sigma_\theta^2}(\theta-m_\theta)^2\right]}{\displaystyle\int_{-\infty}^{+\infty}\exp\left[-\dfrac{1}{2\sigma^2}\sum_{i=0}^{N-1}(z_i-\theta)^2-\dfrac{1}{2\sigma_\theta^2}(\theta-m_\theta)^2\right]\mathrm{d}\theta}
$$

经化简整理后可得

$$
p(\theta\mid \boldsymbol{z})=\frac{1}{(2\pi\sigma_{\theta|z}^2)^{1/2}}\exp\left[-\frac{1}{2\sigma_{\theta|z}^2}(\theta-m_{\theta|z})^2\right] \tag{7.1.10}
$$

其中，

$$
m_{\theta|z}=\frac{\dfrac{N}{\sigma^2}\bar{z}+\dfrac{m_\theta}{\sigma_\theta^2}}{\dfrac{N}{\sigma^2}+\dfrac{1}{\sigma_\theta^2}} \tag{7.1.11}
$$

$$
\frac{1}{\sigma_{\theta|z}^2}=\frac{N}{\sigma^2}+\frac{1}{\sigma_\theta^2} \tag{7.1.12}
$$

从式(7.1.10)可以看出，θ 的后验概率密度仍是高斯分布，最小均方估计等于被估计量的条件均值，所以

$$
\hat{\theta}_{\mathrm{ms}}=m_{\theta|z}=\frac{\dfrac{N}{\sigma^2}\bar{z}+\dfrac{m_\theta}{\sigma_\theta^2}}{\dfrac{N}{\sigma^2}+\dfrac{1}{\sigma_\theta^2}}=\frac{\sigma_\theta^2}{\sigma_\theta^2+\dfrac{\sigma^2}{N}}\bar{z}+\frac{\dfrac{\sigma^2}{N}}{\sigma_\theta^2+\dfrac{\sigma^2}{N}}m_\theta \tag{7.1.13}
$$

令 $k=\dfrac{\sigma_\theta^2}{\sigma_\theta^2+\dfrac{\sigma^2}{N}}$，则 $\dfrac{\dfrac{\sigma^2}{N}}{\sigma_\theta^2+\dfrac{\sigma^2}{N}}=1-k$，很显然，$0<k<1$，式(7.1.13)可表示为

$$
\hat{\theta}_{\mathrm{ms}}=k\bar{z}+(1-k)m_\theta \tag{7.1.14}
$$

当 $N\to\infty$ 时，$k\to 1$，这时，$\hat{\theta}_{\mathrm{ms}}\to\bar{z}$。

7.2 最小均方估计

视频

在 4.1.2 节已经给出了最小均方估计的定义，并且推导得出了最小均方估计为被估计量的条件均值，但那里只讨论了被估计量是标量的情况，本节把标量的最小均方估计扩展到矢量参数的情况。

7.2.1 最小均方估计的推导

假定$\boldsymbol{\theta}=[\theta_1 \quad \theta_2 \quad \cdots \quad \theta_p]^{\mathrm{T}}$,若对$\boldsymbol{\theta}$的每个分量分别进行估计,如在估计$\theta_1$时,需要把其他分量看成多余参量,$\theta_1$的后验概率密度为

$$p(\theta_1 \mid \boldsymbol{z})=\int_{-\infty}^{+\infty}\cdots\int_{-\infty}^{+\infty} p(\boldsymbol{\theta} \mid \boldsymbol{z})\mathrm{d}\theta_2\cdots\mathrm{d}\theta_p \tag{7.2.1}$$

根据贝叶斯关系,

$$p(\boldsymbol{\theta} \mid \boldsymbol{z})=\frac{p(\boldsymbol{z} \mid \boldsymbol{\theta})p(\boldsymbol{\theta})}{p(\boldsymbol{z})}=\frac{p(\boldsymbol{z} \mid \boldsymbol{\theta})p(\boldsymbol{\theta})}{\int_{-\infty}^{+\infty} p(\boldsymbol{z} \mid \boldsymbol{\theta})p(\boldsymbol{\theta})\mathrm{d}\boldsymbol{\theta}} \tag{7.2.2}$$

注意,由于$\boldsymbol{\theta}$是一个矢量,所以式(7.2.2)中的积分$\int_{-\infty}^{+\infty} p(\boldsymbol{z} \mid \boldsymbol{\theta})p(\boldsymbol{\theta})\mathrm{d}\boldsymbol{\theta}$实际上是一个$p$重积分。

θ_1的最小均方估计为

$$\hat{\theta}_1=E(\theta_1 \mid \boldsymbol{z})=\int_{-\infty}^{+\infty}\theta_1 p(\theta_1 \mid \boldsymbol{z})\mathrm{d}\theta_1 \tag{7.2.3}$$

它可以使均方误差

$$\mathrm{Mse}(\hat{\theta}_1)=E[(\theta_1-\hat{\theta}_1)^2]=\int_{-\infty}^{+\infty}\int_{-\infty}^{+\infty}(\theta_1-\hat{\theta}_1)^2 p(\boldsymbol{z},\theta_1)\mathrm{d}\boldsymbol{z}\,\mathrm{d}\theta_1 \tag{7.2.4}$$

达到最小。注意,由于$\boldsymbol{z}$是矢量,所以式(7.2.4)中对$\boldsymbol{z}$的积分也是一个多重积分。

一般情况下,

$$\hat{\theta}_i=E(\theta_i \mid \boldsymbol{z})=\int_{-\infty}^{+\infty}\theta_i p(\theta_i \mid \boldsymbol{z})\mathrm{d}\theta_i \tag{7.2.5}$$

它可以使均方误差

$$\mathrm{Mse}(\hat{\theta}_i)=E[(\theta_i-\hat{\theta}_i)^2]=\int_{-\infty}^{+\infty}\int_{-\infty}^{+\infty}(\theta_i-\hat{\theta}_i)^2 p(\boldsymbol{z},\theta_i)\mathrm{d}\boldsymbol{z}\,\mathrm{d}\theta_i \tag{7.2.6}$$

达到最小。

θ_1的最小均方估计也可以表示为

$$\begin{aligned}\hat{\theta}_1&=\int_{-\infty}^{+\infty}\theta_1 p(\theta_1 \mid \boldsymbol{z})\mathrm{d}\theta_1\\&=\int_{-\infty}^{+\infty}\theta_1\left[\int_{-\infty}^{+\infty}\cdots\int_{-\infty}^{+\infty}p(\boldsymbol{\theta} \mid \boldsymbol{z})\mathrm{d}\theta_2\cdots\mathrm{d}\theta_p\right]\mathrm{d}\theta_1\\&=\int_{-\infty}^{+\infty}\theta_1 p(\boldsymbol{\theta} \mid \boldsymbol{z})\mathrm{d}\boldsymbol{\theta}\end{aligned} \tag{7.2.7}$$

一般情况下,

$$\hat{\theta}_i=\int_{-\infty}^{+\infty}\theta_i p(\boldsymbol{\theta} \mid \boldsymbol{z})\mathrm{d}\boldsymbol{\theta},\quad i=1,2,\cdots,p \tag{7.2.8}$$

将式(7.2.8)用矢量表示,即

$$\hat{\boldsymbol{\theta}}_{\mathrm{ms}}=\begin{bmatrix}\int_{-\infty}^{+\infty}\theta_1 p(\boldsymbol{\theta}\mid \boldsymbol{z})\mathrm{d}\boldsymbol{\theta}\\ \int_{-\infty}^{+\infty}\theta_2 p(\boldsymbol{\theta}\mid \boldsymbol{z})\mathrm{d}\boldsymbol{\theta}\\ \vdots\\ \int_{-\infty}^{+\infty}\theta_p p(\boldsymbol{\theta}\mid \boldsymbol{z})\mathrm{d}\boldsymbol{\theta}\end{bmatrix}=\int_{-\infty}^{+\infty}\boldsymbol{\theta} p(\boldsymbol{\theta}\mid \boldsymbol{z})\mathrm{d}\boldsymbol{\theta}=E(\boldsymbol{\theta}\mid \boldsymbol{z}) \tag{7.2.9}$$

可见,矢量参数的最小均方估计仍是被估计量的条件均值,与标量情况时的表达式是完全相同的。这样的估计可以使$\boldsymbol{\theta}$每个分量估计的均方误差达到最小,即使

$$\mathrm{Mse}(\hat{\theta}_i)=E\left[(\theta_i-\hat{\theta}_i)^2\right],\quad i=1,2,\cdots,p \tag{7.2.10}$$

达到最小,或者使估计的均方误差矩阵的对角线上的每个元素

$$[\mathrm{Mse}(\hat{\boldsymbol{\theta}}_{\mathrm{ms}})]_{ii}=[E\{(\boldsymbol{\theta}-\hat{\boldsymbol{\theta}}_{\mathrm{ms}})(\boldsymbol{\theta}-\hat{\boldsymbol{\theta}}_{\mathrm{ms}})^{\mathrm{T}}\}]_{ii} \tag{7.2.11}$$

达到最小。其中

$$\mathrm{Mse}(\hat{\boldsymbol{\theta}}_{\mathrm{ms}})=E\{(\boldsymbol{\theta}-\hat{\boldsymbol{\theta}}_{\mathrm{ms}})(\boldsymbol{\theta}-\hat{\boldsymbol{\theta}}_{\mathrm{ms}})^{\mathrm{T}}\} \tag{7.2.12}$$

为估计的均方误差矩阵。

$\hat{\theta}_1$ 的均方误差可表示为

$$\begin{aligned}\mathrm{Mse}(\hat{\theta}_1)&=E[(\theta_1-\hat{\theta}_1)^2]=[E_{\theta,z}\{(\boldsymbol{\theta}-\hat{\boldsymbol{\theta}}_{\mathrm{ms}})(\boldsymbol{\theta}-\hat{\boldsymbol{\theta}}_{\mathrm{ms}})^{\mathrm{T}}\}]_{11}\\
&=\int_{-\infty}^{+\infty}\int_{-\infty}^{+\infty}[\theta_1-E(\theta_1\mid \boldsymbol{z})]^2 p(\boldsymbol{z},\theta_1)\mathrm{d}\theta_1\mathrm{d}\boldsymbol{z}\\
&=\int_{-\infty}^{+\infty}\left[\int_{-\infty}^{+\infty}[\theta_1-E(\theta_1\mid \boldsymbol{z})]^2 p(\theta_1\mid \boldsymbol{z})\mathrm{d}\theta_1\right]p(\boldsymbol{z})\mathrm{d}\boldsymbol{z}\\
&=\int_{-\infty}^{+\infty}\left\{\int_{-\infty}^{+\infty}[\theta_1-E(\theta_1\mid \boldsymbol{z})]^2\left[\int_{-\infty}^{+\infty}\cdots\int_{-\infty}^{+\infty}p(\boldsymbol{\theta}\mid \boldsymbol{z})\mathrm{d}\theta_2\cdots\mathrm{d}\theta_p\right]\mathrm{d}\theta_1\right\}p(\boldsymbol{z})\mathrm{d}\boldsymbol{z}\\
&=\int_{-\infty}^{+\infty}\left\{\int_{-\infty}^{+\infty}[\theta_1-E(\theta_1\mid \boldsymbol{z})]^2 p(\boldsymbol{\theta}\mid \boldsymbol{z})\mathrm{d}\boldsymbol{\theta}\right\}p(\boldsymbol{z})\mathrm{d}\boldsymbol{z}\\
&=\int_{-\infty}^{+\infty}[\boldsymbol{C}_{\theta\mid z}]_{11}p(\boldsymbol{z})\mathrm{d}\boldsymbol{z}\\
&=E_z([\boldsymbol{C}_{\theta\mid z}]_{11})\end{aligned} \tag{7.2.13}$$

其中

$$[\boldsymbol{C}_{\theta\mid z}]_{11}=\int_{-\infty}^{+\infty}[\theta_1-E(\theta_1\mid \boldsymbol{z})]^2 p(\boldsymbol{\theta}\mid \boldsymbol{z})\mathrm{d}\boldsymbol{\theta} \tag{7.2.14}$$

而

$$\begin{aligned}\boldsymbol{C}_{\theta\mid z}&=E_{\theta\mid z}\{[\boldsymbol{\theta}-E(\boldsymbol{\theta}\mid \boldsymbol{z})][\boldsymbol{\theta}-E(\boldsymbol{\theta}\mid \boldsymbol{z})]^{\mathrm{T}}\}\\
&=\int_{-\infty}^{+\infty}[\boldsymbol{\theta}-E(\boldsymbol{\theta}\mid \boldsymbol{z})][\boldsymbol{\theta}-E(\boldsymbol{\theta}\mid \boldsymbol{z})]^{\mathrm{T}}p(\boldsymbol{\theta}\mid \boldsymbol{z})\mathrm{d}\boldsymbol{\theta}\end{aligned} \tag{7.2.15}$$

更一般的情况是

$$\mathrm{Mse}(\hat{\theta}_i)=[E\{(\boldsymbol{\theta}-\hat{\boldsymbol{\theta}}_{\mathrm{ms}})(\boldsymbol{\theta}-\hat{\boldsymbol{\theta}}_{\mathrm{ms}})^{\mathrm{T}}\}]_{ii}=E_z([\boldsymbol{C}_{\theta\mid z}]_{ii}) \tag{7.2.16}$$

视频

7.2.2 最小均方估计的性质

最小均方估计有一些重要的性质。

1. 无偏性

因为

$$E(\hat{\boldsymbol{\theta}}_{\mathrm{ms}})=E_z[E(\boldsymbol{\theta}\mid \boldsymbol{z})]=\int_{-\infty}^{+\infty}\left[\int_{-\infty}^{+\infty}\boldsymbol{\theta}\,p(\boldsymbol{\theta}\mid \boldsymbol{z})\mathrm{d}\boldsymbol{\theta}\right]p(\boldsymbol{z})\mathrm{d}\boldsymbol{z}$$

$$=\int_{-\infty}^{+\infty}\boldsymbol{\theta}\left[\int_{-\infty}^{+\infty}p(\boldsymbol{\theta},\boldsymbol{z})\mathrm{d}\boldsymbol{z}\right]\mathrm{d}\boldsymbol{\theta}=\int_{-\infty}^{+\infty}\boldsymbol{\theta}p(\boldsymbol{\theta})\mathrm{d}\boldsymbol{\theta}=E(\boldsymbol{\theta})$$

可见,最小均方估计是无偏估计。

2. 可交换性

对于线性变换,如$\boldsymbol{\alpha}=\boldsymbol{A}\boldsymbol{\theta}+\boldsymbol{b}$,则$E(\boldsymbol{\alpha}\mid \boldsymbol{z})=\boldsymbol{A}E(\boldsymbol{\theta}\mid \boldsymbol{z})+\boldsymbol{b}$,即$\hat{\boldsymbol{\alpha}}_{\mathrm{ms}}=\boldsymbol{A}\hat{\boldsymbol{\theta}}_{\mathrm{ms}}+\boldsymbol{b}$。即对于$\boldsymbol{\theta}$的线性变换,若已知$\boldsymbol{\theta}$的最小均方估计,则只需将$\boldsymbol{\theta}$的最小均方估计代入变换式中,就可以得到变换后的最小均方估计,这一特性称为可交换性。

3. 可加性

对于两个独立的观测集$\boldsymbol{z}_1$和$\boldsymbol{z}_2$,且$\boldsymbol{\theta}$与$\boldsymbol{z}_1$、$\boldsymbol{z}_2$服从联合高斯分布,则

$$\hat{\boldsymbol{\theta}}_{\mathrm{ms}}=E(\boldsymbol{\theta}\mid \boldsymbol{z}_1,\boldsymbol{z}_2)$$

$$=E(\boldsymbol{\theta})+\boldsymbol{C}_{\theta z_1}\boldsymbol{C}_{z_1}^{-1}[\boldsymbol{z}_1-E(\boldsymbol{z}_1)]+\boldsymbol{C}_{\theta z_2}\boldsymbol{C}_{z_2}^{-1}[\boldsymbol{z}_2-E(\boldsymbol{z}_2)] \tag{7.2.17}$$

证明:令$\boldsymbol{z}=\begin{bmatrix}\boldsymbol{z}_1\\ \boldsymbol{z}_2\end{bmatrix}$,根据高斯随机变量的理论,有

$$E(\boldsymbol{\theta}\mid \boldsymbol{z})=E(\boldsymbol{\theta})+\boldsymbol{C}_{\theta z}\boldsymbol{C}_z^{-1}[\boldsymbol{z}-E(\boldsymbol{z})]$$

$$\boldsymbol{C}_z^{-1}=\begin{bmatrix}\boldsymbol{C}_{z_1} & \boldsymbol{C}_{z_1z_2}\\ \boldsymbol{C}_{z_2z_1} & \boldsymbol{C}_{z_2}\end{bmatrix}^{-1}=\begin{bmatrix}\boldsymbol{C}_{z_1} & \boldsymbol{0}\\ \boldsymbol{0} & \boldsymbol{C}_{z_2}\end{bmatrix}^{-1}=\begin{bmatrix}\boldsymbol{C}_{z_1}^{-1} & \boldsymbol{0}\\ \boldsymbol{0} & \boldsymbol{C}_{z_2}^{-1}\end{bmatrix}$$

$$\boldsymbol{C}_{\theta z}=E\left\{[(\boldsymbol{\theta}-E(\boldsymbol{\theta})]\begin{bmatrix}\boldsymbol{z}_1-E(\boldsymbol{z}_1)\\ \boldsymbol{z}_2-E(\boldsymbol{z}_2)\end{bmatrix}^{\mathrm{T}}\right\}=\begin{bmatrix}\boldsymbol{C}_{\theta z_1} & \boldsymbol{C}_{\theta z_2}\end{bmatrix}$$

$$\hat{\boldsymbol{\theta}}_{\mathrm{ms}}=E(\boldsymbol{\theta}\mid \boldsymbol{z})=E(\boldsymbol{\theta})+[\boldsymbol{C}_{\theta z_1}\quad \boldsymbol{C}_{\theta z_2}]\begin{bmatrix}\boldsymbol{C}_{z_1}^{-1} & 0\\ 0 & \boldsymbol{C}_{z_2}^{-1}\end{bmatrix}\begin{bmatrix}\boldsymbol{z}_1-E(\boldsymbol{z}_1)\\ \boldsymbol{z}_2-E(\boldsymbol{z}_2)\end{bmatrix}$$

$$=E(\boldsymbol{\theta})+\boldsymbol{C}_{\theta z_1}\boldsymbol{C}_{z_1}^{-1}[\boldsymbol{z}_1-E(\boldsymbol{z}_1)]+\boldsymbol{C}_{\theta z_2}\boldsymbol{C}_{z_2}^{-1}[\boldsymbol{z}_2-E(\boldsymbol{z}_2)]$$

视频

【例 7.3】 如例 7.2 所述问题,重新计算最小均方估计。

解:将观测模型用矢量形式表示为

$$\boldsymbol{z}=\boldsymbol{1}\cdot\theta+\boldsymbol{w}$$

其中,$\boldsymbol{z}=[z_0\quad z_1\quad\cdots\quad z_{N-1}]^{\mathrm{T}}$,$\boldsymbol{w}=[w_0\quad w_1\quad\cdots\quad w_{N-1}]^{\mathrm{T}}$,$\boldsymbol{1}=[1\quad 1\quad\cdots\quad 1]^{\mathrm{T}}$,

$$\boldsymbol{C}_{\theta z}=E[(\theta-m_\theta)(\boldsymbol{z}-E(\boldsymbol{z}))^{\mathrm{T}}]=E[(\theta-m_\theta)(\boldsymbol{1}\cdot\theta+\boldsymbol{w}-\boldsymbol{1}\cdot m_\theta)^{\mathrm{T}}]$$
$$=E[(\theta-m_\theta)^2\cdot\boldsymbol{1}^{\mathrm{T}}]=\sigma_\theta^2\boldsymbol{1}^{\mathrm{T}}$$
$$\boldsymbol{C}_z=E[(\boldsymbol{z}-E(\boldsymbol{z}))(\boldsymbol{z}-E(\boldsymbol{z}))^{\mathrm{T}}]$$
$$=E[(\boldsymbol{1}\cdot\theta+\boldsymbol{w}-\boldsymbol{1}\cdot m_\theta)(\boldsymbol{1}\cdot\theta+\boldsymbol{w}-\boldsymbol{1}\cdot m_\theta)^{\mathrm{T}}]$$
$$=E\{[\boldsymbol{1}\cdot(\theta-m_\theta)+\boldsymbol{w}][\boldsymbol{1}\cdot(\theta-m_\theta)+\boldsymbol{w}]^{\mathrm{T}}\}$$
$$=E[\boldsymbol{1}\cdot(\theta-m_\theta)(\theta-m_\theta)\cdot\boldsymbol{1}^{\mathrm{T}}]+E(\boldsymbol{w}\boldsymbol{w}^{\mathrm{T}})$$
$$=\sigma_\theta^2\boldsymbol{1}\cdot\boldsymbol{1}^{\mathrm{T}}+\sigma^2\boldsymbol{I}$$
$$\hat{\theta}_{\mathrm{ms}}=E(\theta)+\boldsymbol{C}_{\theta z}\boldsymbol{C}_z^{-1}[\boldsymbol{z}-E(\boldsymbol{z})]=m_\theta+\sigma_\theta^2\boldsymbol{1}^{\mathrm{T}}(\sigma_\theta^2\boldsymbol{1}\cdot\boldsymbol{1}^{\mathrm{T}}+\sigma^2\boldsymbol{I})^{-1}(\boldsymbol{z}-\boldsymbol{1}\cdot m_\theta)$$
$$=m_\theta+\frac{\sigma_\theta^2}{\sigma^2}\boldsymbol{1}^{\mathrm{T}}\left(\boldsymbol{I}+\frac{\sigma_\theta^2}{\sigma^2}\boldsymbol{1}\cdot\boldsymbol{1}^{\mathrm{T}}\right)^{-1}(\boldsymbol{z}-\boldsymbol{1}\cdot m_\theta)\tag{7.2.18}$$

利用伍德伯里(Woodbury)不等式：

$$(\boldsymbol{A}+\boldsymbol{u}\boldsymbol{u}^{\mathrm{T}})^{-1}=\boldsymbol{A}^{-1}-\frac{\boldsymbol{A}^{-1}\boldsymbol{u}\boldsymbol{u}^{\mathrm{T}}\boldsymbol{A}^{-1}}{1+\boldsymbol{u}^{\mathrm{T}}\boldsymbol{A}^{-1}\boldsymbol{u}}\tag{7.2.19}$$

其中，$\boldsymbol{A}$ 是 $N\times N$ 的矩阵，$\boldsymbol{u}$ 是 $N\times 1$ 的列矢量，且其中所有的逆矩阵都是存在的。令 $\boldsymbol{A}=\boldsymbol{I},\boldsymbol{u}=\frac{\sigma_\theta}{\sigma}\boldsymbol{1}$，代入式(7.2.19)，得

$$\left(\boldsymbol{I}+\frac{\sigma_\theta^2}{\sigma^2}\boldsymbol{1}\cdot\boldsymbol{1}^{\mathrm{T}}\right)^{-1}=\left(\boldsymbol{I}-\frac{\frac{\sigma_\theta^2}{\sigma^2}\boldsymbol{1}\cdot\boldsymbol{1}^{\mathrm{T}}}{1+N\frac{\sigma_\theta^2}{\sigma^2}}\right)\tag{7.2.20}$$

将式(7.2.20)代入式(7.2.18)，得

$$\hat{\theta}_{\mathrm{ms}}=m_\theta+\frac{\sigma_\theta^2}{\sigma^2}\boldsymbol{1}^{\mathrm{T}}\left(\boldsymbol{I}-\frac{\frac{\sigma_\theta^2}{\sigma^2}\boldsymbol{1}\cdot\boldsymbol{1}^{\mathrm{T}}}{1+N\frac{\sigma_\theta^2}{\sigma^2}}\right)(\boldsymbol{z}-\boldsymbol{1}\cdot m_\theta)$$
$$=m_\theta+\frac{\sigma_\theta^2}{\sigma^2}\left(\boldsymbol{1}^{\mathrm{T}}-\frac{N}{N+\frac{\sigma^2}{\sigma_\theta^2}}\boldsymbol{1}^{\mathrm{T}}\right)(\boldsymbol{z}-\boldsymbol{1}\cdot m_\theta)=m_\theta+\frac{\sigma_\theta^2}{\sigma^2}\left(1-\frac{N}{N+\frac{\sigma^2}{\sigma_\theta^2}}\right)(N\bar{z}-Nm_\theta)$$
$$=m_\theta+\frac{N}{N+\frac{\sigma^2}{\sigma_\theta^2}}(\bar{z}-m_\theta)=m_\theta+\frac{\sigma_\theta^2}{\sigma_\theta^2+\frac{\sigma^2}{N}}(\bar{z}-m_\theta)$$

7.3 最大后验概率估计

视频

在 7.1.2 节曾经提到，观测数据可以使后验概率密度变得集中，被估计参量 θ 的不确定性减少，后验概率密度的均值、最大值等特征参数都可以作为 θ 的估计，最小均方估

计是后验概率密度的均值,而最大后验概率估计是后验概率密度的最大值。

7.3.1 标量参数的最大后验概率估计

最大后验概率估计定义为

$$\hat{\theta}_{\text{map}} = \underset{\theta}{\operatorname{argmax}}\{p(\theta \mid \boldsymbol{z})\} \quad 或 \quad \hat{\theta}_{\text{map}} = \underset{\theta}{\operatorname{argmax}}\{\ln p(\theta \mid \boldsymbol{z})\} \tag{7.3.1}$$

由于 $p(\theta|\boldsymbol{z}) = \dfrac{p(\boldsymbol{z}|\theta)p(\theta)}{p(\boldsymbol{z})}$,所以式(7.3.1)也可以表示为

$$\hat{\theta}_{\text{map}} = \underset{\theta}{\operatorname{argmax}}\{p(\boldsymbol{z} \mid \theta)p(\theta)\} \quad 或$$

$$\hat{\theta}_{\text{map}} = \underset{\theta}{\operatorname{argmax}}\{\ln p(\boldsymbol{z} \mid \theta) + \ln p(\theta)\} \tag{7.3.2}$$

这是一个极值问题,若后验概率密度可导,则可通过后验概率密度对 θ 求导,然后令导数等于零得到估计量,即

$$\left.\frac{\partial p(\theta \mid \boldsymbol{z})}{\partial \theta}\right|_{\theta=\hat{\theta}_{\text{map}}} = 0 \quad 或 \quad \left.\frac{\partial \ln p(\theta \mid \boldsymbol{z})}{\partial \theta}\right|_{\theta=\hat{\theta}_{\text{map}}} = 0 \tag{7.3.3}$$

式(7.3.3)称为最大后验概率方程。注意,式(7.3.3)是最大后验概率估计的必要条件,而非充分条件,因此,由式(7.3.3)得到的极值,还需要验证是极大值。

在 4.2.3 节中讨论了随机参量估计的 CRLB,若 $\hat{\theta}$ 是无偏估计量,且观测与被估计量的联合概率密度满足

$$\frac{\partial \ln p(\boldsymbol{z},\theta)}{\partial \theta} = I(\hat{\theta} - \theta)$$

时,$\hat{\theta}$ 的均方误差达到最小,即 $\hat{\theta}$ 是最小均方估计。可以证明,$\hat{\theta}$ 也是最大后验概率估计,即此时最大后验概率估计和最小均方估计是等效的,证明参见习题 7.9。

对于高斯白噪声中高斯随机变量的估计问题,在例 7.2 中已经到后验概率密度为

$$p(\theta \mid \boldsymbol{z}) = \frac{1}{(2\pi\sigma_{\theta|z}^2)^{1/2}} \exp\left[-\frac{1}{2\sigma_{\theta|z}^2}(\theta - m_{\theta|z})^2\right]$$

所以,

$$\hat{\theta}_{\text{map}} = m_{\theta|z} = \frac{\sigma_\theta^2}{\sigma_\theta^2 + \dfrac{\sigma^2}{N}}\bar{z} + \frac{\dfrac{\sigma^2}{N}}{\sigma_\theta^2 + \dfrac{\sigma^2}{N}} m_\theta$$

这个估计与最小均方估计是相等的。

【例 7.4】 设观测为

$$z = \theta + w$$

其中,被估计量 θ 在$[-\theta_0, \theta_0]$区间均匀分布,噪声 $w \sim \mathcal{N}(0, \sigma^2)$,求 θ 的最大后验概率估计和最小均方估计。

解:先求最大后验概率估计,因为

$$p(z \mid \theta) = \frac{1}{\sqrt{2\pi\sigma^2}} \exp\left[-\frac{(z-\theta)^2}{2\sigma^2}\right]$$

$$p(\theta) = \begin{cases} \dfrac{1}{2\theta_0}, & -\theta_0 \leqslant \theta \leqslant \theta_0 \\ 0, & \text{其他} \end{cases}$$

$$p(\theta \mid z) = \frac{p(z \mid \theta) p(\theta)}{p(z)}$$

由于 $p(z)$ 与 θ 无关，所以 $p(\theta|z)$ 的最大值对应的 θ 值只取决于 $p(z|\theta)$ 与 $p(\theta)$ 的乘积，当 $-\theta_0 \leqslant z \leqslant \theta_0$，$p(z|\theta)p(\theta)$ 的最大值出现在 $\theta = z$ 处，所以，$\hat{\theta}_{\text{map}} = z$，当 $z > \theta_0$ 时，$p(z|\theta)p(\theta)$ 的最大值出现在 $\theta = \theta_0$ 处，$\hat{\theta}_{\text{map}} = \theta_0$，当 $z < -\theta_0$ 时，$p(z|\theta)p(\theta)$ 的最大值出现在 $\theta = -\theta_0$ 处，$\hat{\theta}_{\text{map}} = -\theta_0$，即

$$\hat{\theta}_{\text{map}} = \begin{cases} -\theta_0, & z < -\theta_0 \\ z, & -\theta_0 \leqslant z \leqslant \theta_0 \\ \theta_0, & z > \theta_0 \end{cases} \tag{7.3.4}$$

再求最小均方估计，即

$$\hat{\theta}_{\text{ms}} = E(\theta \mid z) = \int_{-\infty}^{+\infty} \theta p(\theta \mid z) \mathrm{d}\theta = \int_{-\infty}^{+\infty} \theta \frac{p(z \mid \theta) p(\theta)}{p(z)} \mathrm{d}\theta = \frac{\int_{-\infty}^{+\infty} \theta p(z \mid \theta) p(\theta) \mathrm{d}\theta}{\int_{-\infty}^{+\infty} p(z \mid \theta) p(\theta) \mathrm{d}\theta}$$

$$= \frac{\int_{-\theta_0}^{\theta_0} \frac{\theta}{\sqrt{2\pi\sigma^2}} \exp\left[-\frac{(z-\theta)^2}{2\sigma^2}\right] \cdot \frac{1}{2\theta_0} \mathrm{d}\theta}{\int_{-\theta_0}^{\theta_0} \frac{1}{\sqrt{2\pi\sigma^2}} \exp\left[-\frac{(z-\theta)^2}{2\sigma^2}\right] \cdot \frac{1}{2\theta_0} \mathrm{d}\theta} = \frac{\int_{z-\theta_0}^{z+\theta_0} (z-u) \exp\left(-\frac{u^2}{2\sigma^2}\right) \mathrm{d}u}{\int_{z-\theta_0}^{z+\theta_0} \exp\left(-\frac{u^2}{2\sigma^2}\right) \mathrm{d}u}$$

$$= z - \frac{2\sigma^2 \int_{(x-a)/\sqrt{2}}^{(x+a)/\sqrt{2}} u \exp(-u^2) \mathrm{d}u}{\sigma \int_{x-a}^{x+a} \exp(-u^2/2) \mathrm{d}u} \tag{7.3.5}$$

式中，$a = \theta_0/\sigma$，$x = z/\sigma$。图 7.5 给出了 $\hat{\theta}_{\text{map}}$ 和 $\hat{\theta}_{\text{ms}}$ 与 z 的关系曲线，可以看出，$\hat{\theta}_{\text{map}}$ 与 $\hat{\theta}_{\text{ms}}$ 并不相等，两种估计是观测 z 的非线性函数，是非线性估计。

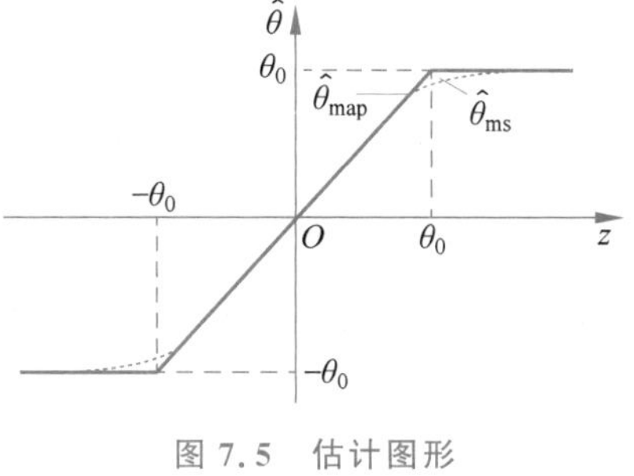

图 7.5 估计图形

統计信号处理(第二版)

7.3.2 矢量参数的最大后验概率估计

式(7.3.1)所描述的最大后验概率估计很容易推广到矢量参数估计的情形。假定被估计量为 p 维矢量 $\boldsymbol{\theta}=[\theta_1\quad\theta_2\quad\cdots\quad\theta_p]^{\mathrm{T}}$，后验概率密度为 $p(\boldsymbol{\theta}\mid\boldsymbol{z})$，则矢量最大后验概率估计为

$$\hat{\boldsymbol{\theta}}_{\mathrm{map}}=\arg\max_{\boldsymbol{\theta}}p(\boldsymbol{\theta}\mid\boldsymbol{z})\quad\text{或}\quad\hat{\boldsymbol{\theta}}_{\mathrm{map}}=\arg\max_{\boldsymbol{\theta}}[\ln p(\boldsymbol{\theta}\mid\boldsymbol{z})]\qquad(7.3.6)$$

以上估计可以等效为

$$\hat{\boldsymbol{\theta}}_{\mathrm{map}}=\arg\max_{\boldsymbol{\theta}}[p(\boldsymbol{z}\mid\boldsymbol{\theta})p(\boldsymbol{\theta})]\quad\text{或}$$

$$\hat{\boldsymbol{\theta}}_{\mathrm{map}}=\arg\max_{\boldsymbol{\theta}}[\ln p(\boldsymbol{z}\mid\boldsymbol{\theta})+\ln p(\boldsymbol{\theta})]\qquad(7.3.7)$$

对于矢量情况的最大后验概率估计要特别注意的是，若先计算每个分量的后验概率密度，然后按标量形式的最大后验概率估计来求，即

$$\hat{\theta}_i=\arg\max_{\theta_i}p(\theta_i\mid\boldsymbol{z})\qquad(7.3.8)$$

这样得到的结果有可能不同于矢量最大后验概率准则得到的估计，下面通过一个例子加以说明。

【例 7.5】 设两个参量的后验概率密度如图 7.6(a)所示。

(a) 后验概率密度$p(\theta_1,\theta_2|z)$ (b) 后验概率密度$p(\theta_2|z)$

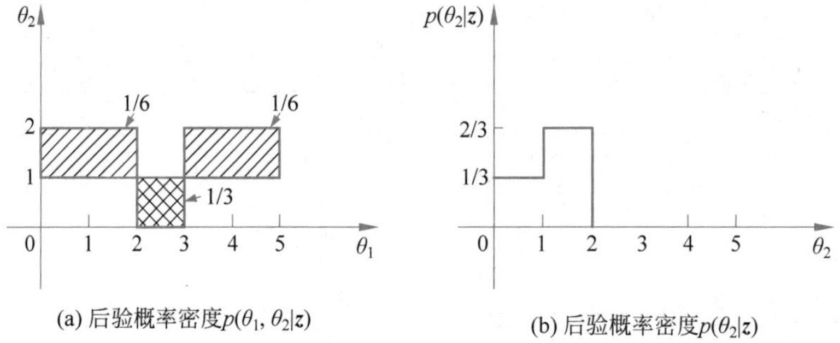

图 7.6 标量 MAP 估计量和矢量 MAP 估计量的比较

$p(\theta_1,\theta_2\mid\boldsymbol{z})$是常数，在长方形区域为 1/6，在正方形区域为 1/3，由式(7.3.6)可以明显看出，矢量最大后验概率估计是落在正方形内的值，即 $\hat{\theta}_1,\hat{\theta}_2$ 应该是落在正方形内的任何值。即

$$\begin{cases}2<\hat{\theta}_1<3\\0<\hat{\theta}_2<1\end{cases}\qquad(7.3.9)$$

然而若先求每个分量的后验概率密度，比如，θ_2 的后验概率密度，

$$p(\theta_2\mid\boldsymbol{z})=\int_{-\infty}^{+\infty}p(\theta_1,\theta_2\mid\boldsymbol{z})\mathrm{d}\theta_1$$

$$
=\begin{cases}\int_2^3 \frac{1}{3}\mathrm{d}\theta_1, & 0<\theta_2<1\\ \int_0^2 \frac{1}{6}\mathrm{d}\theta_1+\int_3^5 \frac{1}{6}\mathrm{d}\theta_1, & 1<\theta_2<2\end{cases}
$$

$$
=\begin{cases}\frac{1}{3}, & 0<\theta_2<1\\ \frac{2}{3}, & 1<\theta_2<2\end{cases}
$$

$p(\theta_2|\boldsymbol{z})$如图 7.6(b)所示，若按式(7.3.8)计算，得到的最大后验概率估计是$1<\hat{\theta}_2<2$，显然与矢量最大后验概率得到的结果是不同的。对于矢量情况，今后称最大后验概率估计量是式(7.3.6)或式(7.3.7)。

【例 7.6】 贝叶斯线性高斯模型

$$
\boldsymbol{z}=\boldsymbol{H\theta}+\boldsymbol{w} \tag{7.3.10}
$$

其中，$\boldsymbol{z}$ 是 $N\times 1$ 的数据矢量，$\boldsymbol{H}$ 是 $N\times p$ 的观测矩阵，$\boldsymbol{\theta}$ 是 $p\times 1$ 的待估计矢量，其概率密度为$\boldsymbol{\theta}\sim\mathcal{N}(\boldsymbol{m}_\theta,\boldsymbol{C}_\theta)$，$\boldsymbol{w}$ 是 $N\times 1$ 的噪声矢量，概率密度为 $\boldsymbol{w}\sim\mathcal{N}(\boldsymbol{0},\boldsymbol{C}_w)$，且$\boldsymbol{\theta}$ 与 $\boldsymbol{w}$ 统计独立，求$\boldsymbol{\theta}$ 的最小均方估计和最大后验概率估计。

解：令 $\boldsymbol{x}=[\boldsymbol{z}^{\mathrm{T}}\quad\boldsymbol{\theta}^{\mathrm{T}}]^{\mathrm{T}}$，则式(7.3.10)可以写成如下形式：

$$
\boldsymbol{x}=\begin{bmatrix}\boldsymbol{H\theta}+\boldsymbol{w}\\ \boldsymbol{\theta}\end{bmatrix}=\begin{bmatrix}\boldsymbol{H} & \boldsymbol{I}\\ \boldsymbol{I} & \boldsymbol{0}\end{bmatrix}\begin{bmatrix}\boldsymbol{\theta}\\ \boldsymbol{w}\end{bmatrix}
$$

由于$\boldsymbol{\theta}$ 和 $\boldsymbol{w}$ 是相互独立的，并且都服从高斯分布，因此，它们也是联合高斯的，而 $\boldsymbol{x}$ 是高斯随机矢量的线性变换，则 $\boldsymbol{x}$ 也是高斯的，在 $\boldsymbol{z}$ 给定的条件下$\boldsymbol{\theta}$ 的后验分布也是高斯的，只需要确定条件均值和条件方差就可以确定后验概率密度。

$$
E(\boldsymbol{z})=E(\boldsymbol{H\theta}+\boldsymbol{w})=\boldsymbol{Hm}_\theta \tag{7.3.11}
$$

$$
\begin{aligned}
\boldsymbol{C}_z&=E\{[\boldsymbol{z}-E(\boldsymbol{z})][\boldsymbol{z}-E(\boldsymbol{z})]^{\mathrm{T}}\}\\
&=E[(\boldsymbol{H\theta}+\boldsymbol{w}-\boldsymbol{Hm}_\theta)(\boldsymbol{H\theta}+\boldsymbol{w}-\boldsymbol{Hm}_\theta)^{\mathrm{T}}]\\
&=E\{[\boldsymbol{H}(\boldsymbol{\theta}-\boldsymbol{m}_\theta)+\boldsymbol{w}][\boldsymbol{H}(\boldsymbol{\theta}-\boldsymbol{m}_\theta)+\boldsymbol{w}]^{\mathrm{T}}\}\\
&=\boldsymbol{H}E[(\boldsymbol{\theta}-\boldsymbol{m}_\theta)(\boldsymbol{\theta}-\boldsymbol{m}_\theta)^{\mathrm{T}}]\boldsymbol{H}^{\mathrm{T}}+E(\boldsymbol{ww}^{\mathrm{T}})\\
&=\boldsymbol{HC}_\theta\boldsymbol{H}^{\mathrm{T}}+\boldsymbol{C}_w
\end{aligned} \tag{7.3.12}
$$

$$
\begin{aligned}
\boldsymbol{C}_{\theta z}&=E\{[\boldsymbol{\theta}-E(\boldsymbol{\theta})][\boldsymbol{z}-E(\boldsymbol{z})]^{\mathrm{T}}\}\\
&=E\{[\boldsymbol{\theta}-\boldsymbol{m}_\theta][\boldsymbol{H}(\boldsymbol{\theta}-\boldsymbol{m}_\theta)+\boldsymbol{w}]^{\mathrm{T}}\}\\
&=E[(\boldsymbol{\theta}-\boldsymbol{m}_\theta)(\boldsymbol{\theta}-\boldsymbol{m}_\theta)^{\mathrm{T}}]\boldsymbol{H}^{\mathrm{T}}+E[(\boldsymbol{\theta}-\boldsymbol{m}_\theta)\boldsymbol{w}^{\mathrm{T}}]\\
&=\boldsymbol{C}_\theta\boldsymbol{H}^{\mathrm{T}}
\end{aligned} \tag{7.3.13}
$$

由式(2.6.16)可得条件均值为

$$
\begin{aligned}
E(\boldsymbol{\theta}\mid\boldsymbol{z})&=E(\boldsymbol{\theta})+\boldsymbol{C}_{\theta z}\boldsymbol{C}_z^{-1}[\boldsymbol{z}-E(\boldsymbol{z})]\\
&=\boldsymbol{m}_\theta+\boldsymbol{C}_\theta\boldsymbol{H}^{\mathrm{T}}(\boldsymbol{HC}_\theta\boldsymbol{H}^{\mathrm{T}}+\boldsymbol{C}_w)^{-1}(\boldsymbol{z}-\boldsymbol{Hm}_\theta)
\end{aligned} \tag{7.3.14}
$$

由式(2.6.17)可得条件协方差矩阵为

$$\boldsymbol{C}_{\theta|z}=\boldsymbol{C}_{\theta}-\boldsymbol{C}_{\theta}\boldsymbol{H}^{\mathrm{T}}(\boldsymbol{H}\boldsymbol{C}_{\theta}\boldsymbol{H}^{\mathrm{T}}+\boldsymbol{C}_{w})^{-1}\boldsymbol{H}\boldsymbol{C}_{\theta} \tag{7.3.15}$$

最小均方估计是被估计量的条件均值,所以

$$\hat{\boldsymbol{\theta}}_{\mathrm{ms}}=\boldsymbol{m}_{\theta}+\boldsymbol{C}_{\theta}\boldsymbol{H}^{\mathrm{T}}(\boldsymbol{H}\boldsymbol{C}_{\theta}\boldsymbol{H}^{\mathrm{T}}+\boldsymbol{C}_{w})^{-1}(\boldsymbol{z}-\boldsymbol{H}\boldsymbol{m}_{\theta}) \tag{7.3.16}$$

又

$$p(\boldsymbol{\theta}\mid\boldsymbol{z})=\frac{1}{(2\pi)^{\frac{p}{2}}\det^{\frac{1}{2}}(\boldsymbol{C}_{\theta|z})}\exp\left\{-\frac{1}{2}[\boldsymbol{\theta}-E(\boldsymbol{\theta}\mid\boldsymbol{z})]^{\mathrm{T}}\boldsymbol{C}_{\theta|z}^{-1}[\boldsymbol{\theta}-E(\boldsymbol{\theta}\mid\boldsymbol{z})]\right\} \tag{7.3.17}$$

很显然,最大后验概率估计也为条件均值,即

$$\hat{\boldsymbol{\theta}}_{\mathrm{map}}=E(\boldsymbol{\theta}\mid\boldsymbol{z})=\boldsymbol{m}_{\theta}+\boldsymbol{C}_{\theta}\boldsymbol{H}^{\mathrm{T}}(\boldsymbol{H}\boldsymbol{C}_{\theta}\boldsymbol{H}^{\mathrm{T}}+\boldsymbol{C}_{w})^{-1}(\boldsymbol{z}-\boldsymbol{H}\boldsymbol{m}_{\theta}) \tag{7.3.18}$$

对于本例,最小均方估计与最大后验概率估计相等。

视频

7.4 信号处理实例——命中概率的贝叶斯估计

枪支或导弹等武器系统的命中概率估计是系统精度评定的重要内容。对于前者,可以在同等条件下进行大量的射击试验,然后利用前面几章所阐述的确定性参数估计方法进行试验结果统计,获得命中概率的估计。但是,对于后者而言,由于系统价格昂贵,难以进行大量的试验,因此通常面临着小样本条件下的参数估计问题。考虑到系统设计和研制过程中会进行一系列的试验,因此对于命中精度有一定的先验,因此可以采用贝叶斯估计提高参数估计的性能。

7.4.1 问题描述

问题:假设取 n 发弹,统计命中的发数为 r,如何估计其命中概率 θ?

首先,从频数的角度可以得到一个直观的估计,即 $\hat{\theta}=\frac{r}{n}$。这个估计量实际上就是最大似然估计。事实上,用随机变量 ξ 表示命中的发数,则

$$P(\xi=r;\theta)=\mathrm{C}_n^r\theta^r(1-\theta)^{n-r}$$

记对数似然函数

$$\mathcal{L}(\theta)=\ln P(\xi=r;\theta)=\ln\mathrm{C}_n^r+r\ln\theta+(n-r)\ln(1-\theta) \tag{7.4.1}$$

根据最大似然原理,可以获得命中概率的最大似然估计为

$$\hat{\theta}_{\mathrm{ml}}=\frac{r}{n}=\frac{\xi}{n} \tag{7.4.2}$$

这与频数统计的结果是一致的。由于 $0\leqslant r\leqslant n$,显然 $0\leqslant\hat{\theta}_{\mathrm{ml}}\leqslant 1$。下面讨论最大似然估计量的特性。由于

$$E(\hat{\theta}_{\mathrm{ml}})=E\left(\frac{\xi}{n}\right)=\frac{n\theta}{n}=\theta \tag{7.4.3}$$

$$\mathrm{Var}(\hat{\theta}_{\mathrm{ml}})=\frac{1}{n^2}\mathrm{Var}(\xi)=\frac{1}{n^2}\cdot n\theta(1-\theta)=\frac{\theta(1-\theta)}{n} \tag{7.4.4}$$

因此最大似然估计量是无偏估计,且方差随样本数的增加而减小。对于“一发一中”和“百发百中”两种情形(分别记为甲、乙),则相应的参数估计值 $\hat{\theta}_{\mathrm{ml}}^{(甲)}=\frac{1}{1}=1,\hat{\theta}_{\mathrm{ml}}^{(乙)}=\frac{100}{100}=1$。可见,两种情况下对命中概率的估计值均为1。但是,这种完全由数据获得的估计量与人的直观认识存有差距,因为通常会认为“百发百中”者的命中精度可能更高些。为此,可以进一步考虑贝叶斯估计。

7.4.2 贝叶斯估计模型

假定命中概率为一随机变量。由于命中概率介于0和1之间,且对其取值没有偏好,因此可赋予“无信息”先验,即 $\theta\sim U[0,1]$,从而其概率密度函数可写为 $p(\theta)=I_{[0,1]}(\theta)$,其中 $I_{[a,b]}(x)=\begin{cases}1, & a\leqslant x\leqslant b\\ 0, & 其他\end{cases}$ 表示 $[a,b]$ 区间的示性函数。于是联合概率分布为

$$P(\xi=r,\theta)=P(\xi=r\mid\theta)p(\theta)=\mathrm{C}_n^r\theta^r(1-\theta)^{n-r}I_{[0,1]}(\theta)$$

对 θ 积分可得边缘分布为

$$P(\xi=r)=\int_{\mathbb{R}}P(\xi=r,\theta)\mathrm{d}\theta=\int_0^1\mathrm{C}_n^r\theta^r(1-\theta)^{n-r}\mathrm{d}\theta=\mathrm{C}_n^r\mathrm{B}(r+1,n-r+1)$$

其中 $\mathrm{B}(u,v)=\int_0^1 t^{u-1}(1-t)^{v-1}\mathrm{d}t$ 表示贝塔函数。进一步,可求得 θ 的后验概率密度函数为

$$p(\theta\mid\xi=r)=\frac{P(\xi=r,\theta)}{P(\xi=r)}=\frac{\theta^r(1-\theta)^{n-r}I_{[0,1]}(\theta)}{\mathrm{B}(r+1,n-r+1)}\tag{7.4.5}$$

从贝叶斯估计的角度看,后验概率密度包含了先验信息和数据信息,式(7.4.5)体现了这一点(由此可以计算得到参数 θ 的最大后验概率估计)。参数 θ 的最小均方估计为

$$\hat{\theta}_{\mathrm{ms}}=\int_{\mathbb{R}}\theta p(\theta\mid\xi=r)\mathrm{d}\theta=\frac{\mathrm{B}(r+2,n-r+1)}{\mathrm{B}(r+1,n-r+1)}=\frac{r+1}{n+2}=\frac{\xi+1}{n+2}\tag{7.4.6}$$

进一步可知 $\mathrm{Var}[\theta|\xi]=\frac{\xi+2}{n+3}\cdot\frac{\xi+1}{n+2}-\frac{(\xi+1)^2}{(n+2)^2}$。类似地,可以计算最小均方估计 $\hat{\theta}_{\mathrm{ms}}$ 的均值和贝叶斯均方误差,即 $E(\hat{\theta}_{\mathrm{ms}})=\frac{1}{2},\mathrm{Mse}(\hat{\theta}_{\mathrm{ms}})=\frac{1}{6(n+2)}$。可以看出,最小均方估计是无偏估计,且均方误差只与样本容量有关,可以与式(7.4.3)、式(7.4.4)进行对比理解。

7.4.3 性能分析

由式(7.4.3)、式(7.4.4)可知,对于最大似然估计而言,$E(\hat{\theta}_{\mathrm{ml}})=\theta,\mathrm{Mse}(\hat{\theta}_{\mathrm{ml}})=\mathrm{Var}(\hat{\theta}_{\mathrm{ml}})=\frac{\theta(1-\theta)}{n}$。通常情况下,贝叶斯估计和非贝叶斯估计之间不进行性能比较,因为二者的前提条件不同。但是,为了在同一个基准下比较二者的异同,在此暂时从形式上将 $\hat{\theta}_{\mathrm{ms}}$ 看作确定性参数的一种估计量,则可在非贝叶斯意义下计算其均值、方差和均

方误差(为了与贝叶斯意义下的记号区别,在相应的算子符号上添加了参数下标),即

$$E_{\theta}(\hat{\theta}_{ms})=E_{\theta}\left(\frac{\xi+1}{n+2}\right)=\frac{n\theta+1}{n+2} \tag{7.4.7}$$

$$\mathrm{Var}_{\theta}(\hat{\theta}_{ms})=\mathrm{Var}_{\theta}\left(\frac{\xi+1}{n+2}\right)=\frac{n\theta(1-\theta)}{(n+2)^2} \tag{7.4.8}$$

$$\mathrm{Mse}_{\theta}(\hat{\theta}_{ms})=\frac{(1-2\theta)^2+n\theta(1-\theta)}{(n+2)^2} \tag{7.4.9}$$

可见,在非贝叶斯意义下 $\hat{\theta}_{ms}$ 是一个有偏估计量。

分别取样本容量 $n=1,10,100,1000$ 进行仿真,相应的结果分别如图 7.7(a)~(d)所示。其中,点画线表示最大似然估计 $\hat{\theta}_{ml}$ 的方差,带三角的曲线表示最小均方估计 $\hat{\theta}_{ms}$ 的方差(由于是无偏估计,因此方差和均方误差相同),实线表示 $\hat{\theta}_{ms}$ 的均方误差(给定参数 θ)。

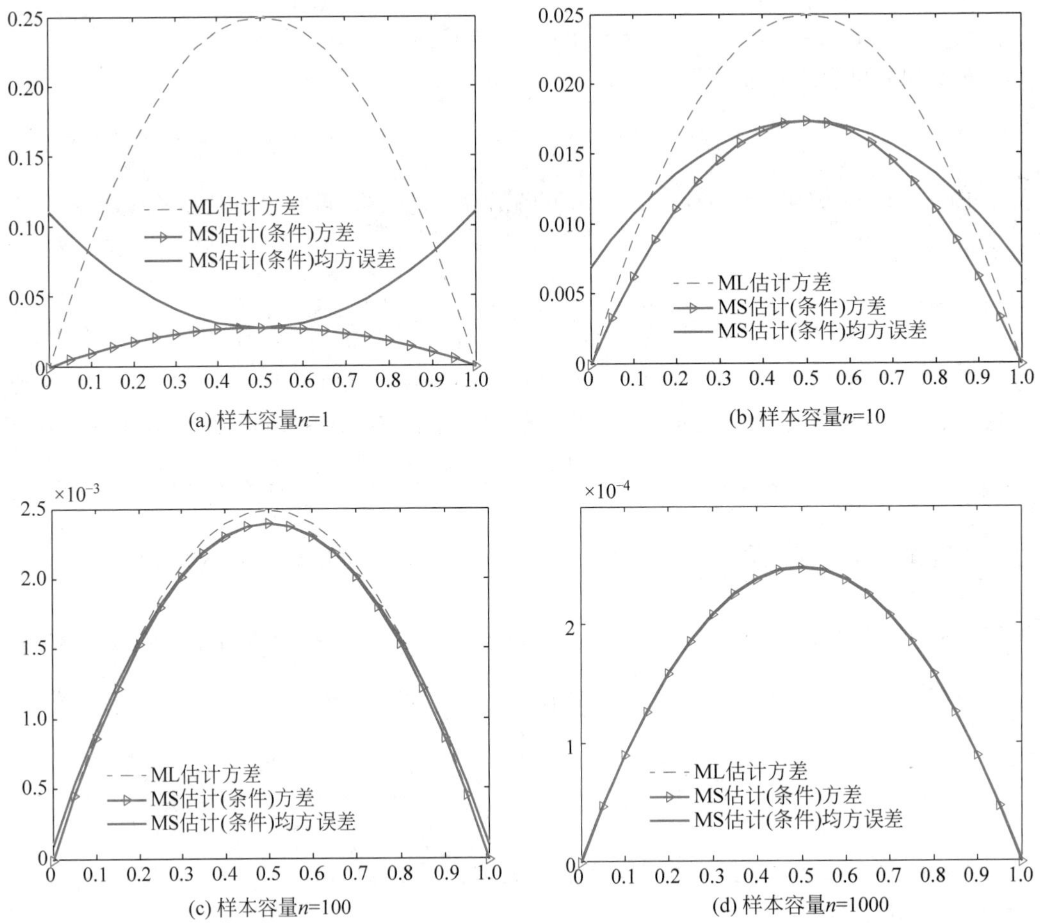

图 7.7　不同估计量的估计性能

从图 7.7 可以看出:

(1) 最大似然估计虽然是无偏估计,但是由于方差较大,因此在较大范围内其均方误

差比最小均方估计的均方误差大，这是由于最小均方估计量通过放宽无偏约束大大减小了方差所致；

(2) 随着样本数的增大，估计量的方差和均方误差均减小；

(3) 小样本条件下贝叶斯估计更稳健，随着样本数增大，三者趋同，先验的作用变小。

下面从数值角度来看看“一发一中”和“百发百中”的命中概率估计效果，如表 7.1 所示。可见，最小均方估计的估计结果更加稳健。

表 7.1 命中概率估计值对比

类　型	试验前	“一发一中”	“百发百中”
最大似然估计	—	1	1
最小均方估计	0.5	0.6667	0.9902

对于贝叶斯估计来说，合理的先验信息的引入能提高参数估计的精度。因此，先验分布对估计结果存在一定的影响。例如，当对于命中概率一无所知时，可利用无信息先验，即 $\theta\sim U[0,1]$。若对命中概率有一定的了解，命中精度更高，可用 $\theta\sim U[0.8,1]$ 描述，此时 $\hat{\theta}_{\mathrm{ms}}=\int_{0.8}^{1}\theta^{\xi+1}(1-\theta)^{n-\xi}\mathrm{d}\theta\Big/\int_{0.8}^{1}\theta^{\xi}(1-\theta)^{n-\xi}\mathrm{d}\theta$。相应地，“一发一中”和“百发百中”情形下的命中概率估计值如表 7.2 所示。

表 7.2 命中概率估计值对比

类　型	试验前	“一发一中”	“百发百中”
$\theta\sim U[0,1]$	0.5000	0.6667	0.9902
$\theta\sim U[0.8,1]$	0.9000	0.9037	0.9902

可见，估计结果随先验的变化而变化。随着样本量的增大，两种情形下得到的估计值差距变小，数据逐步抹去了先验的作用。

习题

7.1 设 $z=\theta+w$，其中 $w\sim\mathcal{N}(0,\sigma^2)$。

(1) 若 θ 为未知常量，求 θ 的最大似然估计 $\hat{\theta}_{\mathrm{ml}}$。

(2) 若 $\theta\sim\mathcal{N}(m_\theta,\sigma_\theta^2)$，求 θ 的最大后验概率估计 $\hat{\theta}_{\mathrm{map}}$ 和最小均方估计 $\hat{\theta}_{\mathrm{ms}}$。

(3) 求 $\hat{\theta}_{\mathrm{ml}}$、$\hat{\theta}_{\mathrm{map}}$、$\hat{\theta}_{\mathrm{ms}}$ 的均值与方差。

7.2 设 $z_i=\theta+w_i, i=0,1,\cdots,N-1$，其中 $\{w_i\}$ 是零均值高斯白噪声序列，方差为 1，已知 $\theta\sim N(0,1)$，求 θ 的最小均方估计 $\hat{\theta}_{\mathrm{ms}}$ 和最大后验概率估计 $\hat{\theta}_{\mathrm{map}}$。

7.3 设随机参数 θ 的后验概率密度函数为

$$p(\theta\mid z)=(z+\lambda)^2\theta\exp[-(z+\lambda)\theta],\quad \theta\geqslant 0$$

(1) 求 θ 的最小均方估计 $\hat{\theta}_{\mathrm{ms}}$。

(2) 求 θ 的最大后验概率估计 $\hat{\theta}_{\mathrm{map}}$。

7.4 设随机参量 θ 的后验概率密度为

$$p(\theta \mid z)=\frac{\varepsilon}{\sqrt{2\pi}}\exp\left[-\frac{1}{2}(\theta-z)^2\right]+\frac{1-\varepsilon}{\sqrt{2\pi}}\exp\left[-\frac{1}{2}(\theta+z)^2\right]$$

其中 ε 是任意常数,$0<\varepsilon<1$,求 θ 的最小均方估计 $\hat{\theta}_{\mathrm{ms}}$ 和最大后验概率估计 $\hat{\theta}_{\mathrm{map}}$。

7.5 从含有噪声的观测中估计天线方位角。在观测之前已知角度 θ 在$[-1,1]$区间(单位为 mrad)均匀分布,观测样本为 $z=\theta+w$,噪声 w 与 θ 统计独立,噪声的概率密度为

$$p(w)=\begin{cases}1-|w|, & -1<w<1\\ 0, & \text{其他}\end{cases}$$

(1) 求观测 $z=1.5$ 时的最小均方估计;

(2) 求观测 $z=1.5$ 时的最大后验概率估计。

7.6 给定 $z=s/2+w$,w 是均值为零、方差为 1 的高斯随机变量。

(1) 求 s 的最大似然估计 $\hat{s}_{\mathrm{ml}}$;

(2) 若 s 为随机变量,概率密度为

$$p(s)=\begin{cases}\frac{1}{4}\exp\left(-\frac{s}{4}\right), & s\geqslant 0\\ 0, & s<0\end{cases}$$

求 s 的最大后验估计 $\hat{s}_{\mathrm{map}}$。

7.7 设观测信号为 $z=\theta_1+\theta_2$,其中 θ_1,θ_2 是相互独立的瑞利分布随机变量,参量分别为 σ_1^2,σ_2^2,求信号 θ_1 的最大后验估计 $\hat{\theta}_{1\mathrm{map}}$。

7.8 设观测信号 $z_i=\theta+w_i,i=0,1,\cdots,N-1$,$\{w_i\}$是零均值高斯白噪声序列,方差为 σ^2。

(1) 若信号 θ 服从均匀分布,概率密度为 $p(\theta)=\begin{cases}\frac{1}{\theta_2-\theta_1}, & \theta_2\geqslant\theta\geqslant\theta_1\\ 0, & \text{其他}\end{cases}$。求信号 θ 的最大后验估计 $\hat{\theta}_{\mathrm{map}}$。

(2) 若信号 θ 服从瑞利分布,概率密度为 $p(\theta)=\begin{cases}\frac{\theta}{\sigma_\theta^2}\exp\left(-\frac{\theta^2}{2\sigma_\theta^2}\right), & \theta\geqslant 0\\ 0, & \text{其他}\end{cases}$。求信号 θ 的最大后验估计 $\hat{\theta}_{\mathrm{map}}$。

7.9 考虑随机参量 θ 的估计问题,由 4.2.3 可知,假定 $\hat{\theta}$ 是 θ 的无偏估计量,当观测矢量 $\boldsymbol{z}$ 与被估计量 θ 的联合概率密度满足

$$\frac{\partial \ln p(\boldsymbol{z},\theta)}{\partial\theta}=I(\hat{\theta}-\theta)$$

时,$\hat{\theta}$ 的均方误差达到最小,式中 $I=E\left\{\left[\frac{\partial \ln p(\boldsymbol{z},\theta)}{\partial\theta}\right]^2\right\}=-E\left\{\left[\frac{\partial^2 \ln p(\boldsymbol{z},\theta)}{\partial\theta^2}\right]\right\}$。试证明此时最大后验概率估计和最小均方估计是等效的。

第8章 线性最小均方估计

对于随机参量的估计,第 7 章介绍了最小均方估计,最小均方估计是被估计量的条件均值,这个条件均值通常都是观测的非线性函数,估计器实现起来比较复杂。条件均值的计算需要用到被估计量 θ 的概率密度 $p(\theta)$,若并不知道概率密度 $p(\theta)$,而只知道 θ 的一、二阶矩特性,并且希望估计器能用线性系统实现,这时可以采用线性最小均方估计。

视频

8.1 线性最小均方估计的定义与性质

8.1.1 随机参量的线性最小均方估计

线性最小均方估计是一种使均方误差最小的线性估计。假定观测为$\{z_i, i=0,1,\cdots,N-1\}$,则线性估计为

$$\hat{\theta}=\sum_{i=0}^{N-1} a_i z_i+b \tag{8.1.1}$$

估计的均方误差为

$$\operatorname{Mse}(\hat{\theta})=E[(\theta-\hat{\theta})^2]=E\left[\left(\theta-\sum_{i=0}^{N-1} a_i z_i-b\right)^2\right] \tag{8.1.2}$$

线性最小均方估计就是通过选择一组最佳系数 a_i 和 b,使式(8.1.2)的均方误差达到最小。注意到系数 b 允许观测$\{z_i, i=0,1,\cdots,N-1\}$和被估计量 θ 的均值不为零,若观测和被估计量 θ 的均值都为零,则系数 b 可以省略。

均方误差对系数 b 求导,并令导数等于零,得

$$\frac{\partial \operatorname{Mse}(\hat{\theta})}{\partial b}=-2E\left[\left(\theta-\sum_{i=0}^{N-1} a_i z_i-b\right)\right]=0 \tag{8.1.3}$$

经整理后得

$$b=E(\theta)-\sum_{i=0}^{N-1} a_i E(z_i) \tag{8.1.4}$$

将式(8.1.4)代入式(8.1.2),得

$$\operatorname{Mse}(\hat{\theta})=E\left[\left(\sum_{i=0}^{N-1} a_i[z_i-E(z_i)]-[\theta-E(\theta)]\right)^2\right] \tag{8.1.5}$$

令 $\boldsymbol{a}=[a_0 \quad a_1 \quad \cdots \quad a_{N-1}]^{\mathrm{T}}$,$\boldsymbol{z}=[z_0 \quad z_1 \quad \cdots \quad z_{N-1}]^{\mathrm{T}}$,则式(8.1.1)可表示为

$$\hat{\theta}=\boldsymbol{a}^{\mathrm{T}} \boldsymbol{z}+b \tag{8.1.6}$$

而式(8.1.4)可改写为

$$b=E(\theta)-\boldsymbol{a}^{\mathrm{T}} E(\boldsymbol{z}) \tag{8.1.7}$$

估计的均方误差可表示为

$$\begin{aligned}
\operatorname{Mse}(\hat{\theta}) &= E\{[\boldsymbol{a}^{\mathrm{T}}(\boldsymbol{z}-E(\boldsymbol{z}))-(\theta-E(\theta))]^2\} \\
&= E\{\boldsymbol{a}^{\mathrm{T}}[\boldsymbol{z}-E(\boldsymbol{z})][\boldsymbol{z}-E(\boldsymbol{z})]^{\mathrm{T}}\boldsymbol{a}\}-E\{\boldsymbol{a}^{\mathrm{T}}[\boldsymbol{z}-E(\boldsymbol{z})][\theta-E(\theta)]\}- \\
&\quad\ E\{[\theta-E(\theta)][\boldsymbol{z}-E(\boldsymbol{z})]^{\mathrm{T}}\boldsymbol{a}\}+E\{[\theta-E(\theta)]^2\} \\
&= \boldsymbol{a}^{\mathrm{T}}\boldsymbol{C}_z\boldsymbol{a}-\boldsymbol{a}^{\mathrm{T}}\boldsymbol{C}_{z\theta}-\boldsymbol{C}_{\theta z}\boldsymbol{a}+\boldsymbol{C}_\theta
\end{aligned} \tag{8.1.8}$$

其中，$\boldsymbol{C}_z=E\{[\boldsymbol{z}-E(\boldsymbol{z})][\boldsymbol{z}-E(\boldsymbol{z})]^{\mathrm{T}}\}$为观测的方差矩阵，$\boldsymbol{C}_{\theta z}=E\{[\theta-E(\theta)][\boldsymbol{z}-E(\boldsymbol{z})]^{\mathrm{T}}\}$是待估计量 θ 与观测 $\boldsymbol{z}$ 的协方差阵，且 $\boldsymbol{C}_{\theta z}^{\mathrm{T}}=\boldsymbol{C}_{z\theta}$，$C_\theta$ 是 θ 的方差。均方误差对 $\boldsymbol{a}$ 求导，得

$$\frac{\partial \mathrm{Mse}(\hat{\theta})}{\partial \boldsymbol{a}}=2\boldsymbol{C}_z\boldsymbol{a}-2\boldsymbol{C}_{z\theta}$$

令导数等于零可解得

$$\boldsymbol{a}=\boldsymbol{C}_z^{-1}\boldsymbol{C}_{z\theta} \tag{8.1.9}$$

将式(8.1.7)和式(8.1.9)代入式(8.1.6)，得

$$\hat{\theta}=\boldsymbol{C}_{z\theta}^{\mathrm{T}}\boldsymbol{C}_z^{-1}\boldsymbol{z}+E(\theta)-\boldsymbol{C}_{z\theta}^{\mathrm{T}}\boldsymbol{C}_z^{-1}E(\boldsymbol{z})=\boldsymbol{C}_{\theta z}\boldsymbol{C}_z^{-1}\boldsymbol{z}+E(\theta)-\boldsymbol{C}_{\theta z}\boldsymbol{C}_z^{-1}E(\boldsymbol{z})$$

上式经整理后得到线性最小均方估计为

$$\hat{\theta}_{\mathrm{lms}}=E(\theta)+\boldsymbol{C}_{\theta z}\boldsymbol{C}_z^{-1}[\boldsymbol{z}-E(\boldsymbol{z})] \tag{8.1.10}$$

若 θ 和 $\boldsymbol{z}$ 的均值为零，则

$$\hat{\theta}_{\mathrm{lms}}=\boldsymbol{C}_{\theta z}\boldsymbol{C}_z^{-1}\boldsymbol{z} \tag{8.1.11}$$

将式(8.1.9)代入式(8.1.8)中可以得到最小均方误差的表达式，即

$$\begin{aligned}\mathrm{Mse}(\hat{\theta}_{\mathrm{lms}})&=\boldsymbol{C}_{z\theta}^{\mathrm{T}}\boldsymbol{C}_z^{-1}\boldsymbol{C}_z\boldsymbol{C}_z^{-1}\boldsymbol{C}_{z\theta}-\boldsymbol{C}_{z\theta}^{\mathrm{T}}\boldsymbol{C}_z^{-1}\boldsymbol{C}_{z\theta}-\boldsymbol{C}_{\theta z}\boldsymbol{C}_z^{-1}\boldsymbol{C}_{z\theta}+\boldsymbol{C}_\theta\\&=\boldsymbol{C}_{\theta z}\boldsymbol{C}_z^{-1}\boldsymbol{C}_{z\theta}-2\boldsymbol{C}_{\theta z}\boldsymbol{C}_z^{-1}\boldsymbol{C}_{z\theta}+\boldsymbol{C}_\theta\end{aligned}$$

经整理后可得到最小均方误差为

$$\mathrm{Mse}(\hat{\theta}_{\mathrm{lms}})=\boldsymbol{C}_\theta-\boldsymbol{C}_{\theta z}\boldsymbol{C}_z^{-1}\boldsymbol{C}_{z\theta} \tag{8.1.12}$$

【例 8.1】 假定观测为

$$z_i=\theta+w_i,\quad i=0,1,\cdots,N-1$$

视频

其中，$\{w_i\}$为零均值高斯白噪声序列，方差为 σ^2，$\theta\sim\mathcal{N}(0,\sigma_\theta^2)$，且 θ 与$\{w_i\}$是不相关的，求 θ 的线性最小均方估计。

解：把观测模型写成矢量形式，

$$\boldsymbol{z}=\theta\cdot\boldsymbol{1}+\boldsymbol{w}$$

其中，$\boldsymbol{z}=[z_0\quad z_1\quad\cdots\quad z_{N-1}]^{\mathrm{T}}$，$\boldsymbol{w}=[w_0\quad w_1\quad\cdots\quad w_{N-1}]^{\mathrm{T}}$，$\boldsymbol{1}=[1\quad 1\quad\cdots\quad 1]^{\mathrm{T}}$。根据题意，$E(\theta)=0$，$E(\boldsymbol{z})=\boldsymbol{0}$，

$$\boldsymbol{C}_z=E(\boldsymbol{z}\boldsymbol{z}^{\mathrm{T}})=E[(\theta\cdot\boldsymbol{1}+\boldsymbol{w})(\theta\cdot\boldsymbol{1}+\boldsymbol{w})^{\mathrm{T}}]=E(\theta^2)\boldsymbol{1}\boldsymbol{1}^{\mathrm{T}}+\sigma^2\boldsymbol{I}=\sigma_\theta^2\boldsymbol{1}\boldsymbol{1}^{\mathrm{T}}+\sigma^2\boldsymbol{I}$$

$$\boldsymbol{C}_{\theta z}=E(\theta\boldsymbol{z}^{\mathrm{T}})=E[\theta(\theta\cdot\boldsymbol{1}+\boldsymbol{w})^{\mathrm{T}}]=E(\theta^2)\boldsymbol{1}^{\mathrm{T}}=\sigma_\theta^2\boldsymbol{1}^{\mathrm{T}}$$

由式(8.1.11)，得

$$\hat{\theta}_{\mathrm{lms}}=\boldsymbol{C}_{\theta z}\boldsymbol{C}_z^{-1}\boldsymbol{z}=\sigma_\theta^2\boldsymbol{1}^{\mathrm{T}}[\boldsymbol{1}\boldsymbol{1}^{\mathrm{T}}\sigma_\theta^2+\sigma^2\boldsymbol{I}]^{-1}\boldsymbol{z}=\frac{\sigma_\theta^2}{\sigma^2}\boldsymbol{1}^{\mathrm{T}}\left[\boldsymbol{I}+\frac{\sigma_\theta^2}{\sigma^2}\boldsymbol{1}\boldsymbol{1}^{\mathrm{T}}\right]^{-1}\boldsymbol{z}$$

利用式(7.2.20)，有

$$\hat{\theta}_{\mathrm{lms}}=\frac{\sigma_\theta^2}{\sigma^2}\boldsymbol{1}^{\mathrm{T}}\left(\boldsymbol{I}-\frac{\dfrac{\sigma_\theta^2}{\sigma^2}\boldsymbol{1}\boldsymbol{1}^{\mathrm{T}}}{1+N\dfrac{\sigma_\theta^2}{\sigma^2}}\right)\boldsymbol{z}=\frac{\sigma_\theta^2}{\sigma_\theta^2+\sigma^2/N}\bar{z}$$

$$\mathrm{Mse}(\hat{\theta}_{\mathrm{lms}})=\boldsymbol{C}_{\theta}-\boldsymbol{C}_{\theta z}\boldsymbol{C}_{z}^{-1}\boldsymbol{C}_{z\theta}=\sigma_{\theta}^{2}-\frac{\sigma_{\theta}^{2}}{\sigma^{2}}\mathbf{1}^{\mathrm{T}}\left[\boldsymbol{I}+\frac{\sigma_{\theta}^{2}}{\sigma^{2}}\mathbf{1}\mathbf{1}^{\mathrm{T}}\right]^{-1}\sigma_{\theta}^{2}\mathbf{1}$$

$$=\sigma_{\theta}^{2}-\frac{\sigma_{\theta}^{2}}{\sigma^{2}}\mathbf{1}^{\mathrm{T}}\left(\boldsymbol{I}-\frac{\frac{\sigma_{\theta}^{2}}{\sigma^{2}}\mathbf{1}\mathbf{1}^{\mathrm{T}}}{1+N\frac{\sigma_{\theta}^{2}}{\sigma^{2}}}\right)\sigma_{\theta}^{2}\mathbf{1}=\frac{\sigma_{\theta}^{2}\sigma^{2}}{N\sigma_{\theta}^{2}+\sigma^{2}}$$

8.1.2 随机矢量的线性最小均方估计

设被估计量为$\boldsymbol{\theta}=[\theta_1 \quad \theta_2 \quad \cdots \quad \theta_p]^{\mathrm{T}}$,观测矢量为$\boldsymbol{z}=[z_0 \quad z_1 \quad \cdots \quad z_{N-1}]^{\mathrm{T}}$,线性估计可表示为

$$\hat{\boldsymbol{\theta}}=\boldsymbol{A}\boldsymbol{z}+\boldsymbol{b} \tag{8.1.13}$$

其中,$\boldsymbol{b}$ 是 $p\times 1$ 的矢量,$\boldsymbol{A}$ 是 $p\times N$ 的矩阵,所有估计的均方误差和可表示为

$$\mathrm{Mse}(\hat{\boldsymbol{\theta}})=E\left[\sum_{i=1}^{p}(\theta_i-\hat{\theta}_i)^2\right]=E(\tilde{\boldsymbol{\theta}}^{\mathrm{T}}\tilde{\boldsymbol{\theta}})=E[(\boldsymbol{\theta}-\hat{\boldsymbol{\theta}})^{\mathrm{T}}(\boldsymbol{\theta}-\hat{\boldsymbol{\theta}})] \tag{8.1.14}$$

将式(8.1.13)代入式(8.1.14),得

$$\mathrm{Mse}(\hat{\boldsymbol{\theta}})=E[(\boldsymbol{\theta}-\boldsymbol{A}\boldsymbol{z}-\boldsymbol{b})^{\mathrm{T}}(\boldsymbol{\theta}-\boldsymbol{A}\boldsymbol{z}-\boldsymbol{b})] \tag{8.1.15}$$

在式(8.1.15)中分别对 $\boldsymbol{A}$ 和 $\boldsymbol{b}$ 求导,并令导数等于零,得

$$\frac{\partial \mathrm{Mse}(\hat{\boldsymbol{\theta}})}{\partial \boldsymbol{b}}=-2E[\boldsymbol{\theta}-\boldsymbol{A}\boldsymbol{z}-\boldsymbol{b}]=\mathbf{0} \tag{8.1.16}$$

$$\frac{\partial \mathrm{Mse}(\hat{\boldsymbol{\theta}})}{\partial \boldsymbol{A}}=-2E\{[\boldsymbol{\theta}-\boldsymbol{A}\boldsymbol{z}-\boldsymbol{b}]\boldsymbol{z}^{\mathrm{T}}\}=\mathbf{0} \tag{8.1.17}$$

由式(8.1.16),得

$$\boldsymbol{b}=E(\boldsymbol{\theta})-\boldsymbol{A}E(\boldsymbol{z}) \tag{8.1.18}$$

将式(8.1.18)代入式(8.1.17)中,经整理得

$$E\{[\boldsymbol{\theta}-E(\boldsymbol{\theta})-\boldsymbol{A}(\boldsymbol{z}-E(\boldsymbol{z}))]\boldsymbol{z}^{\mathrm{T}}\}=\mathbf{0}$$

或者

$$E\{[\boldsymbol{\theta}-E(\boldsymbol{\theta})-\boldsymbol{A}(\boldsymbol{z}-E(\boldsymbol{z}))][\boldsymbol{z}-E(\boldsymbol{z})]^{\mathrm{T}}\}=\mathbf{0}$$

由上式可解得系数矩阵为

$$\boldsymbol{A}=\boldsymbol{C}_{\theta z}\boldsymbol{C}_{z}^{-1} \tag{8.1.19}$$

其中,

$$\boldsymbol{C}_{\theta z}=\mathrm{Cov}(\boldsymbol{\theta},\boldsymbol{z})=E\{[\boldsymbol{\theta}-E(\boldsymbol{\theta})][\boldsymbol{z}-E(\boldsymbol{z})]^{\mathrm{T}}\} \tag{8.1.20}$$

$$\boldsymbol{C}_{z}=\mathrm{Var}(\boldsymbol{z})=E\{[\boldsymbol{z}-E(\boldsymbol{z})][\boldsymbol{z}-E(\boldsymbol{z})]^{\mathrm{T}}\} \tag{8.1.21}$$

将式(8.1.18)和式(8.1.19)代入式(8.1.13),经整理可得线性最小均方估计为

$$\hat{\boldsymbol{\theta}}_{\mathrm{lms}}=E(\boldsymbol{\theta})+\boldsymbol{C}_{\theta z}\boldsymbol{C}_{z}^{-1}[\boldsymbol{z}-E(\boldsymbol{z})] \tag{8.1.22}$$

视频

8.1.3 线性最小均方估计的性质

线性最小均方估计有许多重要的性质。

(1) 线性最小均方估计是无偏估计。

将式(8.1.18)代入式(8.1.13),得

$$\hat{\boldsymbol{\theta}}_{\mathrm{lms}}=\boldsymbol{A}\boldsymbol{z}+E(\boldsymbol{\theta})-\boldsymbol{A}E(\boldsymbol{z})$$

取数学期望得,$E(\hat{\boldsymbol{\theta}}_{\mathrm{lms}})=E(\boldsymbol{\theta})$,这也说明,在式(8.1.13)中加入 $\boldsymbol{b}$,保证了线性最小均方估计的无偏性。

(2) 线性最小均方估计的均方误差阵可表示为

$$\boldsymbol{P}_{\tilde{\theta}_{\mathrm{lms}}}=E[\tilde{\boldsymbol{\theta}}_{\mathrm{lms}}\tilde{\boldsymbol{\theta}}_{\mathrm{lms}}^{\mathrm{T}}]=E[(\boldsymbol{\theta}-\hat{\boldsymbol{\theta}}_{\mathrm{lms}})(\boldsymbol{\theta}-\hat{\boldsymbol{\theta}}_{\mathrm{lms}})^{\mathrm{T}}]=\boldsymbol{C}_{\theta}-\boldsymbol{C}_{\theta z}\boldsymbol{C}_{z}^{-1}\boldsymbol{C}_{z\theta} \tag{8.1.23}$$

证明留作习题,参见习题8.5。注意,对于有偏估计,估计的均方误差阵 $\boldsymbol{P}_{\tilde{\theta}_{\mathrm{lms}}}$ 与估计的方差阵 $\boldsymbol{C}_{\hat{\theta}_{\mathrm{lms}}}$ 是不相等的,由于线性最小均方估计是无偏的,所以,$\boldsymbol{P}_{\tilde{\theta}_{\mathrm{lms}}}=\boldsymbol{C}_{\hat{\theta}_{\mathrm{lms}}}$。

(3) 线性最小均方估计的估计误差矢量与观测矢量正交,即

$$E[(\boldsymbol{\theta}-\hat{\boldsymbol{\theta}}_{\mathrm{lms}})\boldsymbol{z}^{\mathrm{T}}]=\boldsymbol{0} \tag{8.1.24}$$

从式(8.1.17)的推导很容易看出这一点。式(8.1.24)称为线性最小均方估计的正交条件。此外,也可以证明,若一个线性估计满足式(8.1.24)的正交条件,则这个估计必定是线性最小均方估计,所以式(8.1.24)是线性最小均方估计的充分必要条件。

(4) 估计的均方误差等于均方误差阵对角线元素之和,即

$$\mathrm{Mse}(\hat{\boldsymbol{\theta}}_{\mathrm{lms}})=\sum_{i=1}^{p}E(\theta_i-\hat{\theta}_{i\mathrm{lms}})^2=\mathrm{Tr}(\boldsymbol{P}_{\tilde{\theta}_{\mathrm{lms}}})=\sum_{i=1}^{p}[\boldsymbol{P}_{\tilde{\theta}_{\mathrm{lms}}}]_{ii} \tag{8.1.25}$$

其中 Tr(·)为矩阵的迹。

(5) 对于线性变换 $\boldsymbol{\alpha}=\boldsymbol{H}\boldsymbol{\theta}+\boldsymbol{c}$,线性最小均方估计具有可交换性,即

$$\hat{\boldsymbol{\alpha}}_{\mathrm{lms}}=\boldsymbol{H}\hat{\boldsymbol{\theta}}_{\mathrm{lms}}+\boldsymbol{c} \tag{8.1.26}$$

(6) 线性最小均方估计具有叠加性,即若 $\boldsymbol{\alpha}=\boldsymbol{\theta}_1+\boldsymbol{\theta}_2$,则

$$\hat{\boldsymbol{\alpha}}_{\mathrm{lms}}=\hat{\boldsymbol{\theta}}_{1\mathrm{lms}}+\hat{\boldsymbol{\theta}}_{2\mathrm{lms}} \tag{8.1.27}$$

其中,$\hat{\boldsymbol{\theta}}_{1\mathrm{lms}}=E(\boldsymbol{\theta}_1)+\boldsymbol{C}_{\theta_1 z}\boldsymbol{C}_z^{-1}[\boldsymbol{z}-E(\boldsymbol{z})]$,$\hat{\boldsymbol{\theta}}_{2\mathrm{lms}}=E(\boldsymbol{\theta}_2)+\boldsymbol{C}_{\theta_2 z}\boldsymbol{C}_z^{-1}[\boldsymbol{z}-E(\boldsymbol{z})]$。

(7) 对不相关的观测集具有可加性。假定观测 $\boldsymbol{z}_0$ 和 $\boldsymbol{z}_1$ 不相关的,则

$$\hat{\boldsymbol{\theta}}_{\mathrm{lms}}=E(\boldsymbol{\theta})+\boldsymbol{C}_{\theta z_0}\boldsymbol{C}_{z_0}^{-1}[\boldsymbol{z}_0-E(\boldsymbol{z}_0)]+\boldsymbol{C}_{\theta z_1}\boldsymbol{C}_{z_1}^{-1}[\boldsymbol{z}_1-E(\boldsymbol{z}_1)] \tag{8.1.28}$$

证明留作习题,参见习题8.6。

(8) 对于贝叶斯线性模型

$$\boldsymbol{z}=\boldsymbol{H}\boldsymbol{\theta}+\boldsymbol{w}$$

其中,$\boldsymbol{z}$ 是 $N\times 1$ 的数据矢量,$\boldsymbol{H}$ 是 $N\times p$ 的观测矩阵,$\boldsymbol{\theta}$ 是 $p\times 1$ 的待估计矢量,其均值为 $\boldsymbol{m}_{\theta}$、方差阵为 $\boldsymbol{C}_{\theta}$,$\boldsymbol{w}$ 是均值为零、方差阵为 $\boldsymbol{C}_w$ 的噪声矢量,且 $\boldsymbol{\theta}$ 与 $\boldsymbol{w}$ 不相关,则 $\boldsymbol{\theta}$ 的线性最小均方估计为

$$\hat{\boldsymbol{\theta}}_{\text{lms}}=E(\boldsymbol{\theta})+\boldsymbol{C}_{\theta}\boldsymbol{H}^{\mathrm{T}}(\boldsymbol{H}\boldsymbol{C}_{\theta}\boldsymbol{H}^{\mathrm{T}}+\boldsymbol{C}_{w})^{-1}[\boldsymbol{z}-\boldsymbol{H}E(\boldsymbol{\theta})] \tag{8.1.29}$$

估计的均方误差阵为

$$\boldsymbol{P}_{\tilde{\theta}_{\text{lms}}}=\boldsymbol{C}_{\theta}-\boldsymbol{C}_{\theta}\boldsymbol{H}^{\mathrm{T}}(\boldsymbol{H}\boldsymbol{C}_{\theta}\boldsymbol{H}^{\mathrm{T}}+\boldsymbol{C}_{w})^{-1}\boldsymbol{H}\boldsymbol{C}_{\theta} \tag{8.1.30}$$

这一结果与例 7.6 的线性贝叶斯高斯模型给出的结果相同。这是因为在联合高斯分布的情况下,条件均值是观测的线性函数,这时的最小均方估计也是一种线性估计,因此,这时的线性最小均方估计与最小均方估计是相同的。

此外,还可以证明,式(8.1.29)可表示为

$$\hat{\boldsymbol{\theta}}_{\text{lms}}=E(\boldsymbol{\theta})+(\boldsymbol{C}_{\theta}^{-1}+\boldsymbol{H}^{\mathrm{T}}\boldsymbol{C}_{w}^{-1}\boldsymbol{H})^{-1}\boldsymbol{H}^{\mathrm{T}}\boldsymbol{C}_{w}^{-1}[\boldsymbol{z}-\boldsymbol{H}E(\boldsymbol{\theta})] \tag{8.1.31}$$

而式(8.1.30)可表示为

$$\boldsymbol{P}_{\tilde{\theta}_{\text{lms}}}=(\boldsymbol{C}_{\theta}^{-1}+\boldsymbol{H}^{\mathrm{T}}\boldsymbol{C}_{w}^{-1}\boldsymbol{H})^{-1} \tag{8.1.32}$$

证明留作习题,参见习题 8.7。

视频

8.2 线性最小均方估计的几何解释

线性最小均方估计的几何解释能够清楚地揭示估计的本质,并且得到一些附加的特性。

8.2.1 随机矢量空间

假定被估计量 θ 和观测 $\boldsymbol{z}$ 都是零均值的,若不是零均值,则总可以定义零均值的随机变量 $\theta'=\theta-E(\theta)$,$\boldsymbol{z}'=\boldsymbol{z}-E(\boldsymbol{z})$。

考虑一个如图 8.1 所示的随机变量的矢量空间,θ 和 $z_0,z_1,\cdots,z_{N-1}$ 可以看作矢量空间的元素,通常情况下,由于 θ 不能完全用 $z_0,z_1,\cdots,z_{N-1}$ 表示,所以 θ 只是部分地位于由 $z_0,z_1,\cdots,z_{N-1}$ 所张成的空间上。定义两个矢量的内积为 $(x,y)=E(xy)$,矢量的长度为随机变量方差的平方根,即 $\|x\|=\sqrt{E(x^2)}$,若 $(x,y)=E(xy)=0$,称这两个矢量是正交的,由于随机变量是零均值的,则两个矢量不相关,即是正交的。

若两个矢量是正交的,则不能用一个矢量估计另一个矢量。假设有两个相互正交的随机变量 x 和 y,如图 8.2 所示,若 $\hat{y}=ax$,则

$$\text{Mse}(\hat{y})=E[(y-\hat{y})^2]=E[(y-ax)^2]$$

$$\frac{\text{dMse}(\hat{y})}{\text{d}a}=-2E[(y-ax)x]=-2E(xy)+aE(x^2)$$

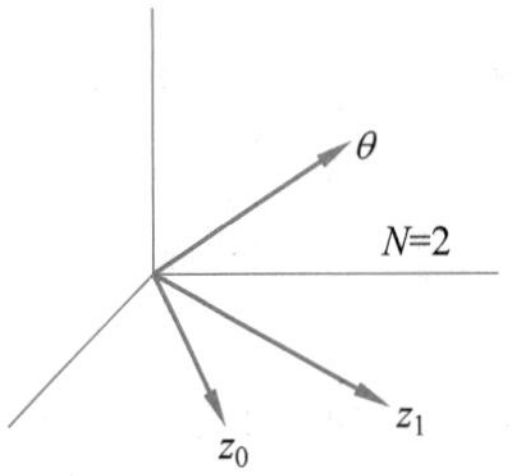

图 8.1　随机变量的矢量空间解释

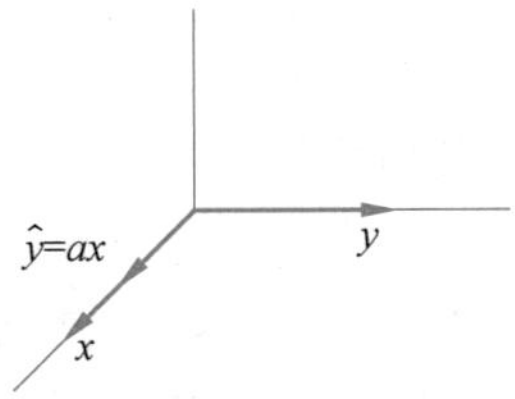

图 8.2　正交的随机变量估计示意图

令$\frac{\mathrm{dMse}(\hat{y})}{\mathrm{d}a}=0$，可解得系数$a=0$，即$\hat{y}=0$，得到的估计与$x$无关，很显然，这样的估计是没有意义的。

8.2.2 基于随机矢量空间的线性最小均方估计

估计是观测的线性函数，即

$$\hat{\theta}=\sum_{i=0}^{N-1}a_i z_i=\boldsymbol{a}^{\mathrm{T}}\boldsymbol{z} \tag{8.2.1}$$

选择加权系数a_i，使如下均方误差最小，

$$\mathrm{Mse}(\hat{\theta})=E[(\theta-\hat{\theta})^2]=E\left\{\left[\theta-\sum_{i=0}^{N-1}a_i z_i\right]^2\right\}=\left\|\theta-\sum_{i=0}^{N-1}a_i z_i\right\|^2 \tag{8.2.2}$$

式(8.2.2)等价于误差矢量$\varepsilon=\theta-\hat{\theta}$的长度的平方最小，图8.3给出了几个候选估计的误差矢量，可以看出，若误差矢量ε正交于由$\{z_0,z_1,\cdots,z_{N-1}\}$所张成的子空间时，误差矢量的长度是最小的，因此要求

$$\varepsilon\perp z_0,z_1,\cdots,z_{N-1} \tag{8.2.3}$$

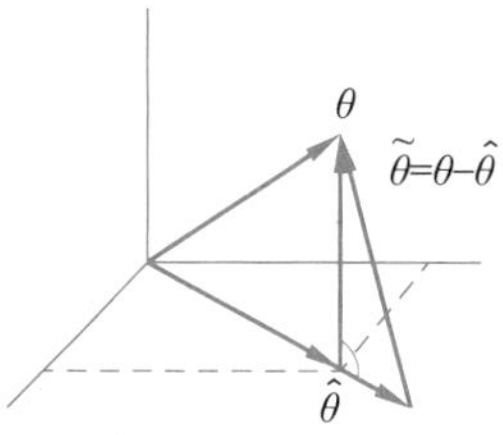

图8.3 线性最小均方估计的正交原理

根据正交的定义，可以得出

$$E[(\theta-\hat{\theta})z_j]=0\quad j=0,1,\cdots,N-1 \tag{8.2.4}$$

式(8.2.4)是线性最小均方估计非常重要的正交原理，正交原理告诉我们，线性最小均方估计可以通过使估计误差和每个观测数据正交来得到。或者线性最小均方估计可以看作被估计量θ在观测空间上的正交投影，通常记为

$$\hat{\theta}=\hat{E}(\theta\mid\boldsymbol{z}) \tag{8.2.5}$$

$\hat{E}$表示正交投影运算。考虑到$\hat{E}$与线性最小均方估计的对应关系，很显然，正交投影也有与线性最小均方估计类似的性质，如叠加性和对正交数据集的可加性，即

$$\hat{E}[(\theta_1+\theta_2)\mid\boldsymbol{z}]=\hat{E}(\theta_1\mid\boldsymbol{z})+\hat{E}(\theta_2\mid\boldsymbol{z}) \tag{8.2.6}$$

若观测$\boldsymbol{z}_0$和$\boldsymbol{z}_1$不相关，则

$$\hat{E}(\theta\mid\boldsymbol{z}_0,\boldsymbol{z}_1)=\hat{E}(\theta\mid\boldsymbol{z}_0)+\hat{E}(\theta\mid\boldsymbol{z}_1) \tag{8.2.7}$$

利用正交原理，加权系数很容易求出，

$$E\left[\left(\theta-\sum_{i=0}^{N-1}a_i z_i\right)z_j\right]=0,\quad j=0,1,\cdots,N-1 \tag{8.2.8}$$

或者写成

$$\sum_{i=0}^{N-1}a_i E(z_i z_j)=E(\theta z_j),\quad j=0,1,\cdots,N-1$$

用矩阵表示为

$$\begin{bmatrix} E(z_0^2) & E(z_0z_1) & \cdots & E(z_0z_{N-1}) \\ E(z_1z_0) & E(z_1^2) & \cdots & E(z_1z_{N-1}) \\ \vdots & \vdots & \ddots & \vdots \\ E(z_{N-1}z_0) & E(z_{N-1}z_1) & \cdots & E(z_{N-1}^2) \end{bmatrix} \begin{bmatrix} a_0 \\ a_1 \\ \vdots \\ a_{N-1} \end{bmatrix} = \begin{bmatrix} E(\theta z_0) \\ E(\theta z_1) \\ \vdots \\ E(\theta z_{N-1}) \end{bmatrix} \tag{8.2.9}$$

或者写成

$$\boldsymbol{C}_z\boldsymbol{a} = \boldsymbol{C}_{z\theta}$$

所以

$$\boldsymbol{a} = \boldsymbol{C}_z^{-1}\boldsymbol{C}_{z\theta} \tag{8.2.10}$$

θ 的线性最小均方估计为

$$\hat{\theta}_{\text{lms}} = \boldsymbol{a}^{\text{T}}\boldsymbol{z} = \boldsymbol{C}_{z\theta}^{\text{T}}\boldsymbol{C}_z^{-1}\boldsymbol{z} \tag{8.2.11}$$

或者写成

$$\hat{\theta}_{\text{lms}} = \boldsymbol{C}_{\theta z}\boldsymbol{C}_z^{-1}\boldsymbol{z} \tag{8.2.12}$$

式(8.2.12)与式(8.1.11)一致。

视频

【例 8.2】 假定两次观测 z_0, z_1 是零均值的,且 $E(z_0z_1)=0$,但观测与被估计量 θ 是相关的,$E(\theta)=0$,运用几何方法求 θ 的线性最小均方估计。

解:线性估计是观测的线性组合,它应该位于由$\{z_0, z_1\}$所张成的子空间里,当误差矢量垂直于$\{z_0, z_1\}$所张成的子空间时,均方误差是最小的,即最小均方估计可以看作矢量 θ 在 z_0, z_1 平面上的投影。由于 z_0 和 z_1 是不相关的,根据线性最小均方估计对不相关观测集的可加性,这个投影矢量可以看成两个矢量之和,即

$$\hat{\theta}_{\text{lms}} = \hat{E}(\theta \mid z_0, z_0) = \hat{E}(\theta \mid z_0) + \hat{E}(\theta \mid z_1) = \hat{\theta}_0 + \hat{\theta}_1$$

其中,$\hat{\theta}_0$ 是 θ 在 z_0 上的投影矢量,$\hat{\theta}_1$ 是 θ 在 z_1 上的投影矢量。z_0 方向的单位矢量为 $\dfrac{z_0}{\|z_0\|}$,θ 在 z_0 上的投影矢量的长度为矢量 θ 与 z_0 方向单位矢量的内积,即 $\left(\theta, \dfrac{z_0}{\|z_0\|}\right)$,所以 $\hat{\theta}_0 = \left(\theta, \dfrac{z_0}{\|z_0\|}\right)\dfrac{z_0}{\|z_0\|}$,同理,$\hat{\theta}_1 = \left(\theta, \dfrac{z_1}{\|z_1\|}\right)\dfrac{z_1}{\|z_1\|}$,则

$$\hat{\theta}_{\text{lms}} = \left(\theta, \frac{z_0}{\|z_0\|}\right)\frac{z_0}{\|z_0\|} + \left(\theta, \frac{z_1}{\|z_1\|}\right)\frac{z_1}{\|z_1\|} \tag{8.2.13}$$

由于 $\|z_i\| = \sqrt{(z_i, z_i)} = \sqrt{E(z_i^2)}$,$i=0,1$,所以

$$\hat{\theta}_{\text{lms}} = \frac{(\theta, z_0)}{(z_0, z_0)}z_0 + \frac{(\theta, z_1)}{(z_1, z_1)}z_1 \tag{8.2.14}$$

或者

$$\begin{aligned} \hat{\theta}_{\text{lms}} &= \frac{E(\theta z_0)}{E(z_0^2)}z_0 + \frac{E(\theta z_1)}{E(z_1^2)}z_1 \\ &= \begin{bmatrix} E(\theta z_0) & E(\theta z_1) \end{bmatrix} \begin{bmatrix} E(z_0^2) & 0 \\ 0 & E(z_1^2) \end{bmatrix}^{-1} \begin{bmatrix} z_0 \\ z_1 \end{bmatrix} \\ &= \boldsymbol{C}_{\theta z}\boldsymbol{C}_z^{-1}\boldsymbol{z} \end{aligned} \tag{8.2.15}$$

本例中观测 z_0, z_1 是相互正交的，因此 $\boldsymbol{C}_z$ 是对角阵，对于非正交的观测数据，首先需要将观测数据正交化，在后面将给出例子说明观测数据正交化的过程。

8.3 递推线性最小均方估计

下面通过一个例子说明递推线性最小均方估计算法的推导。式(8.2.12)是一种批处理方法，即得到 N 个观测数据以后再集中进行处理，但由于涉及矩阵求逆的运算，若观测数据特别长，矩阵求逆的运算会特别耗时。在实际中，观测数据往往是按时序逐步获得的，若采用递推计算方法，将大大提高数据处理的效率。

视频

下面通过一个简单的例子说明递推线性最小均方估计算法的建立过程。

考虑例 8.1 所述的高斯白噪声中高斯随机变量的估计问题，在例 8.1 中已经得到

$$\hat{\theta}=\frac{\sigma_\theta^2}{\sigma_\theta^2+\dfrac{\sigma^2}{N}}\bar{z},\quad \mathrm{Mse}(\hat{\theta})=\frac{\sigma_\theta^2\sigma^2}{N\sigma_\theta^2+\sigma^2} \tag{8.3.1}$$

前 N 个观测数据 $\{z_0, z_1, \cdots, z_{N-1}\}$ 获得的估计及均方误差分别用 $\hat{\theta}[N-1]$ 和 $\mathrm{Mse}(\hat{\theta}[N-1])$ 表示，当得到新的观测数据 z_N 后，估计和均方误差可更新为

$$\hat{\theta}[N]=\frac{\sigma_\theta^2}{\sigma_\theta^2+\dfrac{\sigma^2}{N+1}}\frac{1}{N+1}\sum_{i=0}^{N}z_i,\quad \mathrm{Mse}(\hat{\theta}[N])=\frac{\sigma_\theta^2\sigma^2}{(N+1)\sigma_\theta^2+\sigma^2} \tag{8.3.2}$$

更新的估计可表示为

$$\hat{\theta}[N]=\hat{\theta}[N-1]+K[N](z_N-\hat{\theta}[N-1]) \tag{8.3.3}$$

其中

$$K[N]=\frac{\mathrm{Mse}(\hat{\theta}[N-1])}{\mathrm{Mse}(\hat{\theta}[N-1])+\sigma^2} \tag{8.3.4}$$

均方误差更新可表示为

$$\mathrm{Mse}(\hat{\theta}[N])=(1-K[N])\mathrm{Mse}(\hat{\theta}[N-1]) \tag{8.3.5}$$

式(8.3.3)～式(8.3.5)的证明留作习题，参见习题 8.8。

下面用随机矢量空间的方法推导递推算法。

假定 $\hat{\theta}[1]$ 是利用前两个观测数据 z_0 和 z_1 建立的线性最小均方估计，它是 θ 在 z_0 和 z_1 所张成的空间上的投影，如图 8.4(a)所示。$\hat{\theta}[1]$ 可以看作 $\hat{\theta}[0]$ 以及一个与 $\hat{\theta}[0]$ 正交的矢量和，如图 8.4(b)所示。$\hat{\theta}[0]$ 是 θ 在 z_0 上的投影，即

$$\begin{aligned}\hat{\theta}[0]&=\hat{E}(\theta\mid z_0)=\left(\theta,\frac{z_0}{\|z_0\|}\right)\frac{z_0}{\|z_0\|}=\frac{E(\theta z_0)}{E(z_0^2)}z_0\\&=\frac{E[\theta(\theta+w_0)]}{E(\theta^2)+E(w_0^2)}=\frac{\sigma_\theta^2}{\sigma_\theta^2+\sigma^2}z_0\end{aligned} \tag{8.3.6}$$

接下来的问题是如何获得一个与 $\hat{\theta}[0]$ 正交的估计 $\Delta\hat{\theta}[1]$，具体步骤如下：

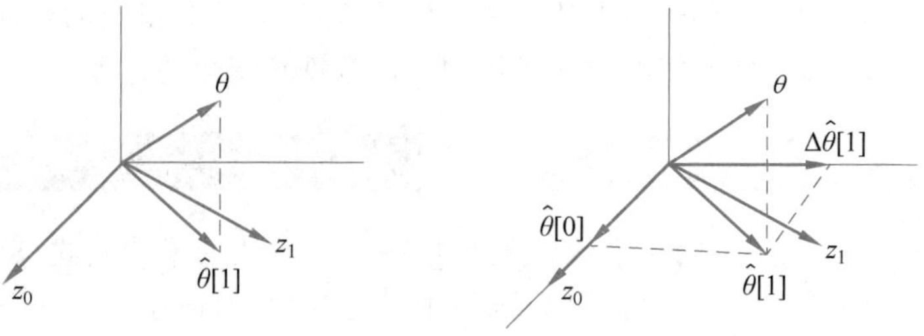

(a) $\hat{\theta}[1]$是θ在z_0和z_1所张成的空间上的投影　　(b) $\hat{\theta}[1]=\hat{\theta}[0]+\Delta\hat{\theta}[1]$

图 8.4　基于随机矢量空间的递推算法示意图

(1) 根据 z_0 求 z_1 的估计,记为 $\hat{z}_{1/0}$,$\hat{z}_{1/0}=\hat{E}(z_1|z_0)$,得到一个误差矢量 $\tilde{z}_1=z_1-\hat{z}_{1/0}$,$\tilde{z}_1$ 与 z_0 是正交的,如图 8.5(a)所示。

$$\hat{z}_{1/0}=\left(z_1,\frac{z_0}{\|z_0\|}\right)\frac{z_0}{\|z_0\|}=\frac{(z_1,z_0)}{\|z_0\|^2}z_0=\frac{E(z_1z_0)}{E(z_0^2)}z_0$$

$$=\frac{E[(\theta+w_1)(\theta+w_0)]}{E(\theta^2)+E(w_0^2)}z_0=\frac{\sigma_\theta^2}{\sigma_\theta^2+\sigma^2}z_0 \tag{8.3.7}$$

$$\tilde{z}_1=z_1-\hat{z}_{1/0}=z_1-\frac{\sigma_\theta^2}{\sigma_\theta^2+\sigma^2}z_0 \tag{8.3.8}$$

(2) 将 θ 投影到 $\tilde{z}_1$ 上,得到 $\Delta\hat{\theta}[1]$,如图 8.5(b)所示。

$$\Delta\hat{\theta}[1]=\left(\theta,\frac{\tilde{z}_1}{\|\tilde{z}_1\|}\right)\frac{\tilde{z}_1}{\|\tilde{z}_1\|}=\frac{(\theta,\tilde{z}_1)}{\|\tilde{z}_1\|^2}\tilde{z}_1=\frac{E(\theta\tilde{z}_1)}{E(\tilde{z}_1^2)}\tilde{z}_1 \tag{8.3.9}$$

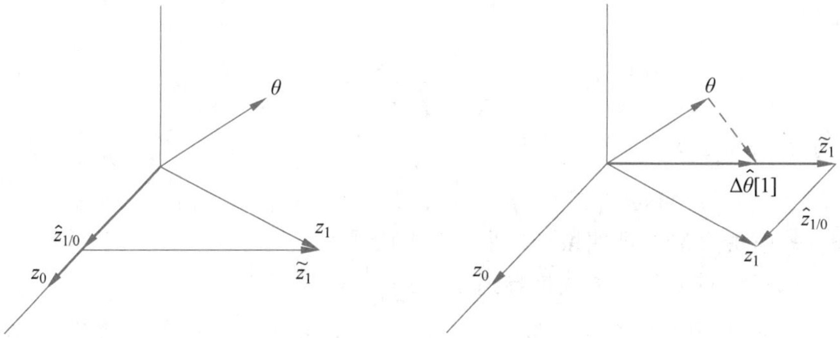

(a) 根据z_0求z_1的估计，得到误差矢量$\tilde{z}_1$　　(a) 将θ投影到$\tilde{z}_1$上到得到$\Delta\hat{\theta}[1]$

图 8.5　$\Delta\hat{\theta}[1]$的求解过程

通过以上两个步骤得到 $\Delta\hat{\theta}[1]$后,将 $\hat{\theta}[0]$与 $\Delta\hat{\theta}[1]$相加得到 $\hat{\theta}[1]$,即

$$\hat{\theta}[1]=\hat{\theta}[0]+\Delta\hat{\theta}[1]=\hat{\theta}[0]+\frac{E(\theta\tilde{z}_1)}{E(\tilde{z}_1^2)}\tilde{z}_1$$

$$=\hat{\theta}[0]+\frac{E(\theta\tilde{z}_1)}{E(\tilde{z}_1^2)}(z_1-\hat{z}_{1/0}) \tag{8.3.10}$$

令

$$K[1]=\frac{E(\theta\tilde{z}_1)}{E(\tilde{z}_1^2)} \tag{8.3.11}$$

则

$$\hat{\theta}[1]=\hat{\theta}[0]+K[1](z_1-\hat{z}_{1/0}) \tag{8.3.12}$$

又

$$\begin{aligned}E(\theta\tilde{z}_1)&=E\left[\theta\left(z_1-\frac{\sigma_\theta^2}{\sigma_\theta^2+\sigma^2}z_0\right)\right]\\&=E\left[\theta\left(\theta+w_1-\frac{\sigma_\theta^2}{\sigma_\theta^2+\sigma^2}(\theta+w_0)\right)\right]=\frac{\sigma_\theta^2\sigma^2}{\sigma_\theta^2+\sigma^2}\end{aligned} \tag{8.3.13}$$

$$\begin{aligned}E(\tilde{z}_1^2)&=E\left[\left(z_1-\frac{\sigma_\theta^2}{\sigma_\theta^2+\sigma^2}z_0\right)^2\right]\\&=E\left[\left(\theta+w_1-\frac{\sigma_\theta^2}{\sigma_\theta^2+\sigma^2}(\theta+w_0)\right)^2\right]=\frac{\sigma^4}{\sigma_\theta^2+\sigma^2}+\sigma^2\end{aligned} \tag{8.3.14}$$

将式(8.3.13)和式(8.3.14)代入式(8.3.11)，整理后得

$$K[1]=\frac{E(\theta\tilde{z}_1)}{E(\tilde{z}_1^2)}=\frac{\sigma_\theta^2}{2\sigma^2+\sigma_\theta^2} \tag{8.3.15}$$

按照以上过程继续求取，可得 $\hat{\theta}[2]$、$\hat{\theta}[3]$、…、$\hat{\theta}[k]$…，

$$\hat{\theta}[k]=\hat{\theta}[k-1]+K[k]\tilde{z}_k \tag{8.3.16}$$

其中

$$K[k]=\frac{E(\theta\tilde{z}_k)}{E(\tilde{z}_k^2)} \tag{8.3.17}$$

$$\tilde{z}_k=z_k-\hat{z}_{k/k-1} \tag{8.3.18}$$

$$\hat{z}_{k/k-1}=\hat{E}(z_k\mid z_0,z_1,\cdots,z_{k-1}) \tag{8.3.19}$$

利用投影运算的叠加性，

$$\hat{z}_{k/k-1}=\hat{E}((\theta+w_k)\mid z_0,z_1,\cdots,z_{k-1})=\hat{\theta}[k-1]+\hat{E}(w_k\mid z_0,z_1,\cdots,z_{k-1})$$

由于 w_k 与 $z_0,z_1,\cdots,z_{k-1}$ 是正交的，所以，$\hat{E}(w_k|z_0,z_1,\cdots,z_{k-1})=0$，则

$$\hat{z}_{k/k-1}=\hat{\theta}[k-1] \tag{8.3.20}$$

将式(8.3.20)代入式(8.3.18)，同时将 $z_k=\theta+w_k$ 代入，得

$$\tilde{z}_k=\theta+w_k-\hat{\theta}[k-1]=\tilde{\theta}[k-1]+w_k \tag{8.3.21}$$

$$E(\tilde{z}_k^2)=E\{(\tilde{\theta}[k-1]+w_k)^2\}=\text{Mse}(\hat{\theta}[k-1])+\sigma^2 \tag{8.3.22}$$

$$E(\theta\tilde{z}_k)=E\{\theta(\tilde{\theta}[k-1]+w_k)\}=E\{(\theta-\hat{\theta}[k-1])(\tilde{\theta}[k-1]+w_k)\}=\text{Mse}(\hat{\theta}[k-1]) \tag{8.3.23}$$

在式(8.3.22)的推导中,用到了如下关系:

$$E\{\hat{\theta}(k-1)][\tilde{\theta}(k-1)+w_k]\}=0 \tag{8.3.24}$$

这是因为,$\hat{\theta}[k-1]$是观测 $z_0,z_1,\cdots,z_{N-1}$ 的线性组合,而 $\tilde{\theta}[k-1]$是估计误差,根据线性最小均方估计的正交原理,估计误差与每个观测都是正交的,则与这些观测的线性组合也是正交的,所以有 $E(\hat{\theta}[k-1]\tilde{\theta}[k-1])=0$。而 $E(\hat{\theta}[k-1]]w_k)=0$ 是很容易证明的。

将式(8.3.22)和式(8.3.23)代入式(8.3.17),得

$$K[k]=\frac{\text{Mse}(\hat{\theta}[k-1])}{\text{Mse}(\hat{\theta}[k-1])+\sigma^2} \tag{8.3.25}$$

$K[k]$的计算中用到均方误差 $\text{Mse}(\hat{\theta}[k-1])$,均方误差也需要更新。

$$\begin{aligned}\text{Mse}(\hat{\theta}[k])&=E[(\theta-\hat{\theta}[k])^2]\\&=E\{(\theta-\hat{\theta}[k-1]-K[k](\theta-\hat{\theta}[k-1]+w_k))^2\}\\&=\text{Mse}(\hat{\theta}[k-1])-2K[k]\text{Mse}(\hat{\theta}[k-1])+\\&\quad K^2[k][\text{Mse}(\hat{\theta}[k-1])+\sigma^2]\end{aligned} \tag{8.3.26}$$

由式(8.3.25),有

$$K[k][\text{Mse}(\hat{\theta}[k-1])+\sigma^2]=\text{Mse}(\hat{\theta}[k-1])$$

将以上关系代入式(8.3.26)的最后一项,得

$$\begin{aligned}\text{Mse}(\hat{\theta}[k])&=\text{Mse}(\hat{\theta}[k-1])-2K[k]\text{Mse}(\hat{\theta}[k-1])+K[k]\text{Mse}(\hat{\theta}[k-1])\\&=\text{Mse}(\hat{\theta}[k-1])-K[k]\text{Mse}(\hat{\theta}[k-1])\\&=(1-K[k])\text{Mse}(\hat{\theta}[k-1])\end{aligned} \tag{8.3.27}$$

下面将递推算法总结如下:

估计更新:$\hat{\theta}[k]=\hat{\theta}[k-1]+K[k](z_k-\hat{z}_{k/k-1})$

$\hat{z}_{k/k-1}=\hat{\theta}(k-1)$

增益计算:$K[k]=\dfrac{\text{Mse}(\hat{\theta}[k-1])}{\text{Mse}(\hat{\theta}[k-1])+\sigma^2}$

均方误差更新:$\text{Mse}(\hat{\theta}[k])=(1-K[k])\text{Mse}(\hat{\theta}[k-1])$

起始条件:$\hat{\theta}[0]=\dfrac{\sigma_\theta^2}{\sigma_\theta^2+\sigma^2}z_0$

$$\text{Mse}(\hat{\theta}[0])=\frac{\sigma_\theta^2\sigma^2}{\sigma_\theta^2+\sigma^2}$$

在递推算法的推导过程中,获得了一个新的序列$\{z_0,\tilde{z}_1,\tilde{z}_2,\cdots,\tilde{z}_k,\cdots\}$,其中 $\tilde{z}_k=z_k-\hat{z}_{k/k-1}$,$\tilde{z}_k$ 通常称为新息序列。可以证明,新息序列是相互正交的(证明留着习题,参见习题 8.12),新息序列与数据序列可以互相线性表出,它们具有对等关系。也就是

说，递推算法的推导过程包含了一种完整的数据正交化方法，即可以把原始数据转换成一个相互正交的序列，根据原始数据进行估计和根据新息进行估计是完整等价的。新息是一个重要的概念，更详细的论述将在第9章进行介绍。

习题

8.1 根据单次观测样本 z 求随机变量 θ 的估计，假定 θ 的二次型估计为

$$\hat{\theta}=az^2+bz+c$$

(1) 证明使均方误差最小的最佳系数 a,b,c 应满足如下方程：

$$\begin{bmatrix} E(z^4) & E(z^3) & E(z^2) \\ E(z^3) & E(z^2) & E(z) \\ E(z^2) & E(z) & 1 \end{bmatrix}\begin{bmatrix} a \\ b \\ c \end{bmatrix}=\begin{bmatrix} E(\theta z^2) \\ E(\theta z) \\ E(\theta) \end{bmatrix}$$

(2) 若 z 在$(-1/2,1/2)$区间均匀分布，$\theta=\cos(2\pi z)$，求(1)中得到的二次型最小均方估计，以及估计的均方误差。

(3) 若 z 在$(-1/2,1/2)$区间均匀分布，$\theta=\cos(2\pi z)$，求 θ 的线性最小均方估计以及估计的均方误差。

8.2 设观测模型为

$$z_i=s+w_i,\quad i=0,1,\cdots$$

其中信号 s 以等概率取$\{-2,-1,0,1,2\}$诸值，$\{w_i\}$为干扰噪声序列，以等概率取$\{-1,0,1\}$诸值，$E(w_iw_j)=\sigma^2\delta_{ij}$，且对所有的 i，$E(sw_i)=0$。试根据一次、二次、三次观测数据求信号 s 的线性最小均方估计。

8.3 从含有噪声的观测中估计天线方位角。已知角度 θ 在$[-1,1]$区间(单位为 mrad)均匀分布，观测样本为 $z_0=\theta+w_0$，$z_1=\theta+w_1/2$，噪声 w_i，$i=0,1$ 是相互独立的且与 θ 无关，噪声的分布密度为

$$p(w_i)=\begin{cases} 1-|w_i|, & -1<w_i<1 \\ 0, & \text{其他} \end{cases}$$

求 θ 的线性最小均方估计。

8.4 设观测模型为 $z_k=ks+w_k$，$k=0,1,\cdots,N-1$，若信号 ks 代表测量运动物体的距离，则 s 代表运动的速度，假定 $E(s)=0$，$E(s^2)=S$，$\{w_k\}$是零均值白噪声，方差为 σ^2，且 $E(w_ka)=0$，求 s 的线性最小均方估计。

8.5 证明：对于矢量形式的线性最小均方估计，其估计的均方误差阵为

$$\boldsymbol{P}_{\tilde{\theta}_{\mathrm{lms}}}=E[\tilde{\boldsymbol{\theta}}_{\mathrm{lms}}\tilde{\boldsymbol{\theta}}_{\mathrm{lms}}^{\mathrm{T}}]=E[(\boldsymbol{\theta}-\hat{\boldsymbol{\theta}}_{\mathrm{lms}})(\boldsymbol{\theta}-\hat{\boldsymbol{\theta}}_{\mathrm{lms}})^{\mathrm{T}}]=\boldsymbol{C}_\theta-\boldsymbol{C}_{\theta z}\boldsymbol{C}_z^{-1}\boldsymbol{C}_{z\theta}$$

其中，$\boldsymbol{C}_\theta$ 为 $\boldsymbol{\theta}$ 的方差阵，$\boldsymbol{C}_z$ 为观测 $\boldsymbol{z}$ 的方差阵，$\boldsymbol{C}_{\theta z}$ 为 $\boldsymbol{\theta}$ 与观测 $\boldsymbol{z}$ 的协方差阵。

8.6 假定观测 $\boldsymbol{z}_0$ 和 $\boldsymbol{z}_1$ 是不相关的，证明随机矢量$\boldsymbol{\theta}$ 的线性最小均方估计可表示为

$$\hat{\boldsymbol{\theta}}_{\mathrm{lms}}=E(\boldsymbol{\theta})+\boldsymbol{C}_{\theta z_0}\boldsymbol{C}_{z_0}^{-1}[\boldsymbol{z}_0-E(\boldsymbol{z}_0)]+\boldsymbol{C}_{\theta z_1}\boldsymbol{C}_{z_1}^{-1}[\boldsymbol{z}_1-E(\boldsymbol{z}_1)]$$

8.7 利用矩阵求逆引理，证明式(8.1.31)和式(8.1.32)成立。

8.8 对于例 8.1 的估计问题,证明式(8.3.3)~式(8.3.5)成立。

8.9 在一段时间[0,T]的两个端点对随机过程 $X(t)$进行观测,得 $X(0)$和 $X(T)$,若用这两个观测数据求 $X(t)$在[0,T]区间的积分值 $I=\int_0^T X(t)\mathrm{d}t$ 的线性最小均方估计,即求

$$\hat{I}=aX(0)+bX(T)$$

(1) 求 a,b;

(2) 讨论当 T 很小时会出现什么结果?这个结果合理吗?

8.10 设有零均值实平稳随机过程 $s(t)$,t 是[0,T]内的一点。若已知 $s(0)$和 $s(T)$,利用 $s(0)$和 $s(T)$求 $s(t)$的线性最小均方估计。

8.11 考虑如下观测模型

$$z_i=A^k+w_i,\quad i=0,1,\cdots,N-1$$

其中,$A\sim\mathcal{N}(0,\sigma_A^2)$,观测噪声$\{w_i\}$是零均值高斯白噪声,方差为 σ^2 且与 A 相互独立。

(1) 若 $k=2$,$N=1$,求 A 的线性最小均方估计并分析结果。

(2) 若 $k=1$,$N>1$,求 A 的递推线性最小均方估计并分析其性能。

8.12 假定观测为

$$z_i=\theta+w_i,\quad i=0,1,\cdots,N-1$$

其中,$\{w_i\}$为零均值高斯白噪声序列,方差为 σ^2,$\theta-\mathcal{N}(0,\sigma_\theta^2)$,且 θ 与$\{w_i\}$是不相关的,证明新息序列 $\tilde{z}_k=z_k-\hat{z}_{k/k-1}$ 是零均值且相互正交的序列,其中 $\hat{z}_{k/k-1}=\hat{E}(z_k|z_0,z_1,\cdots,z_{k-1})$。

第9章 线性卡尔曼滤波

视频

9.1 卡尔曼滤波概述

卡尔曼滤波是一组递推的数据处理算法,这组算法提供了一种计算离散线性系统状态线性最小均方估计的有效方法。其有效性体现在它提供了对系统过去、现在和未来状态的估计,甚至在系统的精细的特性未知的情况下也能如此。本节首先介绍卡尔曼滤波的应用框架,然后介绍波形估计的一般方法,最后给出卡尔曼滤波算法涉及的信号模型和观测模型。

9.1.1 卡尔曼滤波的应用框架

下面通过卡尔曼滤波的典型应用框架说明卡尔曼滤波的应用。假设有图 9.1 所示的随机动态系统,一方面系统的状态是未知的,系统可能受到某种外力的控制;另一方面系统还可能存在一定的随机误差源,可以看作对系统的随机扰动,它是系统不确定性的根源。系统既有确定性的变化部分(系统的状态变化规律可能是确定的),同时还有不确定的成分,通过对系统的随机扰动或扰动噪声体现出来。

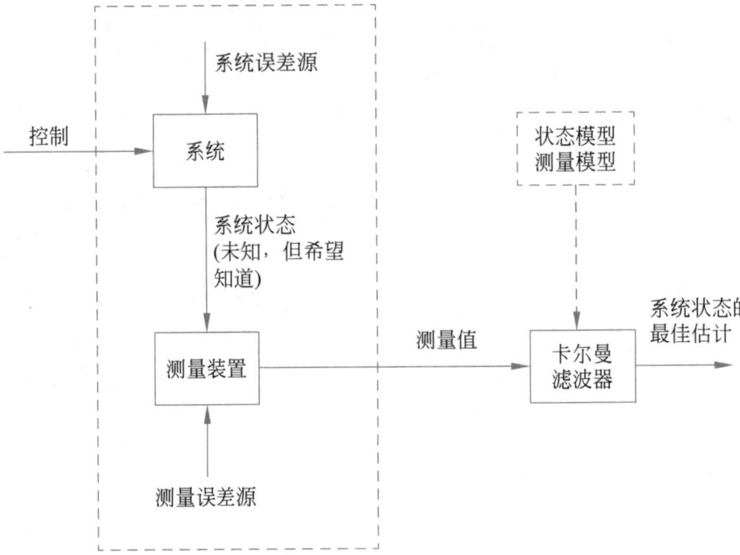

图 9.1 随机动态系统

为了了解系统的状态,需要某种测量装置,通过测量装置对系统的状态分量进行观测。测量装置存在一定的测量误差,所以实际的测量值是系统的状态叠加上测量误差,卡尔曼滤波算法就是通过对观测数据的处理得到系统状态变量的估计。在设计卡尔曼算法时,需要对原始的随机动态系统建模,估计结果的好坏也依赖于模型的准确度,如果模型不准确,将会带来较大的滤波误差,因此建模也是卡尔曼滤波算法设计的一部分。通过卡尔曼滤波,可以减少观测噪声的影响,得到状态的精确估计。

下面通过一个具体的例子加以说明。考虑目标跟踪问题,如图 9.2 所示,假设有一个空中飞行的目标如飞机,飞机的运动特性可以用随机动态系统来描述,系统的状态为距离、方位、仰角、速度等，飞机除了因为动力的影响产生运动外，还受到大气湍流的影响，大气湍流对飞机的运动特性会产生随机扰动，为了掌握飞机的运动状态，使用雷达进行观测，雷达测量本身会有一定的测量误差，所以实际的雷达观测是飞机的状态加上测量噪声，利用卡尔曼算法对雷达观测数据进行处理，就可以得到飞机运动状态的精确估计。

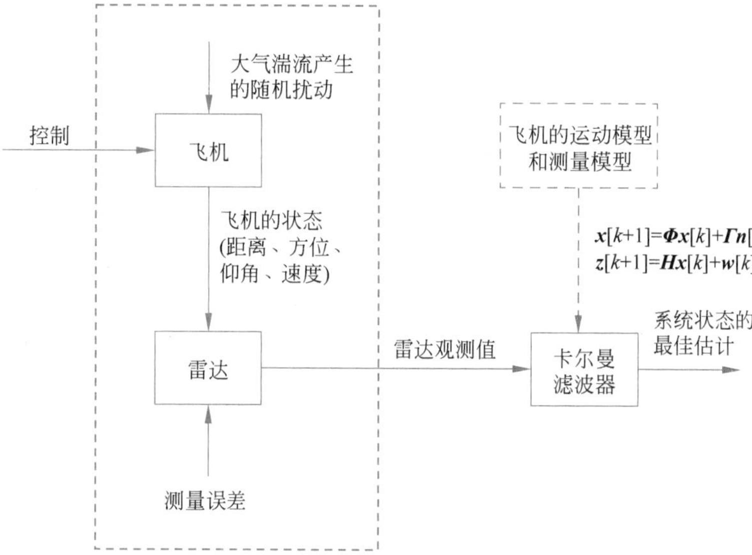

图 9.2　空中目标跟踪示例

类似于图 9.2 的典型应用领域是非常多的，常见的应用领域包括目标跟踪、导航、控制、弹道导弹航迹估计（包括实时估计和事后数据处理）、火炮控制、通信信道均衡、气象预报等。这些应用领域共同的特点是系统的状态变量不是标量而是矢量，状态变化过程和观测过程不是平稳的，而是非平稳的随机过程，传统的维纳滤波方法不能解决矢量的非平稳随机过程的估计问题。

9.1.2　波形估计的一般方法

假定待估计的信号为 $\boldsymbol{g}[k]$，观测模型为

$$\boldsymbol{z}[k]=\boldsymbol{y}[k]+\boldsymbol{w}[k]\quad k=k_0,k_0+1,\cdots,k_f \tag{9.1.1}$$

其中，$E(\boldsymbol{w}[k]\boldsymbol{w}^{\mathrm{T}}[j])=\boldsymbol{R}[k]\delta_{kj}$，$\boldsymbol{y}[k]$可以是 $\boldsymbol{g}[k]$或 $\boldsymbol{g}[k]$的变换。

在第 8 章的最后曾经提到，可以把原始数据通过正交化的方法变成一个相互正交的序列，根据这个正交的序列进行估计和根据原始数据进行估计是完全等价的。假定通过正交化方法获得的正交序列为

$$\{\boldsymbol{z}[k_0],\boldsymbol{z}[k_0+1]-\hat{\boldsymbol{z}}[k_0+1/k_0],\cdots,\boldsymbol{z}[k_f]-\hat{\boldsymbol{z}}[k_f/k_f-1]\}$$

令

$$\boldsymbol{v}[k]=\begin{cases}\boldsymbol{z}[k_0], & k=k_0\\ \boldsymbol{z}[k]-\hat{\boldsymbol{z}}[k/k-1]\}, & k=k_0+1,\cdots,k_f\end{cases} \tag{9.1.2}$$

其中

$$\hat{\boldsymbol{z}}[k/k-1]=\hat{E}(z[k]\mid z[k_0],\cdots,z[k-1]) \tag{9.1.3}$$

$\boldsymbol{g}[k]$的估计可以根据$\{\boldsymbol{v}[k],k=k_0,\cdots,k_f\}$得到,即

$$\hat{\boldsymbol{g}}[k]=\sum_{j=k_0}^{k_f}\boldsymbol{H}[k,j]\boldsymbol{v}[j] \tag{9.1.4}$$

对应的均方误差矩阵为

$$\boldsymbol{P}_{\tilde{g}}[k]=E\{(\boldsymbol{g}[k]-\hat{\boldsymbol{g}}[k])(\boldsymbol{g}[k]-\hat{\boldsymbol{g}}[k])^{\mathrm{T}}\} \tag{9.1.5}$$

根据正交原理,有

$$E\left\{\left(\boldsymbol{g}[k]-\sum_{j=k_0}^{k_f}\boldsymbol{H}[k,j]\boldsymbol{v}[j]\right)\boldsymbol{v}^{\mathrm{T}}[l]\right\}=0,\quad l=k_0,k_1,\cdots,k_f \tag{9.1.6}$$

$$\begin{aligned}E(\boldsymbol{g}[k]\boldsymbol{v}^{\mathrm{T}}[l])&=\sum_{j=k_0}^{k_f}\boldsymbol{H}[k,j]E(\boldsymbol{v}[j]\boldsymbol{v}^{\mathrm{T}}[l])\\&=\sum_{j=k_0}^{k_f}\boldsymbol{H}[k,j]\boldsymbol{P}_v[j]\delta_{jl}=\boldsymbol{H}[k,l]\boldsymbol{P}_v[l]\end{aligned} \tag{9.1.7}$$

其中$\boldsymbol{P}_v[k]$是正交序列$\boldsymbol{v}[k]$的均方误差矩阵,由式(9.1.7)可得

$$\boldsymbol{H}[k,l]=E(\boldsymbol{g}[k]\boldsymbol{v}^{\mathrm{T}}[l])\boldsymbol{P}_v^{-1}[l] \tag{9.1.8}$$

将式(9.1.8)代入式(9.1.4),得

$$\hat{\boldsymbol{g}}[k]=\sum_{j=k_0}^{k_f}E(\boldsymbol{g}[k]\boldsymbol{v}^{\mathrm{T}}[j])\boldsymbol{P}_v^{-1}[j]\boldsymbol{v}[j] \tag{9.1.9}$$

式(9.1.9)是波形估计的一般表达式。一般情况下,根据这个表达式求估计是相当困难的,卡尔曼滤波就在假定信号模型和观测模型的基础上建立起来的计算$\hat{\boldsymbol{g}}[k]$的递推算法。

9.1.3 信号模型与观测模型

设有M维状态方程描述的线性系统,

$$\boldsymbol{x}[k+1]=\boldsymbol{\Phi}[k+1,k]\boldsymbol{x}[k]+\boldsymbol{\Gamma}[k]\boldsymbol{n}[k] \tag{9.1.10}$$

其中,$\boldsymbol{x}$是$M\times1$维状态矢量;$\boldsymbol{\Phi}$是$M\times M$维的矩阵,称为状态转移矩阵;$\boldsymbol{n}$是$p\times1$维的矢量,称为扰动噪声矢量;$\boldsymbol{\Gamma}[k]$是$M\times p$维的矩阵,称为扰动噪声矩阵;系统的起始状态$\boldsymbol{x}[k_0]$假定为随机矢量。

系统的观测方程假定为

$$\boldsymbol{z}[k]=\boldsymbol{H}[k]\boldsymbol{x}[k]+\boldsymbol{w}[k] \tag{9.1.11}$$

其中,$\boldsymbol{z}$是$N\times1$维的观测矢量;$\boldsymbol{H}$是$N\times M$维的矩阵,称为测量矩阵;$\boldsymbol{w}$是$N\times1$维的测量噪声矢量。

系统的扰动噪声和测量噪声假定为不相关的零均值白噪声,系统的起始状态变量与系统的扰动噪声项和测量噪声项都是不相关的,它们的统计特性假定为

$$E(\boldsymbol{n}[k])=\boldsymbol{0},\quad E(\boldsymbol{n}[k]\boldsymbol{n}^{\mathrm{T}}[l])=\boldsymbol{Q}[k]\delta_{kl} \tag{9.1.12}$$

$$E(\boldsymbol{w}[k])=\boldsymbol{0},\quad E(\boldsymbol{w}[k]\boldsymbol{w}^{\mathrm{T}}[l])=\boldsymbol{R}[k]\delta_{kl} \tag{9.1.13}$$

$$E(\boldsymbol{n}[k]\boldsymbol{w}^{\mathrm{T}}[l])=\boldsymbol{0} \tag{9.1.14}$$

$$E(\boldsymbol{x}[k_0])=\boldsymbol{m}_x[k_0],$$

$$E\{(\boldsymbol{x}[k_0]-\boldsymbol{m}_x[k_0])(\boldsymbol{x}[k_0]-\boldsymbol{m}_x[k_0])^{\mathrm{T}}\}=\boldsymbol{P}_x[k_0] \tag{9.1.15}$$

$$E(\boldsymbol{x}[k_0]\boldsymbol{n}^{\mathrm{T}}[l])=E(\boldsymbol{x}[k_0]\boldsymbol{w}^{\mathrm{T}}[l])=\boldsymbol{0} \tag{9.1.16}$$

信号模型与观测模型如图 9.3 所示。

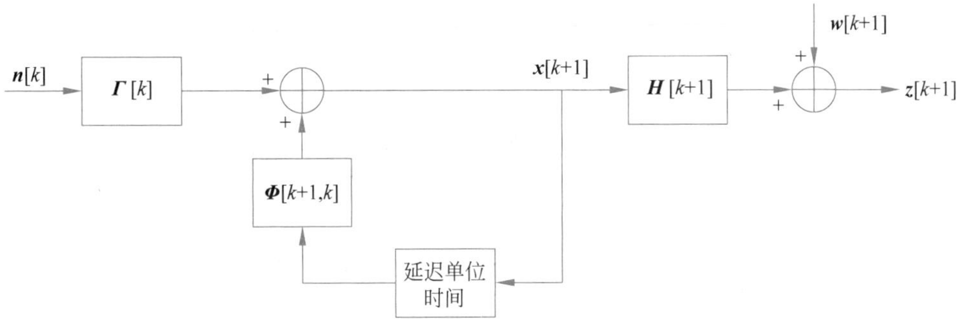

图 9.3　信号模型与观测模型

9.2 卡尔曼滤波算法推导

卡尔曼滤波算法的推导包括正交投影法和新息法，下面分别进行介绍。

9.2.1 正交投影法

视频

在 8.2 节讨论线性最小均方估计的几何解释时曾给出了正交投影的概念，本节给出正交投影完整的定义，然后介绍基于正交投影法的卡尔曼算法推导。

1. 正交投影法的定义

定义：设 $\boldsymbol{x}$ 为 $M\times 1$ 维的矢量，$\boldsymbol{z}$ 为 $N\times 1$ 维的矢量，它们都具有二阶矩，若 $\boldsymbol{x}$ 同维的矢量 $\hat{\boldsymbol{x}}$，满足如下三个条件：

(1) 线性性

即 $\hat{\boldsymbol{x}}$ 可用 $\boldsymbol{z}$ 线性表示，

$$\hat{\boldsymbol{x}}=\boldsymbol{Az}+\boldsymbol{b} \tag{9.2.1}$$

(2) 无偏性

$$E(\hat{\boldsymbol{x}})=E(\boldsymbol{x}) \tag{9.2.2}$$

(3) 正交性

$$E[(\boldsymbol{x}-\hat{\boldsymbol{x}})\boldsymbol{z}^{\mathrm{T}}]=0 \tag{9.2.3}$$

则称 $\hat{\boldsymbol{x}}$ 为 $\boldsymbol{x}$ 在 $\boldsymbol{z}$ 上的正交投影，记为 $\hat{\boldsymbol{x}}=\hat{E}(\boldsymbol{x}|\boldsymbol{z})$。很显然，$\boldsymbol{x}$ 基于 $\boldsymbol{z}$ 的线性最小均方估计正好满足以上三个条件，可见正交投影是存在的。反过来也可以证明，若 $\hat{\boldsymbol{x}}$ 满足正交

投影的三条性质,则它作为 $\boldsymbol{x}$ 的估计,其估计的均方误差是最小的,因此,正交投影是唯一。

2. 正交投影的性质

(1) $\hat{E}(\boldsymbol{x}|\boldsymbol{z})=E(\boldsymbol{x})+\boldsymbol{C}_{xz}\boldsymbol{C}_z^{-1}[\boldsymbol{z}-E(\boldsymbol{z})]$ (9.2.4)

其中,$\boldsymbol{C}_{xz}=E\{[\boldsymbol{x}-E(\boldsymbol{x})][\boldsymbol{z}-E(\boldsymbol{z})]^{\mathrm{T}}\}$ 为 $\boldsymbol{x}$ 与 $\boldsymbol{z}$ 的协方差矩阵,$\boldsymbol{C}_z=E\{[\boldsymbol{z}-E(\boldsymbol{z})][\boldsymbol{z}-E(\boldsymbol{z})]^{\mathrm{T}}\}$为 $\boldsymbol{z}$ 的方差阵。根据正交投影的定义,$\hat{E}(\boldsymbol{x}|\boldsymbol{z})$正是 $\boldsymbol{x}$ 根据 $\boldsymbol{z}$ 进行估计的线性最小均方估计,因此,这一性质是很显然的。

(2) $\hat{E}(\boldsymbol{Ax}|\boldsymbol{z})=\boldsymbol{A}\hat{E}(\boldsymbol{x}|\boldsymbol{z})$ (9.2.5)

证明从略。

(3) 设 $\boldsymbol{z}^k=[\boldsymbol{z}^{\mathrm{T}}[k_0],\boldsymbol{z}^{\mathrm{T}}[k_0+1],\cdots,\boldsymbol{z}^{\mathrm{T}}[k]]^{\mathrm{T}}$,或者 $\boldsymbol{z}^k=\begin{bmatrix}\boldsymbol{z}^{k-1}\\ \boldsymbol{z}[k]\end{bmatrix}$,则

$$\hat{E}(\boldsymbol{x}\mid\boldsymbol{z}^k)=\hat{E}(\boldsymbol{x}\mid\boldsymbol{z}^{k-1})+\hat{E}(\tilde{\boldsymbol{x}}\mid\tilde{\boldsymbol{z}}[k]) \tag{9.2.6}$$

$$=\hat{E}(\boldsymbol{x}\mid\boldsymbol{z}^{k-1})+E(\tilde{\boldsymbol{x}}\tilde{\boldsymbol{z}}^{\mathrm{T}}[k])\{E(\tilde{\boldsymbol{z}}[k]\tilde{\boldsymbol{z}}^{\mathrm{T}}[k])\}^{-1}\tilde{\boldsymbol{z}}[k] \tag{9.2.7}$$

其中,$\tilde{\boldsymbol{x}}=\boldsymbol{x}-\hat{E}(\boldsymbol{x}|\boldsymbol{z}^{k-1})$,$\tilde{\boldsymbol{z}}[k]=\boldsymbol{z}[k]-\hat{E}(\boldsymbol{z}[k]|\boldsymbol{z}^{k-1})$。

根据正交投影的第一条性质,由式(9.2.6)到式(9.2.7)是很显然的,因此只需证明正交投影满足式(9.2.7)即可,证明留作习题,参见习题9.1。

视频

3. 算法推导

下面运用正交投影的概念推导卡尔曼滤波算法。设观测集为 $\boldsymbol{z}^k=[\boldsymbol{z}^{\mathrm{T}}[k_0],\boldsymbol{z}^{\mathrm{T}}[k_0+1],\cdots,\boldsymbol{z}^{\mathrm{T}}[k]]^{\mathrm{T}}=[(\boldsymbol{z}^{k-1})^{\mathrm{T}}\quad \boldsymbol{z}^{\mathrm{T}}[k]]^{\mathrm{T}}$,其中,$\boldsymbol{z}^{k-1}=[\boldsymbol{z}^{\mathrm{T}}[k_0],\boldsymbol{z}^{\mathrm{T}}[k_0+1],\cdots,\boldsymbol{z}^{\mathrm{T}}[k-1]]^{\mathrm{T}}$ 表示 $k-1$ 时刻以前的观测数据集,$\boldsymbol{x}[j]$的线性最小均方估计为

$$\hat{\boldsymbol{x}}[j/k]=\hat{E}(\boldsymbol{x}[j]\mid\boldsymbol{z}^k) \tag{9.2.8}$$

式中,$j=k$ 表示滤波,$j=k+1$ 表示一步预测。

先考虑滤波问题,由正交投影的第三条性质,

$$\begin{aligned}\hat{\boldsymbol{x}}[k/k]&=\hat{E}(\boldsymbol{x}[k]\mid\boldsymbol{z}^{k-1})+\hat{E}(\tilde{\boldsymbol{x}}[k/k-1]\mid\tilde{\boldsymbol{z}}[k/k-1])\\&=\hat{\boldsymbol{x}}[k/k-1]+E(\tilde{\boldsymbol{x}}[k/k-1]\tilde{\boldsymbol{z}}^{\mathrm{T}}[k/k-1])\\&\quad\{E(\tilde{\boldsymbol{z}}[k/k-1]\tilde{\boldsymbol{z}}^{\mathrm{T}}[k/k-1])\}^{-1}\tilde{\boldsymbol{z}}[k/k-1]\end{aligned} \tag{9.2.9}$$

其中,

$$\tilde{\boldsymbol{x}}[k/k-1]=\boldsymbol{x}[k]-\hat{E}(\boldsymbol{x}[k]\mid\boldsymbol{z}^{k-1})=\boldsymbol{x}[k]-\hat{\boldsymbol{x}}[k/k-1] \tag{9.2.10}$$

$$\tilde{\boldsymbol{z}}[k/k-1]=\boldsymbol{z}[k]-\hat{E}(\boldsymbol{z}[k]\mid\boldsymbol{z}^{k-1})=\boldsymbol{z}[k]-\hat{\boldsymbol{z}}[k/k-1] \tag{9.2.11}$$

式中,$\tilde{\boldsymbol{x}}[k/k-1]$代表状态的一步预测误差,$\tilde{\boldsymbol{z}}[k/k-1]$代表观测的一步预测误差。在式(9.2.9)中,令

$$\boldsymbol{K}[k]=E(\tilde{\boldsymbol{x}}[k/k-1]\tilde{\boldsymbol{z}}^{\mathrm{T}}[k/k-1])\{E(\tilde{\boldsymbol{z}}[k/k-1]\tilde{\boldsymbol{z}}^{\mathrm{T}}[k/k-1])\}^{-1} \tag{9.2.12}$$

通常将 $\boldsymbol{K}[k]$称为卡尔曼增益,于是,式(9.2.9)可表示为

$$\hat{\boldsymbol{x}}[k/k]=\hat{\boldsymbol{x}}[k/k-1]+\boldsymbol{K}[k]\tilde{\boldsymbol{z}}[k/k-1] \tag{9.2.13}$$

下面推导卡尔曼增益的计算。在式(9.2.11)中，将观测模型的式(9.1.11)代入，得

$$\begin{aligned}\hat{E}(\boldsymbol{z}[k]\mid \boldsymbol{z}^{k-1})&=E(\boldsymbol{H}[k]\boldsymbol{x}[k]+\boldsymbol{w}[k]\mid \boldsymbol{z}^{k-1})\\&=\boldsymbol{H}[k]\hat{E}(\boldsymbol{x}[k]\mid \boldsymbol{z}^{k-1})+\hat{E}(\boldsymbol{w}[k]\mid \boldsymbol{z}^{k-1})\end{aligned}$$

由于$\{\boldsymbol{w}[i]\}$是白噪声序列，$\boldsymbol{z}^{k-1}$中只包含$\{\boldsymbol{w}[i],i=k_0,k_0+1,\cdots,k-1\}$，不含$\boldsymbol{w}[k]$，因此，$\boldsymbol{w}[k]$与$\boldsymbol{z}^{k-1}$不相关，$\boldsymbol{w}[k]$在$\boldsymbol{z}^{k-1}$上的正交投影为零，即$\hat{E}(\boldsymbol{w}[k]|\boldsymbol{z}^{k-1})=0$，将此结果代入式(9.2.13)，得

$$\hat{E}(\boldsymbol{z}[k]\mid \boldsymbol{z}^{k-1})=\boldsymbol{H}[k]\hat{E}(\boldsymbol{x}[k]\mid \boldsymbol{z}^{k-1})=\boldsymbol{H}[k]\hat{\boldsymbol{x}}[k/k-1] \tag{9.2.14}$$

将式(9.2.14)代入式(9.2.11)，得

$$\begin{aligned}\tilde{\boldsymbol{z}}[k/k-1]&=\boldsymbol{z}[k]-\boldsymbol{H}[k]\hat{\boldsymbol{x}}[k/k-1]\\&=\boldsymbol{H}[k]\boldsymbol{x}[k]+\boldsymbol{w}[k]-\boldsymbol{H}[k]\hat{\boldsymbol{x}}[k/k-1]\\&=\boldsymbol{H}[k]\tilde{\boldsymbol{x}}[k/k-1]+\boldsymbol{w}[k]\end{aligned} \tag{9.2.15}$$

$$\begin{aligned}E(\tilde{\boldsymbol{x}}[k/k-1]\tilde{\boldsymbol{z}}^{\mathrm{T}}[k/k-1])&=E\{\tilde{\boldsymbol{x}}[k/k-1](\boldsymbol{H}[k]\tilde{\boldsymbol{x}}[k/k-1]+\boldsymbol{w}[k])^{\mathrm{T}}\}\\&=\boldsymbol{P}_{\tilde{x}}[k/k-1]\boldsymbol{H}^{\mathrm{T}}[k]\end{aligned} \tag{9.2.16}$$

其中$\boldsymbol{P}_{\tilde{x}}[k/k-1]=E(\tilde{\boldsymbol{x}}[k/k-1]\tilde{\boldsymbol{x}}^{\mathrm{T}}[k/k-1])$为一步预测均方误差矩阵。由式(9.2.15)，得

$$E(\tilde{\boldsymbol{z}}[k/k-1]\tilde{\boldsymbol{z}}^{\mathrm{T}}[k/k-1])=\boldsymbol{H}[k]\boldsymbol{P}_{\tilde{x}}[k/k-1]\boldsymbol{H}^{\mathrm{T}}[k]+\boldsymbol{R}[k] \tag{9.2.17}$$

将式(9.2.16)和式(9.2.17)代入式(9.2.12)，得

$$\boldsymbol{K}[k]=\boldsymbol{P}_{\tilde{x}}[k/k-1]\boldsymbol{H}^{\mathrm{T}}[k](\boldsymbol{H}[k]\boldsymbol{P}_{\tilde{x}}[k/k-1]\boldsymbol{H}^{\mathrm{T}}[k]+\boldsymbol{R}[k])^{-1} \tag{9.2.18}$$

增益的计算需要用到一步预测均方误差矩阵，因此还需要建立一步预测均方误差矩阵的递推公式。

根据信号模型式(9.1.10)，状态的一步预测可表示为

$$\begin{aligned}\hat{\boldsymbol{x}}[k/k-1]&=\hat{E}(\boldsymbol{x}[k]\mid z^{k-1})\\&=\hat{E}(\boldsymbol{\Phi}[k,k-1]\boldsymbol{x}[k-1]+\boldsymbol{\Gamma}[k-1]\boldsymbol{n}[k-1]\mid \boldsymbol{z}^{k-1})\\&=\boldsymbol{\Phi}[k,k-1]\hat{\boldsymbol{x}}[k-1/k-1]+\boldsymbol{\Gamma}[k-1]\hat{E}(\boldsymbol{n}[k-1]\mid \boldsymbol{z}^{k-1})\end{aligned}$$

由于$\boldsymbol{z}^{k-1}$只包含$\{\boldsymbol{n}[j],k_0\leqslant j\leqslant k-2\}$，不含$k-1$时刻的扰动噪声$\boldsymbol{n}[k-1]$，所以，$\boldsymbol{n}[k-1]$与$\boldsymbol{z}^{k-1}$是不相关的，$\hat{E}(\boldsymbol{n}[k-1]|\boldsymbol{z}^{k-1})=0$，因此，

$$\hat{\boldsymbol{x}}[k/k-1]=\boldsymbol{\Phi}[k,k-1]\hat{\boldsymbol{x}}[k-1/k-1] \tag{9.2.19}$$

一步预测误差为

$$\begin{aligned}\tilde{\boldsymbol{x}}[k/k-1]&=\boldsymbol{x}[k]-\hat{\boldsymbol{x}}[k/k-1]\\&=\boldsymbol{\Phi}[k,k-1]\boldsymbol{x}[k-1]+\\&\quad\ \boldsymbol{\Gamma}[k-1]\boldsymbol{n}[k-1]-\boldsymbol{\Phi}[k,k-1]\hat{\boldsymbol{x}}[k-1/k-1]\\&=\boldsymbol{\Phi}[k,k-1]\tilde{\boldsymbol{x}}[k-1/k-1]+\boldsymbol{\Gamma}[k-1]\boldsymbol{n}[k-1]\end{aligned} \tag{9.2.20}$$

很显然 $\tilde{\boldsymbol{x}}[k-1/k-1]$ 与 $\boldsymbol{n}[k-1]$ 是不相关的,所以,一步预测均方误差矩阵为

$$\boldsymbol{P}_{\tilde{x}}[k/k-1]=\boldsymbol{\Phi}[k,k-1]\boldsymbol{P}_{\tilde{x}}[k-1/k-1]\boldsymbol{\Phi}^{\mathrm{T}}[k,k-1]+\boldsymbol{\Gamma}[k-1]\boldsymbol{Q}[k-1]\boldsymbol{\Gamma}^{\mathrm{T}}[k-1] \tag{9.2.21}$$

下面再讨论滤波均方误差矩阵的计算。滤波误差可表示为

$$\begin{aligned}\tilde{\boldsymbol{x}}[k/k]&=\boldsymbol{x}[k]-\hat{\boldsymbol{x}}[k/k]\\&=\boldsymbol{x}[k]-\hat{\boldsymbol{x}}[k/k-1]-\boldsymbol{K}[k]\tilde{\boldsymbol{z}}[k/k-1]\\&=\tilde{\boldsymbol{x}}[k/k-1]-\boldsymbol{K}[k]\tilde{\boldsymbol{z}}[k/k-1]\end{aligned}$$

将式(9.2.15)代入上式,得

$$\begin{aligned}\tilde{\boldsymbol{x}}[k/k]&=\tilde{\boldsymbol{x}}[k/k-1]-\boldsymbol{K}[k](\boldsymbol{H}[k]\tilde{\boldsymbol{x}}[k/k-1]+\boldsymbol{w}[k])\\&=(\boldsymbol{I}-\boldsymbol{K}[k]\boldsymbol{H}[k])\tilde{\boldsymbol{x}}[k/k-1]-\boldsymbol{K}[k]\boldsymbol{w}[k]\end{aligned} \tag{9.2.22}$$

$$\begin{aligned}\boldsymbol{P}_{\tilde{x}}[k/k]&=(\boldsymbol{I}-\boldsymbol{K}[k]\boldsymbol{H}[k])\boldsymbol{P}_{\tilde{x}}[k/k-1](\boldsymbol{I}-\boldsymbol{K}[k]\boldsymbol{H}[k])^{\mathrm{T}}+\boldsymbol{K}[k]\boldsymbol{R}[k]\boldsymbol{K}^{\mathrm{T}}[k]\\&=(\boldsymbol{I}-\boldsymbol{K}[k]\boldsymbol{H}[k])\boldsymbol{P}_{\tilde{x}}[k/k-1]-(\boldsymbol{I}-\boldsymbol{K}[k]\boldsymbol{H}[k])\boldsymbol{P}_{\tilde{x}}[k/k-1]\cdot\\&\quad\boldsymbol{H}^{\mathrm{T}}[k]\boldsymbol{K}^{\mathrm{T}}[k]+\boldsymbol{K}[k]\boldsymbol{R}[k]\boldsymbol{K}^{\mathrm{T}}[k]\\&=(\boldsymbol{I}-\boldsymbol{K}[k]\boldsymbol{H}[k])\boldsymbol{P}_{\tilde{x}}[k/k-1]-\boldsymbol{P}_{\tilde{x}}[k/k-1]\boldsymbol{H}^{\mathrm{T}}[k]\boldsymbol{K}^{\mathrm{T}}[k]+\\&\quad\boldsymbol{K}[k]\boldsymbol{H}[k]\boldsymbol{P}_{\tilde{x}}[k/k-1]\boldsymbol{H}^{\mathrm{T}}[k]\boldsymbol{K}^{\mathrm{T}}[k]+\boldsymbol{K}[k]\boldsymbol{R}[k]\boldsymbol{K}^{\mathrm{T}}[k]\end{aligned} \tag{9.2.23}$$

式(9.2.23)的最后两项可表示为

$$\begin{aligned}&\boldsymbol{K}[k]\boldsymbol{H}[k]\boldsymbol{P}_{\tilde{x}}[k/k-1]\boldsymbol{H}^{\mathrm{T}}[k]\boldsymbol{K}^{\mathrm{T}}[k]+\boldsymbol{K}[k]\boldsymbol{R}[k]\boldsymbol{K}^{\mathrm{T}}[k]\\&=\boldsymbol{K}[k](\boldsymbol{H}[k]\boldsymbol{P}_{\tilde{x}}[k/k-1]\boldsymbol{H}^{\mathrm{T}}[k]\boldsymbol{K}^{\mathrm{T}}[k]+\boldsymbol{R}[k])\boldsymbol{K}^{\mathrm{T}}[k]\end{aligned}$$

上式的前一项 $\boldsymbol{K}[k]$ 用式(9.2.18)代入后得 $\boldsymbol{P}_{\tilde{x}}[k/k-1]\boldsymbol{H}^{\mathrm{T}}[k]\boldsymbol{K}^{\mathrm{T}}[k]$,该项正好与式(9.2.23)的第二项抵消,因此,

$$\boldsymbol{P}_{\tilde{x}}[k/k]=(\boldsymbol{I}-\boldsymbol{K}[k]\boldsymbol{H}[k])\boldsymbol{P}_{\tilde{x}}[k/k-1] \tag{9.2.24}$$

至此整个算法的推导完毕,算法可以根据起始状态变量的统计特性起始,即

$$\hat{\boldsymbol{x}}[k_0/k_0]=\boldsymbol{m}_x(k_0),\quad \boldsymbol{P}_{\tilde{x}}[k_0/k_0]=\boldsymbol{P}_x[k_0] \tag{9.2.25}$$

表 9.1 对整个算法进行了总结,算法的框图如图 9.4 所示。

表 9.1　卡尔曼滤波算法总结

信号模型	$\boldsymbol{x}[k+1]=\boldsymbol{\Phi}[k+1,k]\boldsymbol{x}[k]+\boldsymbol{\Gamma}[k]\boldsymbol{n}[k]$
观测模型	$\boldsymbol{z}[k]=\boldsymbol{H}[k]\boldsymbol{x}[k]+\boldsymbol{w}[k]$
统计特性	$E(\boldsymbol{n}[k])=\boldsymbol{0},E(\boldsymbol{n}[k]\boldsymbol{n}^{\mathrm{T}}[l])=\boldsymbol{Q}[k]\delta_{kl}$
	$E(\boldsymbol{w}[k])=\boldsymbol{0},E(\boldsymbol{w}[k]\boldsymbol{w}^{\mathrm{T}}[l])=\boldsymbol{R}[k]\delta_{kl}$
	$E(\boldsymbol{n}[k]\boldsymbol{w}^{\mathrm{T}}[l])=\boldsymbol{0}$
起始状态	$E(\boldsymbol{x}[k_0])=\boldsymbol{m}[k_0],E\{(\boldsymbol{x}[k_0]-\boldsymbol{m}_x[k_0])(\boldsymbol{x}[k_0]-\boldsymbol{m}_x[k_0])^{\mathrm{T}}\}=\boldsymbol{P}_x[k_0]$
	$E(\boldsymbol{x}[k_0]\boldsymbol{n}^{\mathrm{T}}[l])=E(\boldsymbol{x}[k_0]\boldsymbol{w}^{\mathrm{T}}[l])=\boldsymbol{0}$
预测	$\hat{\boldsymbol{x}}[k/k-1]=\boldsymbol{\Phi}[k,k-1]\hat{\boldsymbol{x}}[k-1/k-1]$

续表

预测均方误差矩阵	$\boldsymbol{P}_{\tilde{x}}[k/k-1]=\boldsymbol{\Phi}[k,k-1]\boldsymbol{P}_{\tilde{x}}[k-1/k-1]\boldsymbol{\Phi}^{\mathrm{T}}[k,k-1]+\boldsymbol{\Gamma}[k-1]\boldsymbol{Q}[k-1]\boldsymbol{\Gamma}^{\mathrm{T}}[k-1]$
卡尔曼增益	$\boldsymbol{K}[k]=\boldsymbol{P}_{\tilde{x}}[k/k-1]\boldsymbol{H}^{\mathrm{T}}[k](\boldsymbol{H}[k]\boldsymbol{P}_{\tilde{x}}[k/k-1]\boldsymbol{H}^{\mathrm{T}}[k]+\boldsymbol{R}[k])^{-1}$
滤波	$\hat{\boldsymbol{x}}[k/k]=\hat{\boldsymbol{x}}[k/k-1]+\boldsymbol{K}[k](\boldsymbol{z}[k]-\boldsymbol{H}[k]\hat{\boldsymbol{x}}[k/k-1])$
滤波均方误差矩阵	$\boldsymbol{P}_{\tilde{x}}[k/k]=(\boldsymbol{I}-\boldsymbol{K}[k]\boldsymbol{H}[k])\boldsymbol{P}_{\tilde{x}}[k/k-1]$
算法起始	$\hat{\boldsymbol{x}}[k_0/k_0]=\boldsymbol{m}_x[k_0]$ $\boldsymbol{P}_{\tilde{x}}[k_0/k_0]=\boldsymbol{P}_x[k_0]$

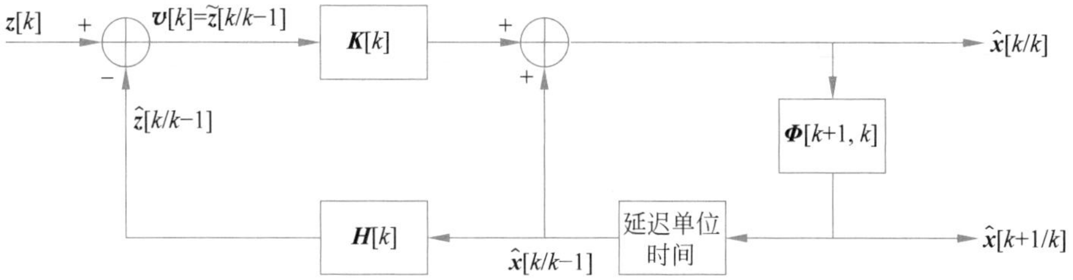

图 9.4　卡尔曼滤波算法框图

9.2.2　新息法

1. 新息的定义

新息定义为

$$\boldsymbol{v}[k]=\boldsymbol{z}[k]-\hat{\boldsymbol{z}}[k/k-1] \tag{9.2.26}$$

其中 $\hat{\boldsymbol{z}}[k/k-1]$ 是根据观测 $\{\boldsymbol{z}[k_0],\boldsymbol{z}[k_0+1],\cdots,\boldsymbol{z}[k-1]\}$ 对 $\boldsymbol{z}[k]$ 进行估计的线性最小均方估计，即根据以前的观测数据对当前的观测进行的预测。由于

$$\boldsymbol{z}[k]=\hat{\boldsymbol{z}}[k/k-1]+\boldsymbol{v}[k] \tag{9.2.27}$$

上式可以理解为 k 时刻的观测 $\boldsymbol{z}[k]$ 可以分解为两部分：一部分根据过去的观测 $\boldsymbol{z}^{k-1}$ 可以预测出来，通过线性最小均方估计可以求得，是 k 时刻观测的可预测部分；另一部分为 k 时刻新增加的信息 $\boldsymbol{v}[k]$，称为新息(Innovation)。

2. 新息的性质

(1) k 时刻的新息与 k 时刻以前的观测是正交的，即

$$E(\boldsymbol{v}[k]\boldsymbol{z}^{\mathrm{T}}[j])=\boldsymbol{0},\quad j=k_0,k_0+1,\cdots,k-1 \tag{9.2.28}$$

(2) 新息是零均值的白噪声，即

$$E(\boldsymbol{v}[j])=\boldsymbol{0},\quad j=k_0,k_0+1,\cdots,k \tag{9.2.29}$$

$$E(\boldsymbol{v}[i]\boldsymbol{v}^{\mathrm{T}}[j])=\boldsymbol{P}_{\nu}[i]\delta_{ij},\quad i,j=k_0,k_0+1,\cdots,k \tag{9.2.30}$$

其中 $\boldsymbol{P}_{\nu}[i]$ 表示新息的协方差矩阵。

(3) 假定观测的起始预测为

$$\hat{\boldsymbol{z}}[k_0/j]=\boldsymbol{0},\quad j\leqslant k_0-1 \tag{9.2.31}$$

则 $\{\boldsymbol{z}[k_0],\boldsymbol{z}[k_0+1],\cdots,\boldsymbol{z}[k]\}$ 与 $\{\boldsymbol{v}[k_0],\boldsymbol{v}[k_0+1],\cdots,\boldsymbol{v}[k]\}$ 存在对应关系(Correspondence)，即它们可以互相线性表示。

视频

证明：根据新息的定义，

$$\boldsymbol{v}[k_0]=\boldsymbol{z}[k_0]-\hat{\boldsymbol{z}}[k_0/k_0-1]=\boldsymbol{z}[k_0]$$

$$\boldsymbol{v}[k_0+1]=\boldsymbol{z}[k_0+1]-\hat{\boldsymbol{z}}[k_0+1/k_0]=\boldsymbol{z}[k_0+1]-a_{k_0+1,k_0}\boldsymbol{z}[k_0]$$

$$\begin{aligned}\boldsymbol{v}[k_0+2]&=\boldsymbol{z}[k_0+2]-\hat{\boldsymbol{z}}[k_0+2/k_0+1]\\&=\boldsymbol{z}[k_0+2]-a_{k_0+2,k_0+1}\boldsymbol{z}[k_0+1]-a_{k_0+2,k_0}\boldsymbol{z}[k_0]\\&\ \ \vdots\end{aligned}$$

其中系数 a_{k_0+1,k_0} 可根据 $\boldsymbol{v}[k_0+1]$ 与 $\boldsymbol{z}[k_0]$ 相互正交的条件求得，a_{k_0+2,k_0+1} 和 a_{k_0+2,k_0} 则可以根据 $\boldsymbol{v}[k_0+2]$ 与 $\boldsymbol{z}[k_0+1]$ 和 $\boldsymbol{z}[k_0]$ 相互正交的条件求得，其他系数以此类推。由此可得

$$\begin{bmatrix}\boldsymbol{v}[k_0]\\\boldsymbol{v}[k_0+1]\\\boldsymbol{v}[k_0+2]\\\vdots\\\boldsymbol{v}[k]\end{bmatrix}=\begin{bmatrix}1&0&0&\cdots&0\\a_{k_0+1,k_0}&1&0&\cdots&0\\a_{k_0+2,k_0+1}&a_{k_0+2,k_0}&1&\vdots&\vdots\\\vdots&\vdots&\vdots&\ddots&\vdots\\a_{k,k-1}&a_{k,k-2}&a_{k,k-3}&\cdots&1\end{bmatrix}\begin{bmatrix}\boldsymbol{z}[k_0]\\\boldsymbol{z}[k_0+1]\\\boldsymbol{z}[k_0+2]\\\vdots\\\boldsymbol{z}[k]\end{bmatrix}\tag{9.2.32}$$

系数矩阵是一个下三角矩阵，它是一个非奇异矩阵，逆矩阵总是存在的，因此，观测可以用新息表示为

$$\begin{bmatrix}\boldsymbol{z}[k_0]\\\boldsymbol{z}[k_0+1]\\\boldsymbol{z}[k_0+2]\\\vdots\\\boldsymbol{z}[k]\end{bmatrix}=\begin{bmatrix}1&0&0&\cdots&0\\a_{k_0+1,k_0}&1&0&\cdots&0\\a_{k_0+2,k_0+1}&a_{k_0+2,k_0}&1&\vdots&\vdots\\\vdots&\vdots&\vdots&\ddots&\vdots\\a_{k,k-1}&a_{k,k-2}&a_{k,k-3}&\cdots&1\end{bmatrix}^{-1}\begin{bmatrix}\boldsymbol{v}[k_0]\\\boldsymbol{v}[k_0+1]\\\boldsymbol{v}[k_0+2]\\\vdots\\\boldsymbol{v}[k]\end{bmatrix}\tag{9.2.33}$$

可见，$\{\boldsymbol{z}[k_0],\boldsymbol{z}[k_0+1],\cdots,\boldsymbol{z}[k]\}$ 与 $\{\boldsymbol{v}[k_0],\boldsymbol{v}[k_0+1],\cdots,\boldsymbol{v}[k]\}$ 可以互相线性表示，$\{\boldsymbol{z}[k_0],\boldsymbol{z}[k_0+1],\cdots,\boldsymbol{z}[k]\}$ 可以完全由新息序列 $\{\boldsymbol{v}[k_0],\boldsymbol{v}[k_0+1],\cdots,\boldsymbol{v}[k]\}$ 恢复而不丢失信息，式(9.2.32)同时还说明了将观测数据白化的一种方法。

视频

3. 算法推导

卡尔曼滤波的基本问题是：假定信号 $\boldsymbol{x}[k]$ 和观测 $\boldsymbol{z}[k]$ 满足式(9.1.10)和式(9.1.11)，希望根据观测序列 $\{\boldsymbol{z}[k_0],\boldsymbol{z}[k_0+1],\cdots,\boldsymbol{z}[k]\}$ 建立对 $\boldsymbol{x}[k]$ 的线性最小均方估计的递推算法。$\boldsymbol{x}[k]$ 的估计可表示为

$$\hat{\boldsymbol{x}}[k/k]=\sum_{j=k_0}^{k}\boldsymbol{H}[k,j]\boldsymbol{z}[j]\tag{9.2.34}$$

对于上述滤波问题，根据观测与新息的对应关系，利用观测序列进行估计和利用新息序列进行估计是完全等价的。因此，$\boldsymbol{x}[k]$ 的估计也可以表示为

$$\hat{\boldsymbol{x}}[k/k]=\sum_{j=k_0}^{k}\boldsymbol{B}[k,j]\boldsymbol{v}[j]\tag{9.2.35}$$

其中新息 $\boldsymbol{v}[k]=\boldsymbol{z}[k]-\hat{\boldsymbol{z}}[k/k-1]$，由于 $\boldsymbol{z}[k]=\boldsymbol{H}[k]\boldsymbol{x}[k]+\boldsymbol{w}[k]$，利用线性最小均方

估计的叠加性和可交换性，$\hat{\boldsymbol{z}}[k/k-1]=\boldsymbol{H}[k]\hat{\boldsymbol{x}}[k/k-1]+\hat{\boldsymbol{w}}[k/k-1]$，很显然，$\hat{\boldsymbol{w}}[k/k-1]=0$，所以，$\hat{\boldsymbol{z}}[k/k-1]=\boldsymbol{H}[k]\hat{\boldsymbol{x}}[k/k-1]$，则

$$\boldsymbol{v}[k]=\boldsymbol{z}[k]-\boldsymbol{H}[k]\hat{\boldsymbol{x}}[k/k-1] \tag{9.2.36}$$

由线性最小均方估计的正交原理，有

$$E\left\{\left(\boldsymbol{x}[k]-\sum_{j=k_0}^{k}\boldsymbol{B}[k,j]\boldsymbol{v}[j]\right)\boldsymbol{v}^{\mathrm{T}}[i]\right\}=\boldsymbol{0}$$

$$E(\boldsymbol{x}[k]\boldsymbol{v}^{\mathrm{T}}[i])=\sum_{j=k_0}^{k}\boldsymbol{B}[k,j]E(\boldsymbol{v}[j]\boldsymbol{v}^{\mathrm{T}}[i])=\sum_{j=k_0}^{k}\boldsymbol{B}[k,j]\boldsymbol{P}_{\nu}[i]\delta_{ij}=\boldsymbol{B}[k,i]\boldsymbol{P}_{\nu}[i]$$

$$\boldsymbol{B}[k,i]=E(\boldsymbol{x}[k]\boldsymbol{v}^{\mathrm{T}}[i])\boldsymbol{P}_{\nu}^{-1}[i] \tag{9.2.37}$$

将式(9.2.37)代入式(9.2.35)，得

$$\hat{\boldsymbol{x}}[k/k]=\sum_{j=k_0}^{k}E(\boldsymbol{x}[k]\boldsymbol{v}^{\mathrm{T}}[j])\boldsymbol{P}_{v}^{-1}[j]\boldsymbol{v}[j] \tag{9.2.38}$$

式(9.2.38)是状态估计的一般表达式。为了得到递推算法，将式(9.2.38)的求和写成两项，

$$\hat{\boldsymbol{x}}[k/k]=\sum_{j=k_0}^{k-1}E(\boldsymbol{x}[k]\boldsymbol{v}^{\mathrm{T}}[j])\boldsymbol{P}_{\nu}^{-1}[j]\boldsymbol{v}[j]+E(\boldsymbol{x}[k]\boldsymbol{v}^{\mathrm{T}}[k])\boldsymbol{P}_{\nu}^{-1}[k]\boldsymbol{v}[k] \tag{9.2.39}$$

令

$$\boldsymbol{K}[k]=E(\boldsymbol{x}[k]\boldsymbol{v}^{\mathrm{T}}[k])\boldsymbol{P}_{\nu}^{-1}[k] \tag{9.2.40}$$

则式(9.2.39)可表示为

$$\begin{aligned}\hat{\boldsymbol{x}}[k/k]&=\hat{\boldsymbol{x}}[k/k-1]+\boldsymbol{K}[k]\boldsymbol{v}[k]\\&=\hat{\boldsymbol{x}}[k/k-1]+\boldsymbol{K}[k](\boldsymbol{z}[k]-\boldsymbol{H}[k]\hat{\boldsymbol{x}}[k/k-1])\end{aligned} \tag{9.2.41}$$

其中，

$$\hat{\boldsymbol{x}}[k/k-1]=\sum_{j=k_0}^{k-1}E(\boldsymbol{x}[k]\boldsymbol{v}^{\mathrm{T}}[j])\boldsymbol{P}_{\nu}^{-1}[j]\boldsymbol{v}[j] \tag{9.2.42}$$

下面推导增益 $\boldsymbol{K}[k]$的计算，由式(9.2.36)，有

$$\begin{aligned}\boldsymbol{v}[k]&=\boldsymbol{z}[k]-\boldsymbol{H}[k]\hat{\boldsymbol{x}}[k/k-1]=\boldsymbol{H}[k]\boldsymbol{x}[k]+\boldsymbol{w}[k]-\boldsymbol{H}[k]\hat{\boldsymbol{x}}[k/k-1]\\&=\boldsymbol{H}[k]\tilde{\boldsymbol{x}}[k/k-1]+\boldsymbol{w}[k]\end{aligned} \tag{9.2.43}$$

$\tilde{\boldsymbol{x}}[k/k-1]$与 $\boldsymbol{w}[k]$是不相关的，因此，

$$\boldsymbol{P}_{v}[k]=\boldsymbol{H}[k]\boldsymbol{P}_{\tilde{x}}[k/k-1]\boldsymbol{H}^{\mathrm{T}}[k]+\boldsymbol{R}[k] \tag{9.2.44}$$

又

$$E(\boldsymbol{x}[k]\boldsymbol{v}^{\mathrm{T}}[k])=E\{(\tilde{\boldsymbol{x}}[k/k-1]+\hat{\boldsymbol{x}}[k/k-1])(\boldsymbol{H}[k]\tilde{\boldsymbol{x}}[k/k-1]+\boldsymbol{w}[k])^{\mathrm{T}}\}$$

由于 $\tilde{\boldsymbol{x}}[k/k-1]$与$\boldsymbol{v}[k]$正交，而 $\hat{\boldsymbol{x}}[k/k-1]$是$\boldsymbol{v}[k]$的线性组合，所以 $\tilde{\boldsymbol{x}}[k/k-1]$与 $\hat{\boldsymbol{x}}[k/k-1]$是正交的，同时也是不相关的。此外，$\tilde{\boldsymbol{x}}[k/k-1]$、$\hat{\boldsymbol{x}}[k/k-1]$与 $\boldsymbol{w}[k]$是不相关的，因此

$$E(\boldsymbol{x}[k]\boldsymbol{v}^{\mathrm{T}}[k])=E(\tilde{\boldsymbol{x}}[k/k-1]\tilde{\boldsymbol{x}}^{\mathrm{T}}[k/k-1])\boldsymbol{H}^{\mathrm{T}}[k]$$
$$=\boldsymbol{P}_{\tilde{x}}[k/k-1]\boldsymbol{H}^{\mathrm{T}}[k] \tag{9.2.45}$$

将式(9.2.44)和式(9.2.45)代入式(9.2.40),得

$$\boldsymbol{K}[k]=\boldsymbol{P}_{\tilde{x}}[k/k-1]\boldsymbol{H}^{\mathrm{T}}[k](\boldsymbol{H}[k]\boldsymbol{P}_{\tilde{x}}[k/k-1]\boldsymbol{H}^{\mathrm{T}}[k]+\boldsymbol{R}[k])^{-1} \tag{9.2.46}$$

式(9.2.46)与式(9.2.18)是完全相同的。

下面推导预测算法。在式(9.2.42)中将 k 用 $k+1$ 代入,得

$$\hat{\boldsymbol{x}}[k+1/k]=\sum_{j=k_0}^{k}E(\boldsymbol{x}[k+1]\boldsymbol{v}^{\mathrm{T}}[j])\boldsymbol{P}_{\nu}^{-1}[j]\boldsymbol{v}[j]$$
$$=\sum_{j=k_0}^{k}E\{(\boldsymbol{\Phi}[k+1,k]\boldsymbol{x}[k]+\boldsymbol{\Gamma}[k]\boldsymbol{n}[k])\boldsymbol{v}^{\mathrm{T}}[j]\}\boldsymbol{P}_{\nu}^{-1}[j]\boldsymbol{v}[j]$$

由于 $\boldsymbol{n}[k]$与$\boldsymbol{v}[j]$($j\leqslant k$)是不相关的,因此

$$\hat{\boldsymbol{x}}[k+1/k]=\boldsymbol{\Phi}[k+1,k]\sum_{j=k_0}^{k}E(\boldsymbol{x}[k]\boldsymbol{v}^{\mathrm{T}}[j])\boldsymbol{P}_{\nu}^{-1}[j]\boldsymbol{v}[j]$$
$$=\boldsymbol{\Phi}[k+1,k]\hat{\boldsymbol{x}}[k/k] \tag{9.2.47}$$

预测的均方误差矩阵和滤波的均方误差矩阵的推导过程与在正交投影法中介绍的完全一样,在此不再重复。

由式(9.2.47),式(9.2.41)可写成

$$\hat{\boldsymbol{x}}[k/k]=\hat{\boldsymbol{x}}[k/k-1]+\boldsymbol{K}[k](\boldsymbol{z}[k]-\boldsymbol{H}[k]\hat{\boldsymbol{x}}[k/k-1])$$
$$=\boldsymbol{\Phi}[k,k-1]\hat{\boldsymbol{x}}[k-1/k-1]+\boldsymbol{K}[k](\boldsymbol{z}[k]-$$
$$\boldsymbol{H}[k]\boldsymbol{\Phi}[k,k-1]\hat{\boldsymbol{x}}[k-1/k-1])$$

整理上式后得到滤波的递推算法为

$$\hat{\boldsymbol{x}}[k/k]=(\boldsymbol{I}-\boldsymbol{K}[k]\boldsymbol{H}[k])\boldsymbol{\Phi}[k,k-1]\hat{\boldsymbol{x}}[k-1/k-1]+\boldsymbol{K}[k]\boldsymbol{z}[k] \tag{9.2.48}$$

将式(9.2.41)代入式(9.2.47)后得到

$$\hat{\boldsymbol{x}}[k+1/k]=\boldsymbol{\Phi}[k+1,k]\hat{\boldsymbol{x}}[k/k]$$
$$=\boldsymbol{\Phi}[k+1,k]\{\hat{\boldsymbol{x}}[k/k-1]+\boldsymbol{K}[k](\boldsymbol{z}[k]-\boldsymbol{H}[k]\hat{\boldsymbol{x}}[k/k-1])\}$$

整理上式后得到预测的递推算法为

$$\hat{\boldsymbol{x}}[k+1/k]=\boldsymbol{\Phi}[k+1,k](\boldsymbol{I}-\boldsymbol{K}[k]\boldsymbol{H}[k])\hat{\boldsymbol{x}}[k/k-1]+$$
$$\boldsymbol{\Phi}[k+1,k]\boldsymbol{K}[k]\boldsymbol{z}[k] \tag{9.2.49}$$

9.3 卡尔曼滤波器的特点和计算举例

9.3.1 卡尔曼滤波器的特点

卡尔曼滤波器具有如下特点:

(1) 适用于多输入多输出的非平稳序列,应用广泛。由于信号可以看作白噪声作用于一个线性系统的输出,而且输入和输出是用状态方程描述的,因此,卡尔曼滤波器不仅适用于单输入单输出的平稳随机序列,也适用于多输入多输出的非平稳随机序列,应用

范围十分广泛。

(2) 递推计算，便于实时处理。滤波的基本方程是时域递推形式，其计算过程是一个不断地“预测+修正”的过程，这种处理方式特别适合武器系统的制导、跟踪。在处理时不需要存储大量数据，只需要保留前一点的滤波结果，得到新的观测数据后就可以立即计算出新的滤波值，运算量和存储量都大大减少，非常适合于实时处理。

(3) 增益和滤波均方误差矩阵的计算与观测数据无关，可离线计算。从滤波方程组可以看出，增益和滤波均方误差矩阵与观测数据无关，因此，在实际应用中可以预先计算出来，这样可以进一步减少实时处理的计算量。此外，由于滤波均方误差矩阵对角线上的元素即是各个分量滤波的均方误差，因此，在增益的计算过程中就可以得到每一步处理的精度。

(4) 信号模型描述的是一个马尔可夫序列。由式(9.1.10)可以看出，信号在 k 时刻状态已知的条件下，在 $k+1$ 时刻的状态只与 k 时刻的状态有关，与 k 时刻以前的状态无关，因此信号是一个马尔可夫序列。此外，信号可以表示为

$$\boldsymbol{x}[k]=\boldsymbol{\Phi}[k,k_0]\boldsymbol{x}[k_0]+\sum_{j=k_0+1}^{k}\boldsymbol{\Phi}[k,j]\boldsymbol{\Gamma}[j-1]\boldsymbol{n}[j-1] \tag{9.3.1}$$

其中，

$$\boldsymbol{\Phi}[k,k_0]=\boldsymbol{\Phi}[k,k-1]\boldsymbol{\Phi}[k-1,k-2]\cdots\boldsymbol{\Phi}[k_0+1,k_0] \tag{9.3.2}$$

可见，若 $\boldsymbol{x}[k_0]$是高斯随机矢量，$\boldsymbol{n}[k]$是零均值高斯随机序列，则 $\boldsymbol{x}[k]$是高斯-马尔可夫序列；若测量噪声 $\boldsymbol{w}[k]$也是高斯的，则观测 $\boldsymbol{z}[k]$也是高斯的。

对于马尔可夫序列，$\hat{\boldsymbol{x}}[k/k]$是基于 $\boldsymbol{z}^k$ 的线性最小均方估计，而对高斯-马尔可夫序列，$\hat{\boldsymbol{x}}[k/k]$是基于 $\boldsymbol{z}^k$ 的最小均方估计。

(5) 滤波误差 $\tilde{\boldsymbol{x}}[k/k]=\boldsymbol{x}[k]-\hat{\boldsymbol{x}}[k/k]$和预测误差 $\tilde{\boldsymbol{x}}[k+1/k]=\boldsymbol{x}[k+1]-\hat{\boldsymbol{x}}[k+1/k]$是零均值马尔可夫序列，若 $\boldsymbol{x}[k_0]$、$\boldsymbol{n}[k]$、$\boldsymbol{w}[k]$均是高斯的，则 $\tilde{\boldsymbol{x}}[k/k]$和 $\tilde{\boldsymbol{x}}[k+1/k]$是零均值高斯-马尔可夫序列，证明留作习题，参见习题 9.2。

(6) 新息序列是零均值白噪声，若 $\boldsymbol{x}[k_0]$、$\boldsymbol{n}[k]$、$\boldsymbol{w}[k]$都是高斯的，则新息序列是零均值高斯白噪声。

(7) $\boldsymbol{K}[k]$与 $\boldsymbol{Q}[k]$成正比、与 $\boldsymbol{R}[k]$成反比。由增益计算的表达式(9.2.18)可以看出，当 $\boldsymbol{R}[k]$增大时，$\boldsymbol{K}[k]$减小。这是因为测量噪声增大，增益要小一点，以便减少测量噪声对滤波值的影响。

由预测的均方误差矩阵的表达式(9.2.21)可以看出，当 $\boldsymbol{Q}[k]$减少时，$\boldsymbol{P}_{\tilde{x}}[k/k-1]$减少，$\boldsymbol{K}[k]$也变小。这是因为 $\boldsymbol{Q}[k]$数值小意味着系统的扰动噪声小，预测精度高，应减少增益以便减少修正项对滤波值的影响。

(8) 递推算法的其他形式。

滤波均方误差矩阵和增益的计算也可以写成如下形式：

$$\boldsymbol{P}_{\tilde{x}}^{-1}[k/k]=\boldsymbol{P}_{\tilde{x}}^{-1}[k/k-1]+\boldsymbol{H}^{\mathrm{T}}[k]\boldsymbol{R}^{-1}[k]\boldsymbol{H}[k] \tag{9.3.3}$$

$$\boldsymbol{K}[k]=\boldsymbol{P}_{\tilde{x}}[k/k]\boldsymbol{H}^{\mathrm{T}}[k]\boldsymbol{R}^{-1}[k] \tag{9.3.4}$$

证明留作习题，参见习题 9.3。

(9) 带控制项的卡尔曼滤波算法。

若信号模型中包含有控制项，观测模型中包含固定偏差项，即

$$\boldsymbol{x}[k+1]=\boldsymbol{\Phi}[k+1,k]\boldsymbol{x}[k]+\boldsymbol{B}[k]\boldsymbol{u}[k]+\boldsymbol{\Gamma}[k]\boldsymbol{n}[k] \tag{9.3.5}$$

$$\boldsymbol{z}[k]=\boldsymbol{H}[k]\boldsymbol{x}[k]+\boldsymbol{d}[k]+\boldsymbol{w}[k] \tag{9.3.6}$$

其中 $\boldsymbol{u}[k]$ 和 $\boldsymbol{d}[k]$ 是已知的确定性信号，这时的卡尔曼滤波算法归纳在表 9.2 中。可以看出，增益和均方误差矩阵的计算与不带控制项的算法是一样的。

表 9.2 带控制项的卡尔曼滤波算法总结

信号模型	$\boldsymbol{x}[k+1]=\boldsymbol{\Phi}[k+1,k]\boldsymbol{x}[k]+\boldsymbol{B}[k]\boldsymbol{u}[k]+\boldsymbol{\Gamma}[k]\boldsymbol{n}[k]$
观测模型	$\boldsymbol{z}[k]=\boldsymbol{H}[k]\boldsymbol{x}[k]+\boldsymbol{d}[k]+\boldsymbol{w}[k]$
统计特性	$E(\boldsymbol{n}[k])=\boldsymbol{0},E(\boldsymbol{n}[k]\boldsymbol{n}^{\mathrm{T}}[l])=\boldsymbol{Q}[k]\delta_{kl}$
	$E(\boldsymbol{w}[k])=\boldsymbol{0},E(\boldsymbol{w}[k]\boldsymbol{w}^{\mathrm{T}}[l])=\boldsymbol{R}[k]\delta_{kl}$
	$E(\boldsymbol{n}[k]\boldsymbol{w}^{\mathrm{T}}[l])=\boldsymbol{0}$
起始状态	$E(\boldsymbol{x}[k_0])=\boldsymbol{m}[k_0],E(\boldsymbol{x}[k_0]\boldsymbol{x}^{\mathrm{T}}[k_0])=\boldsymbol{P}_x[k_0]$
	$E(\boldsymbol{x}[k_0]\boldsymbol{n}^{\mathrm{T}}[l])=E(\boldsymbol{x}[k_0]\boldsymbol{w}^{\mathrm{T}}[l])=\boldsymbol{0}$
预测	$\hat{\boldsymbol{x}}[k/k-1]=\boldsymbol{\Phi}[k,k-1]\hat{\boldsymbol{x}}[k-1/k-1]+\boldsymbol{B}[k-1]\boldsymbol{u}[k-1]$
预测均方误差矩阵	$\boldsymbol{P}_{\tilde{x}}[k/k-1]=\boldsymbol{\Phi}[k,k-1]\boldsymbol{P}_{\tilde{x}}[k-1/k-1]\boldsymbol{\Phi}^{\mathrm{T}}[k,k-1]+\boldsymbol{\Gamma}[k-1]\boldsymbol{Q}[k-1]\boldsymbol{\Gamma}^{\mathrm{T}}[k-1]$
卡尔曼增益	$\boldsymbol{K}[k]=\boldsymbol{P}_{\tilde{x}}[k/k-1]\boldsymbol{H}^{\mathrm{T}}[k](\boldsymbol{H}[k]\boldsymbol{P}_{\tilde{x}}[k/k-1]\boldsymbol{H}^{\mathrm{T}}[k]+\boldsymbol{R}[k])^{-1}$
滤波	$\hat{\boldsymbol{x}}(k/k)=\hat{\boldsymbol{x}}[k/k-1]+\boldsymbol{K}[k](\boldsymbol{z}[k]-\boldsymbol{H}[k]\hat{\boldsymbol{x}}[k/k-1]-\boldsymbol{d}[k])$
滤波均方误差矩阵	$\boldsymbol{P}_{\tilde{x}}[k/k]=(\boldsymbol{I}-\boldsymbol{K}[k]\boldsymbol{H}[k])\boldsymbol{P}_{\tilde{x}}[k/k-1]$
算法起始	$\hat{\boldsymbol{x}}[k_0/k_0]=\boldsymbol{m}_x[k_0]$
	$\boldsymbol{P}_{\tilde{x}}[k_0/k_0]=\boldsymbol{P}_x[k_0]$

(10) 卡尔曼滤波器与维纳滤波器的关系。

在卡尔曼滤波公式中，信号和噪声不必是广义平稳的，但若信号和噪声也是广义平稳的，则当 $k\to\infty$ 时，进入稳态的卡尔曼滤波器与维纳滤波器是等价的。

视频

9.3.2 计算举例

【例 9.1】 设有如下标量系统，

$$x[k]=ax[k-1]+n[k]$$

$$z[k]=x[k]+w[k]$$

其中，a 为常数，$n[k]$ 和 $w[k]$ 均为零均值高斯随机序列，方差分别为 σ_n^2 和 σ^2，系统的起始状态 $x[0]$ 为高斯随机变量，且均值为零，方差为 $P_x[0]$。

(1) 求估计 $x[k]$ 的卡尔曼滤波算法；

(2) 当 $a=0.9,\sigma_n^2=1,\sigma^2=10,P_x[0]=10$，求前 9 点的卡尔曼增益及滤波的均方误差。

解：根据表 9.1 总结的卡尔曼算法计算公式，有

$$\hat{x}[k/k-1]=a\hat{x}[k-1/k-1]$$

$$P_{\tilde{x}}[k/k-1]=a^2P_{\tilde{x}}[k-1/k-1]+\sigma_n^2 \tag{9.3.7}$$

$$K[k]=P_{\tilde{x}}[k/k-1](P_{\tilde{x}}[k/k-1]+\sigma^2)^{-1}=\frac{a^2P_{\tilde{x}}[k-1/k-1]+\sigma_n^2}{a^2P_{\tilde{x}}[k-1/k-1]+\sigma_n^2+\sigma^2}\tag{9.3.8}$$

$$\hat{x}[k/k]=\hat{x}[k/k-1]+K[k](z[k]-\hat{x}[k/k-1])$$

$$P_{\tilde{x}}[k/k]=(1-K[k])P_{\tilde{x}}[k/k-1]=\frac{\sigma^2(a^2P_{\tilde{x}}[k-1/k-1]+\sigma_n^2)}{a^2P_{\tilde{x}}[k-1/k-1]+\sigma_n^2+\sigma^2}\tag{9.3.9}$$

增益、滤波和预测均方误差的计算结果如表 9.3 所示。

表 9.3　例 9.1 的计算结果

k	$P_{\tilde{x}}[k/k-1]$	$K[k]$	$P_{\tilde{x}}[k/k]$
0			10
1	9.10	0.4736	4.7644
2	4.8592	0.3270	3.2701
3	3.6488	0.2673	2.6734
4	3.1654	0.2404	2.2765
5	2.9475	0.2277	2.2142
6	2.8440	0.2214	2.1836
8	2.7935	0.2184	2.1683
9	2.7687	0.2168	2.1608

通过这个例子可以看出卡尔曼滤波器的一些特点：

(1) 由式(9.3.9)可以看出，$P_{\tilde{x}}[k/k]\leqslant\sigma^2$，即滤波均方误差的上限取决于测量噪声的方差。由表 9.3 可以看出，开始的滤波均方误差比较大，然后逐渐减小，最后趋向于某个定值。

(2) 由式(9.3.7)可以看出，$P_{\tilde{x}}[k/k-1]\geqslant\sigma_n^2$，即系统的扰动噪声方差决定了预测误差的下限。由表 9.3 可以看出，开始的预测的均方误差比较大，然后逐渐减小，最后趋向于某个定值。

(3) 由式(9.3.8)可以看出，$0\leqslant K[k]\leqslant 1$。由表 9.3 可以看出，增益是逐步减小的，最后也趋向于某个定值。

(4) 卡尔曼滤波器稳态时的特性。当 $k\to\infty$时，滤波器的均方误差矩阵和增益都趋向于定值，即 $\boldsymbol{K}[k]\to\boldsymbol{K}[\infty]$，$\boldsymbol{P}_{\tilde{x}}[k/k]\to\boldsymbol{P}[\infty]$，$\boldsymbol{P}_{\tilde{x}}[k/k-1]\to\boldsymbol{P}_p[\infty]$，对于本例，由式(9.3.9)可得

$$P[\infty]=\frac{\sigma^2(a^2P[\infty]+\sigma_n^2)}{a^2P[\infty]+\sigma_n^2+\sigma^2}$$

即

$$a^2P^2[\infty]+(\sigma_n^2+\sigma^2-\sigma^2a^2)P[\infty]-\sigma^2\sigma_n^2=0$$

上式称为计算稳态时滤波均方误差的黎卡提(Ricatti)方程。求出 $P[\infty]$后代入式(9.3.8)，得

$$K[\infty]=\frac{a^2P[\infty]+\sigma_n^2}{a^2P[\infty]+\sigma_n^2+\sigma^2}$$

由上式可以求出稳态时的增益，代入滤波方程得

$$\begin{aligned}\hat{x}[k/k]&=a\hat{x}[k-1/k-1]+K[\infty](z[k]-a\hat{x}[k-1/k-1])\\&=a(1-K[\infty])\hat{x}[k-1/k-1]+K[\infty]z[k]\end{aligned}$$

稳态时卡尔曼滤波器的传递函数为

$$H_{\infty}[z]=\frac{K[\infty]}{1-a(1-K[\infty])z^{-1}}$$

若 $a=0.9,\sigma_n^2=1,\sigma^2=10$，则可解得 $K[\infty]=0.2153$，稳态时滤波器的传递函数为

$$H_{\infty}(z)=\frac{0.2153}{1-0.7062z^{-1}}$$

滤波方程化为

$$\hat{x}[k/k]=0.7062\hat{x}[k-1/k-1]+0.2153\boldsymbol{z}[k]$$

(5) 初值选择的影响，假定滤波均方误差的初始值分别取 $P_{\tilde{x}}[0/0]=10$ 和 $P_{\tilde{x}}[0/0]=1$，滤波的均方误差如图 9.5 所示，可以看出，初值的选择会影响前几个估计的均方误差，但随着观测的增加，滤波的结果对初值不敏感。

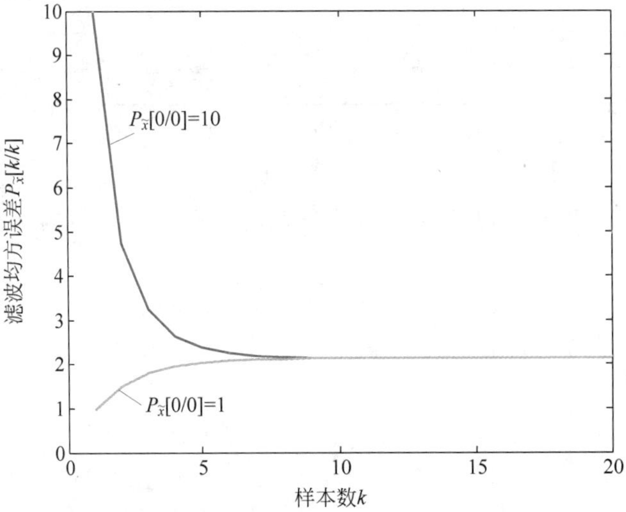

图 9.5　初值的选择对滤波均方误差的影响

【例 9.2】 讨论例 9.1 的应用问题，假定对直流电源的输出电压进行观测，观测模型可以表示为

$$z[k]=\theta+w[k]$$

其中，θ 为直流电源的输出电压，是待估计量；$w[k]$为测量电压时引入的测量误差，一般为零均值高斯白噪声，方差为 σ^2；$z[k]$是受噪声污染的观测。关于 θ 的估计，在第 6～8 章介绍了许多估计方法。但实际中，由于温度的变化以及电源器件的老化，直流电源的输出电压可能是随时间缓慢变化的，因此精确的测量模型应该是

$$z[k]=s[k]+w[k]$$

很容易证明，按照参数估计方法得到的 $s[k]$的最大似然估计为 $\hat{s}[k]=z[k]$，估计值即为

观测值，对观测缺乏处理，估计的误差即为测量误差，估计是不精确的，图9.6给出了这一估计的结果。

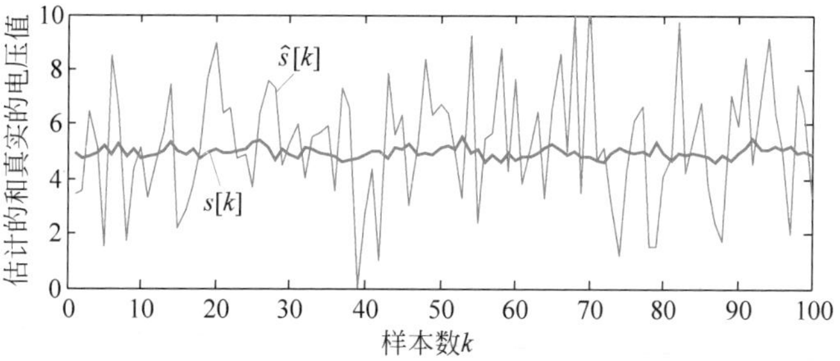

图9.6 真实电压和最大似然估计

若将电压源的输出电压设定为5V，则实际的输出电压应该在5V附近轻微变化，如图9.6中的$s[k]$，其变化是非常缓慢的，表明输出电压样本前后的相关性很强，若这个电压信号可以用一个随机过程描述，则$s[k]$可以看作随机过程的一个实例。对随机过程，可以采用卡尔曼滤波方法求得线性最小均方估计。

随机过程可以用常用的时间序列模型描述，一个最简单的模型是一阶高斯-马尔可夫序列：

$$x[k]=ax[k-1]+n[k],\quad k\geqslant 0 \tag{9.3.10}$$

式中，$n[k]$是零均值高斯白噪声，方差为Q，系数$|a|\leqslant 1$，信号的起始状态$x[0]\sim\mathcal{N}(0,P_x[0])$。注意，式(9.3.10)描述的是一个零均值的信号，它是对电压信号在均值附近起伏的描述，即$x[k]=s[k]-E(s[k])$。对于非零均值信号，需要在零均值信号上加上信号的均值。假定电源输出电压的均值为5V，由此建立的信号模型与观测模型为

$$\begin{cases}x[k]=ax[k-1]+n[k]\\ z[k]=x[k]+5+w[k]\end{cases} \tag{9.3.11}$$

式中，测量噪声$w[k]$是零均值白噪声，方差为R，注意到观测模型中包含有固定的偏差项。根据表9.2给出的卡尔曼滤波算法进行递推计算，下面给出了$a=0.95$，$P_x[0]=1$，$Q=0.01$，$R=0.36$的MATLAB计算程序，图9.7给出了滤波曲线。

```
clear all;
N = 200;
Q = 0.01;
R = 0.36;
a = 0.95;
x(1) = 0;
z(1) = x(1) + 5 + sqrt(R) * randn(1,1);
for k = 2:N
    x(k) = a * x(k - 1) + sqrt(Q) * randn(1,1);
    z(k) = x(k) + 5 + sqrt(R) * randn(1,1);
end
xf(1) = 0;
pf(1) = 1;
for k = 2:N
```

```
    xp(k) = a * xf(k - 1);
    pp(k) = a^2 * pf(k - 1) + Q;
    K(k) = pp(k)/(pp(k) + R);
    xf(k) = xp(k) + K(k) * (z(k) - 5 - xp(k));
    pf(k) = (1 - K(k)) * pp(k);
end
plot(1:1:N,x + 5,'k - ',1:1:N,z,'k:',1:1:N,xf + 5,'b - ');axis([1,N,0,10])
```

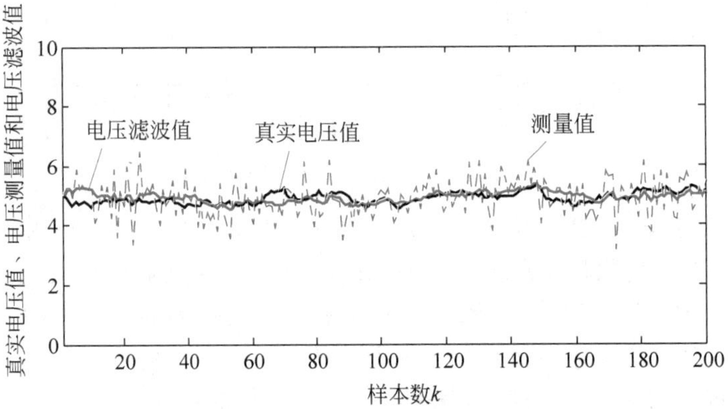

图 9.7 电压信号的卡尔曼滤波示意图

9.4 色噪声环境下的卡尔曼滤波器

在前面的讨论中,假定信号模型的扰动噪声和测量噪声都是白噪声,而实际中,这些噪声有可能是色噪声,在这种情况下,需要对算法进行扩展才能应用,通常的做法是扩充状态变量。

视频

9.4.1 测量噪声为色噪声

假定信号模型和观测模型仍如式(9.1.10)和式(9.1.11),但其中测量噪声 $\boldsymbol{w}[k]$为相关噪声,可以用如下线性模型加以描述:

$$\boldsymbol{w}[k+1]=\boldsymbol{\theta}[k+1,k]\boldsymbol{w}[k]+\boldsymbol{\xi}[k] \tag{9.4.1}$$

其中,$\boldsymbol{\xi}[k]$为零均值白噪声,方差阵为 $E(\boldsymbol{\xi}[k]\boldsymbol{\xi}^{\mathrm{T}}[k])=\boldsymbol{N}[k]$,$\boldsymbol{w}[0]$为随机变量,且 $E(\boldsymbol{w}[0])=\boldsymbol{0}$,$E(\boldsymbol{w}[0]\boldsymbol{w}^{\mathrm{T}}[0])=\boldsymbol{R}_w[0]$,$E(\boldsymbol{w}[0]\boldsymbol{x}^{\mathrm{T}}[0])=\boldsymbol{0}$。将式(9.1.10)和式(9.4.1)综合成如下表达式:

$$\begin{bmatrix}\boldsymbol{x}[k+1]\\ \boldsymbol{w}[k+1]\end{bmatrix}=\begin{bmatrix}\boldsymbol{\Phi}[k+1,k] & 0\\ 0 & \boldsymbol{\theta}[k+1,k]\end{bmatrix}\begin{bmatrix}\boldsymbol{x}[k]\\ \boldsymbol{w}[k]\end{bmatrix}+\begin{bmatrix}\boldsymbol{\Gamma}[k]\boldsymbol{n}[k]\\ \boldsymbol{\xi}[k]\end{bmatrix}$$

定义新的状态变量和状态转移矩阵:

$$\boldsymbol{x}^*[k]=\begin{bmatrix}\boldsymbol{x}[k]\\ \boldsymbol{w}[k]\end{bmatrix},\quad \boldsymbol{\Phi}^*[k+1,k]=\begin{bmatrix}\boldsymbol{\Phi}[k+1,k] & 0\\ 0 & \boldsymbol{\theta}[k+1,k]\end{bmatrix},$$

$$\boldsymbol{n}^*[k]=\begin{bmatrix}\boldsymbol{\Gamma}[k]\boldsymbol{n}[k]\\ \boldsymbol{\xi}[k]\end{bmatrix}$$

则信号的状态方程修正为

$$x^*[k+1]=\Phi^*[k+1,k]x^*[k]+n^*[k] \tag{9.4.2}$$

可以证明，$n^*[k]$为零均值白噪声，方差阵为

$$E(n^*[k]n^{*T}[k])=\begin{bmatrix}\Gamma[k]Q[k]\Gamma^T[k] & 0\\ 0 & N[k]\end{bmatrix}=Q^*[k]$$

而观测方程则为

$$z[k]=[H[k]\ \vdots\ I]\begin{bmatrix}x[k]\\ w[k]\end{bmatrix}$$

定义新的测量矩阵 $H^*[k]=[H[k]\ \vdots\ I]$，则测量方程为

$$z[k]=H^*[k]x^*[k] \tag{9.4.3}$$

对应的卡尔曼滤波算法可归纳如下：

预测：

$$\hat{x}^*[k/k-1]=\Phi^*[k,k-1]\hat{x}^*[k-1/k-1] \tag{9.4.4}$$

预测均方误差矩阵：

$$P_{\tilde{x}^*}[k/k-1]=\Phi^*[k,k-1]P_{\tilde{x}^*}[k-1/k-1]\Phi^{*T}[k,k-1]+Q^*[k-1] \tag{9.4.5}$$

卡尔曼增益：

$$K^*[k]=P_{\tilde{x}^*}[k/k-1]H^{*T}[k](H^*[k]P_{\tilde{x}^*}[k/k-1]H^{*T}[k])^{-1} \tag{9.4.6}$$

滤波：

$$\hat{x}^*[k/k]=\hat{x}^*[k/k-1]+K^*[k](z[k]-H^*[k]\hat{x}[k/k-1]) \tag{9.4.7}$$

滤波均方误差矩阵：

$$P_{\tilde{x}^*}[k/k]=(I-K^*[k]H^*[k])P_{\tilde{x}^*}[k/k-1] \tag{9.4.8}$$

注意，在式(9.4.6)中，$H^*[k]P_{\tilde{x}^*}[k/k-1]H^{*T}[k]$有可能为奇异矩阵，矩阵求逆有可能不存在。

9.4.2 扰动噪声为色噪声

假定信号模型和观测模型仍如式(9.1.10)和式(9.1.11)，但其中扰动噪声 $n[k]$为相关噪声，可以用如下线性模型加以描述，

$$n[k+1]=\psi[k+1,k]n[k]+\mu[k] \tag{9.4.9}$$

其中，$\mu[k]$为零均值白噪声，方差阵为 $E(\mu[k]\mu^T[k])=Q_1[k]$，$n[0]$为随机变量，且 $E(n[0])=0$，$E(n[0]n^T[0])=Q_n[0]$，$E(n[0]x^T[0])=0$。将式(9.1.10)和式(9.4.9)综合成如下表达式：

$$\begin{bmatrix}x[k+1]\\ n[k+1]\end{bmatrix}=\begin{bmatrix}\Phi[k+1,k] & \Gamma(k)\\ 0 & \psi[k+1,k]\end{bmatrix}\begin{bmatrix}x[k]\\ n[k]\end{bmatrix}+\begin{bmatrix}0\\ 1\end{bmatrix}\mu[k]$$

定义新的状态变量和状态转移矩阵，

$$\boldsymbol{x}^*[k]=\begin{bmatrix}\boldsymbol{x}[k]\\ \boldsymbol{n}[k]\end{bmatrix},\quad \boldsymbol{\Phi}^*[k+1,k]=\begin{bmatrix}\boldsymbol{\Phi}[k+1,k] & \boldsymbol{\Gamma}(k)\\ \boldsymbol{0} & \boldsymbol{\psi}[k+1,k]\end{bmatrix},\quad \boldsymbol{\Gamma}^*=\begin{bmatrix}0\\1\end{bmatrix}$$

则信号的状态方程修正为

$$\boldsymbol{x}^*[k+1]=\boldsymbol{\Phi}^*[k+1,k]\boldsymbol{x}^*[k]+\boldsymbol{\Gamma}^*\boldsymbol{\mu}[k] \tag{9.4.10}$$

类似地,观测方程为

$$\boldsymbol{z}[k]=\boldsymbol{H}[k]\boldsymbol{x}[k]+\boldsymbol{w}[k]=[\boldsymbol{H}[k]\ \vdots\ \boldsymbol{0}]\,\boldsymbol{x}^*[k]+\boldsymbol{w}[k]$$

定义 $\boldsymbol{H}^*[k]=[\boldsymbol{H}[k]\ \vdots\ \boldsymbol{0}]$,则

$$\boldsymbol{z}[k]=\boldsymbol{H}^*[k]\boldsymbol{x}^*[k]+\boldsymbol{w}[k] \tag{9.4.11}$$

式(9.4.10)和式(9.4.11)的状态方程和观测方程中的噪声项都变成了零均值白噪声,这样对状态变量 $\boldsymbol{x}^*[k]$的估计就可以利用标准的卡尔曼滤波算法。

在系统扰动噪声 $\boldsymbol{n}[k]$和测量噪声 $\boldsymbol{w}[k]$均为色噪声时,同样采用扩充状态变量维的方法,定义新的状态变量 $\boldsymbol{x}^*[k]=[\boldsymbol{x}^{\mathrm{T}}[k]\ \ \boldsymbol{n}^{\mathrm{T}}[k]\ \ \boldsymbol{w}^{\mathrm{T}}[k]]^{\mathrm{T}}$,按照新的状态变量导出信号的状态方程和观测方程即可。

视频

9.5 卡尔曼滤波器的发散及克服发散的方法

在卡尔曼滤波算法的推导过程中,对信号模型和观测模型都做了假定,即当实际问题能够用假定的模型描述时,才会得到比较好的结果。若实际问题不能用假定的模型描述时,滤波效果可能很差,模型不准有可能使得滤波器出现发散现象,使估计越来越偏离真实值。

下面通过一个实例说明滤波器的发散现象。假定有一个系统,可以用如下信号模型和观测模型描述:

$$\bar{x}[k+1]=\bar{x}[k]+a=\bar{x}[0]+(k+1)a \tag{9.5.1}$$

$$z[k]=\bar{x}[k]+w[k]=\bar{x}[0]+ka+w[k] \tag{9.5.2}$$

其中,a 是常数,$E(\bar{x}[0])=0$,$\mathrm{Var}(\bar{x}[0])=P_0$,$w[k]$为零均值白噪声,方差为 σ^2。如果在应用卡尔曼滤波算法时错误地将模型假定为

$$x[k+1]=x[k] \tag{9.5.3}$$

$$z[k]=x[k]+w[k] \tag{9.5.4}$$

且假定 $E(x[0])=0$,$\mathrm{Var}(x[0])=P_0$,可以证明(参见习题 9.4),系统的最佳估计算法为

$$P_{\tilde{x}}[k/k]=\frac{P_0\sigma^2}{\sigma^2+kP_0} \tag{9.5.5}$$

$$K[k]=\frac{P_0}{\sigma^2+kP_0} \tag{9.5.6}$$

$$\hat{x}[k/k]=\frac{P_0}{\sigma^2+kP_0}\sum_{i=1}^{k}z[i] \tag{9.5.7}$$

而实际的测量模型如式(9.5.2)所示,代入式(9.5.7),得

$$\hat{x}[k/k]=\frac{P_0}{\sigma^2+kP_0}\sum_{i=1}^{k}(\bar{x}[0]+ia+w[i])$$

$$=\frac{P_0}{\sigma^2+kP_0}\left[k\bar{x}[0]+\frac{1}{2}k(k+1)a+\sum_{i=1}^{k}w[i]\right] \tag{9.5.8}$$

滤波误差为

$$\tilde{x}[k/k]=\bar{x}[k]-\hat{x}[k/k]$$

$$=\bar{x}[0]+ka-\frac{P_0}{\sigma^2+kP_0}\left(k\bar{x}[0]+\frac{1}{2}k(k+1)a+\sum_{i=1}^{k}w[i]\right)$$

$$=\frac{\sigma^2}{\sigma^2+kP_0}\bar{x}[0]+\frac{k\sigma^2+\frac{1}{2}k(k-1)P_0}{\sigma^2+kP_0}a-\frac{P_0}{\sigma^2+kP_0}\sum_{i=1}^{k}w[i] \tag{9.5.9}$$

若 $P_0=\infty$，则

$$\tilde{x}[k/k]=\frac{1}{2}(k-1)a-\frac{1}{k}\sum_{i=1}^{k}w[i] \tag{9.5.10}$$

滤波误差的均值和均方误差分别为

$$E(\tilde{x}[k/k])=\frac{1}{2}(k-1)a \tag{9.5.11}$$

$$E(\tilde{x}^2[k/k])=\frac{1}{4}(k-1)^2a^2+\frac{1}{k}\sigma^2 \tag{9.5.12}$$

由此可见，误差均值和均方误差随 k 的增加变得越来越大，这种现象称为发散现象。初看起来本例的发散现象是由于在建立信号模型时 a 被忽略引起的，但实际上，即使 a 没有被忽略，而只是取值不准，即假定

$$x[k+1]=x[k]+b$$

可以证明，这时的滤波误差可表示为

$$\tilde{x}[k/k]=\frac{1}{2}(k-1)(a-b)-\frac{1}{k}\sum_{i=1}^{k}w[i]$$

$$E(\tilde{x}^2[k/k])=\frac{1}{4}(k-1)^2(a-b)^2+\frac{1}{k}\sigma^2$$

可见滤波器仍会出现发散。

在本例中，当 $P_0=\infty$ 时，由于 $K[k]=\frac{1}{k}$，当 $k\to\infty$ 时，$K[k]\to 0$。即随着 k 的增加，观测 $z[k]$ 对滤波值 $\hat{x}[k/k]$ 的修正作用越来越小，这样 $\hat{x}[k/k]$ 主要是按模型进行外推，模型不准使得误差逐步积累，致使滤波误差越来越大。解决这一问题通常有以下四种方法。

1. 扩充状态变量法

本例中模型误差是一个未知输入，可以将其建立一个方程，

$$a[k+1]=a[k]+\xi[k]$$

其中 $\xi[k]$ 假定为零均值的白噪声,定义状态变量 $x^*[k]=[x[k]\quad a[k]]^{\mathrm{T}}$,建立一个新的状态方程和观测方程,只要 $\xi[k]$ 的方差选择得当,就可以防止滤波器发散。

2. 限定下界法

发散的直接原因是 $P_{\tilde{x}}[k/k]$ 随着 k 的增大而趋于零,使得 $K[k]$ 趋于零,新的观测数据对滤波器失去修正作用,这种现象称为数据饱和现象。为此,可以限定 $K[k]\geqslant K_0$,可以防止出现数据饱和现象,避免滤波器出现发散。本例 $P_{\tilde{x}}[k/k]$ 随着 k 的增大而趋于零。这是因为信号模型中没有扰动噪声项所致,若加上扰动噪声项,则 $P_{\tilde{x}}[k/k]$ 就不会趋于零,同样 $K[k]$ 也就不会趋于零,只要扰动噪声项的方差选择得当,可以在一定程度上克服发散现象。

3. 自适应滤波法

卡尔曼滤波算法在应用中需要已知扰动噪声和测量噪声的协方差矩阵,但实际中这些协方差是未知的,若随意假定一个值,而实际的值与假定的值相差很远时,滤波器有可能发散。在这种情况下,可以通过观测数据去估计扰动噪声和测量噪声的协方差。这种方法称为自适应的卡尔曼滤波方法。

4. 多模滤波法

信号模型是否准确是卡尔曼滤波精度的关键,模型不准也是引起滤波器发散的主要原因,在实际中,系统的状态可能需要多个模型描述。

比如目标跟踪问题,可以假定目标在开始阶段做匀速直线运动,这时,目标的状态变量只需要用两个分量 $\boldsymbol{x}=[x\quad \dot{x}]^{\mathrm{T}}$(只考虑 x 方向,若同时考虑 y 方向,则需要四个分量)描述。然而目标也可能做加速运动,如直线加速,这时需要用三个分量 $\boldsymbol{x}=[x\quad \dot{x}\quad \ddot{x}]^{\mathrm{T}}$ 描述,对于更复杂的运动轨迹则需要更多的状态分量描述。当然高维的状态分量可以兼顾低维的情况。但是,状态分量的增加将使运算量显著增加,而且,若目标处于匀速直线运动而采用高阶模型,滤波精度可能下降。为了平衡运算量和滤波精度的关系,可以考虑采用多个模型。比如可以考虑采用匀速直线运动和匀加速运动两个模型,在跟踪开始阶段采用匀速直线运动模型,当目标出现加速运动时,滤波器切换到高维的加速模型。然而在实际中并不知道目标的运动状态在什么时候发生变化,因而无法准确确定滤波器切换的时间。解决的方法通常有两种:第一种方法是通过一定的方法检测目标运动状态的变化,如可以通过新息进行检测,这也是一种自适应方法,是针对模型变化的自适应;第二种方法就是采用多个运动模型并行工作,构成多模卡尔曼滤波器,如将在 9.6 节中介绍的交互多模(Interacting Multiple Model,IMM)算法就是这样一种算法。

视频

9.6 卡尔曼滤波在雷达数据处理中的应用

9.6.1 雷达数据处理概述

雷达数据处理就是雷达在探测到目标并录取目标的位置数据后,对测量到的目标位置数据(称为点迹)进行处理,自动形成航迹,并对目标在下一时刻的位置进行预测,其基本框图如图 9.8 所示。

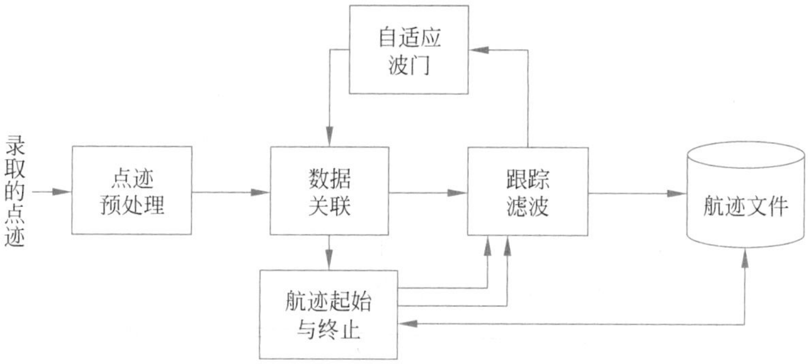

图 9.8　雷达数据处理的基本框图

雷达探测到目标后，点迹录取器提取目标的位置信息形成点迹数据，经预处理后，新的点迹与已存在的航迹进行数据关联，关联上的点迹用来更新航迹信息（跟踪滤波），并形成对目标下一位置的预测波门，没有关联上的点迹进行新航迹起始。若已有的目标航迹连续多次没有点迹与之关联，则航迹终止。雷达数据处理的关键技术是航迹起始与终止、跟踪滤波、数据关联。

航迹起始是进入雷达监视区域的新目标建立航迹的过程。在获得一组观测点迹后，这些点迹首先与已经存在的航迹（可靠航迹）进行关联，关联成功的点迹用来更新航迹文件，剩余的点迹存入暂时航迹文件，暂时航迹可能是由进入监视区域的新目标引起，也可能是由噪声、杂波和干扰引起的虚假目标，因此暂时航迹必须经过确认才能转为可靠航迹。

跟踪滤波的目的是根据已获得的目标观测数据对目标的状态进行精确估计，跟踪滤波的关键是对机动目标的跟踪能力，机动目标跟踪的主要困难在于跟踪设定的目标模型与实际的目标动力学模型的匹配问题，一般目标沿匀速直线航线运动，这时采用卡尔曼滤波技术可获得最佳估计，但当目标偏离匀速直线航线而作机动飞行时，采用标准的卡尔曼滤波可能会出现发散，所以需要采用自适应卡尔曼滤波方法。

在多目标及杂波环境中，雷达接收到的量测可能不全是来自感兴趣的目标，因此要准确地判断量测（也称为点迹）与目标的一一对应关系是一件很困难的事情。数据关联的过程就是将雷达录取器录取的点迹与已经存在的航迹进行比较并确定正确的点迹——航迹对的过程。当目标的波门内只有一个点迹时，关联的过程是比较简单的，但当目标比较多且相互靠近时，关联的过程就变得十分复杂，此时要么单个点迹位于多个波门内，要么多个点迹位于单个目标波门内，目前解决此类问题有两种方法，第一种方法是所谓的最近邻域法，即当目标的波门内有多个点迹时，选择统计距离最小（或所有互联的统计距离和最小）的点迹进行配对。这种方法的计算相对比较简单，但是当目标靠得较近或作交叉飞行时，存在较多的误跟和丢失目标的现象。另一种方法称为全邻域法，这种方法考虑跟踪门内的所有点迹，并对所有点迹计算概率权值，形成一个等效的量测点，用这个等效的量测来更新目标的状态，典型的算法是概率数据关联法（JPDA），这种方法适合于密集杂波环境中多目标的跟踪。

本节主要讨论雷达数据处理中的跟踪滤波。

9.6.2 目标跟踪的基本方法

假定雷达每隔时间 T 获得目标的位置数据，跟踪滤波器对观测数据进行处理，估计当前目标的状态参数(如位置、速度、加速度等)，并对目标未来的状态进行预测。

1. 目标模型

在应用估计理论特别是卡尔曼滤波理论时，要求定义估计问题的数学模型来描述在某个时刻状态变量与以前时刻的关系。状态变量应与系统的能量相联系，如目标的运动模型，状态变量可选用目标的位置(与目标的引力能相联系)和速度(与目标的动能相联系)，一般来说，状态变量的增加会使估计的计算量相应增加，因此希望在满足模型的精度和跟踪性能的条件下，采用简单的数学模型。

目标跟踪问题遇到的运动载体(如飞行器、船只、车辆等)一般都按照恒速直线运动的轨迹运动，运动载体的转弯、躲避机动和大气湍流而引起的加速度可以看作恒速直线航线的摄动。

在状态方程中，加速度可看作一种具有随机特征的驱动输入，它考虑了驾驶员或环境扰动所造成的不可预测行为。在平面直角坐标系中目标运动的数学模型可用下列差分方程描述：

$$\begin{cases} x[k+1]=x[k]+T\dot{x}[k]+(T^2/2)a_x[k] \\ \dot{x}[k+1]=\dot{x}[k]+Ta_x[k] \\ y[k+1]=y[k]+T\dot{y}[k]+(T^2/2)a_y[k] \\ \dot{y}[k+1]=\dot{y}[k]+Ta_y[k] \end{cases} \tag{9.6.1}$$

式中，$x[k]$和 $\dot{x}[k]$分别表示在第 k 次雷达扫描时 x 坐标方向目标的位置和速度，$a_x[k]$是目标在 x 方向的加速度，T 是雷达扫描周期(假定是恒定的)，假定 $a_x[k]$是零均值白噪声，方差为 $\sigma_{a_x}^2$。同理，$y[k]$和 $\dot{y}[k]$分别表示在第 k 次雷达扫描时 y 坐标方向目标的位置和速度，$a_y[k]$是目标在 y 方向的加速度，$a_y[k]$假定为与 $a_x[k]$统计独立的零均值白噪声，方差为 $\sigma_{a_y}^2$，且假定 $\sigma_{a_x}^2=\sigma_{a_y}^2=\sigma_a^2$。

令

$$\boldsymbol{x}[k]=\begin{bmatrix} x[k] \\ \dot{x}[k] \\ y[k] \\ \dot{y}[k] \end{bmatrix}, \quad \boldsymbol{\Phi}=\begin{bmatrix} 1 & T & 0 & 0 \\ 0 & 1 & 0 & 0 \\ 0 & 0 & 1 & T \\ 0 & 0 & 0 & 1 \end{bmatrix}, \quad \boldsymbol{\Gamma}=\begin{bmatrix} T^2/2 & 0 \\ T & 0 \\ 0 & T^2/2 \\ 0 & T \end{bmatrix}, \quad \boldsymbol{n}[k]=\begin{bmatrix} a_x[k] \\ a_y[k] \end{bmatrix}$$

则式(9.6.1)可以用如下状态方程描述：

$$\boldsymbol{x}[k+1]=\boldsymbol{\Phi x}[k]+\boldsymbol{\Gamma n}[k] \tag{9.6.2}$$

其中，$\boldsymbol{n}[k]$是零均值的白噪声，方差阵为 $\boldsymbol{Q}=\begin{bmatrix} \sigma_a^2 & 0 \\ 0 & \sigma_a^2 \end{bmatrix}=\sigma_a^2\boldsymbol{I}$。式(9.6.2)可以很容易地

扩展到三维空间的情况，这时状态变量就是六维的矢量，为了简化分析，这里只考虑平面目标的跟踪问题。

2. 跟踪滤波器

雷达通常是观测目标和雷达站之间的距离以及方位角，在测量方程中测量矢量与状态变量之间是非线性关系，为了简化起见，此处假定雷达能够独立地观测目标 x 和 y 的坐标，有关非线性滤波问题将在第 10 章进行介绍。

雷达的测量方程为

$$\begin{cases} z_x[k]=x[k]+w_x[k] \\ z_y[k]=y[k]+w_y[k] \end{cases}$$

其中，$w_x[k]$和 $w_y[k]$是不相关的零均值白噪声，假定它们的方差为 $\sigma_x^2=\sigma_y^2=\sigma^2$，令

$$\boldsymbol{z}[k]=\begin{bmatrix} z_x[k] \\ z_y[k] \end{bmatrix},\quad \boldsymbol{H}=\begin{bmatrix} 1 & 0 & 0 & 0 \\ 0 & 0 & 1 & 0 \end{bmatrix},\quad \boldsymbol{w}[k]=\begin{bmatrix} w_x[k] \\ w_y[k] \end{bmatrix}$$

则测量方程可表示为

$$\boldsymbol{z}[k]=\boldsymbol{Hx}[k]+\boldsymbol{w}[k] \tag{9.6.3}$$

其中，$\boldsymbol{w}[k]$是零均值白噪声，方差阵 $\boldsymbol{R}=\begin{bmatrix} \sigma^2 & 0 \\ 0 & \sigma^2 \end{bmatrix}=\sigma^2\boldsymbol{I}$。

有了式(9.6.2)的信号模型和式(9.6.3)的测量模型，根据表 9.1 总结的卡尔曼滤波算法就可以对目标位置进行连续的跟踪滤波。

3. 跟踪起始

在跟踪滤波中需要确定起始条件，在实际中，目标的起始状态是未知的，因而无法根据对目标起始状态的均值和方差的假定来确定起始条件。在这种情况下，可以利用前两个测量值确定起始条件，称为两点起始法。

假定得到了前两个观测值 $\boldsymbol{z}[1]$，$\boldsymbol{z}[2]$，则起始状态估计可由下面的方法确定：

$$\hat{\boldsymbol{x}}[2/2]=[z_x[2] \quad (z_x[2]-z_x[1])/T \quad z_y[2] \quad (z_y[2]-z_y[1])/T]^{\mathrm{T}}$$

$$\tilde{\boldsymbol{x}}[2/2]=\boldsymbol{x}[2]-\hat{\boldsymbol{x}}[2/2]=\begin{bmatrix} x[2] \\ \dot{x}[2] \\ y[2] \\ \dot{y}[2] \end{bmatrix}-\begin{bmatrix} z_x[2] \\ (z_x[2]-z_x[1])/T \\ z_y[2] \\ [z_y[2]-z_y[1])/T \end{bmatrix}$$

$$=\begin{bmatrix} -w_x[2] \\ \dot{x}[2]-\dfrac{x[2]-x[1]}{T}-\dfrac{w_x[2]-w_x[1]}{T} \\ -w_y[2] \\ \dot{y}[2]-\dfrac{y[2]-y[1]}{T}-\dfrac{w_y[2]-w_y[1]}{T} \end{bmatrix}$$

根据信号模型式(9.6.1)，有

$$\dot{x}[2]-\frac{x[2]-x[1]}{T}=\dot{x}[1]+Ta_x[1]-\frac{x[1]+T\dot{x}[1]+a_x[1]T^2/2-x[1]}{T}$$
$$=\dot{x}[1]+Ta_x[1]-\dot{x}[1]-\frac{T}{2}a_x[1]$$
$$=\frac{1}{2}Ta_x[1]$$

同理,

$$\dot{y}[2]-\frac{y[2]-y[1]}{T}=\frac{1}{2}Ta_y[1]$$

所以,

$$\tilde{\boldsymbol{x}}[2/2]=\begin{bmatrix}-w_x[2]\\ \frac{1}{2}Ta_x[1]+\frac{w_x[1]-w_x[2]}{T}\\ -w_y[2]\\ \frac{1}{2}Ta_y[1]+\frac{w_y[1]-w_y[2]}{T}\end{bmatrix}$$

由此可得起始均方误差矩阵为

$$\boldsymbol{P}_{\tilde{x}}[2/2]=E(\tilde{\boldsymbol{x}}[2/2]\tilde{\boldsymbol{x}}^{\mathrm{T}}[2/2])=\begin{bmatrix}p_{11} & p_{12} & 0 & 0\\ p_{21} & p_{22} & 0 & 0\\ 0 & 0 & p_{33} & p_{34}\\ 0 & 0 & p_{43} & p_{44}\end{bmatrix}$$

$$p_{11}=E(w_x^2[2])=\sigma^2$$
$$p_{21}=E\left\{-\left[\frac{1}{2}Ta_x[1]+\frac{w_x[1]-w_x[2]}{T}\right]w_x[2]\right\}=\frac{\sigma^2}{T}$$
$$p_{12}=E\left\{-w_x[2]\left[\frac{Ta_x[1]}{2}+\frac{w_x[1]-w_x[2]}{T}\right]\right\}=\frac{\sigma^2}{T}$$
$$p_{22}=E\left\{\left[\frac{Ta_x[1]}{2}+\frac{w_x[1]-w_x[2]}{T}\right]^2\right\}=\frac{T^2\sigma_a^2}{4}+\frac{2\sigma^2}{T^2}$$
$$p_{33}=E(w_y^2[2])=\sigma^2$$
$$p_{34}=E\left\{-\left(\frac{1}{2}Ta_y[1]+\frac{w_y[1]-w_y[2]}{T}\right)w_y[2]\right\}=\frac{\sigma^2}{T}$$
$$p_{43}=E\left\{-w_y[2]\left(\frac{Ta_y[1]}{2}+\frac{w_y[1]-w_y[2]}{T}\right)\right\}=\frac{\sigma^2}{T}$$
$$p_{44}=E\left\{\left(\frac{Ta_y[1]}{2}+\frac{w_y[1]-w_y[2]}{T}\right)^2\right\}=\frac{T^2\sigma_a^2}{4}+\frac{2\sigma^2}{T^2}$$

$$\boldsymbol{P}_{\tilde{x}}[2/2]=\begin{bmatrix}\sigma^2 & \sigma^2/T & 0 & 0\\ \sigma^2/T & \sigma_a^2T^2/4+2\sigma^2/T^2 & 0 & 0\\ 0 & 0 & \sigma^2 & \sigma^2/T\\ 0 & 0 & \sigma^2/T & \sigma_a^2T^2/4+2\sigma^2/T^2\end{bmatrix}$$

4. 跟踪实例：雷达跟踪低空无人机

1）场景描述

考虑雷达跟踪低空无人机目标的场景，如图 9.9 所示。

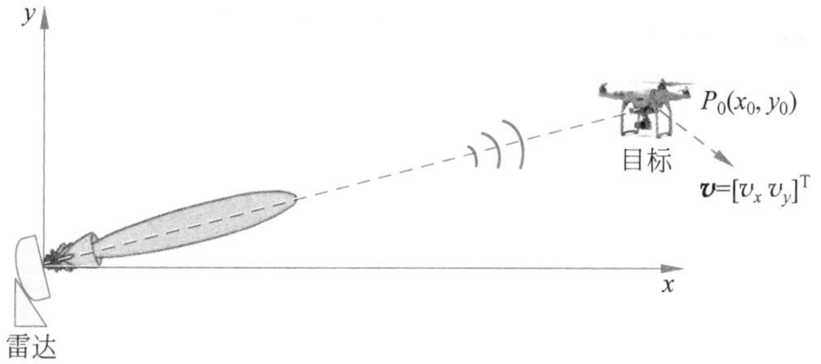

图 9.9　无人机目标跟踪示意图

为了简单，只考虑平面运动。设无人机从初始位置 $P_0(x_0,y_0)$ 开始，以恒定的速度 $\boldsymbol{v}=[v_x\quad v_y]^{\mathrm{T}}$ 做匀速直线运动，t 时刻的位置为 $\boldsymbol{x}(t)=[x(t)\quad y(t)]^{\mathrm{T}}$。雷达位于坐标原点，假定雷达可以测量 t 时刻目标的斜距 $r(t)$ 和方位角 $\theta(t)$，且测距、测角误差相互独立。考虑到斜距 $r(t)$ 和方位角 $\theta(t)$ 均为目标位置的非线性函数，为了方便可利用

$$\begin{cases}x(t)=r(t)\cos\theta(t)\\ y(t)=r(t)\sin\theta(t)\end{cases}\tag{9.6.4}$$

获得等效的直角坐标测量，测量方程可写为

$$\boldsymbol{z}(t_n)=\boldsymbol{x}(t_n)+\boldsymbol{\varepsilon}(t_n)\tag{9.6.5}$$

其中，$\boldsymbol{x}(t_n)=\begin{bmatrix}x(t_n)\\ y(t_n)\end{bmatrix}=\begin{bmatrix}r(t_n)\cos(\theta(t_n))\\ r(t_n)\sin(\theta(t_n))\end{bmatrix}$ 表示 t_n 时刻目标在直角坐标系内的位置矢量，$\boldsymbol{\varepsilon}(t_n)=\begin{bmatrix}\varepsilon_x(t_n)\\ \varepsilon_y(t_n)\end{bmatrix}$ 为等效观测噪声，$T\triangleq t_n-t_{n-1}$ 为测量数据的采样间隔。为简化问题，假定等效观测噪声 $\boldsymbol{\varepsilon}(t_n)$ 为不相关高斯噪声，$E[\boldsymbol{\varepsilon}(t_n)]=\boldsymbol{0}$，$E[\boldsymbol{\varepsilon}(t_n)\boldsymbol{\varepsilon}^{\mathrm{T}}(t_k)]=\boldsymbol{R}_n\delta(n-k)$，$\delta(n-k)$ 表示单位样值函数。

通常，斜距和方位角的测量误差可用独立正态随机变量描述，由于式(9.6.4)为非线性函数，因此直角坐标系下等效观测的 x、y 分量之间存在相关性。事实上，由式(9.6.4)可知

$$\begin{cases}\Delta x\approx\Delta r\cos\theta-r\sin\Delta\theta\theta\\ \Delta y\approx\Delta r\sin\theta+r\cos\Delta\theta\theta\end{cases}\tag{9.6.6}$$

其中，“Δ”表示误差算符，$E(\Delta r)\approx0$，$E[(\Delta r)^2]\approx\sigma_r^2$，$E(\Delta\theta)\approx0$，$E[(\Delta\theta)^2]\approx\sigma_\theta^2$。由此

可获得测量误差的近似传递模型。场景参数如表 9.4 所示。

表 9.4　目标跟踪场景参数

参数名称	参数取值	备　注
目标初始位置 P_0	(1000m,4000m)	
目标速度 $\boldsymbol{v}=(v_x,v_y)^{\mathrm{T}}$	$(10\mathrm{m/s},-8\mathrm{m/s})^{\mathrm{T}}$	
雷达测距误差标准差 σ_r	2m	
雷达测角误差标准差 σ_θ	0.56°	
观测数据采样间隔 T	0.25s	仿真时也可考虑不同的采样间隔
观测总时长 T_{total}	100s	
直角坐标系下等效观测误差方差阵 $\boldsymbol{R}_n$	$\begin{bmatrix}1200 & -500\\-500 & 300\end{bmatrix}$	也可利用坐标变换将测距和测角误差转换到直角坐标系

2）仿真分析

式(9.6.6)可以写为矩阵形式

$$\begin{bmatrix}\Delta x\\\Delta y\end{bmatrix}\approx\begin{bmatrix}\cos\theta & -r\sin\theta\\\sin\theta & r\cos\theta\end{bmatrix}\begin{bmatrix}\Delta r\\\Delta\theta\end{bmatrix}$$

于是直角坐标系下等效观测的观测误差满足 $E\begin{bmatrix}\Delta x\\\Delta y\end{bmatrix}\approx\mathbf{0}$,且

$$\begin{aligned}\boldsymbol{R}_d&=\mathrm{Var}\left(\begin{bmatrix}\Delta x\\\Delta y\end{bmatrix}\right)=\begin{bmatrix}\cos\theta & -r\sin\theta\\\sin\theta & r\cos\theta\end{bmatrix}\mathrm{Var}\left(\begin{bmatrix}\Delta r\\\Delta\theta\end{bmatrix}\right)\begin{bmatrix}\cos\theta & -r\sin\theta\\\sin\theta & r\cos\theta\end{bmatrix}^{\mathrm{T}}\\&=\begin{bmatrix}\sigma_r^2\cos^2\theta+r^2\sigma_\theta^2\sin^2\theta & (\sigma_r^2-r^2\sigma_\theta^2)\sin\theta\cos\theta\\(\sigma_r^2-r^2\sigma_\theta^2)\sin\theta\cos\theta & \sigma_r^2\sin^2\theta+r^2\sigma_\theta^2\cos^2\theta\end{bmatrix}\end{aligned}\tag{9.6.7}$$

根据场景设计中所给的条件,可仿真得到各时刻目标在直角坐标系中的真实轨迹 $\boldsymbol{x}(t_n)=[x(t_n)\quad y(t_n)]^{\mathrm{T}},n=1,2,\cdots,N$。利用

$$\begin{cases}r(t_n)=\sqrt{x^2(t_n)+y^2(t_n)}\\\theta(t_n)=\arctan[y(t_n)/x(t_n)]\end{cases}$$

即可模拟获得目标真实位置所对应的斜距和方位角$(r(t_n),\theta(t_n))$。此外,利用式(9.6.7)可近似得到直角坐标系中等效观测的观测误差方差阵 $\boldsymbol{R}_d(t_n),n=1,2,\cdots,N$。

从另一个角度,也可以利用蒙特卡洛仿真的方法,仿真 M 次包含高斯白噪声的观测序列$(\tilde{r}_m(t_n),\tilde{\theta}_m(t_n))(n=1,2,\cdots,N;\ m=1,2,\cdots,M)$。将仿真观测变换到直角坐标系得到带噪声的等效观测 $\tilde{\boldsymbol{z}}(t_n)=[\tilde{x}_m(t_n)\quad\tilde{y}_m(t_n)]^{\mathrm{T}}$,由此可统计不同时刻的等效观测误差方差阵 $\tilde{\boldsymbol{R}}_d(t_n)$,从而可与式(9.6.7)的理论结果进行对比。因此,在随后的卡尔曼滤波处理过程中,可用理论计算得到的 $\boldsymbol{R}_d(t_n)$作为等效观测误差方差阵,也可利用目标斜距和方位角的平均值对等效的误差方差阵进行估计,利用固定的等效测量误差方差阵进行滤波处理。

根据上述的参数设置和仿真流程,进行了 100 次蒙特卡洛仿真,x 方向的位置和速度估计的均方根误差曲线如图 9.10 所示。

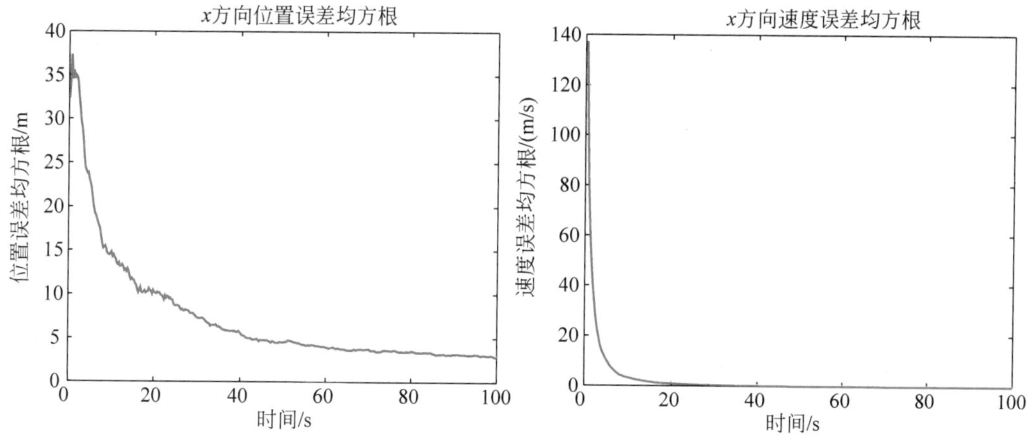

(a) x方向位置滤波误差　　(b) x方向速度滤波误差

图 9.10　基于等效观测的滤波误差曲线

为了说明卡尔曼滤波模型选择的重要性，假定前 80s 内目标无机动，后 20s 内目标在 x、y 正向均以 0.075m/s^2 的加速度机动。但是，在滤波过程中并不知道目标发生机动，仍然利用常速模型重复上述仿真过程，滤波误差曲线如图 9.11 所示。

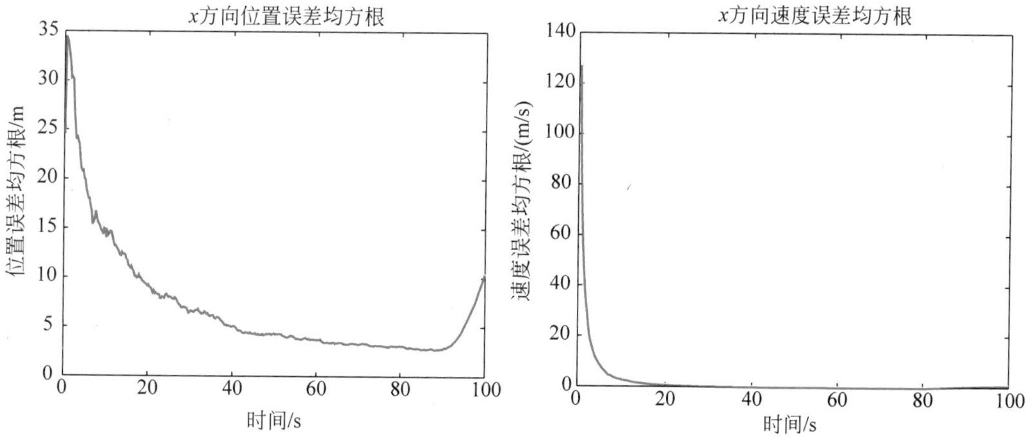

(a) x方向位置滤波误差　　(b) x方向速度滤波误差

图 9.11　基于等效观测的滤波误差曲线(含机动)

对比图 9.10 和图 9.11 可以看出，在无机动的情况下，利用常速模型和直角坐标系等效观测可较好地估计目标的状态。在包含机动的场景下，非机动段常速模型可较好地跟踪，但在机动段，目标状态估计出现偏差。如何有效应对目标机动场景，将在 9.7 节讨论。

9.7　机动目标的跟踪

模型式(9.6.2)描述的是目标沿着直线轨迹运动，而把由于大气湍流、转弯、躲避机动等引起的直线轨迹的偏离用 $a_x[k]$ 和 $a_y[k]$ 描述。很显然，$a_x[k]$ 和 $a_y[k]$ 只能描述一些变化较小的扰动因素，而对大的、持续的机动，用模型式(9.6.2)描述是不准确的，由此带来的滤波误差是相当大的，可能使滤波器出现发散现象。因此，对于机动目标的跟踪需要寻找更有效的滤波方法。

机动目标跟踪算法很多，下面介绍几种有代表性的算法。

9.7.1 辛格算法

为了简单起见，只考虑在单一坐标方向的目标模型，假定目标的运动方程可以描述为

$$\dot{\boldsymbol{x}}(t)=\boldsymbol{A}'\boldsymbol{x}(t)+\boldsymbol{F}'a(t) \tag{9.7.1}$$

其中，$\boldsymbol{x}(t)=\begin{bmatrix}x(t)\\ \dot{x}(t)\end{bmatrix}$，$a(t)$是目标的加速度。

$$\boldsymbol{A}'=\begin{bmatrix}0 & 1\\ 0 & 0\end{bmatrix},\quad \boldsymbol{F}'=\begin{bmatrix}0\\ 1\end{bmatrix}$$

对于跟踪系统而言，目标的机动是未知的，很显然，如何描述 $a(t)$是一个复杂的问题，也是跟踪的关键。辛格(Singer)算法[16]是把加速度 $a(t)$看作平稳随机过程，其自相关函数为

$$R_a(\tau)=\sigma_a^2\mathrm{e}^{-\alpha|\tau|},\quad \alpha>0 \tag{9.7.2}$$

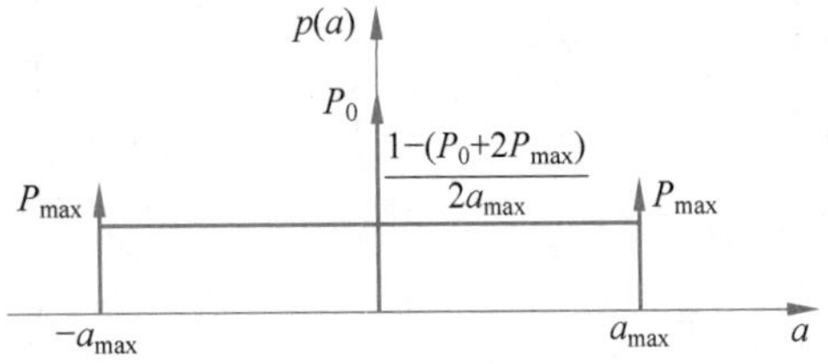

图 9.12 加速度的概率密度

式中，σ_a^2 是目标加速度的方差，α 为机动时常数的倒数(即机动频率)，通常的经验值为：转弯机动 $\alpha=1/60$，躲避机动 $\alpha=1/20$，大气扰动 $\alpha=1$。假定机动加速度的最大值为$\pm a_{\max}$，发生的概率为 $P_{\max}$，无加速度的概率为 P_0，而加速度在$(-a_{\max},a_{\max})$区间服从均匀分布，则加速度的概率密度如图 9.12 所示。

$$p(a)=[\delta(a-a_{\max})+\delta(a+a_{\max})]P_{\max}+P_0\delta(a)+\left(\frac{1-P_0-2P_{\max}}{2a_{\max}}\right)[U(a+a_{\max})-U(a-a_{\max})] \tag{9.7.3}$$

其中，$U(\cdot)$为单位阶跃函数。加速度的方差为

$$\sigma_a^2=\frac{a_{\max}^2}{3}(1+4P_{\max}-P_0) \tag{9.7.4}$$

由于 $a(t)$不是白噪声，所以卡尔曼滤波方法不能直接应用，但是可以把 $a(t)$看作一个白噪声驱动一个线性系统后的响应。由

$$G_a(\omega)=\frac{2\alpha\sigma_a^2}{\omega^2+\alpha^2}=|H(\omega)|^2G_n(\omega)$$

可得

$$H(\omega)=\frac{1}{\mathrm{j}\omega+\alpha},\quad G_n(\omega)=2\alpha\sigma_a^2 \tag{9.7.5}$$

即机动加速度 $a(t)$ 可用输入为白噪声的一阶时间相关模型描述，

$$\dot{a}(t)+\alpha a(t)=n(t) \tag{9.7.6}$$

其中，$n(t)$ 为白噪声，且自相关函数为

$$R_n(\tau)=2\alpha\sigma_a^2\delta(\tau) \tag{9.7.7}$$

这样式(9.7.1)就变成

$$\dot{\boldsymbol{x}}(t)=\boldsymbol{A}\boldsymbol{x}(t)+\boldsymbol{F}n(t) \tag{9.7.8}$$

其中

$$\boldsymbol{x}(t)=\begin{bmatrix}x(t)\\ \dot{x}(t)\\ a(t)\end{bmatrix},\quad \boldsymbol{A}=\begin{bmatrix}0 & 1 & 0\\ 0 & 0 & 1\\ 0 & 0 & -\alpha\end{bmatrix},\quad \boldsymbol{F}=\begin{bmatrix}0\\ 0\\ 1\end{bmatrix}$$

由于观测通常都是每隔 T 秒得到的，因此为了得到状态矢量的递推估计，需要将式(9.7.8)离散化。

根据3.6节介绍的随机动态系统理论，状态方程式(9.7.8)的解为

$$\boldsymbol{x}(t)=\boldsymbol{\Phi}(t,t_0)\boldsymbol{x}(t_0)+\int_{t_0}^{t}\boldsymbol{F}\boldsymbol{\Phi}(t,\tau)n(\tau)\mathrm{d}\tau$$

其中 $\boldsymbol{\Phi}(t,t_0)=\mathrm{e}^{\boldsymbol{A}(t-t_0)}$。令 $t_0=t_k,t=t_{k+1}$，则

$$\boldsymbol{x}(t_{k+1})=\boldsymbol{\Phi}(t_{k+1},t_k)\boldsymbol{x}(t_k)+\int_{t_k}^{t_{k+1}}\boldsymbol{\Phi}(t_{k+1},\tau)\boldsymbol{F}\boldsymbol{n}(\tau)\mathrm{d}\tau$$

由于数据的取样间隔为 T，所以

$$\begin{aligned}\boldsymbol{\Phi}(t_{k+1},t_k)&=\mathrm{e}^{\boldsymbol{A}(t_{k+1}-t_k)}=\mathrm{e}^{\boldsymbol{A}T}\\ &=\boldsymbol{I}+\boldsymbol{A}T+\frac{1}{2!}\boldsymbol{A}^2T^2+\cdots\\ &=\begin{bmatrix}1 & T & \frac{1}{\alpha^2}(-1+\alpha T+\mathrm{e}^{-\alpha T})\\ 0 & 1 & \frac{1}{\alpha}(1-\mathrm{e}^{-\alpha T})\\ 0 & 0 & \mathrm{e}^{-\alpha T}\end{bmatrix}\end{aligned} \tag{9.7.9}$$

令

$$\boldsymbol{x}[k+1]=\boldsymbol{x}(t_{k+1}),\quad \boldsymbol{x}[k]=\boldsymbol{x}(t_k),\quad \boldsymbol{\Phi}[k+1,k]=\boldsymbol{\Phi}(t_{k+1},t_k)$$

则式(9.7.8)离散化后的状态方程为

$$\boldsymbol{x}[k+1]=\boldsymbol{\Phi}[k+1,k]\boldsymbol{x}[k]+\boldsymbol{n}[k] \tag{9.7.10}$$

其中，

$$\boldsymbol{n}[k]=\int_{kT}^{(k+1)T}\boldsymbol{\Phi}(k+1,\tau)\boldsymbol{F}n(\tau)\mathrm{d}\tau \tag{9.7.11}$$

可以证明，$\boldsymbol{n}[k]$ 是零均值白噪声序列，方差阵为 $\boldsymbol{Q}[k]$，

$$\boldsymbol{Q}[k]=E(\boldsymbol{n}[k]\boldsymbol{n}^{\mathrm{T}}[k])=2\alpha\sigma_a^2\begin{bmatrix}q_{11} & q_{12} & q_{13}\\ q_{12} & q_{22} & q_{23}\\ q_{13} & q_{23} & q_{33}\end{bmatrix} \tag{9.7.12}$$

$$q_{11}=\frac{1}{2\alpha^5}\left(1-\mathrm{e}^{-2\alpha T}+2\alpha T+\frac{2\alpha^3T^3}{3}-2\alpha^2T^2-4\alpha T\mathrm{e}^{-\alpha T}\right)$$

$$q_{12}=\frac{1}{2\alpha^4}\left(\mathrm{e}^{-2\alpha T}+1-2\mathrm{e}^{-\alpha T}+2\alpha T\mathrm{e}^{-\alpha T}-2\alpha T+\alpha^2T^2\right)$$

$$q_{13}=\frac{1}{2\alpha^3}\left(1-\mathrm{e}^{-2\alpha T}-2\alpha T\mathrm{e}^{-\alpha T}\right)$$

$$q_{22}=\frac{1}{2\alpha^3}\left(4\mathrm{e}^{-\alpha T}-3-\mathrm{e}^{-2\alpha T}+2\alpha T\right)$$

$$q_{23}=\frac{1}{2\alpha^2}\left(\mathrm{e}^{-2\alpha T}+1-2\mathrm{e}^{-\alpha T}\right)$$

$$q_{33}=\frac{1}{2\alpha}\left(1-\mathrm{e}^{-2\alpha T}\right)$$

若 $\alpha T \ll 1/2$,则当 $\alpha T \rightarrow 0$ 时,

$$\boldsymbol{\Phi}[k+1,k]=\begin{bmatrix}1 & T & \frac{1}{2}T^2\\ 0 & 1 & T\\ 0 & 0 & 1\end{bmatrix},\quad \boldsymbol{Q}[k]=2\alpha\sigma_a^2\begin{bmatrix}\frac{1}{20}T^5 & \frac{1}{8}T^4 & \frac{1}{6}T^3\\ \frac{1}{8}T^4 & \frac{1}{3}T^3 & \frac{1}{2}T^2\\ \frac{1}{6}T^3 & \frac{1}{2}T^2 & T\end{bmatrix}$$

目标的观测模型为

$$z[k]=\boldsymbol{H}\boldsymbol{x}[k]+w_x[k] \tag{9.7.13}$$

式中,$\boldsymbol{H}=[1\quad 0\quad 0]$,$w_x[k]$为零均值白噪声序列,方差为 σ^2。

滤波器的初始条件可以根据前面介绍的两点法利用前二个观测值得到,在目标开始跟踪阶段,可以假定没有机动,因此

$$\hat{\boldsymbol{x}}[2/2]=[z[2]\quad (z[2]-z[1])/T\quad 0] \tag{9.7.14}$$

$$\boldsymbol{P}_{\tilde{x}}[2/2]=\begin{bmatrix}\sigma^2 & \sigma^2/T & 0\\ \sigma^2/T & 2\sigma^2/T^2 & 0\\ 0 & 0 & 0\end{bmatrix} \tag{9.7.15}$$

辛格算法把加速度看作一个零均值的相关噪声,机动加速度零均值假设的合理性是值得商榷的,实际上,当目标出现机动时,它的加速度是不为零的,这时的加速度是一个非零均值的随机过程。我国学者周宏仁等[15]提出了一种"当前统计模型",其基本思想是当目标以某一加速度机动时,下一时刻的加速度值是有限的,且只能在当前加速度的某一邻域内。即机动加速度为

$$\ddot{x}(t)=\bar{a}+a(t) \tag{9.7.16}$$

其中，$\bar{a}$ 为机动加速度的当前值，而 $a(t)$ 是满足辛格算法相同的一阶时间相关模型。即

$$\dot{a}(t)+\alpha a(t)=n(t) \tag{9.7.17}$$

$$\dddot{x}(t)=\dot{a}(t)=-\alpha a(t)+n(t)=-\alpha\ddot{x}(t)+\alpha\bar{a}+n(t) \tag{9.7.18}$$

则目标的状态方程可描述为

$$\dot{\boldsymbol{x}}(t)=\boldsymbol{A}\boldsymbol{x}(t)+\boldsymbol{G}\bar{a}+\boldsymbol{F}n(t) \tag{9.7.19}$$

其中

$$\boldsymbol{x}(t)=\begin{bmatrix}x(t)\\ \dot{x}(t)\\ \ddot{x}(t)\end{bmatrix},\quad \boldsymbol{A}=\begin{bmatrix}0&1&0\\0&0&1\\0&0&-\alpha\end{bmatrix},\quad \boldsymbol{G}=\begin{bmatrix}0\\0\\ \alpha\end{bmatrix},\quad \boldsymbol{F}=\begin{bmatrix}0\\0\\1\end{bmatrix}$$

经离散化处理后可得到如下状态方程：

$$\boldsymbol{x}[k+1]=\boldsymbol{\Phi}\boldsymbol{x}[k]+\boldsymbol{B}\bar{a}+\boldsymbol{n}[k] \tag{9.7.20}$$

其中

$$\boldsymbol{\Phi}=\begin{bmatrix}1&T&(-1+\alpha T+\mathrm{e}^{-\alpha T})/\alpha^2\\0&1&(1-\mathrm{e}^{-\alpha T})/\alpha\\0&0&\mathrm{e}^{-\alpha T}\end{bmatrix},\quad \boldsymbol{B}=\begin{bmatrix}[-T+\alpha T^2/2+(1-\mathrm{e}^{-\alpha T})/\alpha]/\alpha\\ T-(1-\mathrm{e}^{-\alpha T})/\alpha\\ 1-\mathrm{e}^{-\alpha T}\end{bmatrix}$$

$$\boldsymbol{n}[k]=\int_{kT}^{(k+1)T}\begin{bmatrix}\{-1+\alpha[(k+1)T-\tau]+\exp[-\alpha((k+1)T-\tau)]\}/\alpha^2\\ \{1-\exp[-\alpha((k+1)T-\tau)]\}/\alpha\\ \exp[-\alpha((k+1)T-\tau)]\end{bmatrix}n(\tau)\mathrm{d}\tau$$

可以证明 $\boldsymbol{n}[k]$ 是零均值白噪声序列，方差为 $\boldsymbol{Q}[k]$，且与式(9.7.12)相同。观测方程仍如式(9.7.13)所示，跟踪算法为

预测：

$$\hat{\boldsymbol{x}}[k/k-1]=\boldsymbol{\Phi}\,\hat{\boldsymbol{x}}[k-1/k-1]+\boldsymbol{B}\bar{a} \tag{9.7.21}$$

预测均方误差矩阵：

$$\boldsymbol{P}_{\tilde{x}}[k/k-1]=\boldsymbol{\Phi}\boldsymbol{P}_{\tilde{x}}[k-1/k-1]\,\boldsymbol{\Phi}^{\mathrm{T}}+\boldsymbol{Q}[k-1] \tag{9.7.22}$$

卡尔曼增益：

$$\boldsymbol{K}[k]=\boldsymbol{P}_{\tilde{x}}[k/k-1]\boldsymbol{H}^{\mathrm{T}}(\boldsymbol{H}\boldsymbol{P}_{\tilde{x}}[k/k-1]\boldsymbol{H}^{\mathrm{T}}+\sigma^2)^{-1} \tag{9.7.23}$$

滤波：

$$\hat{\boldsymbol{x}}[k/k]=\hat{\boldsymbol{x}}[k/k-1]+\boldsymbol{K}[k](z[k]-\boldsymbol{H}\hat{\boldsymbol{x}}[k/k-1]) \tag{9.7.24}$$

滤波均方误差矩阵：

$$\boldsymbol{P}_{\tilde{x}}[k/k]=(\boldsymbol{I}-\boldsymbol{K}[k])\boldsymbol{P}_{\tilde{x}}[k/k-1] \tag{9.7.25}$$

$\bar{a}$ 代表机动加速度的当前值，实际中并不知道 $\bar{a}$ 的值，这时可以用 $\ddot{x}[k]$ 的一步预测值 $\hat{\ddot{x}}[k/k-1]$ 代替 $\bar{a}$，则式(9.7.21)变成

$$\hat{\boldsymbol{x}}[k/k-1]=\boldsymbol{\Phi}_1\hat{\boldsymbol{x}}[k-1/k-1] \tag{9.7.26}$$

其中

$$\boldsymbol{\Phi}_1 = \begin{bmatrix} 1 & T & \frac{1}{2}T^2 \\ 0 & 1 & T \\ 0 & 0 & 1 \end{bmatrix} \tag{9.7.27}$$

由式(9.7.26)与式(9.7.22)～式(9.7.25)构成了基于"当前统计模型"的自适应跟踪算法,这种算法在不增加运算量的情况下,其机动跟踪性能要优于辛格算法。

注意,尽管在式(9.7.26)的预测中采用了$\boldsymbol{\Phi}_1$,但在计算预测误差协方差的式(9.7.22)中仍采用$\boldsymbol{\Phi}$,另外辛格算法和"当前统计模型"算法的跟踪精度与采样周期 T 有关,T 越小,跟踪精度越好,反之越差。一般适合 $T=0.5\sim2\mathrm{s}$ 的情况。

9.7.2 输入估计算法

输入估计(IE)算法[17]是把机动加速度看作模型的未知输入量,在跟踪开始阶段采用简单的卡尔曼滤波器(假定未知输入量为零),同时采用最小二乘估计从简单卡尔曼滤波器的新息序列中估计加速度的大小,一旦这一估计值超过门限,则认为发生了机动,同时用这一估计值去修正当前的状态估计,以便修正目标偏离原来假定的航线而带来的偏差,偏差的移出伴随着估计均方误差的增加,相应地也就调节了滤波器的增益。

假设目标的状态模型可表述为

$$\boldsymbol{x}[k+1]=\boldsymbol{\Phi x}[k]+\boldsymbol{Bu}[k]+\boldsymbol{n}[k] \tag{9.7.28}$$

其中,$\boldsymbol{x}=[x \quad \dot{x} \quad y \quad \dot{y}]^{\mathrm{T}}$,$E(\boldsymbol{n}[k])=\boldsymbol{0}$,$E(\boldsymbol{n}[k]\boldsymbol{n}^{\mathrm{T}}[j])=\boldsymbol{Q}\delta_{kj}$,

$$\boldsymbol{\Phi} = \begin{bmatrix} 1 & T & 0 & 0 \\ 0 & 1 & 0 & 0 \\ 0 & 0 & 1 & T \\ 0 & 0 & 0 & 1 \end{bmatrix} \quad \boldsymbol{B} = \begin{bmatrix} T^2/2 & 0 \\ T & 0 \\ 0 & T^2/2 \\ 0 & T \end{bmatrix}$$

$\boldsymbol{x}$ 为状态变量,$\boldsymbol{u}$ 为未知输入量,模拟目标的机动($\boldsymbol{u}=\boldsymbol{0}$ 表示非机动状态),$\boldsymbol{n}$ 为扰动噪声,均值为零,方差为 $\boldsymbol{Q}$,观测方程为

$$\boldsymbol{z}[k]=\boldsymbol{Hx}[k]+\boldsymbol{w}[k] \tag{9.7.29}$$

其中 $\boldsymbol{H}=\begin{bmatrix} 1 & 0 & 0 & 0 \\ 0 & 0 & 1 & 0 \end{bmatrix}$,$\boldsymbol{w}$ 为零均值、协方差阵为 $\boldsymbol{R}$ 的白噪声,与 $\boldsymbol{n}[k]$不相关。

目标的状态估计首先从使用没有输入量(非机动)的模型得到

$$\boldsymbol{x}[k+1]=\boldsymbol{\Phi x}[k]+\boldsymbol{n}[k] \tag{9.7.30}$$

当目标没有机动时,按以上模型进行估计是最佳的,这时新息序列是零均值白噪声序列,当目标出现机动时,若仍采用非机动模型,这时估计就会出现较大的偏差,新息就是非零均值的,且均值随时间增大,新息的变化与加速度 $\boldsymbol{u}$ 有关,利用新息序列进行机动检测,当检测到机动后,将模型切换到机动模型,并根据机动模型进行滤波。

假定目标在 kT 时刻开始机动,在时间间隔$[k,\cdots,k+s]$,未知输入量为 $\boldsymbol{u}[i]$,$i=k,\cdots,k+s-1$,把基于式(9.7.30)的卡尔曼滤波器称为简单卡尔曼滤波器(SKF),其状态估计用 $*$ 表示,对应的一步预测为

$$\hat{\boldsymbol{x}}^*[i+1/i]=\boldsymbol{A}[i]\hat{\boldsymbol{x}}^*[i/i-1]+\boldsymbol{\Phi K}[i]\boldsymbol{z}[i] \tag{9.7.31}$$

其中 $\boldsymbol{A}[i]=\boldsymbol{\Phi}(\boldsymbol{I}-\boldsymbol{K}[i]\boldsymbol{H})$,式(9.7.31)的起始条件是为

$$\hat{\boldsymbol{x}}^*[k/k-1]=\hat{\boldsymbol{x}}[k/k-1] \tag{9.7.32}$$

根据起始条件可得

$$\hat{\boldsymbol{x}}^*[i+1/i]=\left(\prod_{j=k}^{i}\boldsymbol{A}[j]\right)\hat{\boldsymbol{x}}[k/k-1]+\sum_{j=k}^{i}\left\{\left(\prod_{m=j+1}^{i}\boldsymbol{A}(m)\right)\boldsymbol{\Phi K}[j]\boldsymbol{z}[j]\right\},$$
$$i=k,\cdots,k+s-1 \tag{9.7.33}$$

然而若输入量 $\boldsymbol{u}[i]$是已知的,则基于式(9.7.28)的状态估计应为

$$\begin{aligned}\hat{\boldsymbol{x}}[i+1/i]&=\boldsymbol{A}[i]\hat{\boldsymbol{x}}[i/i-1]+\boldsymbol{\Phi K}[i]\boldsymbol{z}[i]+\boldsymbol{Bu}[i]\\&=\left(\prod_{j=k}^{i}\boldsymbol{A}[j]\right)\hat{\boldsymbol{x}}[k/k-1]+\sum_{j=k}^{i}\left(\prod_{m=j+1}^{i}\boldsymbol{A}[m]\right)\\&\quad(\boldsymbol{\Phi K}[j]\boldsymbol{z}[j]+\boldsymbol{Bu}[j]),\quad i=k,\cdots,k+s-1\end{aligned} \tag{9.7.34}$$

其新息为

$$\boldsymbol{v}[i+1]=\boldsymbol{z}[i+1]-\boldsymbol{H}\hat{\boldsymbol{x}}[i+1/i] \tag{9.7.35}$$

它是零均值白噪声序列,其协方差阵为 $\boldsymbol{s}[i+1]$,对应于式(9.7.33)的新息为

$$\boldsymbol{v}^*[i+1]=\boldsymbol{z}[i+1]-\boldsymbol{H}\boldsymbol{x}^*[i+1/i] \tag{9.7.36}$$

由式(9.7.35)和式(9.7.36)可得

$$\boldsymbol{v}^*[i+1]=\boldsymbol{v}[i+1]+\boldsymbol{H}\sum_{j=k}^{i}\left\{\left(\sum_{m=j+1}^{i}\boldsymbol{A}[m]\right)\boldsymbol{Bu}[j]\right\}$$

假定在$[k,\cdots,k+s]$上,$\boldsymbol{u}[j]=\boldsymbol{u}$,则

$$\boldsymbol{v}^*[i+1]=\boldsymbol{c}[i+1]\boldsymbol{u}+\boldsymbol{v}[i+1],\quad i=k,\cdots,k+s-1 \tag{9.7.37}$$

$$\boldsymbol{c}[i+1]=\boldsymbol{H}\sum_{j=k}^{i}\left\{\left(\sum_{m=j+1}^{i}\boldsymbol{A}[m]\right)\boldsymbol{B}\right\} \tag{9.7.38}$$

从式(9.7.37)可见,非机动滤波器的新息是出现在加性白噪声 $\boldsymbol{v}$ 中的输入量 $\boldsymbol{u}$(机动)的线性测量,$\boldsymbol{u}$ 可用最小二乘法估计,设

$$\boldsymbol{y}=\boldsymbol{Cu}+\boldsymbol{\varepsilon} \tag{9.7.39}$$

$$\boldsymbol{y}=\begin{bmatrix}\boldsymbol{v}^*[k+1]\\ \cdot\\ \cdot\\ \cdot\\ \boldsymbol{v}^*[k+s]\end{bmatrix},\quad \boldsymbol{C}=\begin{bmatrix}\boldsymbol{c}[k+1]\\ \cdot\\ \cdot\\ \cdot\\ \boldsymbol{c}[k+s]\end{bmatrix},\quad \boldsymbol{\varepsilon}=\begin{bmatrix}\boldsymbol{v}[k+1]\\ \cdot\\ \cdot\\ \cdot\\ \boldsymbol{v}[k+s]\end{bmatrix}$$

$\boldsymbol{y}$ 代表测量,$\boldsymbol{\varepsilon}$ 代表噪声,它的均值为零,且具有分块对角协方差矩阵,

$$\boldsymbol{S}=\mathrm{diag}(\boldsymbol{s}[i]) \tag{9.7.40}$$

则 $\boldsymbol{u}$ 的最小二乘估计为

$$\hat{\boldsymbol{u}}=(\boldsymbol{C}^{\mathrm{T}}\boldsymbol{S}^{-1}\boldsymbol{C})^{-1}\boldsymbol{C}^{\mathrm{T}}\boldsymbol{S}^{-1}\boldsymbol{y} \tag{9.7.41}$$

估计的协方差阵 $\boldsymbol{L}$ 为

$$\boldsymbol{L}=(\boldsymbol{C}^{\mathrm{T}}\boldsymbol{S}^{-1}\boldsymbol{C})^{-1} \tag{9.7.42}$$

根据式(9.7.41)估计输入量$\boldsymbol{u}$,只有当估计$\hat{\boldsymbol{u}}$有统计显著性意义时估计才被接受,即检测到机动。机动检测是一个二元假设检验问题,假定$\mathcal{H}_1$表示机动,$\mathcal{H}_0$表示非机动,构造如下机动判决表达式:

$$d(\hat{\boldsymbol{u}})=\hat{\boldsymbol{u}}^{\mathrm{T}}\boldsymbol{L}^{-1}\hat{\boldsymbol{u}} \underset{\mathcal{H}_0}{\overset{\mathcal{H}_1}{\gtrless}} \lambda \tag{9.7.43}$$

若$\boldsymbol{u}=\boldsymbol{0}$,则$\hat{\boldsymbol{u}}\sim N(0,\boldsymbol{L})$,即$\hat{\boldsymbol{u}}$是零均值、协方差阵为$\boldsymbol{L}$的正态随机矢量,而$d(\hat{\boldsymbol{u}})$是服从$n_u$($n_u$为矢量$\boldsymbol{u}$的维数)个自由度的$\chi^2$随机变量。根据纽曼-皮尔逊准则,给定虚警概率$P_f$,可从$\chi^2$表中查到门限$\lambda$,即

$$P\{d(\hat{\boldsymbol{u}})\geqslant\lambda\}=P_f \tag{9.7.44}$$

若检测到了机动,则状态估计应修正如下:

$$\hat{\boldsymbol{x}}^u[k+s+1/k+s]=\hat{\boldsymbol{x}}^*[k+s+1/k+s]+\boldsymbol{M}\hat{\boldsymbol{u}} \tag{9.7.45}$$

其中

$$\boldsymbol{M}=\sum_{j=k}^{k+s}\left\{\left(\sum_{m=j+1}^{k+s}\boldsymbol{A}[m]\right)\boldsymbol{B}\right\} \tag{9.7.46}$$

相应地估计的均方误差矩阵修正为

$$\boldsymbol{P}_{\tilde{x}}^u[k+s+1/k+s]=\boldsymbol{P}_{\tilde{x}}^u[k+s+1/k+s]+\boldsymbol{M}\boldsymbol{L}\boldsymbol{M}^{\mathrm{T}} \tag{9.7.47}$$

由于$\boldsymbol{L}$是正定的,$\boldsymbol{M}$是满秩的,所以$\boldsymbol{M}\boldsymbol{L}\boldsymbol{M}^{\mathrm{T}}$是正定的,这表明用$\hat{\boldsymbol{u}}$修正状态估计的结果使得估计的方差增大,卡尔曼增益相应地也会增大,起到了自动调节卡尔曼增益的作用。

9.7.3 变维滤波算法

变维滤波(VD)算法[18]采用二种模型,既非机动模型和机动模型,无机动时滤波器工作于正常模式(即采用非机动模型),用机动检测器监视机动,一旦检测到机动,模型中立即增加一个状态变量,用机动模型跟踪直至下一次判决而退回到正常的非机动模型。

假定非机动模型为

$$\boldsymbol{x}[k+1]=\boldsymbol{\Phi}\boldsymbol{x}[k]+\boldsymbol{\Gamma}\boldsymbol{n}[k] \tag{9.7.48}$$

其中

$$\boldsymbol{x}=[x\quad \dot{x}\quad y\quad \dot{y}]^{\mathrm{T}},\quad \boldsymbol{\Phi}=\begin{bmatrix}1&\boldsymbol{T}&0&0\\0&1&0&0\\0&0&1&\boldsymbol{T}\\0&0&0&1\end{bmatrix},\quad \boldsymbol{\Gamma}=\begin{bmatrix}\boldsymbol{T}/2&0\\1&0\\0&\boldsymbol{T}/2\\0&1\end{bmatrix}$$

$\boldsymbol{n}[k]$为零均值白噪声,方差阵为$\boldsymbol{Q}$。测量模型为

$$\boldsymbol{z}[k]=\boldsymbol{H}\boldsymbol{x}[k]+\boldsymbol{w}[k] \tag{9.7.49}$$

其中,$\boldsymbol{H}=\begin{bmatrix}1&0&0&0\\0&0&1&0\end{bmatrix}$,$\boldsymbol{w}[k]$为零均值白噪声,协方差阵为$\boldsymbol{R}$,且与$\boldsymbol{n}[k]$不相关。

目标的机动模型为

$$\boldsymbol{x}^m[k+1]=\boldsymbol{\Phi}^m\boldsymbol{x}^m[k]+\boldsymbol{\Gamma}^m\boldsymbol{n}^m[k] \tag{9.7.50}$$

$$\boldsymbol{x}^m=\begin{bmatrix}x^m\\ \dot{x}^m\\ y^m\\ \dot{y}^m\\ \ddot{x}^m\\ \ddot{y}^m\end{bmatrix},\quad \boldsymbol{\Phi}^m=\begin{bmatrix}1 & T & 0 & 0 & T^2/2 & 0\\ 0 & 1 & 0 & 0 & T & 0\\ 0 & 0 & 1 & T & 0 & T^2/2\\ 0 & 0 & 0 & 1 & 0 & T\\ 0 & 0 & 0 & 0 & 1 & 0\\ 0 & 0 & 0 & 0 & 0 & 1\end{bmatrix},\quad \boldsymbol{\Gamma}^m=\begin{bmatrix}T^2/4 & 0\\ T/2 & 0\\ 0 & T^2/4\\ 0 & T/2\\ 1 & 0\\ 0 & 1\end{bmatrix}$$

$\boldsymbol{n}^m[k]$为零均值白噪声,方差阵为$\boldsymbol{Q}^m$。测量模型变为

$$\boldsymbol{z}[k]=\boldsymbol{H}^m\boldsymbol{x}^m[k]+\boldsymbol{w}[k] \tag{9.7.51}$$

$$\boldsymbol{H}^m=\begin{bmatrix}1 & 0 & 0 & 0 & 0 & 0\\ 0 & 0 & 1 & 0 & 0 & 0\end{bmatrix}$$

VD算法的基本思想是非机动时采用低阶的卡尔曼滤波器,而机动时采用高阶模型的卡尔曼滤波器,用机动检测器监视机动,一旦检测到机动,模型立即由低阶转至高阶。所以VD算法的关键是机动检测器的设计,以及模型由低阶向高阶转换时滤波器的重新初始化问题。

1. 机动检测

滤波器开始工作于正常模式(即采用非机动模型),其输出的新息序列为$\boldsymbol{v}[k]$,令

$$\mu[k]=\alpha\mu[k-1]+\delta[k] \tag{9.7.52}$$

$$\delta[k]=\boldsymbol{v}^{\mathrm{T}}[k]\boldsymbol{s}^{-1}[k]\boldsymbol{v}[k] \tag{9.7.53}$$

其中,$\boldsymbol{s}[k]$是$\boldsymbol{v}[k]$的协方差矩阵,由于$\boldsymbol{v}[k]$是零均值高斯随机变量,所以$\delta[k]$为服从n_z(n_z是测量的维数)个自由度的χ^2分布,$\mu[k]$亦服从χ^2分布,且

$$\lim_{k\to\infty}E(\mu[k])=n_z/(1-\alpha) \tag{9.7.54}$$

取$\Delta=(1-\alpha)^{-1}$作为检测机动的有效窗口长度,机动检测的方法为:若

$$\mu[k]\geqslant T_h \tag{9.7.55}$$

则认为目标在$k-\Delta-1$开始有一恒定的加速度加入,这时目标模型应由低阶非机动模型转向高阶机动模型。

由高阶机动模型退回到低阶非机动模型的检测方法是检验加速度估计值是否有统计显著性意义。令

$$\mu_a[k]=\sum_{j=k-p+1}^{k}\delta_a[j] \tag{9.7.56}$$

$$\delta_a[j]=\hat{\boldsymbol{a}}^{\mathrm{T}}[k/k](\boldsymbol{P}_a^m[k/k])^{-1}\hat{\boldsymbol{a}}[k/k] \tag{9.7.57}$$

其中,$\hat{\boldsymbol{a}}[k/k]$是加速度分量的估计值,$\boldsymbol{P}_a^m[k/k]$是均方误差矩阵的对应块,若

$$\mu_a[k]<T_a \tag{9.7.58}$$

则加速度估计无显著性意义,滤波器退出机动模型。

2. 滤波器初始化

当在第 k 次检测到机动时,滤波器假定在 $k-\Delta-1$ 开始有一恒定的加速度,在窗内的状态估计应修正如下:

首先,加速度在 $k-\Delta$ 的估计为

$$\hat{\ddot{x}}^m[k-\Delta/k-\Delta]=\frac{2}{T^2}(z_1[k-\Delta]-\hat{z}_1[k-\Delta/k-\Delta-1]) \tag{9.7.59}$$

$$\hat{\ddot{y}}^m[k-\Delta/k-\Delta]=\frac{2}{T^2}(z_2[k-\Delta]-\hat{z}_2[k-\Delta/k-\Delta-1]) \tag{9.7.60}$$

$\hat{z}_i$ 是对测量的预测值,

$$\hat{z}_1[k-\Delta/k-\Delta-1]=\hat{x}[k-\Delta/k-\Delta-1] \tag{9.7.61}$$

$$\hat{z}_2[k-\Delta/k-\Delta-1]=\hat{y}[k-\Delta/k-\Delta-1] \tag{9.7.62}$$

$k-\Delta$ 的位置估计为

$$\hat{x}^m[k-\Delta/k-\Delta]=z_1[k-\Delta] \tag{9.7.63}$$

$$\hat{y}^m[k-\Delta/k-\Delta]=z_2[k-\Delta] \tag{9.7.64}$$

$k-\Delta$ 的速度估计为

$$\hat{\dot{x}}^m[k-\Delta/k-\Delta]=\hat{\dot{x}}[k-\Delta-1/k-\Delta-1]+T\hat{\ddot{x}}^m[k-\Delta/k-\Delta] \tag{9.7.65}$$

$$\hat{\dot{y}}^m[k-\Delta/k-\Delta]=\hat{\dot{y}}[k-\Delta-1/k-\Delta-1]+T\hat{\ddot{y}}^m[k-\Delta/k-\Delta] \tag{9.7.66}$$

滤波均方误差矩阵修正为

$$p_{11}^m[k-\Delta/k-\Delta]=R_{11} \tag{9.7.67}$$

$$p_{12}^m[k-\Delta/k-\Delta]=\frac{2}{T}R_{11} \tag{9.7.68}$$

$$p_{15}^m[k-\Delta/k-\Delta]=\frac{2}{T^2}R_{11} \tag{9.7.69}$$

$$\begin{aligned}p_{55}^m[k-\Delta/k-\Delta]=&\frac{4}{T^4}(R_{11}+p_{11}[k-\Delta-1/k-\Delta-1]+\\&2Tp_{12}[k-\Delta-1/k-\Delta-1]+\\&T^2p_{22}[k-\Delta-1/k-\Delta-1)]\end{aligned} \tag{9.7.70}$$

$$\begin{aligned}p_{22}^m[k-\Delta/k-\Delta]=&\frac{4}{T^2}R_{11}+\frac{4}{T^2}p_{11}[k-\Delta-1/k-\Delta-1]+\\&p_{22}[k-\Delta-1/k-\Delta-1]+\\&\frac{4}{T}p_{12}[k-\Delta-1/k-\Delta-1]\end{aligned} \tag{9.7.71}$$

$$\begin{aligned}p_{25}^m[k-\Delta/k-\Delta]=&\frac{4}{T^3}R_{11}+\frac{4}{T^3}p_{11}[k-\Delta-1/k-\Delta-1]+\\&\frac{2}{T}p_{22}[k-\Delta-1/k-\Delta-1]+\\&\frac{6}{T^2}p_{12}[k-\Delta-1/k-\Delta-1]\end{aligned} \tag{9.7.72}$$

VD算法与IE算法相比，运算量有较大的减少，为了检测机动，在每次扫描周期IE算法都必须估计加速度，而加速度的估计要耗费较多的运算量。事实上，也可以把VD算法中机动检测的方法应用到IE算法中，机动检测不是根据 $\boldsymbol{u}$ 的估计值，而是直接利用新息 $\boldsymbol{v}^*$ 采用衰减记忆平均进行，即利用式(9.7.52)和式(9.7.53)进行机动检测，检测到机动后，利用式(9.7.41)估计 $\boldsymbol{u}$，用式(9.7.45)和式(9.7.47)修正状态估计和滤波均方误差矩阵，这种方法由于只在检测到机动时才估计 $\boldsymbol{u}$，因此在非机动段省出了大量的计算 $\hat{\boldsymbol{u}}$ 的时间，另外采用加权平方偏差的衰减记忆平均方法进行机动检测，检测的可靠性高，检测性能好，因此相应的跟踪性能要优于IE算法。

9.7.4 交互多模算法

IE算法和VD算法都是一种带机动检测的自适应跟踪算法，模型在非机动模型和机动模型之间来回切换。这种类型的算法存在两个问题：首先，机动检测在时间上有一定的滞后，这样使得滤波器不能及时转换到机动模型，滤波误差较大。其次，检测到机动后，增益的修正或滤波器的重新初始化需要耗费大量的运算资源，使得算法的运算量突然变大。采用交互多模(IMM)算法[19]能较好地解决以上问题。

假定有 r 个模型

$$\boldsymbol{x}[k+1]=\boldsymbol{\Phi}_j\boldsymbol{x}[k]+\boldsymbol{\Gamma}_j\boldsymbol{n}_j[k],\quad j=1,2,\cdots,r \tag{9.7.73}$$

其中 $\boldsymbol{n}_j[k]$ 是均值为零、协方差矩阵为 $\boldsymbol{Q}_j$ 的白噪声序列。用一个马尔可夫链控制这些模型之间的转换，马尔可夫链的转移概率矩阵为

$$\boldsymbol{P}=\begin{bmatrix} p_{11} & \cdots & p_{1r} \\ \cdots & \ddots & \cdots \\ p_{r1} & \cdots & p_{rr} \end{bmatrix} \tag{9.7.74}$$

观测模型为

$$\boldsymbol{z}[k]=\boldsymbol{H}\boldsymbol{x}[k]+\boldsymbol{w}[k] \tag{9.7.75}$$

IMM算法步骤可归纳如下：

1. 输入交互

$$\hat{\boldsymbol{x}}^{0j}[k-1/k-1]=\sum_{i=1}^{r}\hat{\boldsymbol{x}}^{i}[k-1/k-1]\mu_{ij}[k-1/k-1],\quad j=1,2,\cdots,r \tag{9.7.76}$$

$$\begin{aligned}\boldsymbol{P}^{0j}[k-1/k-1]=\sum_{i=1}^{r}\mu_{ij}[k-1/k-1]\{&\boldsymbol{P}^{i}[k-1/k-1]+\\ &(\hat{\boldsymbol{x}}^{i}[k-1/k-1]-\hat{\boldsymbol{x}}^{0j}[k-1/k-1])\cdot\\ &(\hat{\boldsymbol{x}}^{i}[k-1/k-1]-\hat{\boldsymbol{x}}^{0j}[k-1/k-1])^{\mathrm{T}}\}\end{aligned} \tag{9.7.77}$$

其中

$$\begin{aligned}\mu_{ij}[k-1/k-1]&=P(M_i[k-1]/M_j[k],\boldsymbol{z}^{k-1})\\ &=P(M_j[k]/M_i[k-1],\boldsymbol{z}^{k-1})P(M_i[k-1]/\boldsymbol{z}^{k-1})/\bar{c}_j\\ &=p_{ij}\mu_i[k-1]/\bar{c}_j\end{aligned} \tag{9.7.78}$$

p_{ij} 是模型 i 转到模型 j 的转移概率，$\mu_j[k-1]=P(M_j[k-1]/\boldsymbol{z}^{k-1})$，$\bar{c}_j$ 为归一化常数，可按下式计算：

$$\bar{c}_j=\sum_{i=1}^{r}p_{ij}\mu_i[k-1] \tag{9.7.79}$$

2. 模型条件滤波

对应于模型 $M_j[k]$，以 $\hat{\boldsymbol{x}}^{0j}[k-1/k-1]$，$\boldsymbol{P}^{0j}[k-1/k-1]$ 及 $\boldsymbol{z}[k]$ 作为输入进行卡尔曼滤波。

预测：

$$\hat{\boldsymbol{x}}^j[k/k-1]=\boldsymbol{\Phi}_j\hat{\boldsymbol{x}}^{0j}[k-1/k-1] \tag{9.7.80}$$

预测均方误差矩阵：

$$\boldsymbol{P}^j[k/k-1]=\boldsymbol{\Phi}_j\boldsymbol{P}^{0j}[k-1/k-1]\boldsymbol{\Phi}_j^{\mathrm{T}}+\boldsymbol{\Gamma}_j\boldsymbol{Q}_j\boldsymbol{\Gamma}_j^{\mathrm{T}} \tag{9.7.81}$$

卡尔曼增益：

$$\boldsymbol{K}_j[k]=\boldsymbol{P}^j[k/k-1]\boldsymbol{H}^{\mathrm{T}}(\boldsymbol{H}\boldsymbol{P}^j[k/k-1]\boldsymbol{H}^{\mathrm{T}}+\boldsymbol{R})^{-1} \tag{9.7.82}$$

滤波：

$$\hat{\boldsymbol{x}}^j[k/k]=\hat{\boldsymbol{x}}^j[k/k-1]+\boldsymbol{K}_j[k](\boldsymbol{z}[k]-\boldsymbol{H}\hat{\boldsymbol{x}}^j[k/k-1]) \tag{9.7.83}$$

滤波均方误差矩阵：

$$\boldsymbol{P}^j[k/k]=(\boldsymbol{I}-\boldsymbol{K}_j[k]\boldsymbol{H})\boldsymbol{P}^j[k/k-1] \tag{9.7.84}$$

3. 模型概率更新

$$\begin{aligned}\mu_j[k]&=P(M_j[k]/\boldsymbol{z}^k)=p(\boldsymbol{z}[k]/M_j[k],\boldsymbol{z}^{k-1})P(M_j[k]/\boldsymbol{z}^{k-1})\\&=\frac{1}{c}\Lambda_j[k]\sum_{i=1}^{r}P(M_j[k]/M_i[k-1],\boldsymbol{z}^{k-1})P(M_i[k-1]/\boldsymbol{z}^{k-1})\\&=\frac{1}{c}\Lambda_j[k]\sum_{i=1}^{r}p_{ij}\mu_i[k-1]\\&=\Lambda_j[k]\bar{c}_j/c\end{aligned} \tag{9.7.85}$$

其中 c 为归一化常数，且 $c=\sum_{j=1}^{r}\Lambda_j[k]\bar{c}_j$，而 $\Lambda_j[k]$ 为观测 $\boldsymbol{z}[k]$ 的似然函数，

$$\begin{aligned}\Lambda_j[k]&=p(\boldsymbol{z}[k]/M_i[k],\boldsymbol{z}^{k-1})\\&=\frac{1}{(2\pi)^{n/2}\det^{1/2}(\boldsymbol{s}_j[k])}\exp\left\{-\frac{1}{2}\boldsymbol{v}_j^{\mathrm{T}}[k]\boldsymbol{s}_j^{-1}[k]\boldsymbol{v}_j[k]\right\}\end{aligned} \tag{9.7.86}$$

其中，n 是新息的维数，

$$\boldsymbol{v}_j[k]=\boldsymbol{z}[k]-\boldsymbol{H}\hat{\boldsymbol{x}}^j[k/k-1] \tag{9.7.87}$$

$$\boldsymbol{s}_j[k]=\boldsymbol{H}\boldsymbol{P}^j[k/k-1]\boldsymbol{H}^{\mathrm{T}}+\boldsymbol{R} \tag{9.7.88}$$

4. 输出交互

$$\hat{\boldsymbol{x}}[k/k]=\sum_{j=1}^{r}\hat{\boldsymbol{x}}^j[k/k]\mu_j[k] \tag{9.7.89}$$

$$P[k/k]=\sum_{j=1}^{r}\mu_j[k]\{P^j[k/k]+(\hat{x}^j[k/k]-\hat{x}[k/k])(\hat{x}^j[k/k]-\hat{x}[k/k])^{\mathrm{T}}\}$$

(9.7.90)

9.7.5 算法仿真分析

利用蒙特卡洛方法对IE、VD和IMM算法进行仿真实验，对算法的跟踪性能进行统计评估。

实验场景：假定目标在平面上运动，起始位置为(2000m，10000m)，目标在 $t=0\sim400$s 沿 y 轴做匀速直线运动，运动速度为-15m/s；在 $t=400\sim600$s 向 x 轴方向做 90°慢转弯，加速度为 $u_x=u_y=0.075\text{m/s}^2$，完成慢转弯后加速度降为零；从 $t=610$s 开始做 90°的快转弯，加速度为 $u_x=u_y=-0.3\text{m/s}^2$，在 660s 结束转弯，加速度降至零。雷达的扫描周期 $T=10$s。假定对目标在 x 和 y 方向的位置独立地进行观测，观测噪声的标准差均为 100m。

仿真中各算法的运用和参数的选择如下：

(1) IE算法。假定系统扰动噪声的方差为零，在跟踪的开始，首先运用简单卡尔曼滤波器，当滤波器接近稳态时(数据点数超过滑窗长度且前后两次滤波误差的相对差异不超过1%，也可假定在第20个采样点达到稳态)激活加速度的估计器及检测器，估计器取后五个观测并计算 $\hat{\boldsymbol{u}}$ 和 $d(\hat{\boldsymbol{u}})$，如果 $d(\hat{\boldsymbol{u}})$ 小于门限 $c=15$(对应虚警概率 $P_{\mathrm{F}}=5.5\times10^{-4}$)，估计器再利用最新的一个观测和前面的四个观测计算估计，以此类推。若在某一时刻 $d(\hat{\boldsymbol{u}})$ 大于门限15，则根据式(9.7.45)～式(9.7.47)修正状态估计及估计误差方差阵，相应地卡尔曼滤波增益会增加，状态的修正伴随估计误差的加大，使得状态修正后估计器变得不可靠，由于这一原因，在随后的8次观测门限也增加到25(对应虚警概率 $P_{\mathrm{F}}=1\times10^{-6}$)，随后两次观测门限降至20(对应虚警概率 $P_{\mathrm{F}}=5.5\times10^{-5}$)，最后回到15。

(2) VD算法。假定非机动模型的系统扰动噪声方差为零，机动模型的系统扰动标准差为加速度估计的10%，加权衰减因子 $\alpha=0.8$，机动门限 $T_{\mathrm{h}}=18.3$，退出机动的检测门限 $T_{\mathrm{a}}=9.49$。在跟踪的开始，首先采用非机动模型，从第20次采样开始，激活机动检测器。

(3) IMM算法。采用三个模型，第一个模型与VD算法相同，第二、三个模型与VD算法的机动模型相同，只是 $\boldsymbol{Q}=q\boldsymbol{I}$ 不同，第二个模型为 q 值为 $q_2=0.001$，而第三个模型的 q 值为 $q_3=0.0144$，控制模型转换的马尔可夫链的转移概率矩阵为

$$\boldsymbol{P}=\begin{bmatrix}0.95 & 0.025 & 0.025\\ 0.025 & 0.95 & 0.025\\ 0.025 & 0.25 & 0.95\end{bmatrix}$$

在跟踪的开始，首先采用常规的卡尔曼滤波器(非机动模型)进行跟踪，从第20次采用开始，采用三模型的IMM算法。

算法仿真的结果如图9.13所示，可以看出，在非机动段性能大体相当的情况下，IMM算法的性能最好，其次是VD算法。

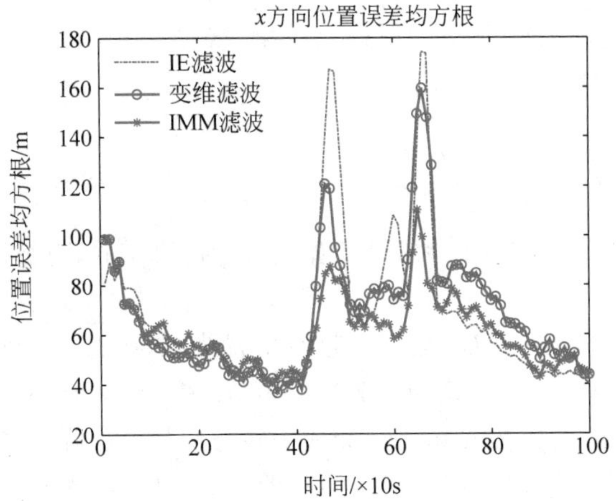

图 9.13　IE/VD/IMM 算法性能比较

习题

9.1　设 $\boldsymbol{z}^k=\begin{bmatrix}\boldsymbol{z}^{k-1}\\ \boldsymbol{z}[k]\end{bmatrix}$,证明

$$\hat{E}(\boldsymbol{x}\mid \boldsymbol{z}^k)=\hat{E}(\boldsymbol{x}\mid \boldsymbol{z}^{k-1})+\hat{E}[\tilde{\boldsymbol{x}}\mid \tilde{\boldsymbol{z}}(k)]$$
$$=\hat{E}(\boldsymbol{x}\mid \boldsymbol{z}^{k-1})+E(\tilde{\boldsymbol{x}}\tilde{\boldsymbol{z}}^{\mathrm{T}}[k])\{E(\tilde{\boldsymbol{z}}[k]\tilde{\boldsymbol{z}}^{\mathrm{T}}[k])\}^{-1}\tilde{\boldsymbol{z}}[k]$$

其中 $\tilde{\boldsymbol{x}}=\boldsymbol{x}-\hat{E}(\boldsymbol{x}|\boldsymbol{z}^{k-1})$,$\tilde{\boldsymbol{z}}[k]=\boldsymbol{z}[k]-\hat{E}(\boldsymbol{z}[k]|\boldsymbol{z}^{k-1})$。

9.2　证明:卡尔曼滤波误差 $\tilde{\boldsymbol{x}}[k/k]=\boldsymbol{x}[k]-\hat{\boldsymbol{x}}[k/k]$和预测误差 $\tilde{\boldsymbol{x}}[k+1/k]=\boldsymbol{x}[k+1]-\hat{\boldsymbol{x}}[k+1/k]$均是零均值马尔可夫序列,若 $\boldsymbol{x}[k_0]$、$\boldsymbol{n}[k]$、$\boldsymbol{w}[k]$均是高斯的,则 $\tilde{\boldsymbol{x}}[k/k]$和 $\tilde{\boldsymbol{x}}[k+1/k]$均是零均值高斯-马尔可夫序列。

9.3　证明滤波均方误差矩阵和增益的计算也可以写成如下形式:

$$\boldsymbol{P}_{\tilde{x}}^{-1}[k/k]=\boldsymbol{P}_{\tilde{x}}^{-1}[k/k-1]+\boldsymbol{H}^{\mathrm{T}}[k]\boldsymbol{R}^{-1}[k]\boldsymbol{H}[k]$$
$$\boldsymbol{K}[k]=\boldsymbol{P}_{\tilde{x}}[k/k]\boldsymbol{H}^{\mathrm{T}}[k]\boldsymbol{R}^{-1}[k]$$

(提示:利用矩阵求逆引理)。

9.4　假定信号模型和观测模型为

$$x[k+1]=x[k]$$
$$z[k]=x[k]+w[k]$$

其中,$w[k]$为零均值白噪声,方差为 σ^2,且假定 $E(x[0])=0$,$\mathrm{Var}(x[0])=P_0$,证明估计 $x[k]$的卡尔曼算法为

$$P_{\tilde{x}}[k/k]=\frac{P_0\sigma^2}{\sigma^2+kP_0}$$

$$K[k]=\frac{P_0}{\sigma^2+kP_0}$$

$$\hat{x}[k/k]=\frac{P_0}{\sigma^2+kP_0}\sum_{i=1}^{k}z[i]$$

9.5 已知信号模型为 $x[k+1]=\frac{1}{2}x[k]+n[k]$，观测模型为 $z[k]=x[k]+w[k]$，其中 $n[k]$ 是零均值高斯白噪声，方差为 $\sigma_n^2=2$，$x[-1]\sim\mathcal{N}(0,1)$，$w[k]$ 为零均值高斯白噪声，方差为 $\sigma^2[k]=(1/2)^k$，$n[k]$、$w[k]$ 和 $x[-1]$ 统计独立，假定 $z[0]=13/9$，$z[1]=1$，求 $\hat{x}[0/0]$，$\hat{x}[1/1]$ 及估计的均方误差。

9.6 有某港口监视雷达对海面上匀速直线运动的船只进行监视和跟踪，设雷达的扫描周期为 $T=10\text{s}$，雷达对目标的平面坐标位置 x 和 y 分别进行独立测量，测量的标准偏差均为 100m。

(1) 试建立雷达对舰船目标进行跟踪的目标模型和观测模型；

(2) 给出目标跟踪的卡尔曼滤波算法，并画出评估算法性能的蒙特卡洛仿真的流程图；

(3) 设雷达的前两个观测值为 $\boldsymbol{z}[0]=[-9999\quad 2000]^{\mathrm{T}}$，$\boldsymbol{z}[1]=[-9983\quad 2002]^{\mathrm{T}}$，求 x 和 y 方向位置与速度的起始估计和起始估计的均方误差；

(4) 求卡尔曼滤波增益 $\boldsymbol{K}[k]$（$k=1,2,3,4,5$）（系统扰动噪声的方差根据题意自主作出合适的假定）。

9.7 设目标的运动状态可描述为

$$\boldsymbol{x}[k+1]=\boldsymbol{\Phi}\boldsymbol{x}[k]$$

其中，$\boldsymbol{x}[k]=\begin{bmatrix}x[k]\\ \dot{x}[k]\end{bmatrix}$，$\boldsymbol{\Phi}=\begin{bmatrix}1 & T\\ 0 & 1\end{bmatrix}$，观测方程为

$$z[k]=x[k]+w[k]$$

其中，$w[k]$ 是零均值白噪声，方差为 R，假定 $T=2$，$R=64$，$z[0]=50$，$z[1]=70$，$z[2]=120$。采用两点法建立起始估计，即

$$\hat{\boldsymbol{x}}[1/1]=\begin{bmatrix}z[1]\\ (z[1]-z[0])/T\end{bmatrix}$$

(1) 求初始估计均方误差矩阵 $\boldsymbol{P}_{\tilde{x}}[1/1]$；

(2) 求 $\hat{\boldsymbol{x}}[2/2]$。

9.8 用一台机载高度表对直升飞机到地面的高度从 $t=1\text{s}$ 开始进行跟踪测量，取样间隔为 $T=1\text{s}$。设飞机到地面的距离为 $r[k]$，飞机升高的速度为 $\dot{r}[k]$ 为常数，已知 $E(r[0])=0$，$\mathrm{Var}(r[0])=10$，$E(\dot{r}[0])=0$，$\mathrm{Var}(\dot{r}[0])=10$，$\mathrm{Cov}(r[0],\dot{r}[0])=0$，观测噪声满足 $E(w[k])=0$，$E(w[k]w[j])=5\delta_{kj}$，且与 $r[0]$ 和 $\dot{r}[0]$ 不相关，观测到的距离为 $z[1]$。试用卡尔曼滤波算法求 $\hat{r}[1/1]$、$\hat{\dot{r}}[1/1]$ 及估计误差的方差。

9.9 设信号模型和观测模型为

$$\begin{cases}\dot{x}_1(t)=x_2(t)\\ \dot{x}_2(t)=-2x_1(t)-3x_2(t)+n(t)\end{cases}$$

$$z(t)=2x_1(t)+w(t)$$

其中,$n(t)$和$w(t)$都是零均值单位方差的白噪声。假定取样间隔为$\Delta t=t_k-t_{k-1}=1$,初始状态为$\boldsymbol{x}=[x_1(0)\quad x_2(0)]^{\mathrm{T}}=[1\quad 1]^{\mathrm{T}}$,$\boldsymbol{P}_x(0)=\begin{bmatrix}1 & 0\\ 0 & 1\end{bmatrix}$,若测得$z[1]=6$,求滤波估计$\hat{x}[1/1]$及估计误差的方差阵$P_x[1/1]$。

提示:首先将连续时间的状态方程离散化,然后应用离散时间的卡尔曼滤波器,求解状态转移矩阵时只取前两项近似。

第10章 非线性滤波

第 9 章讨论的卡尔曼滤波方法中假定动力学系统和观测系统是线性的,而在实际应用中,所建立的动力学模型和观测模型往往是非线性的。例如,雷达系统中的目标定位与跟踪、火箭的制导与控制、高空目标飞行轨迹的测量等。本章讨论非线性条件下的滤波方法。

视频

10.1 随机非线性离散系统的数学描述

随机非线性离散系统的状态方程和观测方程可描述如下:

$$\boldsymbol{x}[k+1]=\boldsymbol{\Phi}(\boldsymbol{x}[k],k)+\boldsymbol{\Gamma}(\boldsymbol{x}[k],k)\boldsymbol{n}[k] \tag{10.1.1}$$

$$\boldsymbol{z}[k]=\boldsymbol{H}(\boldsymbol{x}[k],k)+\boldsymbol{w}[k] \tag{10.1.2}$$

其中,$\boldsymbol{x}[k]$为 $M\times 1$ 维状态矢量,$\boldsymbol{\Phi}(\boldsymbol{x}[k],k)$为 $M\times 1$ 维矢量函数,它是 $\boldsymbol{x}[k]$的非线性函数,$\boldsymbol{\Gamma}(\boldsymbol{x}[k],k)$为 $M\times p$ 矩阵函数,$\boldsymbol{n}[k]$为 $p\times 1$ 维系统扰动噪声。$\boldsymbol{z}[k]$为 $N\times 1$ 维观测矢量,$\boldsymbol{H}(\boldsymbol{x}[k],k)$为 $N\times 1$ 维矢量函数,它是 $\boldsymbol{x}[k]$的非线性函数,$\boldsymbol{w}[k]$为观测噪声。

假定系统扰动噪声 $\boldsymbol{n}[k]$和观测噪声 $\boldsymbol{w}[k]$均为白噪声,且

$$E(\boldsymbol{n}[k])=\boldsymbol{0},\quad E(\boldsymbol{n}[k]\boldsymbol{n}^{\mathrm{T}}[j])=\boldsymbol{Q}[k]\delta_{kj} \tag{10.1.3}$$

$$E(\boldsymbol{w}[k])=\boldsymbol{0},\quad E(\boldsymbol{w}[k]\boldsymbol{w}^{\mathrm{T}}[j])=\boldsymbol{R}[k]\delta_{kj} \tag{10.1.4}$$

$$E(\boldsymbol{n}[k]\boldsymbol{w}^{\mathrm{T}}[j])=\boldsymbol{0} \tag{10.1.5}$$

系统的初始状态 $\boldsymbol{x}[k_0]$假定是一个随机矢量,且

$$E(\boldsymbol{x}[k_0])=\boldsymbol{m}_x[k_0] \tag{10.1.6}$$

$$E\{(\boldsymbol{x}[k_0]-\boldsymbol{m}_x[k_0])(\boldsymbol{x}[k_0]-\boldsymbol{m}_x[k_0])^{\mathrm{T}}\}=\boldsymbol{P}_x[k_0] \tag{10.1.7}$$

非线性模型线性化是解决非线性滤波问题的基本方法,用线性化来描述非线性系统是一种近似方法,会对估计带来一定的影响。本章首先介绍两种近似方法,即线性化卡尔曼滤波和扩展卡尔曼滤波,最后介绍粒子滤波。

10.2 线性化卡尔曼滤波

在状态方程式(10.1.1)中,令 $\boldsymbol{n}[k]=\boldsymbol{0}$,无噪声的状态变量假定为 $\boldsymbol{x}^*[k]$,这时得到的无噪声作用下的动力学方程为

$$\boldsymbol{x}^*[k]=\boldsymbol{\Phi}(\boldsymbol{x}^*[k],k) \tag{10.2.1}$$

$\boldsymbol{x}^*[k]$称为 $\boldsymbol{x}[k]$的标称状态,也称为标称轨道。设 $\Delta\boldsymbol{x}[k]$为真实状态与标称状态之差

$$\Delta\boldsymbol{x}[k]=\boldsymbol{x}[k]-\boldsymbol{x}^*[k] \tag{10.2.2}$$

$\Delta\boldsymbol{x}[k]$称为状态偏差。

所谓线性化卡尔曼滤波,就是将$\boldsymbol{\Phi}(\boldsymbol{x}[k],k)$和 $\boldsymbol{H}(\boldsymbol{x}[k],k)$在标称状态附近用泰勒级数展开,并保留一次项,将非线性状态方程用线性状态方程近似。即

$$\boldsymbol{\Phi}(\boldsymbol{x}[k],k)=\boldsymbol{\Phi}(\boldsymbol{x}^*[k],k)+\left.\frac{\partial\boldsymbol{\Phi}(\boldsymbol{x}[k],k)}{\partial\boldsymbol{x}^{\mathrm{T}}[k]}\right|_{\boldsymbol{x}[k]=\boldsymbol{x}^*[k]}(\boldsymbol{x}[k]-\boldsymbol{x}^*[k])+\text{高阶项} \tag{10.2.3}$$

忽略式(10.2.3)中的高阶项并代入状态方程(10.1.1)中，得

$$\boldsymbol{x}[k+1]=\boldsymbol{\Phi}(\boldsymbol{x}^*[k],k)+\left.\frac{\partial\boldsymbol{\Phi}(\boldsymbol{x}[k],k)}{\partial\boldsymbol{x}^{\mathrm{T}}[k]}\right|_{\boldsymbol{x}[k]=\boldsymbol{x}^*[k]}(\boldsymbol{x}[k]-\boldsymbol{x}^*[k])+\boldsymbol{\Gamma}(\boldsymbol{x}[k],k)\boldsymbol{n}[k]$$

进一步假定$\boldsymbol{\Gamma}(\boldsymbol{x}[k],k)\approx\boldsymbol{\Gamma}(\boldsymbol{x}^*[k],k)$，则

$$\boldsymbol{x}[k+1]=\boldsymbol{\Phi}(\boldsymbol{x}^*[k],k)+\left.\frac{\partial\boldsymbol{\Phi}(\boldsymbol{x}[k],k)}{\partial\boldsymbol{x}^{\mathrm{T}}[k]}\right|_{\boldsymbol{x}[k]=\boldsymbol{x}^*[k]}(\boldsymbol{x}[k]-\boldsymbol{x}^*[k])+\boldsymbol{\Gamma}(\boldsymbol{x}^*[k],k)\boldsymbol{n}[k] \tag{10.2.4}$$

或者

$$\boldsymbol{x}[k+1]-\boldsymbol{\Phi}(\boldsymbol{x}^*[k],k)=\left.\frac{\partial\boldsymbol{\Phi}(\boldsymbol{x}[k],k)}{\partial\boldsymbol{x}^{\mathrm{T}}[k]}\right|_{\boldsymbol{x}[k]=\boldsymbol{x}^*[k]}(\boldsymbol{x}[k]-\boldsymbol{x}^*[k])+\boldsymbol{\Gamma}(\boldsymbol{x}^*[k],k)\boldsymbol{n}[k] \tag{10.2.5}$$

令$\boldsymbol{\Phi}_[k+1,k]=\left.\frac{\partial\boldsymbol{\Phi}(\boldsymbol{x}[k],k)}{\partial\boldsymbol{x}^{\mathrm{T}}[k]}\right|_{\boldsymbol{x}[k]=\boldsymbol{x}^*[k]}$，$\boldsymbol{\Gamma}_[k]=\boldsymbol{\Gamma}(\boldsymbol{x}^*[k],k)$，则式(10.2.4)可表示为

$$\Delta\boldsymbol{x}[k+1]=\boldsymbol{\Phi}\_[k+1,k]\Delta\boldsymbol{x}[k]+\boldsymbol{\Gamma}\_[k]\boldsymbol{n}[k] \tag{10.2.6}$$

其中

$$\boldsymbol{\Phi}\_[k+1,k]=\frac{\partial\boldsymbol{\Phi}(\boldsymbol{x}[k],k)}{\partial\boldsymbol{x}^{\mathrm{T}}[k]}=\begin{bmatrix}\frac{\partial\Phi_1(\boldsymbol{x}[k],k)}{\partial x_1[k]} & \frac{\partial\Phi_1(\boldsymbol{x}[k],k)}{\partial x_2[k]} & \cdots & \frac{\partial\Phi_1(\boldsymbol{x}[k],k)}{\partial x_M[k]}\\ \frac{\partial\Phi_2(\boldsymbol{x}[k],k)}{\partial x_1[k]} & \frac{\partial\Phi_2(\boldsymbol{x}[k],k)}{\partial x_2[k]} & \cdots & \frac{\partial\Phi_2(\boldsymbol{x}[k],k)}{\partial x_M[k]}\\ \vdots & \vdots & \cdots & \vdots\\ \frac{\partial\Phi_M(\boldsymbol{x}[k],k)}{\partial x_1[k]} & \frac{\partial\Phi_M(\boldsymbol{x}[k],k)}{\partial x_2[k]} & \cdots & \frac{\partial\Phi_M(\boldsymbol{x}[k],k)}{\partial x_M[k]}\end{bmatrix} \tag{10.2.7}$$

称为雅可比(Jacobi)矩阵。

同样，可以将$\boldsymbol{H}(\boldsymbol{x}[k],k)$在标称状态$\boldsymbol{x}^*[k]$附近用泰勒级数展开，并保留一次项。即

$$\boldsymbol{H}(\boldsymbol{x}[k],k)=\boldsymbol{H}(\boldsymbol{x}^*[k],k)+\left.\frac{\partial\boldsymbol{H}(\boldsymbol{x}[k],k)}{\partial\boldsymbol{x}^{\mathrm{T}}[k]}\right|_{\boldsymbol{x}[k]=\boldsymbol{x}^*[k]}(\boldsymbol{x}[k]-\boldsymbol{x}^*[k])+\text{高阶项} \tag{10.2.8}$$

其中

$$\frac{\partial \boldsymbol{H}(\boldsymbol{x}[k],k)}{\partial \boldsymbol{x}^{\mathrm{T}}[k]}=\begin{bmatrix}\frac{\partial h_1(\boldsymbol{x}[k],k)}{\partial x_1[k]} & \frac{\partial h_1(\boldsymbol{x}[k],k)}{\partial x_2[k]} & \cdots & \frac{\partial h_1(\boldsymbol{x}[k],k)}{\partial x_M[k]}\\ \frac{\partial h_2(\boldsymbol{x}[k],k)}{\partial x_1[k]} & \frac{\partial h_2(\boldsymbol{x}[k],k)}{\partial x_2[k]} & \cdots & \frac{\partial h_2(\boldsymbol{x}[k],k)}{\partial x_M[k]}\\ \vdots & \vdots & \cdots & \vdots\\ \frac{\partial h_N(\boldsymbol{x}[k],k)}{\partial x_1[k]} & \frac{\partial h_N(\boldsymbol{x}[k],k)}{\partial x_2[k]} & \cdots & \frac{\partial h_N(\boldsymbol{x}[k],k)}{\partial x_M[k]}\end{bmatrix} \tag{10.2.9}$$

则观测方程可表示为

$$\boldsymbol{z}[k]=\boldsymbol{H}(\boldsymbol{x}^*[k],k)+\left.\frac{\partial \boldsymbol{H}(\boldsymbol{x}[k],k)}{\partial \boldsymbol{x}^{\mathrm{T}}[k]}\right|_{\boldsymbol{x}[k]=\boldsymbol{x}^*[k]}(\boldsymbol{x}[k]-\boldsymbol{x}^*[k])+\boldsymbol{w}[k] \tag{10.2.10}$$

类似地,令

$$\boldsymbol{z}^*[k]=\boldsymbol{H}(\boldsymbol{x}^*[k],k) \tag{10.2.11}$$

$$\Delta\boldsymbol{z}[k]=\boldsymbol{z}[k]-\boldsymbol{z}^*[k] \tag{10.2.12}$$

$$\boldsymbol{H}_-[k]=\left.\frac{\partial \boldsymbol{H}(\boldsymbol{x}[k],k)}{\partial \boldsymbol{x}^{\mathrm{T}}[k]}\right|_{\boldsymbol{x}[k]=\boldsymbol{x}^*[k]} \tag{10.2.13}$$

则式(10.2.10)可表示为

$$\Delta\boldsymbol{z}[k]=\boldsymbol{H}_-[k]\Delta\boldsymbol{x}[k]+\boldsymbol{w}[k] \tag{10.2.14}$$

式(10.2.6)和式(10.2.14)忽略了高阶项,得到了以 $\Delta\boldsymbol{x}[k]$ 和 $\Delta\boldsymbol{z}[k]$ 为状态矢量和观测矢量的线性方程。这样就可以利用第9章介绍的线性卡尔曼算法求得状态 $\Delta\boldsymbol{x}[k]$ 的滤波值 $\Delta\hat{\boldsymbol{x}}[k/k]$,再与标称状态 $\boldsymbol{x}^*(k)$ 相加得到状态的最佳滤波估计 $\hat{\boldsymbol{x}}[k/k]$。

表10.1归纳了线性化卡尔曼滤波算法的基本方程。线性化卡尔曼滤波需要预先求解标称轨迹 $\boldsymbol{x}^*[k]$,标称轨迹可以由式(10.1.1)令 $\boldsymbol{n}[k]=\boldsymbol{0}$ 以及式(10.1.6)的起始条件求解得到。

表 10.1 线性化卡尔曼滤波算法总结

信号模型	$\boldsymbol{x}[k+1]=\boldsymbol{\Phi}(\boldsymbol{x}[k],k)+\boldsymbol{\Gamma}(\boldsymbol{x}[k],k)\boldsymbol{n}[k]$
观测模型	$\boldsymbol{z}[k]=\boldsymbol{H}(\boldsymbol{x}[k],k)+\boldsymbol{w}[k]$
统计特性	$E(\boldsymbol{n}[k])=\boldsymbol{0},E(\boldsymbol{n}[k]\boldsymbol{n}^{\mathrm{T}}[l])=\boldsymbol{Q}[k]\delta_{kl}$
	$E(\boldsymbol{w}[k])=\boldsymbol{0},E(\boldsymbol{w}[k]\boldsymbol{w}^{\mathrm{T}}[l])=\boldsymbol{R}[k]\delta_{kl}$
	$E(\boldsymbol{n}[k]\boldsymbol{w}^{\mathrm{T}}[l])=\boldsymbol{0}$
起始状态	$E(\boldsymbol{x}[k_0])=\boldsymbol{m}_x[k_0],E\{(\boldsymbol{x}[k_0]-\boldsymbol{m}_x[k_0])(\boldsymbol{x}[k_0]-\boldsymbol{m}_x[k_0])^{\mathrm{T}}\}=\boldsymbol{P}_x[k_0]$
	$E(\boldsymbol{x}[k_0]\boldsymbol{n}^{\mathrm{T}}[l])=E(\boldsymbol{x}[k_0]\boldsymbol{w}^{\mathrm{T}}[l])=\boldsymbol{0}$
模型线性化	
信号模型	$\Delta\boldsymbol{x}[k+1]=\boldsymbol{\Phi}_-[k+1,k]\Delta\boldsymbol{x}[k]+\boldsymbol{\Gamma}_-[k]\boldsymbol{n}[k]$
观测模型	$\Delta\boldsymbol{z}[k]=\boldsymbol{H}_-[k]\Delta\boldsymbol{x}[k]+\boldsymbol{w}[k]$
	$\boldsymbol{\Gamma}_-[k]=\boldsymbol{\Gamma}(\boldsymbol{x}^*[k],k)\quad \boldsymbol{\Phi}_-[k+1,k]=\left.\frac{\partial \boldsymbol{\Phi}(\boldsymbol{x}[k],k)}{\partial \boldsymbol{x}^{\mathrm{T}}[k]}\right\|_{\boldsymbol{x}[k]=\boldsymbol{x}^*[k]}$
	$\boldsymbol{H}_-[k]=\left.\frac{\partial \boldsymbol{H}(\boldsymbol{x}[k],k)}{\partial \boldsymbol{x}^{\mathrm{T}}[k]}\right\|_{\boldsymbol{x}[k]=\boldsymbol{x}^*[k]}$

续表

算法	$\Delta\boldsymbol{z}[k]=\boldsymbol{z}[k]-\boldsymbol{z}^*[k]=\boldsymbol{z}[k]-\boldsymbol{H}(\boldsymbol{x}^*[k],k)$ $\Delta\hat{\boldsymbol{x}}[k/k-1]=\boldsymbol{\Phi}_{-}[k,k-1]\Delta\hat{\boldsymbol{x}}[k-1/k-1]$ $\boldsymbol{P}_{\tilde{x}}[k/k-1]=\boldsymbol{\Phi}_{-}[k,k-1]\boldsymbol{P}_{\tilde{x}}[k-1/k-1]\boldsymbol{\Phi}_{-}^{\mathrm{T}}[k,k-1]+$ $\boldsymbol{\Gamma}_{-}[k-1]\boldsymbol{Q}[k-1]\boldsymbol{\Gamma}_{-}^{\mathrm{T}}[k-1]$ $\boldsymbol{K}[k]=\boldsymbol{P}_{\tilde{x}}[k/k-1]\boldsymbol{H}_{-}^{\mathrm{T}}[k](\boldsymbol{H}_{-}[k]\boldsymbol{P}_{\tilde{x}}[k/k-1]\boldsymbol{H}_{-}^{\mathrm{T}}[k]+\boldsymbol{R}[k])^{-1}$ $\Delta\hat{\boldsymbol{x}}[k/k]=\Delta\hat{\boldsymbol{x}}[k/k-1]+\boldsymbol{K}[k](\Delta\boldsymbol{z}[k]-\boldsymbol{H}_{-}[k]\Delta\hat{\boldsymbol{x}}[k/k-1])$ $\boldsymbol{P}_{\tilde{x}}[k/k]=(\boldsymbol{I}-\boldsymbol{K}[k]\boldsymbol{H}_{-}[k])\boldsymbol{P}_{\tilde{x}}[k/k-1]$ $\hat{\boldsymbol{x}}[k/k]=\boldsymbol{x}^*[k]+\Delta\hat{\boldsymbol{x}}[k/k]$
算法起始	$\Delta\hat{\boldsymbol{x}}[k_0/k_0]=\boldsymbol{0}$ $\boldsymbol{P}_{\tilde{x}}[k_0/k_0]=\boldsymbol{P}_x[k_0]$

10.3 扩展卡尔曼滤波

线性化卡尔曼滤波需要求出状态矢量的标称解，在实际中状态方程的解很难得到解析的表达式。在这种情况下可以采用扩展的卡尔曼滤波(Extended Kalman Filtering，EKF)。

假设已经得到了 k 时间状态的最佳估计 $\hat{\boldsymbol{x}}[k/k]$，将式(10.1.1)中的$\boldsymbol{\Phi}(\boldsymbol{x}[k],k)$在$\hat{\boldsymbol{x}}[k/k]$附近用泰勒级数展开，并只保留一阶项。即

$$\boldsymbol{\Phi}(\boldsymbol{x}[k],k)=\boldsymbol{\Phi}(\hat{\boldsymbol{x}}[k/k],k)+\left.\frac{\partial\boldsymbol{\Phi}(\boldsymbol{x}[k],k)}{\partial\boldsymbol{x}^{\mathrm{T}}[k]}\right|_{\boldsymbol{x}[k]=\hat{\boldsymbol{x}}[k/k]}(\boldsymbol{x}[k]-\hat{\boldsymbol{x}}[k/k])+\text{高阶项}\tag{10.3.1}$$

式中忽略高阶项并代入状态方程，得

$$\boldsymbol{x}[k+1]=\boldsymbol{\Phi}(\hat{\boldsymbol{x}}[k/k],k)+\left.\frac{\partial\boldsymbol{\Phi}(\boldsymbol{x}[k],k)}{\partial\boldsymbol{x}^{\mathrm{T}}[k]}\right|_{\boldsymbol{x}[k]=\hat{\boldsymbol{x}}[k/k]}(\boldsymbol{x}[k]-\hat{\boldsymbol{x}}[k/k])+\boldsymbol{\Gamma}(\boldsymbol{x}[k],k)\boldsymbol{n}[k]$$

进一步假定$\boldsymbol{\Gamma}(\boldsymbol{x}[k],k)\approx\boldsymbol{\Gamma}(\hat{\boldsymbol{x}}[k/k],k)$，则

$$\boldsymbol{x}[k+1]=\boldsymbol{\Phi}(\hat{\boldsymbol{x}}[k/k],k)+\left.\frac{\partial\boldsymbol{\Phi}(\boldsymbol{x}[k],k)}{\partial\boldsymbol{x}^{\mathrm{T}}[k]}\right|_{\boldsymbol{x}[k]=\hat{\boldsymbol{x}}[k/k]}(\boldsymbol{x}[k]-\hat{\boldsymbol{x}}[k/k])+\boldsymbol{\Gamma}(\hat{\boldsymbol{x}}[k/k],k)\boldsymbol{n}[k]\tag{10.3.2}$$

或者

$$\boldsymbol{x}[k+1]=\left.\frac{\partial\boldsymbol{\Phi}(\boldsymbol{x}[k],k)}{\partial\boldsymbol{x}^{\mathrm{T}}[k]}\right|_{\boldsymbol{x}[k]=\hat{\boldsymbol{x}}[k/k]}\boldsymbol{x}[k]+\boldsymbol{\Phi}(\hat{\boldsymbol{x}}[k/k],k)-\left.\frac{\partial\boldsymbol{\Phi}(\boldsymbol{x}[k],k)}{\partial\boldsymbol{x}^{\mathrm{T}}[k]}\right|_{\boldsymbol{x}[k]=\hat{\boldsymbol{x}}[k/k]}\hat{\boldsymbol{x}}[k/k]+\boldsymbol{\Gamma}(\hat{\boldsymbol{x}}[k/k],k)\boldsymbol{n}[k]\tag{10.3.3}$$

令

$$\boldsymbol{\Phi}_{-}[k+1,k]=\left.\frac{\partial\boldsymbol{\Phi}(\boldsymbol{x}[k],k)}{\partial\boldsymbol{x}^{\mathrm{T}}[k]}\right|_{\boldsymbol{x}[k]=\hat{\boldsymbol{x}}[k/k]}$$

$$\boldsymbol{\Gamma}_{-}[k]=\boldsymbol{\Gamma}(\hat{\boldsymbol{x}}[k/k],k)$$

$$\boldsymbol{u}[k]=\boldsymbol{\Phi}(\hat{\boldsymbol{x}}[k/k],k)-\left.\frac{\partial\boldsymbol{\Phi}(\boldsymbol{x}[k],k)}{\partial\boldsymbol{x}^{\mathrm{T}}[k]}\right|_{\boldsymbol{x}[k]=\hat{\boldsymbol{x}}[k/k]}\hat{\boldsymbol{x}}[k/k]$$

则式(10.3.3)可表示为

$$\boldsymbol{x}[k+1]=\boldsymbol{\Phi}_{-}[k+1,k]\boldsymbol{x}[k]+\boldsymbol{u}[k]+\boldsymbol{\Gamma}_{-}[k]\boldsymbol{n}[k] \tag{10.3.4}$$

其中$\boldsymbol{\Phi}_{-}[k+1,k]=\dfrac{\partial\boldsymbol{\Phi}(\boldsymbol{x}[k],k)}{\partial\boldsymbol{x}^{\mathrm{T}}[k]}$如式(10.2.7)所示。

对于观测方程的线性化,可以将$\boldsymbol{H}(\boldsymbol{x}[k],k)$在预测值$\hat{\boldsymbol{x}}[k/k-1]$附近用泰勒级数展开,并保留一次项。即

$$\boldsymbol{H}(\boldsymbol{x}[k],k)=\boldsymbol{H}(\hat{\boldsymbol{x}}[k/k-1],k)+\left.\frac{\partial\boldsymbol{H}(\boldsymbol{x}[k],k)}{\partial\boldsymbol{x}^{\mathrm{T}}[k]}\right|_{\boldsymbol{x}[k]=\hat{\boldsymbol{x}}[k/k-1]}(\boldsymbol{x}[k]-\hat{\boldsymbol{x}}[k/k-1])+\text{高阶项} \tag{10.3.5}$$

其中$\dfrac{\partial\boldsymbol{H}(\boldsymbol{x}[k],k)}{\partial\boldsymbol{x}^{\mathrm{T}}[k]}$如式(10.2.9)所示。则观测方程可表示为

$$\boldsymbol{z}[k]=\boldsymbol{H}(\hat{\boldsymbol{x}}[k/k-1],k)+\left.\frac{\partial\boldsymbol{H}(\boldsymbol{x}[k],k)}{\partial\boldsymbol{x}^{\mathrm{T}}[k]}\right|_{\boldsymbol{x}[k]=\hat{\boldsymbol{x}}[k/k-1]}(\boldsymbol{x}[k]-\hat{\boldsymbol{x}}[k/k-1])+\boldsymbol{w}[k] \tag{10.3.6}$$

令

$$\boldsymbol{H}_{-}[k]=\left.\frac{\partial\boldsymbol{H}(\boldsymbol{x}[k],k)}{\partial\boldsymbol{x}^{\mathrm{T}}[k]}\right|_{\boldsymbol{x}[k]=\hat{\boldsymbol{x}}[k/k-1]} \tag{10.3.7}$$

$$\boldsymbol{d}[k]=\boldsymbol{H}(\hat{\boldsymbol{x}}[k/k-1],k)-\left.\frac{\partial\boldsymbol{H}(\boldsymbol{x}[k],k)}{\partial\boldsymbol{x}^{\mathrm{T}}[k]}\right|_{\boldsymbol{x}[k]=\hat{\boldsymbol{x}}[k/k-1]}\hat{\boldsymbol{x}}[k/k-1] \tag{10.3.8}$$

那么,式(10.3.6)可表示为

$$\boldsymbol{z}[k]=\boldsymbol{H}_{-}[k]\boldsymbol{x}[k]+\boldsymbol{d}[k]+\boldsymbol{w}[k] \tag{10.3.9}$$

式(10.3.4)和式(10.3.9)忽略了高阶项,得到了线性化的动力学模型。模型与式(9.3.5)和式(9.3.6)类似,因此根据表9.2总结的带控制项的卡尔曼滤波算法就可以得到扩展卡尔曼滤波算法。算法推导如下:

首先考虑预测算法,预测是根据模型进行的,由式(10.3.4),可得

$$\hat{\boldsymbol{x}}[k/k-1]=\boldsymbol{\Phi}_{-}[k,k-1]\hat{\boldsymbol{x}}[k-1/k-1]+\boldsymbol{u}[k-1] \tag{10.3.10}$$

将$\boldsymbol{\Phi}_{-}[k,k-1]$,$\boldsymbol{u}[k-1]$代入上式,经整理后得

$$\hat{\boldsymbol{x}}[k/k-1]=\boldsymbol{\Phi}(\hat{\boldsymbol{x}}[k-1/k-1],k-1) \tag{10.3.11}$$

可以看出,预测是根据信号模型式(10.1.1)中确定性部分进行的,这和离散线性系统卡尔曼滤波算法是一致的。

预测均方误差矩阵为

$$\boldsymbol{P}_{\tilde{x}}[k/k-1]=\boldsymbol{\Phi}_{-}[k,k-1]\boldsymbol{P}_{\tilde{x}}[k-1/k-1]\boldsymbol{\Phi}_{-}^{\mathrm{T}}[k,k-1]+\boldsymbol{\Gamma}_{-}[k-1]\boldsymbol{Q}[k-1]\boldsymbol{\Gamma}_{-}^{\mathrm{T}}[k-1] \tag{10.3.12}$$

卡尔曼增益为

$$\boldsymbol{K}[k]=\boldsymbol{P}_{\tilde{x}}[k/k-1]\boldsymbol{H}_{-}^{\mathrm{T}}[k](\boldsymbol{H}_{-}[k]\boldsymbol{P}_{\tilde{x}}[k/k-1]\boldsymbol{H}_{-}^{\mathrm{T}}[k]+\boldsymbol{R}[k])^{-1} \tag{10.3.13}$$

由于$\boldsymbol{\Phi}_{-}[k,k-1]$、$\boldsymbol{\Gamma}_{-}[k-1]$与滤波值$\hat{\boldsymbol{x}}[k-1/k-1]$有关，$\boldsymbol{H}_{-}[k]$与预测值$\hat{\boldsymbol{x}}[k/k-1]$有关，它们不能预先计算出来，实时运算量将大大增加。

类似地，滤波方程为

$$\hat{\boldsymbol{x}}[k/k]=\hat{\boldsymbol{x}}[k/k-1]+\boldsymbol{K}[k](\boldsymbol{z}[k]-\boldsymbol{H}_{-}[k]\hat{\boldsymbol{x}}[k/k-1]-\boldsymbol{d}[k]) \tag{10.3.14}$$

将$\boldsymbol{H}_{-}[k]$和$\boldsymbol{d}[k]$的表达式代入式(10.3.14)，经整理后得

$$\hat{\boldsymbol{x}}[k/k]=\hat{\boldsymbol{x}}[k/k-1]+\boldsymbol{K}[k](\boldsymbol{z}[k]-\boldsymbol{H}(\hat{\boldsymbol{x}}[k/k-1],k)) \tag{10.3.15}$$

滤波均方误差矩阵为

$$\boldsymbol{P}_{\tilde{x}}[k/k]=(\boldsymbol{I}-\boldsymbol{K}[k]\boldsymbol{H}_{-}[k])\boldsymbol{P}_{\tilde{x}}[k/k-1] \tag{10.3.16}$$

表 10.2 归纳了扩展卡尔曼滤波算法的基本方程。

表 10.2 扩展卡尔曼滤波算法总结

信号模型	$\boldsymbol{x}[k+1]=\boldsymbol{\Phi}(\boldsymbol{x}[k],k)+\boldsymbol{\Gamma}(\boldsymbol{x}[k],k)\boldsymbol{n}[k]$
观测模型	$\boldsymbol{z}[k]=\boldsymbol{H}(\boldsymbol{x}[k],k)+\boldsymbol{w}[k]$
统计特性	$E(\boldsymbol{n}[k])=\boldsymbol{0},E(\boldsymbol{n}[k]\boldsymbol{n}^{\mathrm{T}}[l])=\boldsymbol{Q}[k]\delta_{kl}$ $E(\boldsymbol{w}[k])=\boldsymbol{0},E(\boldsymbol{w}[k]\boldsymbol{w}^{\mathrm{T}}[l])=\boldsymbol{R}[k]\delta_{kl}$ $E(\boldsymbol{n}[k]\boldsymbol{w}^{\mathrm{T}}[l])=\boldsymbol{0}$
起始状态	$E(\boldsymbol{x}[k_0])=\boldsymbol{m}_x[k_0],E\{(\boldsymbol{x}[k_0]-\boldsymbol{m}_x[k_0])(\boldsymbol{x}[k_0]-\boldsymbol{m}_x[k_0])^{\mathrm{T}}\}=\boldsymbol{P}_x[k_0]$ $E(\boldsymbol{x}[k_0]\boldsymbol{n}^{\mathrm{T}}[l])=E(\boldsymbol{x}[k_0]\boldsymbol{w}^{\mathrm{T}}[l])=\boldsymbol{0}$
模型线性化	
信号模型	$\boldsymbol{x}[k+1]=\boldsymbol{\Phi}_{-}[k+1,k]\boldsymbol{x}[k]+\boldsymbol{u}[k]+\boldsymbol{\Gamma}_{-}[k]\boldsymbol{n}[k]$
观测模型	$\boldsymbol{z}[k]=\boldsymbol{H}_{-}[k]\boldsymbol{x}[k]+\boldsymbol{d}[k]+\boldsymbol{w}[k]$
	$\boldsymbol{\Gamma}_{-}[k]=\boldsymbol{\Gamma}(\hat{\boldsymbol{x}}[k/k],k)\quad \boldsymbol{\Phi}_{-}[k+1,k]=\left.\dfrac{\partial\boldsymbol{\Phi}(\boldsymbol{x}[k],k)}{\partial\boldsymbol{x}^{\mathrm{T}}[k]}\right\|_{\boldsymbol{x}[k]\hat{\boldsymbol{x}}[k/k]}$ $\boldsymbol{H}_{-}[k]=\left.\dfrac{\partial\boldsymbol{H}(\boldsymbol{x}[k],k)}{\partial\boldsymbol{x}^{\mathrm{T}}[k]}\right\|_{\boldsymbol{x}[k]=\hat{\boldsymbol{x}}[k/k-1]}$ $\boldsymbol{u}[k]=\boldsymbol{\Phi}(\hat{\boldsymbol{x}}[k/k],k)-\left.\dfrac{\partial\boldsymbol{\Phi}(\boldsymbol{x}[k],k)}{\partial\boldsymbol{x}^{\mathrm{T}}[k]}\right\|_{\boldsymbol{x}[k]=\hat{\boldsymbol{x}}[k/k]}\hat{\boldsymbol{x}}[k/k]$ $\boldsymbol{d}[k]=\boldsymbol{H}(\hat{\boldsymbol{x}}[k/k-1],k)-\left.\dfrac{\partial\boldsymbol{H}(\boldsymbol{x}[k],k)}{\partial\boldsymbol{x}^{\mathrm{T}}[k]}\right\|_{\boldsymbol{x}[k]=\hat{\boldsymbol{x}}[k/k-1]}\hat{\boldsymbol{x}}[k/k-1]$
算法	$\hat{\boldsymbol{x}}[k/k-1]=\boldsymbol{\Phi}(\hat{\boldsymbol{x}}[k-1/k-1],k-1)$ $\boldsymbol{P}_{\tilde{x}}[k/k-1]=\boldsymbol{\Phi}_{-}[k,k-1]\boldsymbol{P}_{\tilde{x}}[k-1/k-1]\boldsymbol{\Phi}_{-}^{\mathrm{T}}[k,k-1]+\boldsymbol{\Gamma}_{-}[k-1]\boldsymbol{Q}[k-1]\boldsymbol{\Gamma}_{-}^{\mathrm{T}}[k-1]$ $\boldsymbol{K}[k]=\boldsymbol{P}_{\tilde{x}}[k/k-1]\boldsymbol{H}_{-}^{\mathrm{T}}[k](\boldsymbol{H}_{-}[k]\boldsymbol{P}_{\tilde{x}}[k/k-1]\boldsymbol{H}_{-}^{\mathrm{T}}[k]+\boldsymbol{R}[k])^{-1}$ $\hat{\boldsymbol{x}}[k/k]=\hat{\boldsymbol{x}}[k/k-1]+\boldsymbol{K}[k]\{\boldsymbol{z}[k]-\boldsymbol{H}(\hat{\boldsymbol{x}}[k/k-1],k)\}$ $\boldsymbol{P}_{\tilde{x}}[k/k]=(\boldsymbol{I}-\boldsymbol{K}[k]\boldsymbol{H}_{-}[k])\boldsymbol{P}_{\tilde{x}}[k/k-1]$
算法起始	$\hat{\boldsymbol{x}}[k_0/k_0]=\boldsymbol{m}_x[k_0],\boldsymbol{P}_{\tilde{x}}[k_0/k_0]=\boldsymbol{P}_x[k_0]$

视频

【例 10.1】 考虑一个频率跟踪问题,设

$$f_0[k+1]=af_0[k]+n[k],\quad k\geqslant 0$$

其中,a 为常数,$n[k]$是均值为零,方差为 q 的高斯白噪声,$f_0[0]$是均值为 m_f、方差为 σ_f^2 的高斯随机变量,与 $n[k]$相互独立,观测为

$$z[k]=\cos(2\pi f_0[k])+w[k]$$

其中,观测噪声 $w[k]$是零均值高斯白噪声,方差为R,且与 $n[k]$和 $f_0[0]$统计独立,试建立频率跟踪问题的扩展卡尔曼滤波算法。

解:本例的信号模型是线性的,不需要线性化,只需要将观测方程线性化。由于

$$H(f[k],k)=\cos(2\pi f_0[k]),\quad \frac{\partial H(f_0[k],k])}{\partial f_0[k]}=-2\pi\sin(2\pi f_0[k])$$

所以,

$$H_{-}[k]=-2\pi\sin(2\pi\hat{f}_0[k/k-1])$$

由表 10.2 可以得到频率跟踪的扩展卡尔曼算法如下:

预测:$\hat{f}_0[k/k-1]=a\hat{f}_0[k-1/k-1]$

预测均方误差:$P_{\tilde{f}_0}[k/k-1]=a^2P_{\tilde{f}_0}[k-1/k-1]+q$

卡尔曼增益:$K[k]=P_{\tilde{f}_0}[k/k-1]H_{-}[k](H_{-}^2[k]P_{\tilde{f}_0}[k/k-1]+R)^{-1}$

滤波:$\hat{f}_0[k/k]=\hat{f}_0[k/k-1]+K[k]\{\boldsymbol{z}[k]-\cos(2\pi\hat{f}[k/k-1])\}$

滤波均方误差:$P_{\tilde{f}_0}[k/k]=(1-K[k]H_{-}[k])P_{\tilde{f}_0}[k/k-1]$

起始条件:$\hat{f}_0[0/0]=m_f,P_{\tilde{f}_0}[0/0]=\sigma_f^2$

视频

10.4 扩展卡尔曼滤波在目标跟踪中的应用

9.6 节讨论了卡尔曼滤波在雷达数据处理中的应用,在讨论跟踪滤波器时,为了简化分析,假定雷达观测是对直角坐标量分别进行独立的观测,这一假定与实际情况不符,雷达实际的观测是对极坐标参数分别进行的,这样的观测量相对于直角坐标的状态变量来说是非线性的。因此,雷达目标的跟踪问题实际上是一个非线性的滤波问题。

10.4.1 目标状态模型与观测模型

假定目标是平面上的恒速目标,速度有轻微的扰动,这种扰动用一个白噪声描述,即目标模型可描述为

$$\begin{cases}\ddot{x}(t)=\tilde{v}_x(t)\\ \ddot{y}(t)=\tilde{v}_y(t)\end{cases}\tag{10.4.1}$$

其中,$\tilde{v}_x(t)$,$\tilde{v}_y(t)$是彼此独立的零均值白噪声,且 $E[\tilde{v}_x(t)\tilde{v}_x(\tau)]=E[\tilde{v}_y(t)\tilde{v}_y(\tau)]=q\delta(t-\tau)$,将式(10.4.1)用状态方程描述为

$$\dot{\boldsymbol{x}}(t)=\boldsymbol{A}\boldsymbol{x}(t)+\boldsymbol{F}\boldsymbol{n}(t)\tag{10.4.2}$$

其中

$$\boldsymbol{x}(t)=\begin{bmatrix}x(t)\\ \dot{x}(t)\\ y(t)\\ \dot{y}(t)\end{bmatrix},\quad \boldsymbol{A}=\begin{bmatrix}0&1&0&0\\0&0&0&0\\0&0&0&1\\0&0&0&0\end{bmatrix},\quad \boldsymbol{F}=\begin{bmatrix}0&0\\1&0\\0&0\\0&1\end{bmatrix},\quad \boldsymbol{n}(t)=\begin{bmatrix}\tilde{v}_x(t)\\ \tilde{v}_y(t)\end{bmatrix}$$

将式(10.4.2)以恒定的时间间隔 T 抽样可得到离散化的状态方程，即

$$\boldsymbol{x}[k+1]=\boldsymbol{\Phi}\boldsymbol{x}[k]+\boldsymbol{n}[k] \tag{10.4.3}$$

其中，

$$\boldsymbol{\Phi}=\begin{bmatrix}1&T&0&0\\0&1&0&0\\0&0&1&T\\0&0&0&1\end{bmatrix},\quad E(\boldsymbol{n}[k])=\boldsymbol{0},$$

$$E(\boldsymbol{n}[k]\boldsymbol{n}^{\mathrm{T}}[l])=q\begin{bmatrix}T^3/3&T^2/2&0&0\\T^2/2&T&0&0\\0&0&T^3/3&T^2/2\\0&0&T^2/2&T\end{bmatrix}\delta_{kl}$$

观测量是目标的斜距 r 和方位角 θ，如图 10.1 所示。

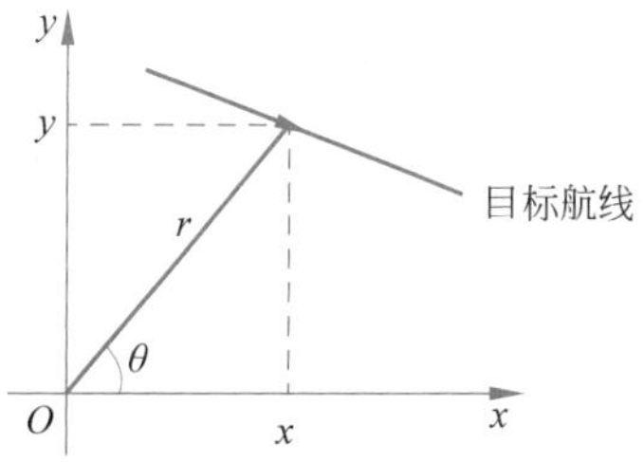

图 10.1 雷达测量示意图

$$\begin{bmatrix}r[k]\\ \theta[k]\end{bmatrix}=\begin{bmatrix}\sqrt{x^2[k]+y^2[k]}\\ \arctan\left(\dfrac{y[k]}{x[k]}\right)\end{bmatrix}+\begin{bmatrix}w_r[k]\\ w_\theta[k]\end{bmatrix} \tag{10.4.4}$$

其中，$w_r[k]$和 $w_\theta[k]$分别为斜距和方位测量噪声，它们是彼此独立的零均值白噪声，方差分别为 σ_r^2 和 σ_θ^2。令

$$\boldsymbol{z}[k]=\begin{bmatrix}r[k]\\ \theta[k]\end{bmatrix},\quad \boldsymbol{H}(\boldsymbol{x}[k],k)=\begin{bmatrix}\sqrt{x^2[k]+y^2[k]}\\ \arctan(y[k]/x[k])\end{bmatrix},\quad \boldsymbol{w}[k]=\begin{bmatrix}w_r[k]\\ w_\theta[k]\end{bmatrix}$$

则测量方程式(10.4.4)可表示为

$$\boldsymbol{z}[k]=\boldsymbol{H}(\boldsymbol{x}[k],k)+\boldsymbol{w}[k] \tag{10.4.5}$$

其中

$$E(\boldsymbol{w}[k])=\boldsymbol{0},\quad E(\boldsymbol{w}[k]\boldsymbol{w}^{\mathrm{T}}[l])=\boldsymbol{R}\delta_{kl}=\begin{bmatrix}\sigma_r^2&0\\0&\sigma_\theta^2\end{bmatrix}\delta_{kl}$$

10.4.2 跟踪算法

由于目标的状态方程式(10.4.3)是线性的，因此，状态方程无须线性化，但观测方程式(10.4.5)是非线性的，因此，需要将观测方程线性化。

将 $\boldsymbol{H}(\boldsymbol{x}[k],k)$ 在预测值 $\hat{\boldsymbol{x}}[k/k-1]$ 附近用泰勒级数展开,

$$\boldsymbol{H}(\boldsymbol{x}[k],k)=\boldsymbol{H}(\hat{\boldsymbol{x}}[k/k-1],k)+\left.\frac{\partial \boldsymbol{H}(\boldsymbol{x}[k],k)}{\partial \boldsymbol{x}^{\mathrm{T}}[k]}\right|_{\boldsymbol{x}[k]=\hat{\boldsymbol{x}}[k/k-1]}(\boldsymbol{x}[k]-\hat{\boldsymbol{x}}[k/k-1])+\text{高阶项}$$

其中,

$$\frac{\partial \boldsymbol{H}(\boldsymbol{x}[k],k)}{\partial \boldsymbol{x}^{\mathrm{T}}[k]}=\begin{bmatrix}\dfrac{\partial h_1}{\partial x[k]} & \dfrac{\partial h_1}{\partial \dot{x}[k]} & \dfrac{\partial h_1}{\partial y[k]} & \dfrac{\partial h_1}{\partial \dot{y}[k]}\\ \dfrac{\partial h_2}{\partial x[k]} & \dfrac{\partial h_2}{\partial \dot{x}[k]} & \dfrac{\partial h_2}{\partial y[k]} & \dfrac{\partial h_2}{\partial \dot{y}[k]}\end{bmatrix}$$

$$=\begin{bmatrix}\dfrac{x[k]}{\sqrt{x^2[k]+y^2[k]}} & 0 & \dfrac{y[k]}{\sqrt{x^2[k]+y^2[k]}} & 0\\ \dfrac{-y[k]}{x^2[k]+y^2[k]} & 0 & \dfrac{x[k]}{x^2[k]+y^2[k]} & 0\end{bmatrix}$$

$$\boldsymbol{H}_{-}[k]=\begin{bmatrix}\dfrac{\hat{x}[k/k-1]}{\sqrt{x^2[k/k-1]+y^2[k/k-1]}} & 0 & \dfrac{\hat{y}[k/k-1]}{\sqrt{\hat{x}^2[k/k-1]+\hat{y}^2[k/k-1]}} & 0\\ \dfrac{-\hat{y}[k/k-1]}{\hat{x}^2[k/k-1]+\hat{y}^2[k/k-1]} & 0 & \dfrac{\hat{x}[k/k-1]}{\hat{x}^2[k/k-1]+\hat{y}^2[k/k-1]} & 0\end{bmatrix}\tag{10.4.6}$$

目标跟踪的扩展卡尔曼滤波算法如下:

预测:

$$\hat{\boldsymbol{x}}[k/k-1]=\boldsymbol{\Phi}\hat{\boldsymbol{x}}[k-1/k-1]\tag{10.4.7}$$

预测均方误差矩阵:

$$\boldsymbol{P}_{\tilde{x}}[k/k-1]=\boldsymbol{\Phi}\boldsymbol{P}_{\tilde{x}}[k-1/k-1]\boldsymbol{\Phi}^{\mathrm{T}}+\boldsymbol{Q}[k]\tag{10.4.8}$$

卡尔曼增益:

$$\boldsymbol{K}[k]=\boldsymbol{P}_{\tilde{x}}[k/k-1]\boldsymbol{H}_{-}^{\mathrm{T}}[k](\boldsymbol{H}_{-}[k]\boldsymbol{P}_{\tilde{x}}[k/k-1]\boldsymbol{H}_{-}^{\mathrm{T}}[k]+\boldsymbol{R}[k])^{-1}\tag{10.4.9}$$

测量预测:

$$\boldsymbol{H}(\hat{\boldsymbol{x}}[k/k-1],k)=\begin{bmatrix}\sqrt{\hat{x}^2[k/k-1]+\hat{y}^2[k/k-1]}\\ \arctan[\hat{y}[k/k-1]/\hat{x}[k/k-1]]\end{bmatrix}\tag{10.4.10}$$

滤波:

$$\hat{\boldsymbol{x}}[k/k]=\hat{\boldsymbol{x}}[k/k-1]+\boldsymbol{K}[k]\{\boldsymbol{z}[k]-\boldsymbol{H}(\hat{\boldsymbol{x}}[k/k-1],k)\}\tag{10.4.11}$$

滤波均方误差矩阵:

$$\boldsymbol{P}_{\tilde{x}}[k/k]=(\boldsymbol{I}-\boldsymbol{K}[k]\boldsymbol{H}_{-}[k])\boldsymbol{P}_{\tilde{x}}[k/k-1]\tag{10.4.12}$$

极坐标滤波:

$$\begin{gathered}\hat{r}[k/k]=\sqrt{\hat{x}^2[k/k]+\hat{y}^2[k/k]},\\ \hat{\theta}[k/k]=\arctan(\hat{y}[k/k]/\hat{x}[k/k])\end{gathered}\tag{10.4.13}$$

习题 10.5 给出了用扩展卡尔曼滤波算法跟踪平面目标的一个仿真分析实例,请读

者根据给定的仿真情景借助计算机完成算法的仿真实验。

10.5 粒子滤波

本节从非线性模型出发，阐述贝叶斯滤波的基本原理，介绍粒子滤波的基本方法，并利用仿真例子说明粒子滤波的效果。

10.5.1 贝叶斯滤波框架

对比卡尔曼滤波的推导过程可知，对于非线性观测模型难以得到滤波均方误差矩阵的闭式递推解，破坏了卡尔曼滤波的循环过程。若状态方程由非线性模型描述时，会出现类似的情况。为了处理非线性系统条件下的状态估计问题，10.2、10.3 节分别介绍了线性化卡尔曼滤波和扩展卡尔曼滤波。此外，无迹卡尔曼滤波也是一种重要的非线性滤波方法。线性化卡尔曼滤波和扩展卡尔曼滤波都是利用模型线性化的办法使其向卡尔曼滤波靠拢，前者在状态的标称值处展开，后者则是在状态的估计(预测)值处展开。无迹卡尔曼滤波沿用了卡尔曼滤波的基本框架，通过选点的办法实现系统状态均值和估计均方误差矩阵的近似计算。这些方法基本上仍是以随机变量(或矢量)的数字特征及其动态演化规律为基础的。

从信息含量的角度看，若已知状态的概率分布，则会获得比其数字特征更丰富的信息，只是获知分布的演化规律要困难得多。随着对系统认识的加深和模拟计算方法及硬件的发展，模拟分布的演化规律成为可能。粒子滤波作为一种解决非线性滤波问题的手段，利用大量粒子来模拟系统行为，完成对目标状态后验分布的迭代估计，实现了由数字特征估计向分布函数模拟的飞跃。

在此先从卡尔曼滤波的角度介绍贝叶斯滤波的基本思路。

1. 卡尔曼滤波再认识

从表 9.1 卡尔曼滤波的五个公式可以看出，估计 k 时刻的系统状态总体上可分为两个步骤：一是预测，二是更新。其他三个环节可以看作为状态预测与更新进行数据准备。状态预测主要是基于 k 时刻以前的信息，状态更新则利用了 k 时刻的观测。可见，这与贝叶斯理论也是匹配的，状态预测可以看作给出了先验信息，而状态更新则综合了先验和观测数据从而给出后验结果。事实上，假设系统噪声 $\boldsymbol{n}[k]$ 和观测噪声 $\boldsymbol{w}[k]$ 均为高斯白噪声，$k-1$ 时刻系统状态的滤波值 $\boldsymbol{x}[k-1/k-1]$ 已知，则 k 时刻系统状态 $\boldsymbol{x}[k]$ 的条件概率密度函数可写为

$$p(\boldsymbol{x}[k] \mid \hat{\boldsymbol{x}}[k-1/k-1]) = \mathcal{N}(\hat{\boldsymbol{x}}[k/k-1], \boldsymbol{P}_{\tilde{x}}[k/k-1]) \tag{10.5.1}$$

其中，$\mathcal{N}(\boldsymbol{\mu}, \boldsymbol{\Sigma})$ 表示均值为 $\boldsymbol{\mu}$、协方差阵为 $\boldsymbol{\Sigma}$ 的正态分布概率密度函数；$\hat{\boldsymbol{x}}[k/k-1] = \boldsymbol{\Phi}[k,k-1]\hat{\boldsymbol{x}}[k-1/k-1]$ 为状态预测值，$\boldsymbol{P}_{\tilde{x}}[k/k-1]$ 为预测均方误差矩阵。在通常的跟踪滤波过程中，输出的是系统状态的估计量，这很容易从密度函数中获得。例如，在最小均方误差准则下，利用正态分布的性质容易得到系统状态的 $\boldsymbol{x}[k]$ 最小均方估计

$$(\hat{\boldsymbol{x}}[k])_{\mathrm{ms,prior}} = \hat{\boldsymbol{x}}[k/k-1] = \boldsymbol{\Phi}[k,k-1]\hat{\boldsymbol{x}}[k-1/k-1] \tag{10.5.2}$$

这正是卡尔曼滤波的预测方程，也可以看作关于 k 时刻系统状态的先验估计。

同理,获得 k 时刻观测 $\boldsymbol{z}[k]$后,根据贝叶斯原理可知系统状态 $\boldsymbol{x}[k]$的后验密度为

$$
\begin{aligned}
&p(\boldsymbol{x}[k] \mid \boldsymbol{z}[k],\hat{\boldsymbol{x}}[k-1/k-1]) \\
&= \frac{p(\boldsymbol{x}[k],\boldsymbol{z}[k] \mid \hat{\boldsymbol{x}}[k-1/k-1])}{p(\boldsymbol{z}[k] \mid \hat{\boldsymbol{x}}[k-1/k-1])} \\
&= \frac{p(\boldsymbol{z}[k] \mid \boldsymbol{x}[k],\hat{\boldsymbol{x}}[k-1/k-1])\,p(\boldsymbol{x}[k] \mid \boldsymbol{x}[k-1],\hat{\boldsymbol{x}}[k-1/k-1])}{p(\boldsymbol{z}[k] \mid \hat{\boldsymbol{x}}[k-1/k-1])} \\
&= c(\boldsymbol{z}[k],\hat{\boldsymbol{x}}[k-1/k-1])\,\mathcal{N}_{\boldsymbol{z}[k]}(\boldsymbol{H}[k]\boldsymbol{x}[k],\boldsymbol{R}[k])\,\mathcal{N}_{\boldsymbol{x}[k]}(\hat{\boldsymbol{x}}[k/k-1],\boldsymbol{P}_{x}[k/k-1])
\end{aligned}
$$

其中,$c(\boldsymbol{z}[k])$表示归一化因子,$\mathcal{N}_{z}(\boldsymbol{\mu},\boldsymbol{\Sigma})$中下标表示正态分布密度函数的自变量。由于后验分布仍为正态的,因此容易得到系统状态 $\boldsymbol{x}[k]$的最小均方估计为

$$
\begin{aligned}
(\hat{\boldsymbol{x}}[k])_{\mathrm{ms,\ posterior}} = &\{\boldsymbol{P}_{\tilde{x}}^{-1}[k/k-1] + \boldsymbol{H}^{\mathrm{T}}[k]\boldsymbol{R}^{-1}[k]\boldsymbol{H}[k]\}^{-1} \\
&\{\boldsymbol{H}^{\mathrm{T}}[k]\boldsymbol{R}^{-1}[k]\boldsymbol{z}[k] + \\
&\boldsymbol{P}_{\tilde{x}}^{-1}[k/k-1]\hat{\boldsymbol{x}}[k/k-1]\}
\end{aligned}
\tag{10.5.3}
$$

利用 WoodBury 恒等式,将式(10.5.3)展开并整理可得

$$
\begin{aligned}
(\hat{\boldsymbol{x}}[k])_{\mathrm{ms,\ posterior}} &= \hat{\boldsymbol{x}}[k/k-1] + \boldsymbol{P}_{\tilde{x}}[k/k-1]\boldsymbol{H}^{\mathrm{T}}[k]\{\boldsymbol{R}[k] + \\
&\quad \boldsymbol{H}[k]\boldsymbol{P}_{\tilde{x}}[k/k-1]\boldsymbol{H}^{\mathrm{T}}[k]\}^{-1}(\boldsymbol{z}[k]-\boldsymbol{H}[k]\hat{\boldsymbol{x}}[k/k-1]) \\
&= \hat{\boldsymbol{x}}[k/k]
\end{aligned}
\tag{10.5.4}
$$

其中用到了等式 $\boldsymbol{I}-[\boldsymbol{R}+\boldsymbol{HPH}^{\mathrm{T}}]^{-1}\boldsymbol{HPH}^{\mathrm{T}}=[\boldsymbol{R}+\boldsymbol{HH}^{\mathrm{T}}]^{-1}\boldsymbol{R}$。式(10.5.4)给出的正是卡尔曼滤波方程。这进一步说明了预测、滤波与先验分布、后验分布之间的关系。一般地,在非线性、非高斯条件下,只要获得了先验分布、后验分布之间的迭代变化关系,就可以计算系统状态的估计量及其散布程度,从而实现递推的非线性滤波。

2. 贝叶斯滤波

对于一般的离散动态系统,状态方程和观测方程可进一步扩展写为

$$
\begin{cases}
\boldsymbol{x}[k] = f(\boldsymbol{x}[k-1],\boldsymbol{n}[k-1]) \\
\boldsymbol{z}[k] = h(\boldsymbol{x}[k],\boldsymbol{w}[k])
\end{cases}
\tag{10.5.5}
$$

其中,$f:\mathbb{R}^{N}\times\mathbb{R}^{p}\rightarrow\mathbb{R}^{N}$ 表示状态转移函数,N 和 p 分别表示状态矢量和过程噪声矢量的维数;$h:\mathbb{R}^{N}\times\mathbb{R}^{M}\rightarrow\mathbb{R}^{M}$ 表示测量函数,M 表示观测矢量的维数。为方便计,令$\boldsymbol{z}_{0:k}=\{\boldsymbol{z}[0],\boldsymbol{z}[1],\cdots,\boldsymbol{z}[k]\}$表示直到时刻 k 的观测集合。

根据前面的阐述,要获得当前时刻系统状态的估计值,只需要获得给定观测集下系统状态的后验分布 $p(\boldsymbol{x}[k]|\boldsymbol{z}_{0:k})$即可。首先,假定初始分布 $p(\boldsymbol{x}[0]|\boldsymbol{z}_{0})\triangleq p(\boldsymbol{x}[0])$已知,与卡尔曼滤波中的初始条件类似。当获得中 $k-1$ 时刻的后验密度 $p(\boldsymbol{x}[k-1]|\boldsymbol{z}_{0:k-1})$后,即可对 k 时刻系统状态的密度函数进行预测

$$
\begin{aligned}
p(\boldsymbol{x}[k] \mid \boldsymbol{z}_{0:k-1}) &= \int p(\boldsymbol{x}[k] \mid \boldsymbol{x}[k-1],\boldsymbol{z}_{0:k-1})\,p(\boldsymbol{x}[k-1] \mid \boldsymbol{z}_{0:k-1})\,\mathrm{d}\boldsymbol{x}[k-1] \\
&= \int p(\boldsymbol{x}[k] \mid \boldsymbol{x}[k-1])\,p(\boldsymbol{x}[k-1] \mid \boldsymbol{z}_{0:k-1})\,\mathrm{d}\boldsymbol{x}[k-1]
\end{aligned}
\tag{10.5.6}
$$

其中 $p(\boldsymbol{x}[k]|\boldsymbol{x}[k-1])$ 是状态转移密度，由转移函数 f 和过程噪声 $\boldsymbol{n}[k-1]$ 共同确定；在获得等式 $p(\boldsymbol{x}[k]|\boldsymbol{x}[k-1],\boldsymbol{z}_{0:k-1})=p(\boldsymbol{x}[k]|\boldsymbol{x}[k-1])$ 时利用了马尔可夫性。根据预测密度可以容易地获得状态预测值及相应的预测误差方差，如最小均方准则下可按下式计算

$$\hat{\boldsymbol{x}}[k/k-1]=\int \boldsymbol{x}[k]p(\boldsymbol{x}[k]\mid \boldsymbol{z}_{0:k-1})\mathrm{d}\boldsymbol{x}[k]$$

$$\boldsymbol{P}_{\tilde{x}}[k/k-1]=\int (\boldsymbol{x}[k]-\hat{\boldsymbol{x}}[k/k-1])(\boldsymbol{x}[k]-\hat{\boldsymbol{x}}[k/k-1])^{\mathrm{T}}p(\boldsymbol{x}[k]\mid \boldsymbol{z}_{0:k-1})\mathrm{d}\boldsymbol{x}[k] \tag{10.5.7}$$

获得 k 时刻的观测 $\boldsymbol{z}[k]$ 后，可以利用贝叶斯公式对系统状态的密度函数进行更新

$$\begin{aligned} p(\boldsymbol{x}[k]\mid \boldsymbol{z}_{0:k}) &= \frac{p(\boldsymbol{x}[k],\boldsymbol{z}_{0:k})}{p(\boldsymbol{z}_{0:k})}=\frac{p(\boldsymbol{x}[k],\boldsymbol{z}[k]\mid \boldsymbol{z}_{0:k-1})p(\boldsymbol{z}_{0:k-1})}{p(\boldsymbol{z}[k]\mid \boldsymbol{z}_{0:k-1})p(\boldsymbol{z}_{0:k-1})} \\ &= \frac{p(\boldsymbol{z}[k]\mid \boldsymbol{x}[k])p(\boldsymbol{x}[k]\mid \boldsymbol{z}_{0:k-1})}{p(\boldsymbol{z}[k]\mid \boldsymbol{z}_{0:k-1})} \end{aligned} \tag{10.5.8}$$

其中最后一个等式利用了 $p(\boldsymbol{z}[k]|\boldsymbol{x}[k],\boldsymbol{z}_{0:k-1})=p(\boldsymbol{z}[k]|\boldsymbol{x}[k])$ 这个事实，而条件似然函数 $p(\boldsymbol{z}[k]|\boldsymbol{x}[k])$ 可根据观测系统函数 h 和观测噪声 $\boldsymbol{w}[k]$ 的统计特性获得。式(10.5.8)中最后一个式子的分母 $p(\boldsymbol{z}[k]|\boldsymbol{z}_{0:k-1})$ 是一个归一化因子，可以利用全概率公式计算，即

$$p(\boldsymbol{z}[k]\mid \boldsymbol{z}_{0\cdot k-1})=\int p(\boldsymbol{z}[k]\mid \boldsymbol{x}[k])p(\boldsymbol{x}[k]\mid \boldsymbol{z}_{0:k-1})\mathrm{d}[k] \tag{10.5.9}$$

与式(10.5.7)类似，获得后验密度后可计算系统状态的估计值

$$\hat{\boldsymbol{x}}[k/k]=\int \boldsymbol{x}[k]p(\boldsymbol{x}[k]\mid \boldsymbol{z}_{0:k})\mathrm{d}\boldsymbol{x}[k]$$

$$\boldsymbol{P}_{\tilde{x}}[k/k]=\int (\boldsymbol{x}[k]-\hat{\boldsymbol{x}}[k/k])(\boldsymbol{x}[k]-\hat{\boldsymbol{x}}[k/k])^{\mathrm{T}}p(\boldsymbol{x}[k]\mid \boldsymbol{z}_{0:k})\mathrm{d}\boldsymbol{x}[k] \tag{10.5.10}$$

式(10.5.5)～式(10.5.10)加上初始条件一起即可构成最终的贝叶斯滤波解决方案。在线性模型和高斯噪声假设下，10.4 节已经给出了其解析解，即卡尔曼滤波。但是对于非线性、非高斯的情况，解析解通常难以得到，扩展卡尔曼滤波、无迹卡尔曼滤波给出了一种近似方式，但是模型的逼近程度影响了滤波器的跟踪性能。如果能够很好地迭代计算先验概率密度和后验概率密度，在贝叶斯滤波框架下将可望获得更好的状态估计和目标跟踪效果。

贝叶斯滤波形式整齐清晰，但存在两个核心困难：一是如何针对一般的密度函数计算高维积分；二是如何在实际操作中实现概率密度层面的迭代更新。对于函数积分的计算，目前可用的方法包括解析法、数值积分法和蒙特卡洛积分法。对于一般的贝叶斯滤波而言，被积函数通常是高维的，积分也没有闭式解，前两种方法应用起来比较困难。因此，蒙特卡洛积分法成为一种可以采用的途径。至于概率密度函数的迭代更新，则可利用蒙特卡洛采样得到的样本及其权重来逼近密度函数，体现其转移特性。

10.5.2 粒子滤波算法

1. 基本过程

在式(10.5.5)～式(10.5.9)中,面临的积分问题可以写为一个统一的模型形式,即计算

$$I(g)=\int g(\boldsymbol{x})p(\boldsymbol{x}\mid \boldsymbol{z})\mathrm{d}\boldsymbol{x} \tag{10.5.11}$$

其中 $p(\boldsymbol{x}|\boldsymbol{z})$ 为后验密度。实际上,$I(g)$ 代表的是随机变量 $g(\boldsymbol{x})$ 的后验期望。设 $\boldsymbol{x}^{(i)}\overset{\text{i.i.d}}{\sim}p(\boldsymbol{x}|\boldsymbol{z}),i=1,2,\cdots,N_p$ 根据大数定律有

$$\frac{1}{N_p}\sum_{i=1}^{N_p}g(\boldsymbol{x}^{(i)})\rightarrow E_{p(\boldsymbol{x}|\boldsymbol{z})}[g(\boldsymbol{x})]=I(g) \tag{10.5.12}$$

且逼近误差为 $O(1/\sqrt{N_p})$。若根据密度函数 $p(\boldsymbol{x}|\boldsymbol{z})$进行采样有困难,则可另选一个比较容易采样的密度函数 $q(\boldsymbol{x}|\boldsymbol{z})$,此时式(10.5.10)可写为

$$\begin{aligned}I(g)&=\int g(\boldsymbol{x})\frac{p(\boldsymbol{x}\mid \boldsymbol{z})}{q(\boldsymbol{x}\mid \boldsymbol{z})}q(\boldsymbol{x}\mid \boldsymbol{z})\mathrm{d}\boldsymbol{x}\\&=\int g(\boldsymbol{x})\frac{p(\boldsymbol{z}\mid \boldsymbol{x})p(\boldsymbol{x})}{p(\boldsymbol{z})q(\boldsymbol{x}\mid \boldsymbol{z})}q(\boldsymbol{x}\mid \boldsymbol{z})\mathrm{d}\boldsymbol{x}\end{aligned} \tag{10.5.13}$$

其中 $q(\boldsymbol{x}\mid\boldsymbol{z})$ 通常称为重要度密度(Importance Density)或提议分布(Proposal Distribution)。为了术语的对应,在此也采用提议密度表示提议分布。提议密度选择也有一定的讲究,一方面使其与后验密度接近,另一方面要便于后续采样过程的实现。考虑到 $p(\boldsymbol{z})=\int p(\boldsymbol{z}\mid \boldsymbol{x})p(\boldsymbol{x})\mathrm{d}\boldsymbol{x}=\int \frac{p(\boldsymbol{z}\mid \boldsymbol{x})p(\boldsymbol{x})}{q(\boldsymbol{x}\mid \boldsymbol{z})}q(\boldsymbol{x}\mid \boldsymbol{z})\mathrm{d}\boldsymbol{x}$,代入式(10.5.12) 可得

$$\begin{aligned}I(g)&=\frac{\int g(\boldsymbol{x})\frac{p(\boldsymbol{z}\mid \boldsymbol{x})p(\boldsymbol{x})}{q(\boldsymbol{x}\mid \boldsymbol{z})}q(\boldsymbol{x}\mid \boldsymbol{z})\mathrm{d}\boldsymbol{x}}{\int \frac{p(\boldsymbol{z}\mid \boldsymbol{x})p(\boldsymbol{x})}{q(\boldsymbol{x}\mid \boldsymbol{z})}q(\boldsymbol{x}\mid \boldsymbol{z})\mathrm{d}\boldsymbol{x}}=\frac{E_q[g(\boldsymbol{x})w(\boldsymbol{x})\mid \boldsymbol{z}]}{E_q[w(\boldsymbol{x})\mid \boldsymbol{z}]}\\&\approx\frac{\frac{1}{N}\sum_{i=1}^{N_p}w^{(i)}g(\boldsymbol{x}^{(i)})}{\frac{1}{N}\sum_{i=1}^{N_p}w^{(i)}}=\sum_{i=1}^{N_p}\bar{w}^{(i)}g(\boldsymbol{x}^{(i)})\end{aligned} \tag{10.5.14}$$

其中 $\boldsymbol{x}^{(i)}\overset{\text{i.i.d}}{\sim}q(\boldsymbol{x}|\boldsymbol{z}),i=1,2,\cdots,N_p$ 为随机样本,在此称为粒子; $w(\boldsymbol{x})=\dfrac{p(\boldsymbol{z}|\boldsymbol{x})p(\boldsymbol{x})}{q(\boldsymbol{x}|\boldsymbol{z})}$为权函数,$\bar{w}^{(i)}=w^{(i)}\Big/\sum_{k=1}^{N_p}w^{(i)}$ 为第 i 个粒子的归一化权重。此时,后验密度函数可以用采样粒子和归一化权重近似表达

$$p(\boldsymbol{x}\mid \boldsymbol{z})\approx\sum_{i=1}^{N_p}\bar{w}^{(i)}\delta(\boldsymbol{x}-\boldsymbol{x}^{(i)}) \tag{10.5.15}$$

当粒子数 N 充分大时，该式可以较好地逼近后验密度，进而式(10.5.10)可写为

$$I(g)=\int g(\boldsymbol{x})p(\boldsymbol{x}\mid\boldsymbol{z})\mathrm{d}\boldsymbol{x}\approx\int g(\boldsymbol{x})\sum_{i=1}^{N_p}\bar{w}^{(i)}\delta(\boldsymbol{x}-\boldsymbol{x}^{(i)})\mathrm{d}\boldsymbol{x}$$

$$=\sum_{i=1}^{N_p}\bar{w}^{(i)}g(\boldsymbol{x}^{(i)}) \tag{10.5.16}$$

显然，式(10.5.15)与式(10.5.13)是相吻合的，在实际计算时只需将相应积分函数代入即可。为了清晰地阐述概念，上面所述的粒子只是考虑了单个时刻的场景。但是，在滤波过程中观测数据是序贯到来的，因此粒子的表达形式需要进一步扩展，同时需要对粒子权重进行递推计算。

在序贯情况下，记$\{\boldsymbol{x}_{0:k}^{(i)},i=1,2,\cdots,N_p\}$表示直到 k 时刻的全状态粒子，$\boldsymbol{z}_{0:k}$ 表示直到 k 时刻的所有观测，则第 i 个粒子在 k 时刻的粒子权重

$$w^{(i)}[k]=w(\boldsymbol{x}_{0:k}^{(i)})=\frac{p(\boldsymbol{z}_{0:k}\mid\boldsymbol{x}_{0:k}^{(i)})p(\boldsymbol{x}_{0:k}^{(i)})}{q(\boldsymbol{x}_{0:k}^{(i)}\mid\boldsymbol{z}_{0:k})}$$

$$=\frac{p(\boldsymbol{z}[k]\mid\boldsymbol{x}^{(i)}[k])p(\boldsymbol{z}_{0:k-1}\mid\boldsymbol{x}_{0:k-1}^{(i)})p(\boldsymbol{x}^{(i)}[k]\mid\boldsymbol{x}_{0:k-1}^{(i)})p(\boldsymbol{x}_{0:k-1}^{(i)})}{q(\boldsymbol{x}_{0:k}^{(i)}\mid\boldsymbol{z}_{0:k})}$$

$$\tag{10.5.17}$$

其中用到了观测噪声的独立性。对于提议密度 $q(\boldsymbol{x}_{0:k}^{(i)}|\boldsymbol{z}_{0:k})$，假定其满足分解式

$$q(\boldsymbol{x}_{0:k}\mid\boldsymbol{z}_{0:k})=q(\boldsymbol{x}[k]\mid\boldsymbol{x}_{0:k-1},\boldsymbol{z}_{0:k})q(\boldsymbol{x}_{0:k-1}\mid\boldsymbol{z}_{0:k-1})$$

$$=q(\boldsymbol{x}[0])\prod_{t=1}^{k}q(\boldsymbol{x}[t]\mid\boldsymbol{x}_{0:t-1},\boldsymbol{z}_{0:t})$$

于是式(10.5.16)可写为

$$w^{(i)}[k]=\frac{p(\boldsymbol{z}[k]\mid\boldsymbol{x}^{(i)}[k])p(\boldsymbol{z}_{0:k-1}\mid\boldsymbol{x}_{0:k-1}^{(i)})p(\boldsymbol{x}^{(i)}[k]\mid\boldsymbol{x}_{0:k-1}^{(i)})p(\boldsymbol{x}_{0:k-1}^{(i)})}{q(\boldsymbol{x}^{(i)}[k]\mid\boldsymbol{x}_{0:k-1}^{(i)},\boldsymbol{z}_{0:k})q(\boldsymbol{x}_{0:k-1}^{(i)}\mid\boldsymbol{z}_{0:k-1})}$$

$$=\frac{p(\boldsymbol{z}[k]\mid\boldsymbol{x}^{(i)}[k])p(\boldsymbol{x}^{(i)}[k]\mid\boldsymbol{x}^{(i)}[k-1])}{q(\boldsymbol{x}^{(i)}[k]\mid\boldsymbol{x}_{0:k-1}^{(i)},\boldsymbol{z}_{0:k})}w^{(i)}[k-1] \tag{10.5.18}$$

其中 $p(\boldsymbol{x}^{(i)}[k]|\boldsymbol{x}_{0:k-1}^{(i)})=p(\boldsymbol{x}^{(i)}[k]|\boldsymbol{x}^{(i)}[k-1])$利用了状态转移的马尔可夫性。若提议密度还满足分解式 $q(\boldsymbol{x}[k]|\boldsymbol{x}_{0:k-1},\boldsymbol{z}_{0:k})=q(\boldsymbol{x}[k]|\boldsymbol{x}[k-1],\boldsymbol{z}_{0:k})$，则重要度密度函数只依赖于 $\boldsymbol{x}[k-1]$和 $\boldsymbol{z}_{0:k}$，这对于只需要获得当前时刻后验密度 $p(\boldsymbol{x}[k]|\boldsymbol{z}_{0:k})$及相应的滤波估计的场合比较有益。此时

$$w^{(i)}[k]=\frac{p(\boldsymbol{z}[k]\mid\boldsymbol{x}^{(i)}[k])p(\boldsymbol{x}^{(i)}[k]\mid\boldsymbol{x}^{(i)}[k-1])}{q(\boldsymbol{x}^{(i)}[k]\mid\boldsymbol{x}^{(i)}[k-1],\boldsymbol{z}_{0:k})}w^{(i)}[k-1] \tag{10.5.19}$$

进一步可以获得第 i 个粒子在 k 时刻的归一化粒子权重

$$\bar{w}^{(i)}[k]=w^{(i)}[k]\Big/\sum_{i=1}^{N_p}w_k^{(i)}[k] \tag{10.5.20}$$

类似于式(10.5.14)、式(10.5.15)即可获得滤波后验密度及相应的滤波值。

从上面的阐述可以看出,粒子滤波的基本操作就是根据重要度密度进行采样并递推计算权重,因此这个过程也称为序贯重要度采样(Sequential Importance Sampling, SIS),对应的粒子滤波也称为SIS粒子滤波。下面的伪代码简要概括了这个采样过程,图10.2给出了相应的序贯重要度采样示意图。

$$[\{\boldsymbol{x}^{(i)}[k],w^{(i)}[k]\}_{i=1}^{N_p}]=\text{SIS}\,[\{\boldsymbol{x}^{(i)}[k-1],w^{(i)}[k-1]\}_{i=1}^{N_p},\boldsymbol{z}[k]]$$

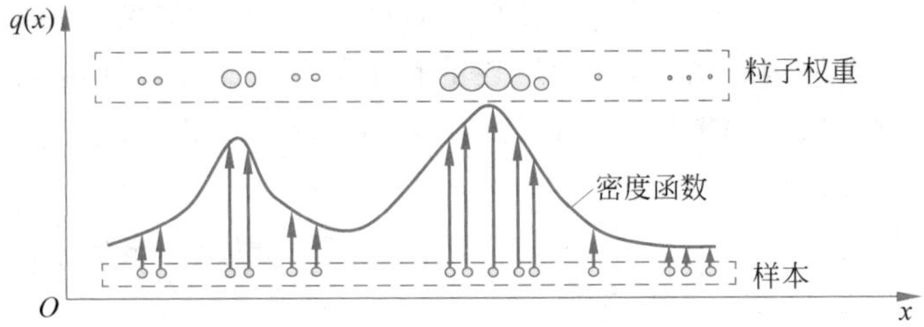

图10.2　序贯重要度采样示意图

- FOR　$i=1:N_p$
  - 采样 $\boldsymbol{x}^{(i)}[k]\sim q(\boldsymbol{x}[k]|\boldsymbol{x}^{(i)}[k-1],\boldsymbol{z}_{0:k})$;
  - 根据式(10.5.18)计算粒子权重 $w^{(i)}[k]$。
- END FOR

注意:根据式(10.5.12),也可定义 $\tilde{w}(\boldsymbol{x})=\dfrac{p(\boldsymbol{x}|\boldsymbol{z})}{q(\boldsymbol{x}|\boldsymbol{z})}$ 作为权函数,它与 $w(\boldsymbol{x})$ 只相差一个与系统状态无关的因子 $p(\boldsymbol{z})$。类似于式(10.5.16)、式(10.5.17)的推导可知

$$\begin{aligned}\tilde{w}^{(i)}[k]=\tilde{w}(\boldsymbol{x}_{0:k}^{(i)})&=\frac{p(\boldsymbol{x}_{0:k}^{(i)}\mid\boldsymbol{z}_{0:k})}{q(\boldsymbol{x}_{0:k}^{(i)}\mid\boldsymbol{z}_{0:k})}=\frac{p(\boldsymbol{z}_{0:k}\mid\boldsymbol{x}_{0:k}^{(i)})p(\boldsymbol{x}_{0:k}^{(i)})}{p(\boldsymbol{z}_{0:k})q(\boldsymbol{x}_{0:k}^{(i)}\mid\boldsymbol{z}_{0:k})}\\&=\frac{p(\boldsymbol{z}[k]\mid\boldsymbol{x}^{(i)}[k])p(\boldsymbol{z}_{0:k-1}\mid\boldsymbol{x}_{0:k-1}^{(i)})p(\boldsymbol{x}^{(i)}[k]\mid\boldsymbol{x}_{0:k-1}^{(i)})p(\boldsymbol{x}_{0:k-1}^{(i)})}{p(\boldsymbol{z}_{0:k})q(\boldsymbol{x}[k]\mid\boldsymbol{x}_{0:k-1}^{(i)},\boldsymbol{z}_{0:k})q(\boldsymbol{x}_{0:k-1}^{(i)}\mid\boldsymbol{z}_{0:k-1})}\\&=\tilde{w}(\boldsymbol{x}_{0:k-1}^{(i)})\frac{p(\boldsymbol{z}[k]\mid\boldsymbol{x}^{(i)}[k])p(\boldsymbol{x}^{(i)}[k]\mid\boldsymbol{x}^{(i)}[k-1])}{p(\boldsymbol{z}[k])q(\boldsymbol{x}^{(i)}[k]\mid\boldsymbol{x}_{0:k-1}^{(i)},\boldsymbol{z}_{0:k})}\\&\propto\tilde{w}^{(i)}[k-1]\frac{p(\boldsymbol{z}[k]\mid\boldsymbol{x}^{(i)}[k])p(\boldsymbol{x}^{(i)}[k]\mid\boldsymbol{x}^{(i)}[k-1])}{q(\boldsymbol{x}^{(i)}[k]\mid\boldsymbol{x}_{0:k-1}^{(i)},\boldsymbol{z}_{0:k})}\end{aligned}\tag{10.5.21}$$

其中的比例因子经过归一化处理后不影响最终的结果。

2. 粒子退化与重采样

序贯重要度采样粒子滤波过程中容易出现粒子退化现象,具体表现在粒子的权重随着迭代过程的进行不断集中,最后除了少数粒子外其他粒子的权重小到可以忽略。这会导致很多粒子对后验密度的贡献很少,降低了效率。为了判别粒子退化的程度,可用如下的有效样本数量指标进行描述:

$$N_{\text{eff}}=\frac{N_p}{1+\operatorname{Var}(\bar{w}[k])}$$

其中 $\bar{w}[k]$ 为归一化权重。由于该式不容易计算，通常利用 $\hat{N}_{\text{eff}}=\dfrac{N_p}{\sum_{i=1}^{N_p}[\bar{w}^{(i)}[k]]^2}$ 作为估计量。当监测到粒子退化时，可以利用重采样的方法重新采样获取粒子，增强粒子的多样性。其基本思想是剔除权重特别小的粒子，使得新的粒子向权重大的粒子方向集中。

对于待重采样的粒子集合 $\boldsymbol{x}^{(i)}[k]$ 及相应的归一化权重 $\bar{w}^{(i)}[k], i=1,2,\cdots,N_p$ 可以获得后验密度的近似表示为 $p(\boldsymbol{x}[k]\mid \boldsymbol{z}_{0:k})\approx\sum_{i=1}^{N_p}\bar{w}^{(i)}[k]\delta(\boldsymbol{x}[k]-\boldsymbol{x}^{(i)}[k])$，根据该密度函数对应的经验分布函数即可进行重采样（通常也称为 Bootstrap），获得新的样本 $\boldsymbol{x}^{*(j)}[k]$，使得 $\Pr\{\boldsymbol{x}^{*(j)}[k]=\boldsymbol{x}^{(i)}[k]\}=\bar{w}^{(i)}[k]$。此时新粒子的权重 $\bar{w}^{*(j)}[k]=1/N_p$。图 10.3 给出了包含重采样步骤的粒子滤波处理流程示意图。

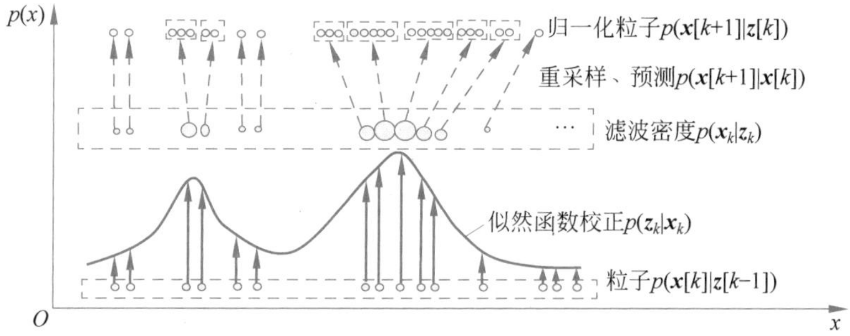

图 10.3 含重采样的粒子滤波处理流程示意图

最后，将含有重采样的粒子滤波过程总结如下（其中提议密度选择为状态转移密度）：

Step1. 初始化：$\boldsymbol{x}^{(i)}[k]\sim p(\boldsymbol{x}[0])$，$w^{(i)}[k]=\dfrac{1}{N_p}$，$i=1,2,\cdots,N_p$；设置 $k=0$；

Step2. 重要度采样：$\hat{\boldsymbol{x}}^{(i)}[k+1]\sim p(\boldsymbol{x}[k+1]\mid \boldsymbol{x}^{(i)}[k])$，设置 $\hat{\boldsymbol{x}}_{0.k+1}^{(i)}=\{\boldsymbol{x}_{0:k}^{(i)},\hat{\boldsymbol{x}}^{(i)}[k+1]\}$；

Step3. 权值更新：计算粒子权重 $w_k^{(i)}[k]=p(\boldsymbol{z}[k+1]\mid \hat{\boldsymbol{x}}^{(i)}[k+1])$；

Step4. 归一化粒子权重：$\bar{w}^{(i)}[k+1]=w^{(i)}[k+1]\Big/\sum_{i=1}^{N_p}w^{(i)}[k+1]$；

Step5. 重采样：根据归一化粒子权重 $\bar{w}^{(i)}[k+1]$ 对样本集 $\{\hat{\boldsymbol{x}}^{(i)}[k+1]\}$ 进行重采样，形成新的粒子 $\{\boldsymbol{x}^{(i)}[k+1]\}$；

Step6. $k+1\rightarrow k$，重复 step2～step5；直至所有观测数据处理完毕。

注 2：在此主要介绍了贝叶斯滤波以及粒子滤波的基本思想，在重采样的环节可以根据有效样本数量的估计值来判断是否需要进行重采样。此外,粒子滤波在实际运用中还有很多改进的版本,更多的细节可参见相关的文献[3,4]。

10.5.3 仿真实验

考虑雷达传感器探测空中目标的场景,如图 10.4 所示。目标在直角坐标系中的坐标为 $\boldsymbol{x}=[x \quad y \quad z]^{\mathrm{T}}$,到雷达的距离为 r,俯仰角为 θ,方位角为 ϕ。

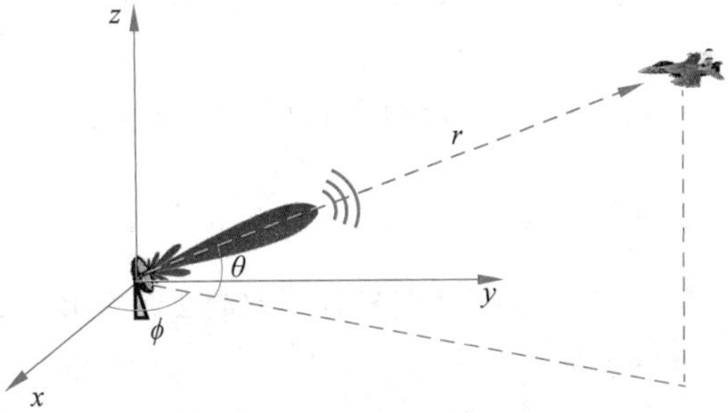

图 10.4 雷达探测场景示意图

记 k 时刻状态为 $\boldsymbol{x}[k]=[x[k] \quad y[k] \quad z[k]]^{\mathrm{T}}$,表示目标在直角坐标系中的位置;雷达测量得到目标距离 $r[k]$、俯仰角 $\theta[k]$ 和方位角 $\phi[k]$,故观测矢量 $z[k]=[r[k] \quad \theta[k] \quad \phi[k]]^{\mathrm{T}}$。此时,在直角坐标系中,相邻时刻之间的状态转移过程仍是线性的,但是目标距离及角度测量与目标状态之间不再是线性形式,相应的模型可以写为

$$\begin{cases}\boldsymbol{x}[k+1]=\boldsymbol{\phi}[k+1,k]\boldsymbol{x}[k]+\boldsymbol{n}[k] \\ \boldsymbol{z}[k]=h(\boldsymbol{x}[k])+\boldsymbol{w}[k]\end{cases} \tag{10.5.22}$$

其中,$r[k]=\sqrt{x^2[k]+y^2[k]+z^2[k]}$,$\theta[k]=\arctan(z[k]/\sqrt{x^2[k]+y^2[k]})$,$\phi[k]=\arctan(x[k],y[k])$。

为简单计,考虑平面上某匀速直线运动的目标,起始位置为(2000m,1000m),沿 x、y 轴方向的速度分量分别为 10m/s、−15m/s。设传感器位于坐标原点,分别测量目标到传感器的距离和方位角,假定测距误差标准差为 10m,测角误差标准差为 0.2°,数据测量周期为 10s。对这种非线性观测,可以采用式(10.5.21)在二维情况下的模型描述,并利用前述的粒子滤波器进行跟踪处理。实验中,设置 x、y 方向的系统噪声方差均为 $0.005(\mathrm{m/s^2})^2$,测量噪声方差按照前述的传感器测量精度设置;粒子数 $N_p=500$,蒙特卡洛仿真次数为 50 次。粒子滤波器的跟踪结果如图 10.5 所示。

由图 10.5 可以看出,目标轨迹在测量坐标系中呈现非线性特性,因此需要利用非线性滤波方法。粒子滤波器能够根据测距和测角信息较好地估计出目标的位置、速度等参数,体现了非线性跟踪滤波的能力。

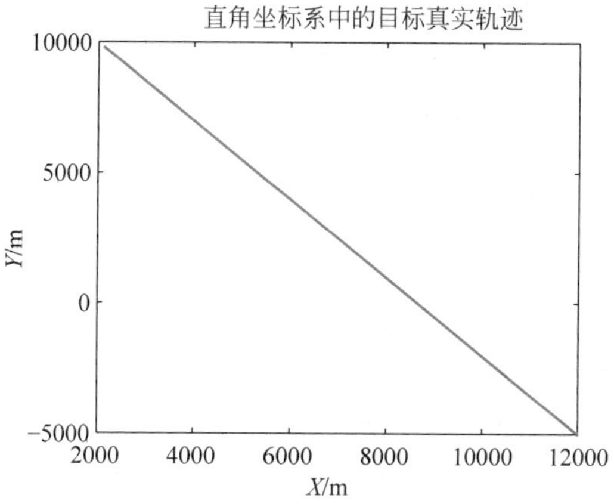

(a) 直角坐标系目标轨迹

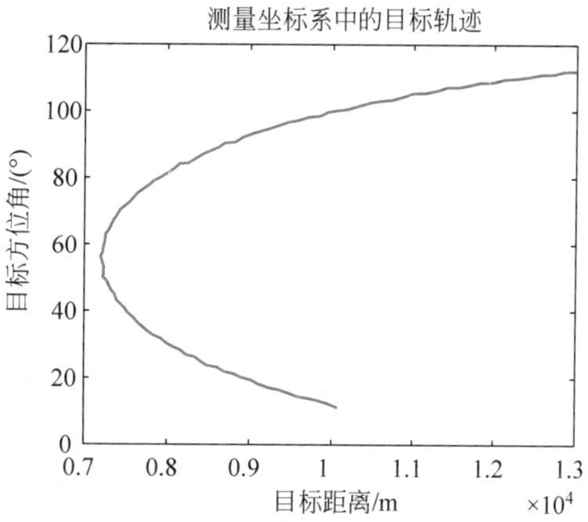

(b) 测量坐标系目标轨迹

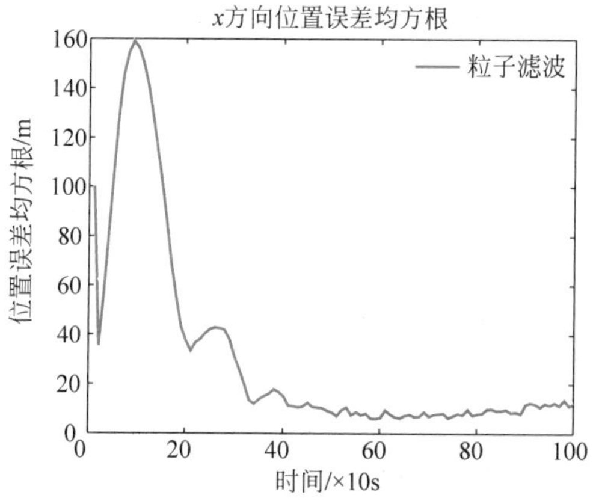

(c) x方向位置滤波误差曲线

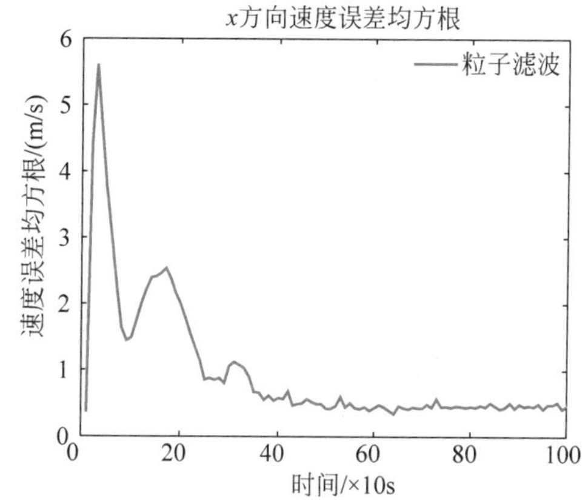

(d) x方向速度滤波误差曲线

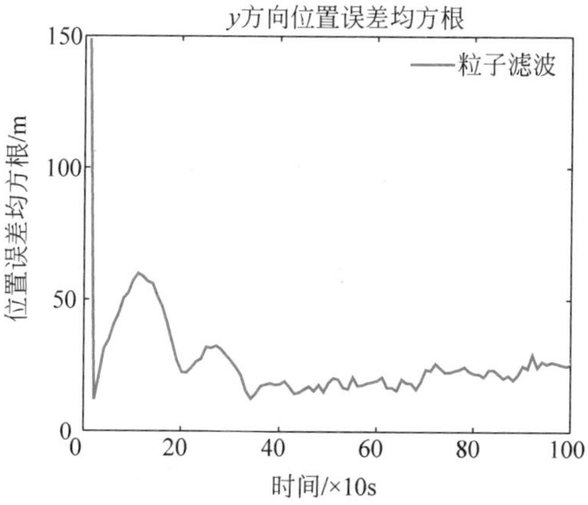

(e) y方向位置滤波误差曲线

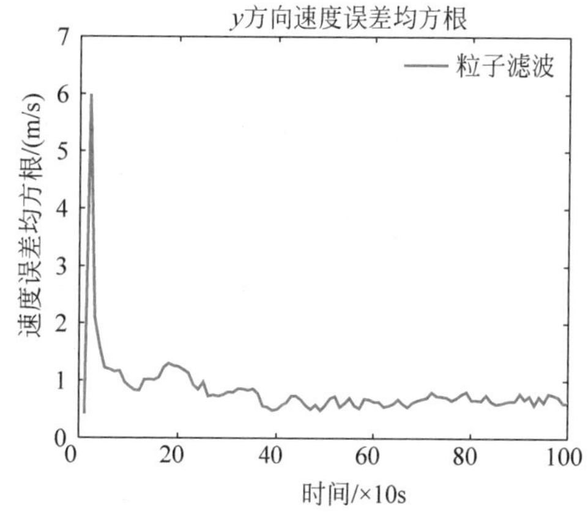

(f) y方向速度滤波误差曲线

图 10.5 粒子滤波器跟踪性能

习题

10.1 考虑一个系统,它的状态方程和观测方程为

$$\begin{cases}x[k+1]=a[k]x[k]\\a[k+1]=a[k]+n[k]\\z[k]=x[k]+w[k]\end{cases}$$

其中,$n[k]$和 $w[k]$为互不相关的零均值白噪声,方差分别为 Q 和 R,试推导估计 $x[k]$与 $a[k]$的扩展卡尔曼算法。

10.2 考虑一个噪声中相位调制信号的估计问题,设

$$\varphi[k+1]=\varphi[k]+n[k]$$
$$z[k]=A\cos(2\pi f_0+\varphi[k])+w[k]$$

其中,A 和 f_0 为常数,$n[k]$是方差为 Q 的零均值高斯白噪声,$w[k]$是方差为 R 的零均值高斯白噪声,且与 $n[k]$相互独立,建立估计调制相位 $\varphi(k)$的扩展卡尔曼滤波算法。

10.3 设有如下滤波问题,系统的状态方程为

$$\begin{bmatrix}r[k+1]\\s[k+1]\\\varphi[k+1]\end{bmatrix}=\begin{bmatrix}\cos\varphi[k] & -\sin\varphi[k] & 0\\\sin\varphi[k] & \cos\varphi[k] & 0\\0 & 0 & 1-\beta\end{bmatrix}\begin{bmatrix}r[k]\\s[k]\\\varphi[k]\end{bmatrix}+\begin{bmatrix}0\\0\\\tilde{u}[k]\end{bmatrix},\quad \beta\text{ 为常数}$$

其中,$\tilde{u}[k]$是零均值高斯白噪声序列,方差为 $\sigma_{\tilde{u}}^2$,观测方程为

$$\boldsymbol{z}[k]=\begin{bmatrix}z_r[k]\\z_s[k]\end{bmatrix}=\begin{bmatrix}1 & 0 & 0\\0 & 1 & 0\end{bmatrix}\begin{bmatrix}r[k]\\s[k]\\\varphi[k]\end{bmatrix}+\boldsymbol{w}[k]$$

其中,$\boldsymbol{w}[k]$为高斯白噪声矢量,协方差矩阵为 $\boldsymbol{R}[k]=\begin{bmatrix}\sigma_z^2 & 0\\0 & \sigma_z^2\end{bmatrix}$,且 $\boldsymbol{w}[k]$与 $\tilde{u}[k]$统计独立。

(1) 试推导状态估计的扩展卡尔曼算法;

(2) 如果要用蒙特卡洛方法评估算法的性能,试阐述仿真方法,画出仿真框图,并给出仿真结果。

10.4 考虑卫星平面轨道的估计问题,假定卫星的平面轨道运动方程为

$$\begin{cases}\ddot{r}(t)=r(t)\dot{\theta}^2(t)-mgr^{-2}(t)+w_r(t)\\\ddot{\theta}(t)=-2r^{-1}(t)\dot{r}(t)\dot{\theta}(t)+r^{-1}(t)w_\theta(t)\end{cases}$$

其中,$r(t)$代表卫星与地心的径向距离(字母上一点代表速度、两点代表加速度),$\theta(t)$是根据某个参考轴测得的角度,m 和 g 均为常数,分别为地球的质量和万有引力加速度。w_r,w_θ 假定为彼此独立的零均值高斯白噪声。

令 $\boldsymbol{x}=[r\quad \dot{r}\quad \theta\quad \dot{\theta}]^{\mathrm{T}}=[x_1\quad x_2\quad x_3\quad x_4]^{\mathrm{T}}$。

(1) 试写出系统的连续时间状态方程

(2) 如果通过用 $x_i[k]$ 代替 $x_i(t)$、用 $\frac{x_i[k+1]-x_i[k]}{h}$($h$ 代表采样间隔)代替 $\dot{x}_i(t)$,对连续时间状方程进行离散化处理,求离散化后非线性状态方程。

(3) 假定只能测量距离,测量方程为

$$z[k]=\begin{bmatrix}1 & 0 & 0 & 0\end{bmatrix}\boldsymbol{x}[k]+w[k]$$

其中 $w[k]$ 为零均值高斯白噪声,试建立扩展卡尔曼滤波算法。

10.5 用扩展卡尔曼滤波器跟踪一个平面运动目标。假定数据采样间隔为 $T=1\text{s}$,目标的理想直线航线为

$$x[n]=10-0.2,\quad n=0,1,\cdots,100$$
$$y[n]=-5+0.2,\quad n=0,1,\cdots,100$$

而实际的航线可能受到噪声的扰动,其状态方程可描述为

$$\begin{bmatrix}x[k+1]\\ \dot{x}[k+1]\\ y[k+1]\\ \dot{y}[k+1]\end{bmatrix}=\begin{bmatrix}1 & T & 0 & 0\\ 0 & 1 & 0 & 0\\ 0 & 0 & 1 & T\\ 0 & 0 & 0 & 1\end{bmatrix}\begin{bmatrix}x[k]\\ \dot{x}[k]\\ y[k]\\ \dot{y}[k]\end{bmatrix}+\begin{bmatrix}0\\ n[k]\\ 0\\ n[k]\end{bmatrix}$$

其扰动噪声 $n[k]$ 为零均值白噪声,方差为 σ_n^2,对目标的测量方程可表示为

$$\begin{bmatrix}r[k]\\ \theta[k]\end{bmatrix}=\begin{bmatrix}\sqrt{x^2[k]+y^2[k]}\\ \arctan\left(\dfrac{y[k]}{x[k]}\right)\end{bmatrix}+\begin{bmatrix}w_r[k]\\ w_\theta[k]\end{bmatrix}$$

假定目标的起始状态 $[x[0]\quad \dot{x}[0]\quad y[0]\quad \dot{y}[0]]^{\mathrm{T}}=[10\quad -0.2\quad -5\quad 0.2]^{\mathrm{T}}$,扰动噪声方差为 $\sigma_n^2=0.0001$,测量噪声方差为 $\sigma_{w_r}^2=0.1$、$\sigma_{w_\theta}^2=0.01$,试用计算机对扩展的卡尔曼滤波算法进行仿真分析,画出目标的真实航迹、测量航迹和滤波后的航迹。

第11章 统计判决理论

在实际中经常需要根据观测波形对几种可能的情况进行判决，如在雷达信号检测中，根据雷达接收机输出的波形作出目标存在与否的判断。由于存在一定的环境杂波干扰以及雷达接收机内部的噪声，微弱的雷达回波信号总是淹没在杂波和噪声中（把杂波和噪声统称为噪声），因此，雷达信号的检测问题就是从含有噪声的观测信号中判断是否有目标回波信号存在。在数字通信系统中，数字 0 和数字 1 用两个不同信号表示，信号在信道中传输会叠加上信道噪声，通信信号的检测就是从含有噪声的观测信号中区分两种不同的信号。噪声中信号检测的理论基础是假设检验理论，本章介绍统计判决的基本概念和基本判决准则，在后两章将统计判决理论应用于噪声中信号的检测。

11.1 信号检测的基本概念

视频

信号检测理论是在假设检验的基础上发展起来的，所谓假设是可能判决结果的陈述，根据观测对几种假设作出判决称为假设检验。如雷达信号的检测问题，“目标存在”“目标不存在”是雷达信号检测的两种可能结果，用$\mathcal{H}_0$表示“目标不存在”，用$\mathcal{H}_1$表示“目标存在”，$\mathcal{H}_0$和$\mathcal{H}_1$就是雷达信号检测提出的两种假设，通常称$\mathcal{H}_0$为原假设（或零假设），$\mathcal{H}_1$为备选假设。对应于每种假设，都有一个观测，观测是随机变量。如雷达信号检测，在$\mathcal{H}_0$假设下没有目标，雷达接收机的输出只有噪声，在$\mathcal{H}_1$假设下，接收机输出为信号加噪声。因此，接收机得到的观测为

$$\mathcal{H}_0:\ z=w$$

$$\mathcal{H}_1:\ z=s+w$$

其中，w 代表噪声，s 代表信号，由于噪声 w 是随机变量，所以观测 z 也是随机变量。观测可能是单次观测，也可能是多次观测。对于多次观测，可以用观测矢量表示，即 $\boldsymbol{z}=[z_0\quad z_1\quad \cdots\quad z_{N-1}]^{\mathrm{T}}$，所有观测值构成的空间称为观测空间。对于单次测量，观测空间是一维的空间，对于多次测量，观测空间是多维空间。二元假设检验的实质是将观测空间划分成两部分，如图 11.1 所示，若观测数据落在$\mathcal{Z}_0$区域，判$\mathcal{H}_0$成立；若观测数据落在$\mathcal{Z}_1$区域，则判$\mathcal{H}_1$成立。$\mathcal{Z}_0$称为$\mathcal{H}_0$的判决域，$\mathcal{Z}_1$称为$\mathcal{H}_1$的判决域。

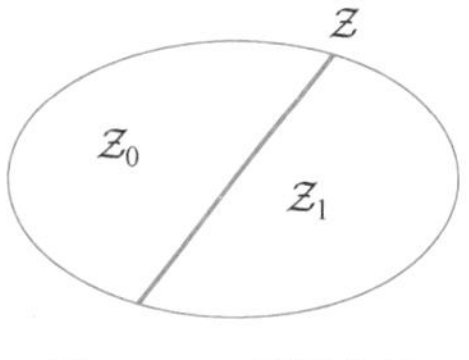

图 11.1 观测空间

为了获得好的判决性能，不能随意划分观测空间，必须按照一定的准则进行划分。比如，可以按照后验概率的大小进行划分。在得到观测 $\boldsymbol{z}$ 的情况下，可以计算两种假设的后验概率 $P(\mathcal{H}_1|\boldsymbol{z})$、$P(\mathcal{H}_0|\boldsymbol{z})$，比较两个后验概率的大小，判后验概率大所对应的那个假设成立，称为最大后验概率准则。即

$$\frac{P(\mathcal{H}_1\mid \boldsymbol{z})}{P(\mathcal{H}_0\mid \boldsymbol{z})}\ \underset{\mathcal{H}_0}{\overset{\mathcal{H}_1}{\gtrless}}\ 1 \tag{11.1.1}$$

由贝叶斯公式，

$$P(\mathcal{H}_i\mid \boldsymbol{z})=\frac{p(\boldsymbol{z}\mid \mathcal{H}_i)P(\mathcal{H}_i)}{p(\boldsymbol{z})},\quad i=0,1 \tag{11.1.2}$$

代入式(11.1.1),可得

$$\frac{p(\boldsymbol{z} \mid \mathcal{H}_1)}{p(\boldsymbol{z} \mid \mathcal{H}_0)} \underset{\mathcal{H}_0}{\overset{\mathcal{H}_1}{\gtrless}} \frac{P(\mathcal{H}_0)}{P(\mathcal{H}_1)} \tag{11.1.3}$$

式中,$p(\boldsymbol{z}|\mathcal{H}_i)$称为似然函数,$\Lambda(\boldsymbol{z})=\dfrac{p(\boldsymbol{z}|\mathcal{H}_1)}{p(\boldsymbol{z}|\mathcal{H}_0)}$称为似然比,$\eta_0=P(\mathcal{H}_0)/P(\mathcal{H}_1)$称为判决门限。注意,由于观测 $\boldsymbol{z}$ 是矢量,所以,$p(\boldsymbol{z}|\mathcal{H}_i)$是多维概率密度,即 $p(\boldsymbol{z}|\mathcal{H}_i)=p(z_0,z_1,\cdots,z_{N-1}|\mathcal{H}_i)$。由式(11.1.3)可以看出,判决表达式是似然比检验的形式,即似然比与门限进行比较,

$$\Lambda(\boldsymbol{z}) \underset{\mathcal{H}_0}{\overset{\mathcal{H}_1}{\gtrless}} \eta_0 \tag{11.1.4}$$

对于二元假设检验问题,在进行判决时可能发生下列四种情况:

(1) $\mathcal{H}_0$为真,判$\mathcal{H}_0$成立;

(2) $\mathcal{H}_1$为真,判$\mathcal{H}_1$成立;

(3) $\mathcal{H}_0$为真,判$\mathcal{H}_1$成立;

(4) $\mathcal{H}_1$为真,判$\mathcal{H}_0$成立。

第(1)、(2)种情况属于正确判决,第(3)种判决是一种错误判决,称为第一类错误,雷达的术语称为虚警,虚警概率为

$$P_{\mathrm{F}}=P(\mathcal{D}_1 \mid \mathcal{H}_0)=\int_{\mathcal{Z}_1} p(\boldsymbol{z} \mid \mathcal{H}_0)\mathrm{d}\boldsymbol{z} \tag{11.1.5}$$

其中积分$\int_{\mathcal{Z}_1} p(\boldsymbol{z} \mid \mathcal{H}_0)\mathrm{d}\boldsymbol{z}=\int_{\mathcal{Z}_1} p(z_0,z_1,\cdots,z_{N-1} \mid \mathcal{H}_0)\mathrm{d}z_0\mathrm{d}z_1\cdots\mathrm{d}z_{N-1}$是 N 重积分。

第(4)种判决也是一种错误判决,称为第二类错误,雷达的术语称为漏警,漏警概率为

$$P_{\mathrm{M}}=P(\mathcal{D}_0 \mid \mathcal{H}_1)=\int_{\mathcal{Z}_0} p(\boldsymbol{z} \mid \mathcal{H}_1)\mathrm{d}\boldsymbol{z} \tag{11.1.6}$$

在式(11.1.5)和式(11.1.6)中,$\mathcal{D}_1$和$\mathcal{D}_0$分别表示判$\mathcal{H}_1$成立和判$\mathcal{H}_0$成立。总的错误概率为

$$P_{\mathrm{e}}=P(\mathcal{D}_1,\mathcal{H}_0)+P(\mathcal{D}_0,\mathcal{H}_1)=P_{\mathrm{F}}P(\mathcal{H}_0)+P_{\mathrm{M}}P(\mathcal{H}_1) \tag{11.1.7}$$

第(2)种判决按雷达的术语称为检测,检测概率为

$$P_{\mathrm{D}}=P(\mathcal{D}_1 \mid \mathcal{H}_1)=\int_{\mathcal{Z}_1} p(\boldsymbol{z} \mid \mathcal{H}_1)\mathrm{d}\boldsymbol{z} \tag{11.1.8}$$

检测概率与漏警概率之间存在如下关系

$$P_{\mathrm{D}}+P_{\mathrm{M}}=1 \tag{11.1.9}$$

【例 11.1】 设有两种假设,

$$\mathcal{H}_0: z=w$$

$$\mathcal{H}_1: z=1+w$$

其中 $w \sim \mathcal{N}(0,1)$，假定 $P(\mathcal{H}_0)=P(\mathcal{H}_1)$，求最大后验概率准则的判决表达式，并确定判决性能。

解：最大后验概率准则的判决表达式是似然比检验的形式，因此首先计算似然比，

$$p(z \mid \mathcal{H}_0)=\frac{1}{\sqrt{2\pi}}\exp\left(-\frac{z^2}{2}\right), \quad p(z \mid \mathcal{H}_1)=\frac{1}{\sqrt{2\pi}}\exp\left(-\frac{(z-1)^2}{2}\right)$$

$$\Lambda(z)=\frac{p(z \mid \mathcal{H}_1)}{p(z \mid \mathcal{H}_0)}=\exp\left(z-\frac{1}{2}\right)$$

所以判决表达式为

$$\exp\left(z-\frac{1}{2}\right) \underset{\mathcal{H}_0}{\overset{\mathcal{H}_1}{\gtrless}} 1$$

对上式两边取对数并经整理后可得判决表达式为

$$z \underset{\mathcal{H}_0}{\overset{\mathcal{H}_1}{\gtrless}} \frac{1}{2}$$

在本例中，观测空间 $\mathcal{Z}=(-\infty,+\infty)$，$\mathcal{H}_0$ 的判决域为 $\mathcal{Z}_0=(-\infty,1/2)$，$\mathcal{H}_1$ 的判决域为 $\mathcal{Z}_1=(1/2,+\infty)$，判决的虚警概率为

$$\begin{aligned}P_{\mathrm{F}}&=P(\mathcal{D}_1 \mid \mathcal{H}_0)=P(z>1/2 \mid \mathcal{H}_0)=\int_{\frac{1}{2}}^{\infty} p(z \mid \mathcal{H}_0)\mathrm{d}z\\&=\int_{\frac{1}{2}}^{\infty}\frac{1}{\sqrt{2\pi}}\exp(-z^2/2)\mathrm{d}z=Q(1/2)\end{aligned}$$

其中

$$Q(x)=\int_x^{\infty}\frac{1}{\sqrt{2\pi}}\exp(-u^2/2)\mathrm{d}u \tag{11.1.10}$$

为正态概率右尾函数。漏警概率为

$$\begin{aligned}P_{\mathrm{M}}&=P(\mathcal{D}_0 \mid \mathcal{H}_1)=P(z<1/2 \mid \mathcal{H}_1)=\int_{-\infty}^{1/2} p(z \mid \mathcal{H}_1)\mathrm{d}z\\&=\int_{-\infty}^{1/2}\frac{1}{\sqrt{2\pi}}\exp[-(z-1)^2/2]\mathrm{d}z\\&=\int_{-\infty}^{-1/2}\frac{1}{\sqrt{2\pi}}\exp(-z^2/2)\mathrm{d}z=Q(1/2)\end{aligned}$$

检测概率为

$$P_{\mathrm{D}}=P(\mathcal{D}_1 \mid \mathcal{H}_1)=1-P_{\mathrm{M}}=1-Q(1/2)$$

两种假设下观测的概率密度和性能指标如图 11.2 所示。

注意，在式(11.1.4)中，尽管 $\boldsymbol{z}$ 是矢量，但似然比是标量，也就是说，尽管观测空间可能是多维的，但判决时总是可以转换到一个一维的空间上进行。此外，由于似然比总是正的，可以取对数，因此似然比检验也可以表示为对数似然比和一个对数门限进行比较，即

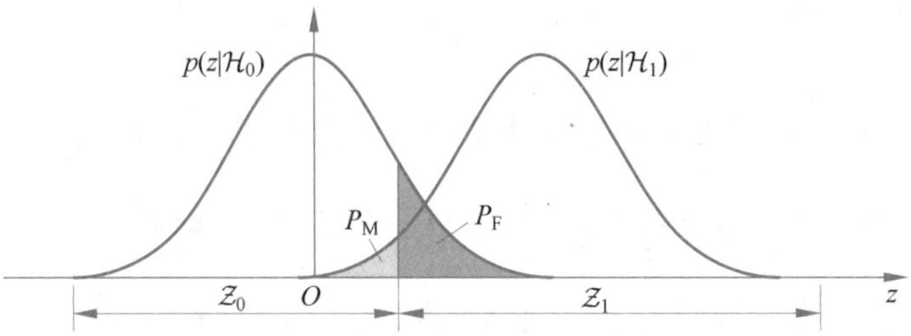

图 11.2　观测的概率密度和性能指标

$$\ln\Lambda(z) \underset{\mathcal{H}_0}{\overset{\mathcal{H}_1}{\gtrless}} \ln\eta_0 \tag{11.1.11}$$

一般情况下,对数似然比可以进一步化简,将式(11.1.11)化简为

$$T(z) \underset{\mathcal{H}_0}{\overset{\mathcal{H}_1}{\gtrless}} \gamma \tag{11.1.12}$$

$T(z)$是进行判决的检验统计量,对于判决而言,式(11.1.4)、式(11.1.11)和式(11.1.12)是等价的。判决性能也可以表示为

$$P_{\mathrm{F}} = \int_{\mathcal{Z}_1} p(z \mid \mathcal{H}_0)\mathrm{d}z = \int_{\eta_0}^{+\infty} p_{\Lambda}(\lambda \mid \mathcal{H}_0)\mathrm{d}\lambda = \int_{\gamma}^{+\infty} p_T(t \mid \mathcal{H}_0)\mathrm{d}t \tag{11.1.13}$$

$$P_{\mathrm{M}} = \int_{\mathcal{Z}_0} p(z \mid \mathcal{H}_1)\mathrm{d}z = \int_{0}^{\eta_0} p_{\Lambda}(\lambda \mid \mathcal{H}_1)\mathrm{d}\lambda = \int_{-\infty}^{\gamma} p_T(t \mid \mathcal{H}_1)\mathrm{d}t \tag{11.1.14}$$

视频

11.2 贝叶斯判决准则

假设检验的实质就是对观测空间进行划分,划分观测空间必须遵循一定的最佳准则,前面已经介绍了最大后验概率准则,本节继续介绍贝叶斯(Bayes)准则、最小错误概率准则、极大极小准则。

11.2.1 贝叶斯检测原理

对于二元假设检验,有四种判决情况,其中两种错误判决,两种正确判决,作出错误的判决是要付出代价的;同样,正确的判决也要付出代价,只不过正确判决的代价一般要小于错误判决的代价。为了描述每种判决情况的代价,引入代价因子C_{ij},表示$\mathcal{H}_j$为真判$\mathcal{H}_i$成立所付出的代价,这种判决的平均代价为$C_{ij}P(\mathcal{D}_i,\mathcal{H}_j)$,总的平均代价为

$$C = \sum_{i=0}^{1}\sum_{j=0}^{1} C_{ij}P(\mathcal{D}_i,\mathcal{H}_j) \tag{11.2.1}$$

由于

$$P(\mathcal{D}_i,\mathcal{H}_j) = P(\mathcal{H}_j)P(\mathcal{D}_i \mid \mathcal{H}_j) = P(\mathcal{H}_j)\int_{\mathcal{Z}_i} p(z \mid \mathcal{H}_j)\mathrm{d}z$$

代入式(11.2.1),得

$$C=\sum_{i=0}^{1}\sum_{j=0}^{1}C_{ij}P(\mathcal{H}_j)\int_{\mathcal{Z}_i}p(z\mid\mathcal{H}_j)\mathrm{d}z \tag{11.2.2}$$

由于$\mathcal{Z}=\mathcal{Z}_0\cup\mathcal{Z}_1$，所以

$$\int_{\mathcal{Z}_1}p(z\mid\mathcal{H}_j)\mathrm{d}z=1-\int_{\mathcal{Z}_0}p(z\mid\mathcal{H}_j)\mathrm{d}z$$

将上式代入式(11.2.2)，经整理后可得

$$C=C_{10}P(\mathcal{H}_0)+C_{11}P(\mathcal{H}_1)+\int_{\mathcal{Z}_0}[P(\mathcal{H}_1)(C_{01}-C_{11})p(z\mid\mathcal{H}_1)-P(\mathcal{H}_0)(C_{10}-C_{00})p(z\mid\mathcal{H}_0)]\mathrm{d}z \tag{11.2.3}$$

通过最佳的选择区域$\mathcal{Z}_0$使式(11.2.3)最小，由于前面两项为常数，要使C最小，后面的积分要最小。若这样划分观测空间：把使积分被积函数为负的那些观测z归入$\mathcal{Z}_0$中，其他归入$\mathcal{Z}_1$中，即如果满足

$$P(\mathcal{H}_1)(C_{01}-C_{11})p(z\mid\mathcal{H}_1)<P(\mathcal{H}_0)(C_{10}-C_{00})p(z\mid\mathcal{H}_0)$$

判$\mathcal{H}_0$成立，否则判$\mathcal{H}_1$成立，则总的平均代价将达到最小，由此得到判决表达式为

$$\frac{p(z\mid\mathcal{H}_1)}{p(z\mid\mathcal{H}_0)}\underset{\mathcal{H}_0}{\overset{\mathcal{H}_1}{\gtrless}}\frac{P(\mathcal{H}_0)(C_{10}-C_{00})}{P(\mathcal{H}_1)(C_{01}-C_{11})} \tag{11.2.4}$$

可以看出，根据贝叶斯准则得出的判决表达式仍然是似然比检验的形式，与式(11.1.4)不同的只是门限值。若$C_{10}-C_{00}=C_{01}-C_{11}$，则贝叶斯准则与最大后验概率准则的判决门限相同。若$C_{00}=C_{11}$，$C_{01}=C_{10}$，即正确判决不需要付出代价，错误判决的代价因子为1，这时，式(11.2.1)为

$$C=P(\mathcal{D}_0,\mathcal{H}_1)+P(\mathcal{D}_1,\mathcal{H}_0)=P(\mathcal{H}_1)P_{\mathrm{M}}+P(\mathcal{H}_0)P_{\mathrm{F}} \tag{11.2.5}$$

这时总的平均代价等于总的错误概率，使总的平均代价最小等价于使总的错误概率最小，因此，最小错误概率准则的判决表达式为

$$\frac{p(z\mid\mathcal{H}_1)}{p(z\mid\mathcal{H}_0)}\underset{\mathcal{H}_0}{\overset{\mathcal{H}_1}{\gtrless}}\frac{P(\mathcal{H}_0)}{P(\mathcal{H}_1)} \tag{11.2.6}$$

式(11.2.6)与式(11.1.3)完全等价，表明最大后验概率准则等价于最小错误概率准则。

【例 11.2】 高斯白噪声中恒定电平的检测问题。

设有两种假设

$$\mathcal{H}_0:\quad z_i=w_i\qquad i=0,1,\cdots,N-1$$

$$\mathcal{H}_1:\quad z_i=A+w_i\quad i=0,1,\cdots,N-1$$

其中$\{w_i\}$是服从均值为零、方差为σ^2的高斯白噪声序列，假定参数A是已知的，且$A>0$，求贝叶斯准则的判决表达式，并确定判决性能。

解：两种假设下的似然函数为

$$p(z\mid\mathcal{H}_0)=\prod_{i=0}^{N-1}\frac{1}{\sqrt{2\pi}\sigma}\exp\left(-\frac{z_i^2}{2\sigma^2}\right)$$

$$p(\boldsymbol{z} \mid \mathcal{H}_1) = \prod_{i=0}^{N-1} \frac{1}{\sqrt{2\pi}\sigma} \exp\left[-\frac{(z_i - A)^2}{2\sigma^2}\right]$$

$$\Lambda(\boldsymbol{z}) = \frac{\prod\limits_{i=0}^{N-1} \frac{1}{\sqrt{2\pi}\sigma} \exp\left[-\frac{(z_i - A)^2}{2\sigma^2}\right]}{\prod\limits_{i=0}^{N-1} \frac{1}{\sqrt{2\pi}\sigma} \exp\left(-\frac{z_i^2}{2\sigma^2}\right)} = \exp\left[\frac{NA}{\sigma^2}\left(\frac{1}{N}\sum_{i=0}^{N-1} z_i - \frac{1}{2}A\right)\right]$$

对数似然比为

$$\ln\Lambda(\boldsymbol{z}) = \frac{NA}{\sigma^2}\left(\frac{1}{N}\sum_{i=0}^{N-1} z_i - \frac{1}{2}A\right)$$

判决表达式为

$$\frac{NA}{\sigma^2}\left(\frac{1}{N}\sum_{i=0}^{N-1} z_i - \frac{1}{2}A\right) \underset{\mathcal{H}_0}{\overset{\mathcal{H}_1}{\gtrless}} \ln\eta_0$$

令 $\bar{z} = \frac{1}{N}\sum_{i=0}^{N-1} z_i$,将上式整理后得

$$\bar{z} \underset{\mathcal{H}_0}{\overset{\mathcal{H}_1}{\gtrless}} \frac{\sigma^2}{NA}\ln\eta_0 + \frac{1}{2}A = \gamma$$

检验统计量 $\bar{z}$ 为样本均值。为了确定判决的性能,首先需要确定检验统计量的分布,在 $\mathcal{H}_0$ 为真时,$\bar{z} \mid \mathcal{H}_0 = \frac{1}{N}\sum_{i=0}^{N-1} w_i$,则

$$p_{\bar{z}}(\bar{z} \mid \mathcal{H}_0) = \frac{1}{\sqrt{2\pi\sigma^2/N}} \exp\left(-\frac{\bar{z}^2}{2\sigma^2/N}\right)$$

在 $\mathcal{H}_1$ 为真时,$\bar{z} \mid \mathcal{H}_1 = \frac{1}{N}\sum_{i=0}^{N-1}(A + w_i) = A + \frac{1}{N}\sum_{i=0}^{N-1} w_i$

$$p_{\bar{z}}(\bar{z} \mid \mathcal{H}_1) = \frac{1}{\sqrt{2\pi\sigma^2/N}} \exp\left(-\frac{(\bar{z} - A)^2}{2\sigma^2/N}\right)$$

所以,虚警概率为

$$P_{\mathrm{F}} = P(\bar{z} > \gamma \mid \mathcal{H}_0) = \int_{\gamma}^{+\infty} \frac{1}{\sqrt{2\pi\sigma^2/N}} \exp\left(-\frac{\bar{z}^2}{2\sigma^2/N}\right) \mathrm{d}\bar{z} = Q\left(\frac{\sqrt{N}\gamma}{\sigma}\right) \tag{11.2.7}$$

检测概率为

$$P_{\mathrm{D}} = P(\bar{z} > \gamma \mid \mathcal{H}_1) = \int_{\gamma}^{+\infty} \frac{1}{\sqrt{2\pi\sigma^2/N}} \exp\left(-\frac{(\bar{z} - A)^2}{2\sigma^2/N}\right) \mathrm{d}\bar{z} = Q\left(\frac{\sqrt{N}(\gamma - A)}{\sigma}\right) \tag{11.2.8}$$

当采用最小错误概率准则,且 $P(\mathcal{H}_1) = P(\mathcal{H}_0)$ 时,$\eta_0 = 1$,判决表达式为

$$\bar{z} \underset{\mathcal{H}_0}{\overset{\mathcal{H}_1}{\gtrless}} \frac{1}{2}A = \gamma$$

$$P_F=Q\left(\frac{\sqrt{N}A}{2\sigma}\right),\quad P_D=Q\left(-\frac{\sqrt{N}A}{2\sigma}\right)=1-Q\left(\frac{\sqrt{N}A}{2\sigma}\right)$$

总的错误概率为

$$P_e=P(\mathcal{H}_0)P_F+P(\mathcal{H}_1)P_M=Q\left(\frac{\sqrt{N}A}{2\sigma}\right)$$

【例 11.3】 设两种假设下的观测为

$$\begin{array}{ll}\mathcal{H}_0 & z_i\sim N(0,\sigma_0^2),\quad i=0,1,\cdots,N-1\\ \mathcal{H}_1 & z_i\sim N(0,\sigma_1^2),\quad i=0,1,\cdots,N-1\end{array},\quad \sigma_1^2>\sigma_0^2$$

求判决表达式,并确定判决性能。

解:先计算似然比,

$$\Lambda(\boldsymbol{z})=\frac{\prod_{i=0}^{N-1}\frac{1}{\sqrt{2\pi}\sigma_1}\exp\left(-\frac{1}{2\sigma_1^2}z_i^2\right)}{\prod_{i=0}^{N-1}\frac{1}{\sqrt{2\pi}\sigma_0}\exp\left(-\frac{1}{2\sigma_0^2}z_i^2\right)}=\left(\frac{\sigma_0}{\sigma_1}\right)^N\exp\left[\frac{1}{2}\left(\frac{1}{\sigma_0^2}-\frac{1}{\sigma_1^2}\right)\sum_{i=0}^{N-1}z_i^2\right]$$

对数似然比为

$$\ln\Lambda(\boldsymbol{z})=N\ln(\sigma_0/\sigma_1)+\frac{1}{2}\left(\frac{1}{\sigma_0^2}-\frac{1}{\sigma_1^2}\right)\sum_{i=0}^{N-1}z_i^2$$

判决表达式为对数似然比和对数门限进行比较,经化简后得

$$\sum_{i=0}^{N-1}z_i^2\ \underset{\mathcal{H}_0}{\overset{\mathcal{H}_1}{\gtrless}}\ \frac{2\sigma_1^2\sigma_0^2}{\sigma_1^2-\sigma_0^2}[\ln\eta_0+N\ln(\sigma_1/\sigma_0)]=\gamma$$

下面计算判决性能。在两种假设条件下,检验统计量 $T(\boldsymbol{z})=\sum_{i=0}^{N-1}z_i^2$ 服从自由度为 N 的 χ^2 分布,即

$$\left.\frac{T(\boldsymbol{z})}{\sigma_0^2}\right|_{\mathcal{H}_0}\sim\chi_N^2,\quad \left.\frac{T(\boldsymbol{z})}{\sigma_1^2}\right|_{\mathcal{H}_1}\sim\chi_N^2$$

虚警概率为

$$P_F=P\{T(\boldsymbol{z})>\gamma\mid\mathcal{H}_0\}=P\left[\left.\frac{T(\boldsymbol{z})}{\sigma_0^2}>\frac{\gamma}{\sigma_0^2}\right|_{\mathcal{H}_0}\right]=Q_{\chi_N^2}(\gamma/\sigma_0^2)$$

式中,$Q_{\chi_N^2}(x)=\int_x^{\infty}\frac{1}{2^{N/2}\Gamma(N/2)}x^{N/2-1}\mathrm{e}^{-x/2}\mathrm{d}x$ 为 N 个自由度的 χ^2 分布的概率右尾函数。检测概率为

$$P_D=P[T(\boldsymbol{z})>\gamma\mid\mathcal{H}_1]=P\left[\left.\frac{T(\boldsymbol{z})}{\sigma_1^2}>\frac{\gamma}{\sigma_1^2}\right|_{\mathcal{H}_1}\right]=Q_{\chi_N^2}(\gamma/\sigma_1^2)$$

假定 $N=16,\sigma_0^2=1,\sigma_1^2=4,P_F=0.1$,计算得到 $\gamma=23.5418,P_D=0.9893$。

11.2.2 极大极小准则

贝叶斯准则确定判决门限需要知道代价因子和先验概率 $P(\mathcal{H}_1)$、$P(\mathcal{H}_0)$,若先验概率未知,这时可以采用极大极小准则。

由式(11.2.1)可知平均代价为

$$C=C_{00}P(\mathcal{D}_0\mid\mathcal{H}_0)P(\mathcal{H}_0)+C_{10}P(\mathcal{D}_1\mid\mathcal{H}_0)P(\mathcal{H}_0)+ C_{01}P(\mathcal{D}_0\mid\mathcal{H}_1)P(\mathcal{H}_1)+C_{11}P(\mathcal{D}_1\mid\mathcal{H}_1)P(\mathcal{H}_1) \tag{11.2.9}$$

令 $p_1=P(\mathcal{H}_1)$,则 $P(\mathcal{H}_0)=1-p_1$,又 $P(\mathcal{D}_1|\mathcal{H}_0)=P_F$,$P(\mathcal{D}_0|\mathcal{H}_0)=1-P_F$,$P_M=P(\mathcal{D}_0|\mathcal{H}_1)$,$P(\mathcal{D}_1|\mathcal{H}_1)=1-P_M$,将这些关系代入式(11.2.9),经整理后可得平均代价为

$$C=C_{00}(1-P_F)+C_{10}P_F+p_1[(C_{11}-C_{00})+(C_{01}-C_{11})P_M-(C_{10}-C_{00})P_F] \tag{11.2.10}$$

对于给定的 p_1,若按照贝叶斯准则确定门限,即

$$\Lambda(z)=\frac{p(z\mid\mathcal{H}_1)}{p(z\mid\mathcal{H}_0)}\underset{\mathcal{H}_0}{\overset{\mathcal{H}_1}{\gtrless}}\frac{(1-p_1)(C_{10}-C_{00})}{p_1(C_{01}-C_{11})} \tag{11.2.11}$$

则按式(11.2.10)计算的平均代价是对应于先验概率 p_1 的最小平均代价,即贝叶斯代价,可表示为

$$C_{\min}(p_1)=C_{00}(1-P_F)+C_{10}P_F+p_1[(C_{11}-C_{00})+(C_{01}-C_{11})P_M-(C_{10}-C_{00})P_F] \tag{11.2.12}$$

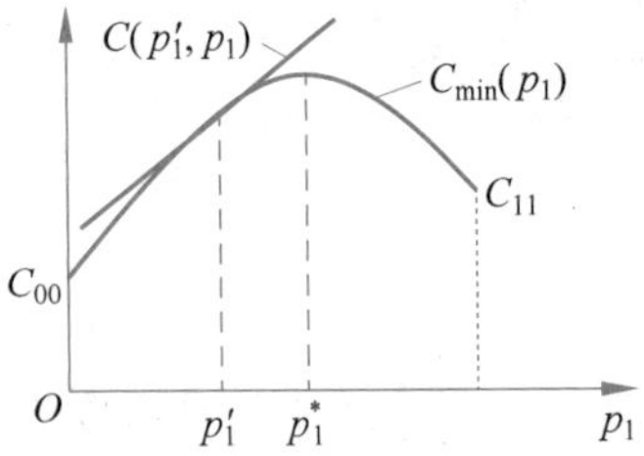

图 11.3 最小平均代价随先验概率 p_1 变化的曲线

很显然,不同的先验概率,判决门限不同,对应的最小平均代价也不同,注意,式(11.2.12)中的 P_F、P_M 也是与 p_1 有关的。由此可以画出一条最小平均代价随 p_1 变化的曲线,如图 11.3 所示。可以看出,存在一个先验概率 p_1^*,对应的最小平均代价达到最大,这个先验概率称为最不利的先验概率。实际上由于 p_1 是未知的,假如随意假定一个先验概率 $p_1=p_1'$,用这个先验概率确定贝叶斯判决门限,则平均代价可表示为

$$C(p_1',p_1)=C_{00}(1-P_F(p_1'))+C_{10}P_F(p_1')+p_1[(C_{11}-C_{00})+(C_{01}-C_{11})P_M(p_1')-(C_{10}-C_{00})P_F(p_1')] \tag{11.2.13}$$

$C(p_1',p_1)$与 p_1 的关系是一条直线,很显然,$C(p_1',p_1')=C_{\min}(p_1')$,该直线与 $C_{\min}(p_1)$ 在 $p_1=p_1'$处相切。

由图 11.3 可以看出,当实际的 p_1 与 p_1'相差不大时,平均代价与最小平均代价相差不大,但当实际的 p_1 与 p_1'相差较大时,平均代价会变得很大,通常不希望出现这样的情况。若选择 $p_1'=p_1^*$,这时平均代价是平行于横轴的,这时的平均代价不随 p_1 变化,是一个恒定值。极大极小准则就是根据最不利的先验概率确定门限的一种贝叶斯判决方法,这时的平均代价是一个恒定值,不随先验概率变化。要使平均代价为常数,式(11.2.13)表示的直线斜率应该为零。因此,由下式可解出最不利的先验概率 p_1^*,

$$(C_{11}-C_{00})+(C_{01}-C_{11})P_M(p_1^*)-(C_{10}-C_{00})P_F(p_1^*)=0 \tag{11.2.14}$$

式(11.2.14)称为极大极小方程,通过令最小平均代价对 p_1 的导数为零也可以求得最不

利先验分布 p_1^*，即

$$\left.\frac{\partial C_{\min}(p_1)}{\partial p_1}\right|_{p_1=p_1^*}=0 \tag{11.2.15}$$

式(11.2.15)也称为极大极小方程。当 $C_{00}=C_{11}=0$、$C_{10}=C_{01}=1$ 时，式(11.2.14)简化为

$$P_M(p_1^*)=P_F(p_1^*) \tag{11.2.16}$$

此时的平均代价等于总的错误概率。

【例 11.4】 判决问题如例 11.1，假定 $C_{00}=C_{11}=0$，$C_{01}=2$，$C_{10}=1$，求极大极小准则的判决表达式和判决门限。

解：在例 11.1 中已经计算出似然比为

$$\Lambda(z)=\exp\left(z-\frac{1}{2}\right)$$

所以，判决表达式为

$$\exp\left(z-\frac{1}{2}\right)\underset{\mathcal{H}_0}{\overset{\mathcal{H}_1}{\gtrless}}\frac{(1-p_1)}{2p_1}=\eta_0$$

或者经化简后得

$$z\underset{\mathcal{H}_0}{\overset{\mathcal{H}_1}{\gtrless}}\frac{1}{2}+\ln\left(\frac{1-p_1}{2p_1}\right)=\gamma$$

$$P_F=P(\mathcal{D}_1\mid\mathcal{H}_0)=\int_{\gamma}^{+\infty}\frac{1}{\sqrt{2\pi}}\exp\left(-\frac{z^2}{2}\right)dz$$

$$P_M=P(\mathcal{D}_0\mid\mathcal{H}_1)=\int_{-\infty}^{\gamma}\frac{1}{\sqrt{2\pi}}\exp\left[-\frac{(z-1)^2}{2}\right]dz$$

$$\begin{aligned}C_{\min}(p_1)&=(1-p_1)P(\mathcal{D}_1\mid\mathcal{H}_0)+2p_1P(\mathcal{D}_0\mid\mathcal{H}_1)\\&=(1-p_1)\int_{\gamma}^{+\infty}\frac{1}{\sqrt{2\pi}}\exp\left(-\frac{z^2}{2}\right)dz+2p_1\int_{-\infty}^{\gamma}\frac{1}{\sqrt{2\pi}}\exp\left[-\frac{(z-1)^2}{2}\right]dz\end{aligned}$$

$C_{\min}(p_1)$曲线如图 11.4 所示。该曲线在 $p_1=0$ 或 1 时，最小平均代价都等于零，且在 $p_1=0.4$ 处取最大值，最大的贝叶斯代价为 $C_{\min}(0.4)=0.422$。所以，最不利的先验概率为 $P(\mathcal{H}_1)=0.4$，$P(\mathcal{H}_0)=0.6$，对应的判决门限为

$$\begin{aligned}\gamma&=\frac{1}{2}+\ln\left(\frac{1-p_1}{2p_1}\right)\\&=\frac{1}{2}+\ln\left(\frac{1-0.4}{2\times 0.4}\right)=0.212\end{aligned}$$

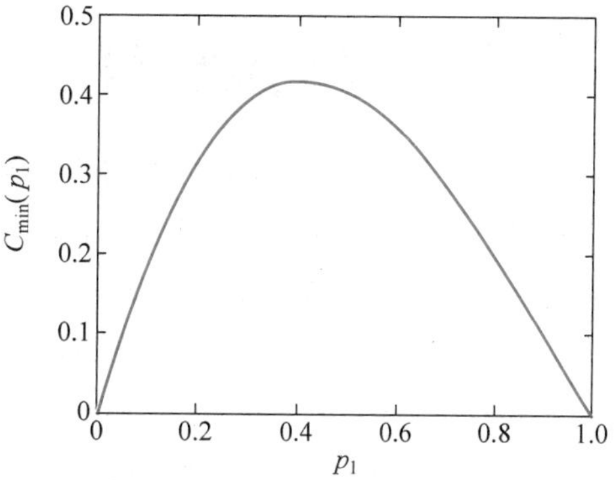

图 11.4 $C_{\min}(p_1)$曲线

【例 11.5】 判决问题如例 11.2,假定先验概率未知,$C_{00}=C_{11}=0$,$C_{01}=C_{10}=1$,求极大极小准则的判决表达式。

解:在例 11.2 中,得到了对数似然比为

$$\ln\Lambda(\boldsymbol{z})=\frac{NA}{\sigma^2}\left(\frac{1}{N}\sum_{i=0}^{N-1}z_i-\frac{1}{2}A\right)$$

假定最不利的先验概率 $P(\mathcal{H}_1)=p_1^*$,则极大极小准则的判决表达式为

$$\frac{NA}{\sigma^2}\left(\frac{1}{N}\sum_{i=0}^{N-1}z_i-\frac{1}{2}A\right)\underset{\mathcal{H}_0}{\overset{\mathcal{H}_1}{\gtrless}}\ln\left(\frac{1-p_1^*}{p_1^*}\right)$$

将上式化简,得

$$\bar{z}=\frac{1}{N}\sum_{i=0}^{N-1}z_i\underset{\mathcal{H}_0}{\overset{\mathcal{H}_1}{\gtrless}}\frac{\sigma^2}{NA}\ln\frac{1-p_1^*}{p_1^*}+\frac{1}{2}A=\gamma$$

虚警概率可表示为

$$P_{\mathrm{F}}=\int_{\gamma}^{+\infty}\frac{1}{\sqrt{2\pi\sigma^2/N}}\exp\left(-\frac{\bar{z}^2}{2\sigma^2/N}\right)\mathrm{d}\bar{z}=\int_{\sqrt{N}\gamma/\sigma}^{+\infty}\frac{1}{\sqrt{2\pi}}\exp\left(-\frac{\bar{z}^2}{2}\right)\mathrm{d}\bar{z}$$

漏警概率为

$$P_{\mathrm{M}}=\int_{-\infty}^{\gamma}\frac{1}{\sqrt{2\pi\sigma^2/N}}\exp\left(-\frac{(\bar{z}-A)^2}{2\sigma^2/N}\right)\mathrm{d}\bar{z}=\int_{-\infty}^{\sqrt{N}(\gamma-A)/\sigma}\frac{1}{\sqrt{2\pi}}\exp\left(-\frac{\bar{z}^2}{2}\right)\mathrm{d}\bar{z}$$

根据极大极小方程式(11.2.16),

$$\int_{\sqrt{N}\gamma/\sigma}^{+\infty}\frac{1}{\sqrt{2\pi}}\exp\left(-\frac{\bar{z}^2}{2}\right)\mathrm{d}\bar{z}=\int_{-\infty}^{\sqrt{N}(\gamma-A)/\sigma}\frac{1}{\sqrt{2\pi}}\exp\left(-\frac{\bar{z}^2}{2}\right)\mathrm{d}\bar{z}$$

由上式可解得 $\gamma=A/2$,对应的最不利先验概率为 $p_1^*=1/2$,判决表达式为

$$\bar{z}\underset{\mathcal{H}_0}{\overset{\mathcal{H}_1}{\gtrless}}\frac{1}{2}A$$

视频

11.3 纽曼-皮尔逊准则

在许多信号检测问题中,如雷达系统,要确定代价因子和先验概率是非常困难的,前面介绍的几种准则就不能采用,这时可以采用纽曼-皮尔逊(Neyman-Pearson)准则,这一准则是在约束虚警概率恒定的情况下使漏警概率最小(或检测概率最大)。

设定虚警概率 $P_{\mathrm{F}}=\alpha$ 为常数,构造一个目标函数

$$J=P_{\mathrm{M}}+\lambda(P_{\mathrm{F}}-\alpha)\tag{11.3.1}$$

其中 λ 为拉格朗日乘因子,问题是要确定一种对观测空间的最佳划分,使 J 最小。将虚警概率和漏警概率的表达式代入式(11.3.1)可得

$$J=\int_{\mathcal{Z}_0}p(\boldsymbol{z}\mid\mathcal{H}_1)\mathrm{d}\boldsymbol{z}+\lambda\left[\int_{\mathcal{Z}_1}p(\boldsymbol{z}\mid\mathcal{H}_0)\mathrm{d}\boldsymbol{z}-\alpha\right]$$
$$=\lambda(1-\alpha)+\int_{\mathcal{Z}_0}[p(\boldsymbol{z}\mid\mathcal{H}_1)-\lambda p(\boldsymbol{z}\mid\mathcal{H}_0)]\mathrm{d}\boldsymbol{z} \tag{11.3.2}$$

在式(11.3.2)中，前一项是一个常数，要使 J 最小，应该使积分项最小，即满足积分中被积函数为负的 $\boldsymbol{z}$ 归入 $\mathcal{Z}_0$ 区域中，其他的归入 $\mathcal{Z}_1$ 区域中，即当 $p(\boldsymbol{z}|\mathcal{H}_1)-\lambda p(\boldsymbol{z}|\mathcal{H}_0)<0$ 时判 $\mathcal{H}_0$ 成立，否则判 $\mathcal{H}_1$ 成立，于是，判决表达式为

$$\Lambda(\boldsymbol{z})=\frac{p(\boldsymbol{z}\mid\mathcal{H}_1)}{p(\boldsymbol{z}\mid\mathcal{H}_0)}\ \underset{\mathcal{H}_0}{\overset{\mathcal{H}_1}{\gtrless}}\ \lambda \tag{11.3.3}$$

而门限 λ 由给定的虚警概率确定，即

$$\int_{\lambda}^{+\infty}p_{\Lambda}(x\mid\mathcal{H}_0)\mathrm{d}x=\alpha \tag{11.3.4}$$

式中 $p_{\Lambda}(x)$ 表示似然比 $\Lambda(\boldsymbol{z})$ 的概率密度。

【例 11.6】 判决问题如例 11.1 所示，现在假定要求的虚警概率为 $P_{\mathrm{F}}=0.1$，求纽曼-皮尔逊准则的判决表达式，并确定检测性能。

解：由例 11.1 可知，似然比为

$$\Lambda(z)=\exp\left(z-\frac{1}{2}\right)$$

由式(11.2.19)可知，纽曼-皮尔逊准则的判决表达式为

$$\exp\left(z-\frac{1}{2}\right)\ \underset{\mathcal{H}_0}{\overset{\mathcal{H}_1}{\gtrless}}\ \lambda$$

或者化简为

$$z\ \underset{\mathcal{H}_0}{\overset{\mathcal{H}_1}{\gtrless}}\ \ln\lambda+\frac{1}{2}=\gamma$$

门限 γ 由给定的虚警概率确定，

$$\int_{\gamma}^{+\infty}p(z\mid\mathcal{H}_0)\mathrm{d}z=\int_{\gamma}^{+\infty}\frac{1}{\sqrt{2\pi}}\mathrm{e}^{-z^2/2}\mathrm{d}z=0.1$$

由上式可解得门限 $\gamma=1.29$，对应的检测概率为

$$P_{\mathrm{D}}=\int_{\gamma}^{+\infty}p(z\mid\mathcal{H}_1)\mathrm{d}z=\int_{\gamma}^{\infty}\frac{1}{\sqrt{2\pi}}\mathrm{e}^{-(z-1)^2/2}\mathrm{d}z=0.614$$

本例的检测概率是比较低的，而虚警概率又比较高。对于雷达信号的检测来说，这样低的性能不符合要求，提高检测性能的基本方法是增加观测次数，本例是采用单次观测，习题 11.2 给出了一个多次观测的例子。

【例 11.7】 在两种假设下观测的概率密度如图 11.5 所示，给定虚警概率为 0.2，求纽曼-皮尔逊准则的判决表达式。

解：本例观测的取值范围是 $-1<z<1$，因此，只需根据该范围内的观测值进行判决，

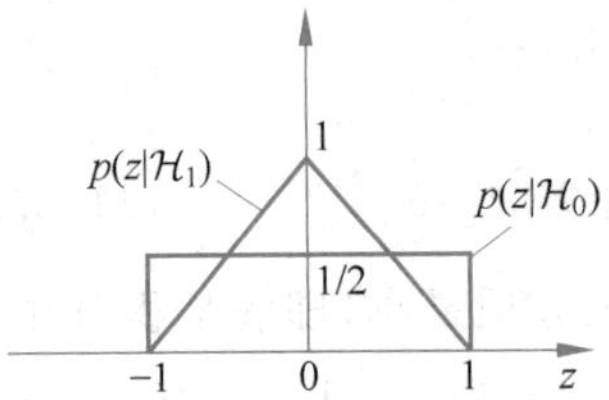

图 11.5 两种假设下观测的概率密度

当$-1<z<1$时，

$$p(z\mid\mathcal{H}_1)=1-|z|,\quad p(z\mid\mathcal{H}_0)=1/2$$

似然比为

$$\Lambda(z)=\frac{1-|z|}{1/2}=2(1-|z|)$$

判决表达式为

$$2(1-|z|)\underset{\mathcal{H}_0}{\overset{\mathcal{H}_1}{\gtrless}}\lambda$$

或者

$$|z|\underset{\mathcal{H}_0}{\overset{\mathcal{H}_1}{\lessgtr}}1-\lambda/2=\gamma$$

所以观测空间的划分为$\mathcal{Z}_1=(-\gamma,\gamma)$，$\mathcal{Z}_0=(-1,-\gamma)\cup(\gamma,1)$，其中$\gamma$由给定的虚警概率确定：

$$P_{\mathrm{F}}=\int_{\mathcal{Z}_1}p(z\mid\mathcal{H}_0)\mathrm{d}z=\frac{1}{2}\cdot 2\gamma=\gamma=0.2$$

即$\mathcal{H}_1$和$\mathcal{H}_0$的判决域分别为$\mathcal{Z}_1=(-0.2,0.2)$，$\mathcal{Z}_0=(-1,-0.2)\cup(0.2,1)$。

从以上介绍的几种判决准则的判决表达式可以看出，无论采用什么准则，判决表达式最终都归结成似然比检验的形式，可见似然比检验是最佳检验的基本形式。最佳检测器的基本结构如图 11.6 所示。

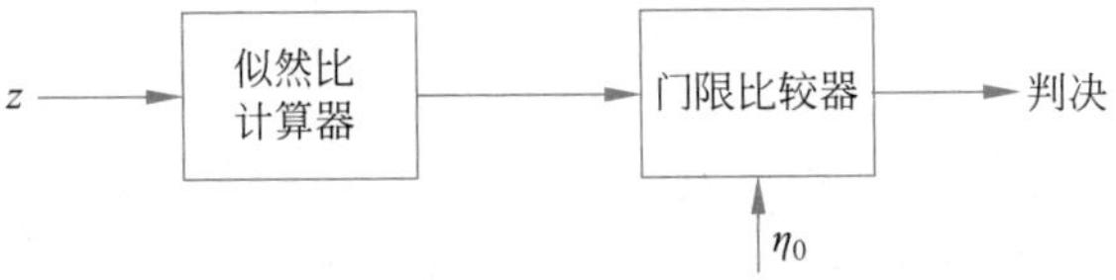

图 11.6 最佳检测器结构

视频

11.4 检测性能分析

在例 11.2 的高斯白噪声中恒定电平的检测问题中，得到的虚警概率和检测概率分别为

$$P_{\mathrm{F}}=Q\left(\frac{\sqrt{N}\gamma}{\sigma}\right) \tag{11.4.1}$$

$$P_{\mathrm{D}}=Q\left(\frac{\sqrt{N}(\gamma-A)}{\sigma}\right) \tag{11.4.2}$$

由式(11.4.1)可得

$$\gamma=\frac{\sigma}{\sqrt{N}}Q^{-1}(P_{\mathrm{F}}) \tag{11.4.3}$$

将式(11.4.3)代入式(11.4.2)，得

$$P_D = Q(Q^{-1}(P_F) - \sqrt{N}d) \tag{11.4.4}$$

其中 $d=A/\sigma$，d 可以看作信噪比。给定一定的信噪比，可以画出 P_D-P_F 曲线，称其为接收机工作特性(Receiver Operating Characteristic，ROC)，图 11.7 给出了 $N=8$、d 分别取 0、0.2、0.5 和 1 的 ROC。

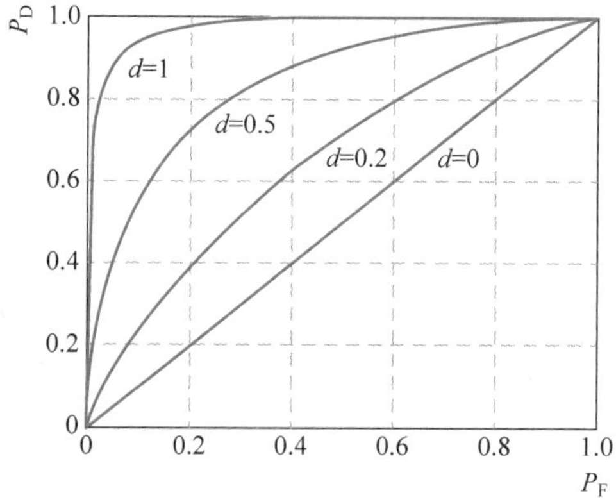

图 11.7 接收机工作特性

接收机工作特性具有如下性质：

(1) 接收机工作特性总是在 45°线 $P_D=P_F$ 的上方，而 45°线对应于信噪比 $d=0$，随着信噪比 d 的增加，ROC 向上抬，当 $d\to\infty$ 时，ROC 趋向 $P_D=1$，即对任何虚警概率，检测概率都等于 1。45°线也称为"机会线"，它描述了一种纯猜测判决的性能，即在对 $\mathcal{H}_0$ 和 $\mathcal{H}_1$ 进行判决时不是根据与观测有关的统计量，而是根据投掷硬币出现正面和反面来选择 $\mathcal{H}_0$ 或 $\mathcal{H}_1$。此外，若 $P_F=0$，则总是选择 $\mathcal{H}_0$，意味着总是不会选择 $\mathcal{H}_1$，因此，$P_D=0$。同样，若 $P_F=1$，则总是选择 $\mathcal{H}_1$，意味着 $P_D=1$。

(2) ROC 是凸函数。

(3) 检测概率对虚警概率的导数刚好是判决门限(证明参见习题 11.12)，即

$$\frac{dP_D}{dP_F} = \eta_0 \tag{11.4.5}$$

(4) 由接收机工作特性可以确定纽曼-皮尔逊准则的门限。

给定虚警概率 $P_F=\alpha_0$，作垂直于横轴的直线，如图 11.8 所示，该直线与 ROC 的交点 b 的切线斜率即为纽曼-皮尔逊准则的门限。

(5) 由接收机工作特性可以确定极大极小准则的门限。

根据极大极小方程

$$(C_{11}-C_{00}) + (C_{01}-C_{11})(1-P_D) - (C_{10}-C_{00})P_F = 0 \tag{11.4.6}$$

该方程描述的直线与 ROC 曲线的交点 c 的切线斜率即为极大极小准则的门限。

在式(11.4.4)中，给定虚警概率，检测概率与信噪比之间的关系曲线如图 11.9 所示，把 P_D-d 的关系曲线称为检测器的检测性能曲线，它反映了在给定虚警概率后，某个信噪比能够获得多大的检测概率。

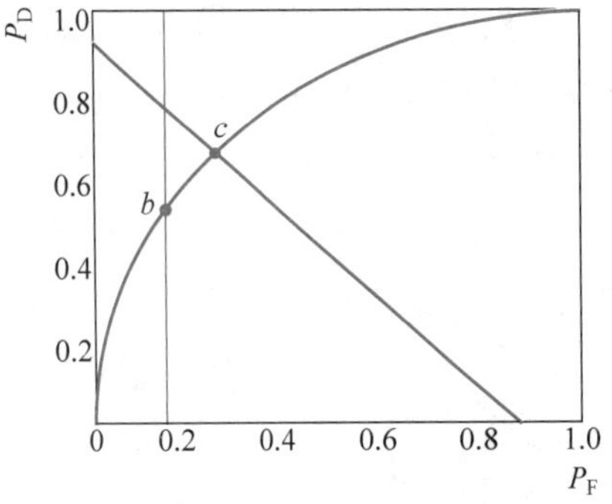

图 11.8　接收机工作特性与各准则之间的关系

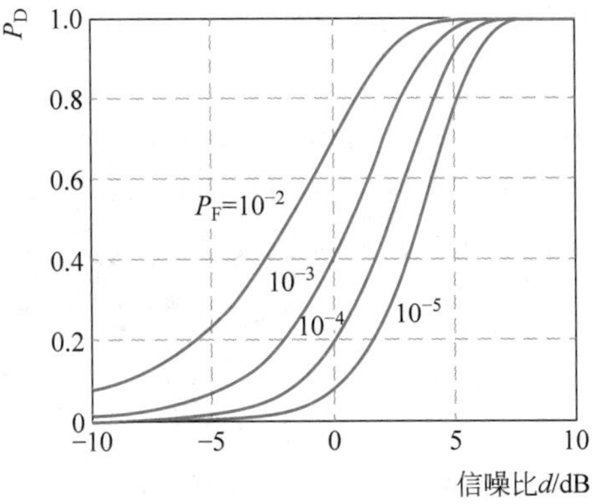

图 11.9　检测性能曲线($N=8$)

视频

11.5　多元假设检验

当判决结果有 M 种可能时,称为 M 元假设检验问题。通信中经常需要检测 M 个信号中哪个出现,模式识别问题中也经常遇到区分 M 种模式的问题。对于多元假设检验问题,通常采用最小错误概率准则或者贝叶斯准则,尽管纽曼-皮尔逊准则同样可应用,但实际中很少采用。

假定希望对 M 种可能假设$\{\mathcal{H}_0,\mathcal{H}_1,\cdots,\mathcal{H}_{M-1}\}$进行判决,$\mathcal{H}_j$ 为真判$\mathcal{H}_i$ 成立的代价用 C_{ij} 表示,则总的平均代价为

$$C=\sum_{i=0}^{M-1}\sum_{j=0}^{M-1}C_{ij}P(\mathcal{D}_i,\mathcal{H}_j) \tag{11.5.1}$$

特别是当

$$C_{ij}=\begin{cases}1, & i\neq j\\ 0, & i=j\end{cases} \tag{11.5.2}$$

时,总的平均代价等于总的错误概率。

$$\begin{aligned}C&=\sum_{i=0}^{M-1}\sum_{j=0}^{M-1}C_{ij}P(D_i\mid\mathcal{H}_j)P(\mathcal{H}_j)\\&=\sum_{i=0}^{M-1}\sum_{j=0}^{M-1}C_{ij}\int_{\mathcal{Z}_i}p(\boldsymbol{z}\mid\mathcal{H}_j)\mathrm{d}\boldsymbol{z}P(\mathcal{H}_j)\\&=\sum_{i=0}^{M-1}\int_{\mathcal{Z}_i}\sum_{j=0}^{M-1}C_{ij}p(\boldsymbol{z}\mid\mathcal{H}_j)P(\mathcal{H}_j)\mathrm{d}\boldsymbol{z}\\&=\sum_{i=0}^{M-1}\int_{\mathcal{Z}_i}\sum_{j=0}^{M-1}C_{ij}P(\mathcal{H}_j\mid\boldsymbol{z})p(\boldsymbol{z})\mathrm{d}\boldsymbol{z}\end{aligned} \tag{11.5.3}$$

令

$$C_i(\boldsymbol{z})=\sum_{j=0}^{M-1}C_{ij}P(\mathcal{H}_j\mid\boldsymbol{z}),\quad i=0,1,\cdots,M-1 \tag{11.5.4}$$

则

$$C=\sum_{i=0}^{M-1}\int_{\mathcal{Z}_i} C_i(\boldsymbol{z})p(\boldsymbol{z})\mathrm{d}\boldsymbol{z} \tag{11.5.5}$$

可以看出,在得到观测 $\boldsymbol{z}$ 后,计算 $C_i(\boldsymbol{z})(i=0,1,\cdots,M-1)$,若 $C_k(\boldsymbol{z})$ 最小,则把观测 $\boldsymbol{z}$ 归入判决域 $\mathcal{Z}_k$ 中,这时平均代价是最小的。因此,对于式(11.5.4)的 M 项,应该选择使 $C_i(\boldsymbol{z})$ 最小的那个假设成立。

当采用最小错误概率准则时,代价因子如式(11.5.2),这时,式(11.5.4)为

$$C_i(\boldsymbol{z})=\sum_{\substack{j=0\\ j\neq i}}^{M-1}P(\mathcal{H}_j\mid \boldsymbol{z})=\sum_{j=0}^{M-1}P(\mathcal{H}_j\mid \boldsymbol{z})-P(\mathcal{H}_i\mid \boldsymbol{z})$$

由于最后一个等式中第一项与 i 无关,所以使 $P(\mathcal{H}_i|\boldsymbol{z})$ 最大可以使 $C_i(\boldsymbol{z})$ 最小,这对应于最大后验概率准则,即若

$$P(\mathcal{H}_k\mid \boldsymbol{z})>P(\mathcal{H}_i\mid \boldsymbol{z}),\quad i=0,1,\cdots,M-1;\ i\neq k \tag{11.5.6}$$

则判 $\mathcal{H}_k$ 成立。若先验概率相等,则

$$P(\mathcal{H}_i\mid \boldsymbol{z})=\frac{p(\boldsymbol{z}\mid \mathcal{H}_i)P(\mathcal{H}_i)}{p(\boldsymbol{z})}=\frac{1}{M}\cdot\frac{p(\boldsymbol{z}\mid \mathcal{H}_i)}{p(\boldsymbol{z})}$$

使后验概率 $P(\mathcal{H}_i|\boldsymbol{z})$ 最大等效于使似然函数 $p(\boldsymbol{z}|\mathcal{H}_i)$ 最大,因此,在先验概率相等的情况下,最大后验概率准则等效于最大似然准则,即若

$$p(\boldsymbol{z}\mid \mathcal{H}_k)>p(\boldsymbol{z}\mid \mathcal{H}_i),\quad i=0,1,\cdots,M-1;\ i\neq k \tag{11.5.7}$$

则判 $\mathcal{H}_k$ 成立。

【例 11.8】 高斯白噪声中多个恒定电平的检测。

设有三种假设:

$$\begin{aligned}
&\mathcal{H}_0\quad z_i=-A+w_i,\quad i=0,1,\cdots,N-1\\
&\mathcal{H}_1\quad z_i=w_i,\qquad\quad\ \ i=0,1,\cdots,N-1\\
&\mathcal{H}_2\quad z_i=A+w_i,\quad\ \ i=0,1,\cdots,N-1
\end{aligned} \tag{11.5.8}$$

其中,A 是大于零的常数,$\{w_i\}$是均值为零、方差为 σ^2 的高斯白噪声序列。进一步假设 $P(\mathcal{H}_0)=P(\mathcal{H}_1)=P(\mathcal{H}_2)=1/3$,求最小错误概率准则的判决表达式,并计算总的错误概率。

解:先验概率相等时,最小错误概率准则等价于最大似然准则,似然函数为

$$p(\boldsymbol{z}\mid \mathcal{H}_j)=\frac{1}{(2\pi\sigma^2)^{N/2}}\exp\left[-\frac{1}{2\sigma^2}\sum_{i=0}^{N-1}(z_i-A_j)^2\right] \tag{11.5.9}$$

其中

$$A_j=\begin{cases}-A, & j=0\\ 0, & j=1\\ A, & j=2\end{cases}$$

使 $p(\boldsymbol{z}|\mathcal{H}_j)$ 最大实际上等价于使

$$D_j(\boldsymbol{z})=\sum_{i=0}^{N-1}(z_i-A_j)^2 \tag{11.5.10}$$

最小,而

$$\begin{aligned}D_j(\boldsymbol{z})&=\sum_{i=0}^{N-1}(z_i-\bar{z}+\bar{z}-A_j)^2\\&=\sum_{i=0}^{N-1}(z_i-\bar{z})^2+2(\bar{z}-A_j)\sum_{i=0}^{N-1}(z_i-\bar{z})+N(\bar{z}-A_j)^2\\&=\sum_{i=0}^{N-1}(z_i-\bar{z})^2+N(\bar{z}-A_j)^2\end{aligned}$$

可见,$D_j(\boldsymbol{z})$最小等价于 $T_j(\bar{z})=(\bar{z}-A_j)^2$ 最小,而

$$T_0(\bar{z})=(\bar{z}+A)^2$$

$$T_1(\bar{z})=\bar{z}^2$$

$$T_2(\bar{z})=(\bar{z}-A)^2$$

$T_i(\bar{z})$-$\bar{z}$ 的关系如图 11.10 所示。

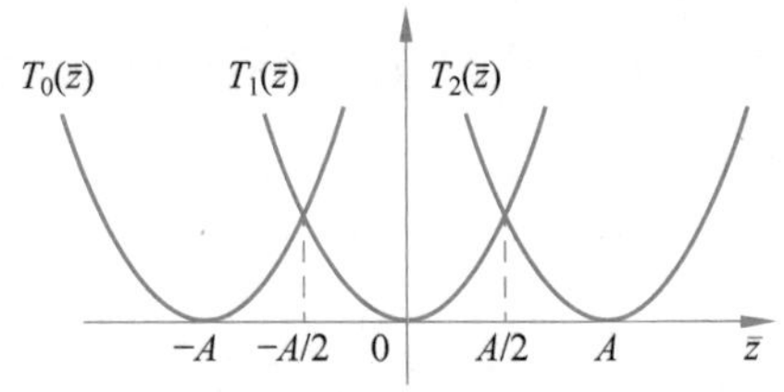

图 11.10　检验统计量

由图 11.10 可以看出,应该按照如下规则进行判决:

$$\mathcal{D}_0:\quad \bar{z}\leqslant -A/2$$

$$\mathcal{D}_1:\quad -A/2<\bar{z}\leqslant A/2$$

$$D_2:\quad \bar{z}>A/2$$

可以证明,总的错误概率为

$$P_e=\frac{4}{3}Q\left(\frac{1}{2}\sqrt{N}d\right)$$

其中 $d=A/\sigma$ 为信噪比。

11.6 序贯检验

在前面的讨论中,观测数 N 是固定的,但实际中,观测数据是顺序得到的,随着时间的推移,可以得到很多观测数据,通常希望按照获取观测数据的顺序进行判决。若根据已有的观测数据能够作出满足性能指标的判决,则不需要后面的观测了;若不能作出满足性能指标的判决,则再取一组观测数据。显然,用贝叶斯检验是可行的,此时用纽曼-皮尔逊检验更方便,称为广义纽曼-皮尔逊检验。

11.6.1 序贯检验的基本原理

对于一般纽曼-皮尔逊检验,首先计算似然比 $\Lambda(\boldsymbol{z})$,然后将似然比与门限 η 进行比较,门限 η 由给定的虚警概率 α 确定。而在广义纽曼-皮尔逊检验中,判决过程的每一步都要与两个门限 η_0 和 η_1 进行比较,如图 11.11 所示,这两个门限由指定的虚警概率和漏

警概率确定。

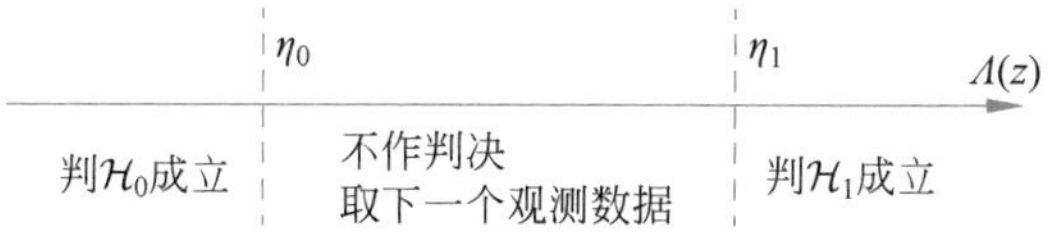

图 11.11 广义纽曼-皮尔逊检验判决过程示意图

假定获得 N 个独立观测，记为 $\boldsymbol{z}_N=[z_0 \quad z_1 \quad \cdots \quad z_{N-1}]^{\mathrm{T}}$，似然比为

$$\begin{aligned}\Lambda(\boldsymbol{z}_N)&=\frac{p(\boldsymbol{z}_N \mid \mathcal{H}_1)}{p(\boldsymbol{z}_N \mid \mathcal{H}_0)}=\prod_{i=0}^{N-1}\frac{p(z_i \mid \mathcal{H}_1)}{p(z_i \mid \mathcal{H}_0)}\\&=\frac{p(z_{N-1} \mid \mathcal{H}_1)}{p(z_{N-1} \mid \mathcal{H}_0)}\prod_{i=0}^{N-2}\frac{p(z_i \mid \mathcal{H}_1)}{p(z_i \mid \mathcal{H}_0)}=\Lambda(z_{N-1})\Lambda(\boldsymbol{z}_{N-1})\end{aligned} \tag{11.6.1}$$

起始条件：$\Lambda(\boldsymbol{z}_0)=\Lambda(z_0)$

假定要求的虚警概率和漏警概率分别为 α 和 β，则当 $\mathcal{H}_1$ 为真，能够判 $\mathcal{H}_1$ 成立，也就意味着

$$\Lambda(\boldsymbol{z}_N) \geqslant \eta_1 \tag{11.6.2}$$

由于检测概率可表示为

$$\begin{aligned}P_D&=\int_{\mathcal{Z}_1} p(\boldsymbol{z}_N \mid \mathcal{H}_1)\mathrm{d}\boldsymbol{z}_N=\int_{\mathcal{Z}_1}\Lambda(\boldsymbol{z}_N)p(\boldsymbol{z}_N \mid \mathcal{H}_0)\mathrm{d}\boldsymbol{z}_N\\&\geqslant\int_{\mathcal{Z}_1}\eta_1 p(\boldsymbol{z}_N \mid \mathcal{H}_0)\mathrm{d}\boldsymbol{z}_N=\eta_1\alpha\end{aligned}$$

于是，

$$\eta_1 \leqslant \frac{1-\beta}{\alpha} \tag{11.6.3}$$

同理，当 $\mathcal{H}_1$ 为真，判 $\mathcal{H}_0$ 成立，则意味着

$$\Lambda(\boldsymbol{z}_N) \leqslant \eta_0 \tag{11.6.4}$$

这时漏警概率为

$$\begin{aligned}\beta&=\int_{\mathcal{Z}_0} p(\boldsymbol{z}_N \mid \mathcal{H}_1)\mathrm{d}\boldsymbol{z}_N=\int_{\mathcal{Z}_0}\Lambda(\boldsymbol{z}_N)p(\boldsymbol{z}_N \mid \mathcal{H}_0)\mathrm{d}\boldsymbol{z}_N\\&\leqslant\int_{\mathcal{Z}_0}\eta_0 p(\boldsymbol{z}_N \mid \mathcal{H}_0)\mathrm{d}\boldsymbol{z}_N=\eta_0(1-\alpha)\end{aligned}$$

于是，

$$\eta_0 \geqslant \frac{\beta}{1-\alpha} \tag{11.6.5}$$

所以，采用广义纽曼-皮尔逊准则时，门限 η_1 和 η_0 应该分别满足式(11.6.3)和式(11.6.5)。

若采用对数似然比，则由式(11.6.1)可得

$$\ln\Lambda(\boldsymbol{z}_N)=\ln\Lambda(\boldsymbol{z}_{N-1})+\ln\Lambda(z_{N-1}) \tag{11.6.6}$$

对应的门限为 $\ln\eta_0$ 和 $\ln\eta_1$，判决规则为

$$
\begin{aligned}
&\text{判}\mathcal{H}_1: && \ln\Lambda(\boldsymbol{z}_N) \geqslant \ln\eta_1 \\
&\text{不作判决}: && \ln\eta_0 < \ln\Lambda(\boldsymbol{z}_N) < \ln\eta_1 \\
&\text{判}\mathcal{H}_0: && \ln\Lambda(\boldsymbol{z}_N) \leqslant \ln\eta_0
\end{aligned}
\tag{11.6.7}
$$

11.6.2 平均观测次数

当判决终止时,则意味着似然比 $\ln\Lambda(\boldsymbol{z}_N)$超过 $\ln\eta_1$ 或者低于 $\ln\eta_0$,统称为越界现象。通常 $\ln\Lambda(\boldsymbol{z}_{N-1})$到 $\ln\Lambda(\boldsymbol{z}_N)$增加量的绝对值是比较小的,因此,当发生越界时,可以近似认为 $\ln\Lambda(\boldsymbol{z}_N)$等于 $\ln\eta_1$ 或者 $\ln\eta_0$。下面讨论采用广义纽曼-皮尔逊准则时,每种假设下作出判决所需要的平均观测次数。

假定在每种假设下观测服从独立同分布,并且在第 N 次观测时能够作出判决,则意味着 $\ln\Lambda(\boldsymbol{z}_N)\approx\ln\eta_1$ 或者 $\ln\Lambda(\boldsymbol{z}_N)\approx\ln\eta_0$,

$$
\begin{aligned}
E[\ln\Lambda(\boldsymbol{z}_N) \mid \mathcal{H}_1] &\approx \ln\eta_0 P\{\ln\Lambda(\boldsymbol{z}_N) \leqslant \ln\eta_0 \mid \mathcal{H}_1\} + \\
&\quad \ln\eta_1 P\{\ln\Lambda(\boldsymbol{z}_N) \geqslant \ln\eta_1 \mid \mathcal{H}_1\} \\
&= \beta\ln\eta_0 + (1-\beta)\ln\eta_1
\end{aligned}
\tag{11.6.8}
$$

$$
\begin{aligned}
E[\ln\Lambda(\boldsymbol{z}_N) \mid \mathcal{H}_0] &\approx \ln\eta_0 P\{\ln\Lambda(\boldsymbol{z}_N) \leqslant \ln\eta_0 \mid \mathcal{H}_0\} + \\
&\quad \ln\eta_1 P\{\ln\Lambda(\boldsymbol{z}_N) \geqslant \ln\eta_1 \mid \mathcal{H}_0\} \\
&= (1-\alpha)\ln\eta_0 + \alpha\ln\eta_1
\end{aligned}
\tag{11.6.9}
$$

定义一个二元随机变量,

$$
K_n = \begin{cases} 1, & \text{直到 } n-1 \text{ 步尚未作出判决} \\ 0, & \text{在 } n \text{ 步以前某步已经作出判决} \end{cases}
\tag{11.6.10}
$$

很显然,K_n 只依赖于 $z_0, z_1, \cdots, z_{n-1}$,与 z_n 无关,对数似然比可表示为

$$
\ln\Lambda(\boldsymbol{z}_N) = \sum_{n=0}^{N-1} \ln\Lambda(z_n) = \sum_{n=0}^{\infty} K_n \ln\Lambda(z_n)
\tag{11.6.11}
$$

由于观测是独立同分布的,则对所有的 n 都有 $E[\ln\Lambda(z_n)]=E[\ln\Lambda(z)]$,于是,

$$
E[\ln\Lambda(\boldsymbol{z}_N) \mid H_i] = E[\ln\Lambda(z) \mid H_i] \sum_{n=0}^{\infty} E(K_n \mid H_i)
\tag{11.6.12}
$$

$$
E(K_n \mid H_i) = 1 \cdot P(K_n = 1 \mid H_i) + 0 \cdot P(K_n = 0 \mid H_i) = P(N \geqslant n+1)
\tag{11.6.13}
$$

当 n 分别为 0,1,2,…时,

$$
\begin{aligned}
P(N \geqslant 1) &= P(N=1) + P(N=2) + \cdots \\
P(N \geqslant 2) &= P(N=2) + P(N=3) + \cdots \\
P(N \geqslant 3) &= P(N=3) + P(N=4) + \cdots
\end{aligned}
$$

所以,

$$
\sum_{n=0}^{\infty} E(K_n \mid H_i) = P(N \geqslant n+1 \mid H_i) = \sum_{n=0}^{\infty} (n+1) P(N = n+1 \mid H_i) = E(N \mid H_i)
\tag{11.6.14}
$$

将式(11.6.14)代入式(11.6.12),得

$$E(N \mid \mathcal{H}_i)=\frac{E[\ln\Lambda(\boldsymbol{z}_N) \mid \mathcal{H}_i]}{E[\ln\Lambda(z) \mid \mathcal{H}_i]} \tag{11.6.15}$$

将式(11.6.8)和式(11.6.9)代入式(11.6.15),得

$$E(N \mid \mathcal{H}_1)=\frac{\beta\ln\eta_0+(1-\beta)\ln\eta_1}{E[\ln\Lambda(z) \mid \mathcal{H}_1]} \tag{11.6.16}$$

$$E(N \mid H_0)=\frac{(1-\alpha)\ln\eta_0+\alpha\ln\eta_1}{E[\ln\Lambda(z) \mid H_0]} \tag{11.6.17}$$

可以证明:$\lim\limits_{n\to\infty}P(N\geqslant n+1)=0$,即判决不能终止的概率为零。还可以证明,广义纽曼-皮尔逊检验使平均观测次数 $E(N|\mathcal{H}_1)$和 $E(N|\mathcal{H}_0)$最小。广义纽曼-皮尔逊检验依概率1结束,但一般不能无限次地获取观测数据,所以,通常是把观测数 N 的上限固定,称为截断的序贯检验。

【例 11.9】 设有两种假设

$$\mathcal{H}_0:\quad z_i=w_i,\quad i=0,1,\cdots,N-1$$

$$\mathcal{H}_1:\quad z_i=1+w_i,\quad i=0,1,\cdots,N-1$$

其中$\{w_i\}$是服从均值为零、方差为1的高斯白噪声序列,要求虚警概率 $\alpha=0.1$,漏警概率为$\beta=0.1$,求广义纽曼-皮尔逊检验的判决表达式,并求判决所需要的平均观测次数。

解:首先根据给定的虚警概率和漏警概率确定门限,

$$\ln\eta_1=\ln\left(\frac{1-\beta}{\alpha}\right)=\ln\left(\frac{1-0.1}{0.1}\right)=2.197$$

$$\ln\eta_0=\ln\left(\frac{\beta}{1-\alpha}\right)=\ln\left(\frac{0.1}{1-0.1}\right)=-2.197$$

接着计算似然比,

$$\Lambda(\boldsymbol{z}_N)=\frac{p(\boldsymbol{z}_N \mid \mathcal{H}_1)}{p(\boldsymbol{z}_N \mid \mathcal{H}_0)}=\frac{\prod\limits_{n=0}^{N-1}\frac{1}{\sqrt{2\pi}}\exp\left[-\frac{1}{2}(z_n-1)^2\right]}{\sum\limits_{n=0}^{N-1}\frac{1}{\sqrt{2\pi}}\exp\left(-\frac{1}{2}z_n^2\right)}=\exp\left(\sum_{n=0}^{N-1}z_n-\frac{N}{2}\right)$$

$$\ln\Lambda(\boldsymbol{z}_N)=\sum_{n=0}^{N-1}z_n-\frac{N}{2},\quad \ln\Lambda(z_n)=z_n-\frac{1}{2}$$

判决表达式为

$$\text{判}\mathcal{H}_1:\quad \ln\Lambda(\boldsymbol{z}_N)\geqslant 2.917$$

$$\text{不作判决}:\quad -2.917<\ln\Lambda(\boldsymbol{z}_N)<2.917$$

$$\text{判}\mathcal{H}_0:\quad \ln\Lambda(\boldsymbol{z}_N)\leqslant -2.917$$

最后求平均观测次数,由于

$$\Lambda(z_n)=\frac{p(z_n\mid\mathcal{H}_1)}{p(z_n\mid\mathcal{H}_0)}=\frac{\frac{1}{\sqrt{2\pi}}\exp\left[-\frac{1}{2}(z_n-1)^2\right]}{\frac{1}{\sqrt{2\pi}}\exp\left(-\frac{1}{2}z_n^2\right)}=\exp\left(z_n-\frac{1}{2}\right)$$

$$E[\Lambda(z_n)\mid\mathcal{H}_1]=E(z_n\mid\mathcal{H}_1)-\frac{1}{2}=1-\frac{1}{2}=\frac{1}{2}$$

$$E[\Lambda(z_n)\mid\mathcal{H}_0]=E(z_n\mid\mathcal{H}_0)-\frac{1}{2}=0-\frac{1}{2}=-\frac{1}{2}$$

$$E(N\mid\mathcal{H}_1)=\frac{\beta\ln\eta_0+(1-\beta)\ln\eta_1}{E[\ln\Lambda(z)\mid\mathcal{H}_1]}=\frac{0.1\times(-2.917)+(1-0.1)\times 2.917}{1/2}=3.5$$

$$E(N\mid\mathcal{H}_0)=\frac{(1-\alpha)\ln\eta_0+\alpha\ln\eta_1}{E[\ln\Lambda(z)\mid\mathcal{H}_0]}=\frac{(1-0.1)\times(-2.917)+0.1\times 2.917}{-1/2}=3.5$$

所以,平均取 4 个观测数据便可获得满足预期性能的判决。

习题

11.1 图 11.11 为二元对称信道示意图。ε 为交叉概率,即信道输入为 0(或 1)时,输出为 1(或 0)的概率,而且 ε 是一个很小的量。设先验概率相等。试求:

(1) 保证总错误概率最小的判决规则;

(2) $\varepsilon<\frac{1}{2}$时的错误概率。

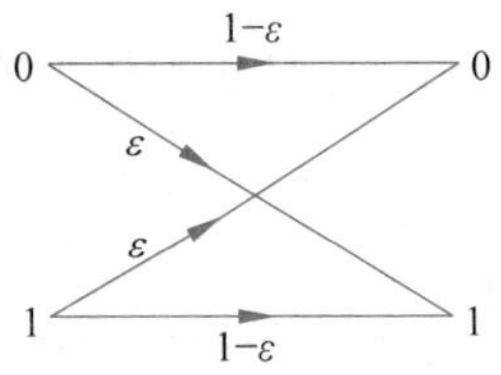

图 11.11 二进制对称信道

11.2 设有两种假设,

$$\mathcal{H}_0: z_i=w_i \qquad i=0,1,\cdots,N-1$$
$$\mathcal{H}_1: z_i=1+w_i \quad i=0,1,\cdots,N-1$$

其中 $w_i\sim\mathcal{N}(0,\sigma^2)$,且噪声相互独立,假定 $P(\mathcal{H}_0)=P(\mathcal{H}_1)$,求最大后验概率准则的判决表达式,并确定判决性能。

11.3 设信号

$$s(t)=\begin{cases}A, & \text{对应的先验概率为 } P(H_0)\\ -A, & \text{对应的先验概率为 } P(H_1)\end{cases}$$

且 $P(\mathcal{H}_0)=P(\mathcal{H}_1)=1/2$。现以高斯噪声$\mathcal{N}(0,\sigma^2)$为背景,采用一次观测进行二择一检验。试求最小错误概率准则的判决表达式,并计算其平均错误概率,画出接收机的方框图。

11.4 在两种假设下观测 z 的概率密度如图 11.12 所示。已知先验概率为 $P(\mathcal{H}_1)=0.7$,$P(\mathcal{H}_0)=0.3$,试求其判决域及错误概率。

11.5 在两种假设下,单观测值 z 都服从高斯分布:

$$p(z\mid\mathcal{H}_i)=\frac{1}{\sqrt{2\pi}\sigma}\exp\left[-\frac{(z-i)^2}{2\sigma^2}\right],\quad i=0,1$$

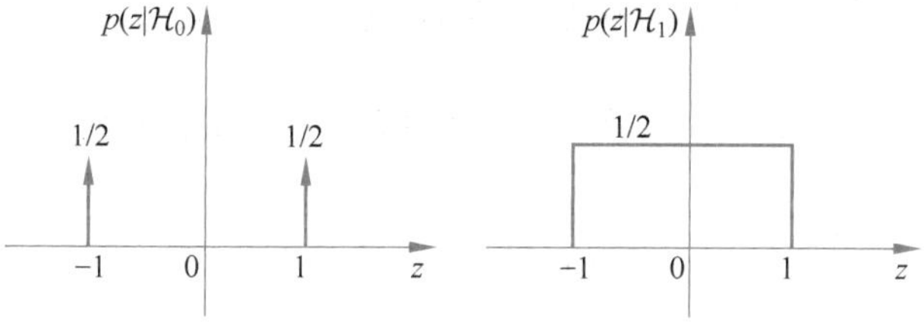

图 11.12 z 的概率密度

且 $P(\mathcal{H}_0)=P(\mathcal{H}_1)=1/2$，该观测 z 再经过平方检波器，输出 $y=az^2$。试根据 y 求出最小错误概率准则下的判决表达式。

11.6 在二元假设检验中，观测在二种假设下为具有不同参量的瑞利分布：

$$p(z \mid \mathcal{H}_i)=\frac{z}{\sigma_i^2}\exp\left(-\frac{z^2}{2\sigma_i^2}\right),\quad z\geqslant 0;\ i=0,1;\ \sigma_1>\sigma_0$$

试求贝叶斯准则下的判决表达式。在 $P(\mathcal{H}_0)=P(\mathcal{H}_1)=1/2$ 条件下，将结果推广到 N 个独立观测下的最小错误概率准则的判决表达式，并导出总错误概率的表达式。

11.7 设有 9 个独立观测

$$z_i=s+w_i,\quad i=0,1,\cdots,8$$

其中

$$s=\begin{cases}0, & \text{在假设}\mathcal{H}_0\text{下}\\ 1/3, & \text{在假设}\mathcal{H}_1\text{下}\end{cases}$$

$\{w_i\}$为相互独立的高斯随机变量，其均值为零，方差 $\sigma^2=0.09$。现令虚警概率 $\alpha=10^{-8}$，若判决规则定为当 $G=\sum_{i=0}^{8}z_i\geqslant G_T$ 时，则判为 $s=1/3$，试求 G_T 的值及相应的检测概率 P_{D}。

11.8 设两种假设下 N 个独立观测为

$$\mathcal{H}_0:\ z_i=w_i\qquad i=0,1,\cdots,N-1$$

$$\mathcal{H}_1:\ z_i=2+w_i\quad i=0,1,\cdots,N-1$$

$\{w_i\}$为均值为零、方差为 2 的高斯白噪声序列。依据 N 个独立样本 $z_i(i=0,1,\cdots,N-1)$，采用纽曼-皮尔逊准则进行检验，且令虚警概率 $\alpha=0.05$，试求最佳判决门限及相应的检测概率。

11.9 独立同分布的随机变量 $z_i,i=0,1,\cdots,N-1$ 取值为 0 或 1，满足 $P(z_i=0)=p$，$P(z_i=1)=1-p$。设两种假设为

$$\mathcal{H}_0:\ p=p_0$$

$$\mathcal{H}_1:\ p=p_1$$

已知虚警概率为 α_0,试求纽曼-皮尔逊准则检验判决式。

11.10 令 $z=\sum_{i=1}^{n} x_i$,已知 $x_i \sim \mathcal{N}(0,\sigma^2)$ 是独立同分布的高斯随机变量,n 是泊松分布随机变量,满足 $P(n=k)=\frac{\lambda^k}{k!}\exp(-\lambda)$,$k=0,1,\cdots$。现在需要在两种假设中作出判决

$$\mathcal{H}_0: n>1$$
$$\mathcal{H}_1: n \leqslant 1$$

已知虚警概率为 α_0,试求纽曼-皮尔逊准则检验判决式。

11.11 许多情况下,两种假设下观测值的概率密度是离散的。在概率密度中使用冲激函数照样可以推导似然比检验。假定在两种假设下观测值是泊松分布的:

$$P(z=n \mid \mathcal{H}_1)=\frac{m_1^n}{n!}\exp(-m_1), \quad n=0,1,2,\cdots$$

$$P(z=n \mid \mathcal{H}_0)=\frac{m_0^n}{n!}\exp(-m_0), \quad n=0,1,2,\cdots$$

其中 $m_1>m_0$。

(1) 试证明似然比是

$$z \underset{\mathcal{H}_0}{\overset{\mathcal{H}_1}{\gtrless}} \frac{\ln\eta+m_1-m_0}{\ln m_1-\ln m_0}$$

(2) 因为 z 只取整数值,把判决式写成如下形式更合适:

$$z \underset{\mathcal{H}_0}{\overset{\mathcal{H}_1}{\gtrless}} \gamma', \quad \gamma'=0,1,2,\cdots$$

试证明错误概率为

$$P_{\mathrm{F}}=1-\exp(-m_0)\sum_{n=0}^{\gamma'-1}\frac{(m_0)^n}{n!}$$

和

$$P_{\mathrm{M}}=\exp(-m_1)\sum_{n=0}^{\gamma'-1}\frac{(m_1)^n}{n!}$$

假定 $m_0=1, m_1=2$,画出接收机工作特性。

11.12 证明:对于似然比检验,检测概率对虚警概率的导数刚好是判决门限,即

$$\frac{\mathrm{d}P_{\mathrm{D}}}{\mathrm{d}P_{\mathrm{F}}}=\eta。$$

11.13 考虑下列二元假设检验问题:

$$H_0: z=w$$
$$H_1: z=s+w$$

其中 s 和 w 是相互独立的随机变量

$$p(s)=\begin{cases}a\exp(-\alpha s), & s\geqslant 0\\ 0, & s<0\end{cases}$$

$$p(w)=\begin{cases}b\exp(-\alpha w), & w\geqslant 0\\ 0, & w<0\end{cases}\quad \alpha \text{ 为常数}$$

(1) 证明似然比检验可简化为

$$z \underset{\mathcal{H}_0}{\overset{\mathcal{H}_1}{\gtrless}} \eta$$

(2) 试求最佳贝叶斯检验的门限 η 与代价因子和先验概率的函数关系；

(3) 采用纽曼-皮尔逊检验，求虚警概率 P_{F} 与门限 η 的函数关系。

11.14 设有四种假设 $\mathcal{H}_0$、$\mathcal{H}_1$、$\mathcal{H}_2$、$\mathcal{H}_3$，观测 z 分别为二、四、六、八个自由度的 χ^2 分布，其先验概率相等，且代价因子 $C_{00}=C_{11}=0$，$C_{01}=C_{10}=1$。试按似然比判决规则进行选择。

(1) 依据一个样本 z，证明其相应判决域为

$$\mathcal{H}_0: 0\leqslant z<2$$
$$\mathcal{H}_1: 2\leqslant z<4$$
$$\mathcal{H}_2: 4\leqslant z<6$$
$$\mathcal{H}_3: 6\leqslant z$$

(2) 若采用 N 个统计独立的样本 $z_i\ (i=0,1,\cdots,N-1)$，证明只要以 $\left(\prod_{i=0}^{N-1} z_i\right)^{1/N}$ 代替 z，所得到的最佳检验与(1) 相同。

11.15 设有两种假设

$$\mathcal{H}_0:\quad z_i=s_{0i},\quad i=0,1,\cdots,N-1$$
$$\mathcal{H}_1:\quad z_i=s_{1i},\quad i=0,1,\cdots,N-1$$

先验概率相同，其中 s_{0i} 和 s_{1i} 相互独立，服从均值为零、方差分别为 1 和 4 的高斯信号。要求虚警概率 $\alpha=0.2$，漏警概率为 $\beta=0.1$，求似然比检测判决式，并求判决所需要的平均观测次数。

第12章 复合假设检验

在第 11 章讨论的假设检验中，表征假设的参数都是已知的，称为简单假设检验，在实际中经常遇到表征假设的参数是随机变量或者未知常量的情况。这种含有随机变量或未知常量的检验称为复合假设检验。

12.1 贝叶斯方法

视频

假设有如下两种假设，

$$\begin{aligned}\mathcal{H}_0:&\quad z_i=\theta_0+w_i,\quad i=0,1,\cdots,N-1\\ \mathcal{H}_1:&\quad z_i=\theta_1+w_i,\quad i=0,1,\cdots,N-1\end{aligned}\tag{12.1.1}$$

参数 θ_0、θ_1 是随机变量，且先验概率密度 $p(\theta_0)$ 和 $p(\theta_1)$ 已知，则

$$p(z\mid\mathcal{H}_1)=\int_{-\infty}^{+\infty}p(z\mid\theta_1,\mathcal{H}_1)p(\theta_1)\mathrm{d}\theta_1\tag{12.1.2}$$

$$p(z\mid\mathcal{H}_0)=\int_{-\infty}^{+\infty}p(z\mid\theta_0,\mathcal{H}_0)p(\theta_0)\mathrm{d}\theta_0\tag{12.1.3}$$

似然比检验为

$$\frac{p(z\mid\mathcal{H}_1)}{p(z\mid\mathcal{H}_0)}\underset{\mathcal{H}_0}{\overset{\mathcal{H}_1}{\gtrless}}\eta_0\tag{12.1.4}$$

其中门限 η_0 取决于判决准则。

【例 12.1】 考虑一个复合假设检验问题：

$$\mathcal{H}_0:\quad z=b+w$$

$$\mathcal{H}_1:\quad z=a+w$$

其中，$w\sim\mathcal{N}(0,\sigma^2)$，$a$、$b$ 均为随机变量，且 $a\sim\mathcal{N}(1,1)$，$b\sim\mathcal{N}(-1,1)$，a、b、w 相互独立，假定两种假设为真的概率分别为 $P(\mathcal{H}_0)$、$P(\mathcal{H}_1)$，求最小错误概率准则的判决表达式。

解：由于 a、b、w 均为高斯分布，所以在$\mathcal{H}_0$和$\mathcal{H}_1$条件下的观测也为高斯分布，且

$$E(z\mid\mathcal{H}_0)=E(b)+E(w)=-1+0=-1,$$

$$\mathrm{Var}(z\mid\mathcal{H}_0)=\mathrm{Var}(b)+\mathrm{Var}(w)=1+\sigma^2$$

$$E(z\mid\mathcal{H}_1)=E(a)+E(w)=1+0=1,$$

$$\mathrm{Var}(z\mid\mathcal{H}_1)=\mathrm{Var}(a)+\mathrm{Var}(w)=1+\sigma^2$$

所以，

$$p(z\mid\mathcal{H}_1)=\frac{1}{\sqrt{2\pi(1+\sigma^2)}}\exp\left[-\frac{(z-1)^2}{2(1+\sigma^2)}\right]$$

$$p(z\mid\mathcal{H}_0)=\frac{1}{\sqrt{2\pi(1+\sigma^2)}}\exp\left[-\frac{(z+1)^2}{2(1+\sigma^2)}\right]$$

似然比为

$$\Lambda(z)=\frac{\left[1/\sqrt{2\pi(1+\sigma^2)}\right]\exp\left[-(z-1)^2/2(1+\sigma^2)\right]}{\left[1/\sqrt{2\pi(1+\sigma^2)}\right]\exp\left[-(z+1)^2/2(1+\sigma^2)\right]}=\exp\left(\frac{2z}{1+\sigma^2}\right)$$

判决表达式为

$$\exp\left(\frac{2z}{1+\sigma^2}\right) \underset{\mathcal{H}_0}{\overset{\mathcal{H}_1}{\gtrless}} \frac{P(\mathcal{H}_0)}{P(\mathcal{H}_1)}$$

或者

$$z \underset{\mathcal{H}_0}{\overset{\mathcal{H}_1}{\gtrless}} \frac{1}{2}(1+\sigma^2)\ln[P(\mathcal{H}_0)/P(\mathcal{H}_1)]$$

12.2 一致最大势检验

在式(12.1.1)中,当 θ_0、θ_1 为未知常数时,这时可采用纽曼-皮尔逊检验,即约束虚警概率为常数,使检测概率最大。一般说来,这个最佳检测器的结构与未知参量 θ_0、θ_1 有关,因此,检测器是无法实现的。若最佳检测器的结构与未知参量 θ_0、θ_1 无关,则可以实现最佳检验,这时无须考虑参数 θ_0、θ_1 的值,这时的检验称为一致最大势(UMP)检验。

【例 12.2】 高斯白噪声中恒定电平的检测问题。

设有两种假设

$$\mathcal{H}_0: z_i = w_i, \qquad i=0,1,\cdots,N-1$$

$$\mathcal{H}_1: z_i = A + w_i, \quad i=0,1,\cdots,N-1$$

其中,$\{w_i\}$是服从均值为零、方差为 σ^2 的高斯白噪声序列,假定参数 A 是未知的,但已知 A 的符号($A>0$ 或者 $A<0$),试判断 UMP 检验是否存在。

解:在例 11.2 中,得到了判决表达式:

$$\frac{NA}{\sigma^2}\left(\frac{1}{N}\sum_{i=0}^{N-1} z_i - \frac{1}{2}A\right) \underset{\mathcal{H}_0}{\overset{\mathcal{H}_1}{\gtrless}} \ln\eta_0$$

或者

$$A\bar{z} \underset{\mathcal{H}_0}{\overset{\mathcal{H}_1}{\gtrless}} \frac{\sigma^2}{N}\ln\eta_0 + \frac{A^2}{2} = \gamma \tag{12.2.1}$$

其中 $\bar{z} = \frac{1}{N}\sum_{i=0}^{N-1} z_i$。

当 $A>0$ 时,判决表达式为

$$\bar{z} \underset{\mathcal{H}_0}{\overset{\mathcal{H}_1}{\gtrless}} \frac{\sigma^2}{NA}\ln\eta_0 + \frac{A}{2} = \gamma'$$

检验统计量

$$\bar{z} \mid \mathcal{H}_0 \sim \mathcal{N}(0, \sigma^2/N)$$

所以,

$$P_{\mathrm{F}}=\int_{\gamma'}^{+\infty}\frac{1}{\sqrt{2\pi\sigma^2/N}}\exp\left(-\frac{\bar{z}^2}{2\sigma^2/N}\right)\mathrm{d}\bar{z}=Q\left(\frac{\sqrt{N}\gamma'}{\sigma}\right)$$

根据纽曼-皮尔逊准则，虚警概率要求为一个常数，所以门限 γ' 为

$$\gamma'=\frac{\sigma}{\sqrt{N}}Q^{-1}(P_{\mathrm{F}})$$

可见检验统计量和判决门限 γ' 均与未知参量 A 无关，存在一致最大势检验。

当 $A<0$ 时，式(12.2.1)可以化简为

$$\bar{z}\ \mathop{\gtrless}_{\mathcal{H}_1}^{\mathcal{H}_0}\ \frac{\sigma^2}{NA}\ln\eta_0+\frac{A}{2}=\gamma'$$

$$P_{\mathrm{F}}=\int_{-\infty}^{\gamma'}\frac{1}{\sqrt{2\pi\sigma^2/N}}\exp\left(-\frac{\bar{z}^2}{2\sigma^2/N}\right)\mathrm{d}\bar{z}=1-Q\left(\frac{\sqrt{N}\gamma'}{\sigma}\right)$$

所以门限 γ' 为

$$\gamma'=\frac{\sigma}{\sqrt{N}}Q^{-1}(1-P_{\mathrm{F}})$$

可见检验统计量和判决门限 γ' 均与未知参量 A 无关，存在一致最大势检验。

由上面的分析可以看出，在 A 未知的情况下，若已知 A 的符号，则一致最大势检验是存在的，可以实现最佳检验。但若 A 的符号未知，式(12.2.1)的左边含有未知参量 A，检验是无法实现的。在这种情况下，可以采用双侧检验，即对式(12.2.1)的左右两边取绝对值，

$$|\bar{z}|\ \mathop{\gtrless}_{\mathcal{H}_0}^{\mathcal{H}_1}\ \frac{\gamma}{|A|}=\gamma'$$

$$\begin{aligned}P_{\mathrm{F}}&=\int_{\gamma'}^{+\infty}\frac{1}{\sqrt{2\pi\sigma^2/N}}\exp\left(-\frac{\bar{z}^2}{2\sigma^2/N}\right)\mathrm{d}\bar{z}+\int_{-\infty}^{-\gamma'}\frac{1}{\sqrt{2\pi\sigma^2/N}}\exp\left(-\frac{\bar{z}^2}{2\sigma^2/N}\right)\mathrm{d}\bar{z}\\&=2Q\left(\frac{\sqrt{N}\gamma'}{\sigma}\right)\end{aligned}$$

门限 γ' 为

$$\gamma'=\frac{\sigma}{\sqrt{N}}Q^{-1}\left(\frac{P_{\mathrm{F}}}{2}\right)$$

注意，双侧检验是准最佳检验。

12.3 广义似然比检验

视频

在例 12.2 中，当 A 未知，且不知道 A 的符号时，一致最大势检验是不存在的，这时，可以采用广义似然比检验。广义似然比检验仍然是一种似然比检验，只不过未知参数采用最大似然估计来替代。

对于式(12.1.1)的假设检验问题,当 θ_0、θ_1 为未知常数时,广义似然比检验为

$$\Lambda(\boldsymbol{z})=\frac{p(\boldsymbol{z};\hat{\theta}_1\mid\mathcal{H}_1)}{p(\boldsymbol{z};\hat{\theta}_0\mid\mathcal{H}_0)}\underset{\mathcal{H}_0}{\overset{\mathcal{H}_1}{\gtrless}}\eta_0 \tag{12.3.1}$$

其中,$\hat{\theta}_1$、$\hat{\theta}_0$ 分别为$\mathcal{H}_1$和$\mathcal{H}_0$假设下对参数 θ_1 和 θ_0 的最大似然估计。

【例 12.3】 高斯白噪声中恒定电平的检测问题——已知噪声方差,未知电平。设有两种假设

$$H_0:\quad z_i=w_i\qquad i=0,1,\cdots,N-1$$

$$H_1:\quad z_i=A+w_i\quad i=0,1,\cdots,N-1$$

其中,$\{w_i\}$是均值为零、方差为 σ^2 的高斯白噪声序列,噪声方差 σ^2 是已知的,而参数 A 是未知的,求广义似然比检验的判决表达式。

解:由于参数 A 未知,则首先求$\mathcal{H}_1$假设下参数 A 的最大似然估计。由例 11.4 可知,A 的最大似然估计为样本均值,即

$$\hat{A}_{\mathrm{ml}}=\bar{z}=\frac{1}{N}\sum_{i=0}^{N-1}z_i$$

所以,似然比为

$$\Lambda(\boldsymbol{z})=\frac{p(\boldsymbol{z};\hat{A}_{\mathrm{ml}}\mid\mathcal{H}_1)}{p(\boldsymbol{z}\mid\mathcal{H}_0)}=\frac{\dfrac{1}{(2\pi\sigma^2)^{N/2}}\exp\left[-\dfrac{1}{2\sigma^2}\sum\limits_{i=0}^{N-1}(z_i-\bar{z})^2\right]}{\dfrac{1}{(2\pi\sigma^2)^{N/2}}\exp\left[-\dfrac{1}{2\sigma^2}\sum\limits_{i=0}^{N-1}z_i^2\right]}$$

对数似然比为

$$\ln\Lambda(\boldsymbol{z})=-\frac{1}{2\sigma^2}\sum_{i=0}^{N-1}(z_i-\bar{z})^2+\frac{1}{2\sigma^2}\sum_{i=0}^{N-1}z_i^2=\frac{N\bar{z}^2}{2\sigma^2}$$

判决表达式为

$$\bar{z}^2\underset{\mathcal{H}_0}{\overset{\mathcal{H}_1}{\gtrless}}\gamma\quad\text{或者}\quad|\bar{z}|\underset{\mathcal{H}_0}{\overset{\mathcal{H}_1}{\gtrless}}\gamma'$$

门限 γ 由给定的虚警概率确定。

注意,在例 12.2 和例 12.3 中,无论是一致最大势检验还是广义似然比检验,尽管检验统计量和判决门限与参数 A 无关,但检测性能与参数 A 是有关的。

【例 12.4】 考虑例 12.3 的检测问题,但假定噪声方差 σ^2 以及恒定电平 A 均是未知的,求广义似然比检验的判决表达式。

解:很显然这是一个复合假设检验问题,需要采用广义似然比检验,判决形式为

$$\frac{p(\boldsymbol{z};\hat{A}_{\mathrm{ml}},\widehat{\sigma^2_{1\mathrm{ml}}}\mid\mathcal{H}_1)}{p(\boldsymbol{z};\widehat{\sigma^2_{0\mathrm{ml}}}\mid\mathcal{H}_0)}\underset{\mathcal{H}_0}{\overset{\mathcal{H}_1}{\gtrless}}\eta_0 \tag{12.3.2}$$

其中,$\hat{A}_{\mathrm{ml}}$ 和 $\widehat{\sigma^2_{1\mathrm{ml}}}$是在$\mathcal{H}_1$条件下对未知电平 A 和噪声方差 σ^2 的最大似然估计。$\widehat{\sigma^2_{0\mathrm{ml}}}$是

在$\mathcal{H}_0$条件下对噪声方差的估计,由例 6.2 和例 6.3 可得

$$\hat{A}_{\mathrm{ml}}=\bar{z}=\frac{1}{N}\sum_{i=0}^{N-1}z_i,\quad \hat{\sigma}_{1\mathrm{ml}}^2=\frac{1}{N}\sum_{i=0}^{N-1}(z_i-\bar{z})^2,\quad \hat{\sigma}_{0\mathrm{ml}}^2=\frac{1}{N}\sum_{i=0}^{N-1}z_i^2$$

因此,

$$p(\boldsymbol{z};\hat{A}_{\mathrm{ml}},\hat{\sigma}_{1\mathrm{ml}}^2\mid H_1)=\frac{1}{(2\pi\hat{\sigma}_{1\mathrm{ml}}^2)^{N/2}}\exp\left[-\frac{1}{2\hat{\sigma}_{1\mathrm{ml}}^2}\sum_{i=0}^{N-1}(z_i-\bar{z})^2\right]=\frac{1}{(2\pi\hat{\sigma}_{1\mathrm{ml}}^2)^{N/2}}\exp\left(-\frac{N}{2}\right)$$

$$p(\boldsymbol{z};\hat{\sigma}_{0\mathrm{ml}}^2\mid H_0)=\frac{1}{(2\pi\hat{\sigma}_{0\mathrm{ml}}^2)^{N/2}}\exp\left(-\frac{1}{2\hat{\sigma}_{0\mathrm{ml}}^2}\sum_{i=0}^{N-1}z_i^2\right)=\frac{1}{(2\pi\hat{\sigma}_{0\mathrm{ml}}^2)^{N/2}}\exp\left(-\frac{N}{2}\right)$$

代入式(12.3.2),得

$$\left(\frac{\hat{\sigma}_{0\mathrm{ml}}^2}{\hat{\sigma}_{1\mathrm{ml}}^2}\right)^{N/2}\underset{\mathcal{H}_0}{\overset{\mathcal{H}_1}{\gtrless}}\eta_0$$

或者

$$\ln\left(\frac{\hat{\sigma}_{0\mathrm{ml}}^2}{\hat{\sigma}_{1\mathrm{ml}}^2}\right)\underset{\mathcal{H}_0}{\overset{\mathcal{H}_1}{\gtrless}}\frac{2\ln\eta_0}{N}\tag{12.3.3}$$

又

$$\hat{\sigma}_{1\mathrm{ml}}^2=\frac{1}{N}\sum_{i=0}^{N-1}(z_i-\bar{z})^2=\frac{1}{N}\sum_{i=0}^{N-1}(z_i^2-2z_i\bar{z}+\bar{z}^2)=\frac{1}{N}\sum_{i=0}^{N-1}z_i^2-\bar{z}^2=\hat{\sigma}_{0\mathrm{ml}}^2-\bar{z}^2$$

那么,

$$\ln\left(\frac{\hat{\sigma}_{0\mathrm{ml}}^2}{\hat{\sigma}_{1\mathrm{ml}}^2}\right)=\ln\left(\frac{\hat{\sigma}_{1\mathrm{ml}}^2+\bar{z}^2}{\hat{\sigma}_{1\mathrm{ml}}^2}\right)=\ln\left(1+\frac{\bar{z}^2}{\hat{\sigma}_{1\mathrm{ml}}^2}\right)$$

由于 $\ln(1+x)$是 x 的单调上升函数,式(12.3.3)与下面的判决表达式等效:

$$T(\boldsymbol{z})=\frac{\bar{z}^2}{\hat{\sigma}_{1\mathrm{ml}}^2}\underset{\mathcal{H}_0}{\overset{\mathcal{H}_1}{\gtrless}}\gamma\tag{12.3.4}$$

门限γ由给定的虚警概率确定,与例 12.3 比较可以看出,在噪声方差未知的情况下,用噪声方差的估计去归一化检验统计量。下面证明,在$\mathcal{H}_0$情况下,式(12.3.4)左边的检验统计量$T(\boldsymbol{z})$与噪声方差无关。令 $w_i=\sigma u_i$,其中 u_i 是零均值单位方差的高斯白噪声,则

$$T(\boldsymbol{z})\mid\mathcal{H}_0=\frac{\left(\frac{1}{N}\sum_{i=0}^{N-1}w_i\right)^2}{\frac{1}{N}\sum_{i=0}^{N-1}(w_i-\bar{w})^2}$$

其中 $\bar{w}=\frac{1}{N}\sum_{i=0}^{N-1}w_i=\frac{1}{N}\sum_{i=0}^{N-1}\sigma u_i=\sigma\bar{u}$,代入上式得

$$T(\boldsymbol{z})\mid\mathcal{H}_0=\frac{(\sigma\bar{u})^2}{\frac{1}{N}\sum_{i=0}^{N-1}(\sigma u_i-\sigma\bar{u})^2}=\frac{(\bar{u})^2}{\frac{1}{N}\sum_{i=0}^{N-1}(u_i-\bar{u})^2}\tag{12.3.5}$$

由此可见,在$\mathcal{H}_0$情况下,检验统计量与噪声方差无关,它的概率密度也与噪声方差无关,因此,虚警概率为

$$P_F = \int_{\gamma}^{+\infty} p_{T|\mathcal{H}_0}(t)\mathrm{d}t \tag{12.3.6}$$

根据纽曼-皮尔逊准则,判决门限 γ 由给定的虚警概率 P_F 确定。噪声的方差反映了噪声的强度,由式(12.3.5)和式(12.3.6)可以看出,检测器的虚警概率与噪声强度无关,这种噪声强度变化时虚警概率保持恒定的特性称为恒虚警率(CFAR)特性,CFAR 特性对许多应用来说都是必须的,如雷达信号的检测等。

12.4 Wald 检验和 Rao 检验

广义似然比检验需要在两种假设下求未知参数的最大似然估计,在实际中可能难以得到估计的解析解,在这种情况下可以考虑另外两种检验,即 Wald 检验和 Rao 检验。这两种检验与广义似然比检验具有相同的渐近($N\to\infty$)检测性能,但在有限数据记录长度时,它们的性能可能不同。

假定需要对以下问题做出判决,

$$\begin{aligned}\mathcal{H}_0: \boldsymbol{\theta} = \boldsymbol{\theta}_0 \\ \mathcal{H}_1: \boldsymbol{\theta} \neq \boldsymbol{\theta}_0\end{aligned} \tag{12.4.1}$$

其中,$\boldsymbol{\theta}$ 和$\boldsymbol{\theta}_0$ 均为 $p\times 1$ 的参数矢量,Wald 检验定义为

$$T_W(\boldsymbol{z}) = (\hat{\boldsymbol{\theta}}_1 - \hat{\boldsymbol{\theta}}_0)^{\mathrm{T}} \boldsymbol{I}(\hat{\boldsymbol{\theta}}_1)(\hat{\boldsymbol{\theta}}_1 - \hat{\boldsymbol{\theta}}_0) \underset{\mathcal{H}_0}{\overset{\mathcal{H}_1}{\gtrless}} \gamma \tag{12.4.2}$$

其中,$\hat{\boldsymbol{\theta}}_1$ 是$\mathcal{H}_1$条件下$\boldsymbol{\theta}$ 的最大似然估计,$\boldsymbol{I}(\hat{\boldsymbol{\theta}}_1)$是$\boldsymbol{\theta}$ 的费希尔信息矩阵。

对于式(12.4.1)的判决问题,Rao 检验定义为

$$T_R(\boldsymbol{z}) = \left[\frac{\partial \ln p(\boldsymbol{z};\boldsymbol{\theta})}{\partial \boldsymbol{\theta}}\right]^{\mathrm{T}}_{\boldsymbol{\theta}=\boldsymbol{\theta}_0} \boldsymbol{I}^{-1}(\boldsymbol{\theta}_0)\left[\frac{\partial \ln p(\boldsymbol{z};\boldsymbol{\theta})}{\partial \boldsymbol{\theta}}\right]_{\boldsymbol{\theta}=\boldsymbol{\theta}_0} \underset{\mathcal{H}_0}{\overset{\mathcal{H}_1}{\gtrless}} \gamma \tag{12.4.3}$$

Rao 检验由于不需要估计$\boldsymbol{\theta}$,因此是一种实现起来比较简单的检验。

【例 12.5】 对于例 12.3 的检测问题,采用 Wald 检验和 Rao 检验求判决表达式。

解:例 12.3 的检测问题相当于对如下问题进行检验,

$$\begin{aligned}\mathcal{H}_0:\quad A = 0 \\ \mathcal{H}_1:\quad A \neq 0\end{aligned}$$

即$\boldsymbol{\theta} = A$,$\boldsymbol{\theta}_0 = 0$,由于 $\hat{\boldsymbol{\theta}}_1 = \hat{A} = \bar{z}$,且 $\boldsymbol{I}(\hat{\boldsymbol{\theta}}_1) = \boldsymbol{I}(\hat{A}) = N/\sigma^2$,将这些参数代入式(12.4.2),可得 Wald 检验为

$$T_W(\boldsymbol{z}) = \frac{N}{\sigma^2}\bar{z}^2 \underset{\mathcal{H}_0}{\overset{\mathcal{H}_1}{\gtrless}} \gamma$$

或

$$T_{\mathrm{W}}(\boldsymbol{z})=\bar{z}^2 \underset{\mathcal{H}_0}{\overset{\mathcal{H}_1}{\gtrless}} \gamma'$$

此外，由于

$$\ln p(\boldsymbol{z};A)=-\frac{N}{2}\ln(2\pi\sigma^2)-\frac{1}{2\sigma^2}\sum_{i=0}^{N-1}(z_i-A)^2$$

$$\left.\frac{\partial\ln p(\boldsymbol{z};A)}{\partial A}\right|_{A=0}=\left.\frac{N}{\sigma^2}(\bar{z}-A)\right|_{A=0}=\frac{N\bar{z}}{\sigma^2}$$

$$\boldsymbol{I}(\boldsymbol{\theta}_0)=\boldsymbol{I}(0)=\sigma^2/N$$

所以，Rao 检验为

$$T_{\mathrm{R}}(\boldsymbol{z})=\frac{N\bar{z}}{\sigma^2}\left(\frac{N}{\sigma^2}\right)^{-1}\frac{N\bar{z}}{\sigma^2}=\frac{N\bar{z}^2}{\sigma^2} \underset{\mathcal{H}_0}{\overset{\mathcal{H}_1}{\gtrless}} \gamma$$

或

$$T_{\mathrm{R}}(\boldsymbol{z})=\bar{z}^2 \underset{\mathcal{H}_0}{\overset{\mathcal{H}_1}{\gtrless}} \gamma'$$

可见，Wald 检验、Rao 检验与广义似然比检验是相同的。实际上，对于高斯噪声中的线性观测模型(观测 $\boldsymbol{z}$ 与未知参数$\boldsymbol{\theta}$ 呈线性关系)，这三种检验是相同的。

习题 12.6 讨论了一种检验问题，其广义似然比检验无法得到解析解，而 Rao 检验可以得到简单的判决表达式。

12.5 局部最大势检验

视频

从例 12.2 可以看出，在高斯白噪声环境下的恒定电平检测问题中，只有当未知参数 A 的符号已知(即单边检验)时，一致最大势检验才存在。对于单边检验问题，即使得不出一致最大势检验，也可以得出一种渐近的一致最大势检验，这种检验称为局部最大势检验。

下面只考虑未知参数为标量情况的单边参数检验问题，

$$\begin{aligned}\mathcal{H}_0&:\theta=\theta_0\\ \mathcal{H}_1&:\theta>\theta_0\end{aligned} \tag{12.5.1}$$

假定未知参数 θ 是标量，且靠近 θ_0。在信号检测问题中 θ 可以看作信号的幅度，且信号幅度很小，是一种弱信号的检测。采用纽曼-皮尔逊检验，给定虚警概率使检测概率最大，对应的似然比检验为

$$\frac{p(\boldsymbol{z};\theta)}{p(\boldsymbol{z};\theta_0)} \underset{\mathcal{H}_0}{\overset{\mathcal{H}_1}{\gtrless}} \eta_0 \tag{12.5.2}$$

或对数似然比检验为

$$\ln p(\boldsymbol{z};\theta)-\ln p(\boldsymbol{z};\theta_0)\ \underset{\mathcal{H}_0}{\overset{\mathcal{H}_1}{\gtrless}}\ \ln\eta_0 \tag{12.5.3}$$

根据假定,$\theta-\theta_0$ 很小,因此,可以将 $\ln p(\boldsymbol{z};\theta)$ 在 $\theta=\theta_0$ 处用泰勒级数展开并取前两项,即

$$\ln p(\boldsymbol{z};\theta)\approx\ln p(\boldsymbol{z};\theta_0)+\left.\frac{\partial\ln p(\boldsymbol{z};\theta)}{\partial\theta}\right|_{\theta=\theta_0}(\theta-\theta_0)$$

将上式代入式(12.5.3)后,得

$$\left.\frac{\partial\ln p(\boldsymbol{z};\theta)}{\partial\theta}\right|_{\theta=\theta_0}(\theta-\theta_0)\ \underset{\mathcal{H}_0}{\overset{\mathcal{H}_1}{\gtrless}}\ \ln\eta_0$$

由于 $\theta>\theta_0$,上式两边同时除以 $\theta-\theta_0$,得

$$\left.\frac{\partial\ln p(\boldsymbol{z};\theta)}{\partial\theta}\right|_{\theta=\theta_0}\ \underset{\mathcal{H}_0}{\overset{\mathcal{H}_1}{\gtrless}}\ \frac{\ln\eta_0}{\theta-\theta_0}=\eta \tag{12.5.4}$$

或者

$$T_{\mathrm{LMP}}(\boldsymbol{z})=\frac{\left.\dfrac{\partial\ln p(\boldsymbol{z};\theta)}{\partial\theta}\right|_{\theta=\theta_0}}{\sqrt{I(\theta_0)}}\ \underset{\mathcal{H}_0}{\overset{\mathcal{H}_1}{\gtrless}}\ \gamma \tag{12.5.5}$$

其中 $I(\theta_0)$ 为 θ 在 θ_0 处的费希尔信息,门限 γ 由给定的虚警概率确定。

【例 12.6】 假定有 N 个独立同分布的观测样本 $z_i\sim\mathcal{N}(0,\sigma^2)$,考虑如下参数检验问题,

$$\mathcal{H}_0:\sigma^2=\sigma_0^2$$
$$\mathcal{H}_1:\sigma^2>\sigma_0^2$$

求局部最大势检验。

解:似然函数为

$$p(\boldsymbol{z};\sigma^2)=\frac{1}{(2\pi\sigma^2)^{N/2}}\exp\left(-\frac{1}{2\sigma^2}\sum_{i=0}^{N-1}z_i^2\right)$$

对数似然比为

$$\ln p(\boldsymbol{z};\sigma^2)=-\frac{N}{2}\ln(2\pi\sigma^2)-\frac{1}{2\sigma^2}\sum_{i=0}^{N-1}z_i^2$$

$$\frac{\partial\ln p(\boldsymbol{z};\sigma^2)}{\partial\sigma^2}=-\frac{N}{2\sigma^2}+\frac{1}{2\sigma^4}\sum_{i=0}^{N-1}z_i^2$$

又

$$I(\sigma^2)=-E\left[\frac{\partial^2\ln p(\boldsymbol{z};\sigma^2)}{\partial(\sigma^2)^2}\right]=-E\left(\frac{N}{2\sigma^4}-\frac{1}{\sigma^6}\sum_{i=0}^{N-1}z_i^2\right)=\frac{N}{2\sigma^4}$$

所以

$$T_{\mathrm{LMP}}(\boldsymbol{z})=\frac{\left.\frac{\partial \ln p(\boldsymbol{z};\theta)}{\partial \theta}\right|_{\theta=\theta_0}}{\sqrt{I(\theta_0)}}=\frac{-\frac{N}{2\sigma_0^2}+\frac{1}{2\sigma_0^4}\sum_{i=0}^{N-1}z_i^2}{\sqrt{N/(2\sigma_0^4)}}=\sqrt{N/(2\sigma_0^4)}\left(\frac{1}{N}\sum_{i=0}^{N-1}z_i^2-\sigma_0^2\right)$$

判决表达式为

$$T_{\mathrm{LMP}}(\boldsymbol{z})=\sqrt{N/(2\sigma_0^4)}\left(\frac{1}{N}\sum_{i=0}^{N-1}z_i^2-\sigma_0^2\right)\underset{\mathcal{H}_0}{\overset{\mathcal{H}_1}{\gtrless}}\gamma$$

或者

$$\frac{1}{N}\sum_{i=0}^{N-1}z_i^2\underset{\mathcal{H}_0}{\overset{\mathcal{H}_1}{\gtrless}}\gamma'$$

习题

12.1 考虑下列二元假设检验问题：

$$\mathcal{H}_0: z=w$$
$$\mathcal{H}_1: z=s+w$$

其中 s 和 w 是相互独立的随机变量。

$$p(s)=\begin{cases}a\exp(-\alpha s), & s\geqslant 0\\ 0, & s<0\end{cases}\qquad \alpha \text{ 为常数}$$
$$p(w)=\begin{cases}b\exp(-\alpha w), & w\geqslant 0\\ 0, & w<0\end{cases}$$

(1) 证明似然比检验可简化为

$$z\underset{\mathcal{H}_0}{\overset{\mathcal{H}_1}{\gtrless}}\gamma$$

(2) 试求最佳贝叶斯检验的门限 γ 与代价因子和先验概率的函数关系；

(3) 采用纽曼-皮尔逊检验，求虚警概率 P_{F} 与门限函数 γ 的函数关系。

12.2 设有两种假设

$$\mathcal{H}_0: z_i=w_i,\qquad i=0,1,\cdots,N-1$$
$$\mathcal{H}_1: z_i=As_i+w_i,\quad i=0,1,\cdots,N-1$$

其中，$\{w_i\}$是服从均值为零、方差为 σ^2 的高斯白噪声序列，参数 A 是未知且 $A>0$，s_i 为已知信号，试分析一致最大势检验是否存在并计算检测性能。

12.3 设有两种假设

$$\mathcal{H}_0: z_i=y_{0i},\quad i=0,1,\cdots,N-1$$
$$\mathcal{H}_1: z_i=y_{1i},\quad i=0,1,\cdots,N-1$$

其中，$\{y_{0i},y_{1i}\}$是服从均值分别为 m_0 和 m_1、方差分别为 σ_0^2 和 σ_1^2 的高斯序列，

其中只有 σ_1^2 是未知的,但已知其大于 σ_0^2,试分析一致最大势检验是否存在,说明理由。

12.4 设有两种假设

$$H_0:\quad z_i=w_i,\qquad i=0,1,\cdots,N-1$$
$$H_1:\quad z_i=A+w_i,\quad i=0,1,\cdots,N-1$$

其中,$\{w_i\}$是方差 σ^2 已知的拉普拉斯序列,分布为 $p(w_i)=\dfrac{1}{\sqrt{2}\sigma}\exp\left[-\sqrt{\dfrac{2}{\sigma^2}}|w_i|\right]$,参数 A 未知,求广义似然比检验的判决表达式。

12.5 假定有 N 个独立同分布的观测样本 $z_i\sim\mathcal{N}(0,\sigma^2)$,考虑如下参数检验问题,

$$\mathcal{H}_0:\sigma^2=\sigma_0^2$$
$$\mathcal{H}_1:\sigma^2>\sigma_0^2$$

求一致最大势检验,该检验是否与局部最大势检验相同?

12.6 考虑如下检验问题,

$$H_0:\quad z_i=w_i,\qquad i=0,1,\cdots,N-1$$
$$H_1:\quad z_i=A+w_i,\quad i=0,1,\cdots,N-1$$

其中,A 为未知常数,$\{w_i\}$为独立同分布的随机变量,概率密度为

$$p_w(w_i)=\frac{1}{a\sigma\Gamma(5/4)2^{5/4}}\exp\left(-\frac{1}{2}\left(\frac{w_i}{a\sigma}\right)^4\right)$$

其中 $a=\left(\dfrac{\Gamma(1/4)}{\sqrt{2}\,\Gamma(3/4)}\right)^{1/2}=1.4464$,以上分布是一种指数类分布。求 Rao 检验的判决表达式,并与广义似然比检验进行比较。

12.7 假定观测到一个独立同分布的高斯矢量$\{\boldsymbol{z}_0,\boldsymbol{z}_1,\cdots,\boldsymbol{z}_{N-1}\}$,其中每个 $\boldsymbol{z}_i$ 是 2×1 的矢量,其概率密度为 $\boldsymbol{z}_i\sim\mathcal{N}(\boldsymbol{0},\boldsymbol{C})$,其中

$$\boldsymbol{C}=\sigma^2\begin{bmatrix}1&\rho\\\rho&1\end{bmatrix}$$

假定 σ^2 已知,需要检验 $\rho=0$ 还是 $\rho>0$,即需要检验

$$\mathcal{H}_0:\rho=0$$
$$\mathcal{H}_1:\rho>0$$

假定 ρ 很小,求局部最佳检验。

第13章 高斯噪声中已知信号的检测

在第 11 章和第 12 章分别讨论了检测的基本理论,即简单假设检验和复合假设检验的理论,本章讨论如何运用这些基本的理论解决高斯噪声中已知信号的检测问题。高斯噪声中含有未知参数信号的检测以及非高斯噪声中信号的检测问题将分别在第 14 章和第 15 章进行讨论。噪声中信号的检测就是根据含有噪声的观测信号中确定感兴趣的信号是否出现,或者确定几个信号中哪个信号出现,这是雷达、声呐以及通信系统最常见的问题。

视频

13.1 高斯白噪声中已知信号的检测

13.1.1 最佳检测器结构

信号处理中最常见的判决问题是在受到加性噪声污染的观测信号中判断几种可能信号中哪个信号出现。这一问题可用如下统计检测模型加以描述:

$$\begin{aligned}\mathcal{H}_0:\ z[n]&=s_0[n]+w[n],\quad n=0,1,\cdots,N-1\\ \mathcal{H}_1:\ z[n]&=s_1[n]+w[n],\quad n=0,1,\cdots,N-1\end{aligned}\tag{13.1.1}$$

式中,信号 $s_0[n]$、$s_1[n]$是已知信号,噪声 $w[n]$是零均值高斯白噪声,方差为 σ^2。根据假设检验的理论,最佳判决形式为似然比与门限进行比较,因此,首先需要推导似然比。

两种假设下的似然函数为

$$p(\boldsymbol{z}\mid\mathcal{H}_i)=\frac{1}{(2\pi\sigma^2)^{N/2}}\exp\left[-\frac{1}{2\sigma^2}\sum_{n=0}^{N-1}(z[n]-s_i[n])^2\right],\quad i=0,1\tag{13.1.2}$$

其中 $\boldsymbol{z}=[z[0]\quad z[1]\quad\cdots\quad z[N-1]]^{\mathrm{T}}$,则似然比为

$$\begin{aligned}\Lambda(\boldsymbol{z})&=\frac{p(\boldsymbol{z}\mid\mathcal{H}_1)}{p(\boldsymbol{z}\mid\mathcal{H}_0)}=\exp\left\{-\frac{1}{2\sigma^2}\left(\sum_{n=0}^{N-1}(z[n]-s_1[n])^2-\sum_{n=0}^{N-1}(z[n]-s_0[n])^2\right)\right\}\\ &=\exp\left\{\frac{1}{\sigma^2}\left(\sum_{n=0}^{N-1}z[n](s_1[n]-s_0[n])-\frac{1}{2}\left(\sum_{n=0}^{N-1}s_1^2[n]-\sum_{n=0}^{N-1}s_0^2[n]\right)\right)\right\}\end{aligned}\tag{13.1.3}$$

对数似然比为

$$\ln\Lambda(\boldsymbol{z})=\frac{1}{\sigma^2}\left(\sum_{n=0}^{N-1}z[n](s_1[n]-s_0[n])-\frac{1}{2}\left(\sum_{n=0}^{N-1}s_1^2[n]-\sum_{n=0}^{N-1}s_0^2[n]\right)\right)\tag{13.1.4}$$

判决表达式为

$$\frac{1}{\sigma^2}\left(\sum_{n=0}^{N-1}z[n](s_1[n]-s_0[n])-\frac{1}{2}\left(\sum_{n=0}^{N-1}s_1^2[n]-\sum_{n=0}^{N-1}s_0^2[n]\right)\right)\underset{\mathcal{H}_0}{\overset{\mathcal{H}_1}{\gtrless}}\ln\eta_0$$

其中 η_0 为判决门限,与采用的判决准则有关。将上式整理后得

$$T(\boldsymbol{z})=\sum_{n=0}^{N-1}z[n](s_1[n]-s_0[n])\underset{\mathcal{H}_0}{\overset{\mathcal{H}_1}{\gtrless}}\sigma^2\ln\eta_0+\frac{1}{2}\left(\sum_{n=0}^{N-1}s_1^2[n]-\sum_{n=0}^{N-1}s_0^2[n]\right)\tag{13.1.5}$$

或

$$T(\boldsymbol{z})=\boldsymbol{z}^{\mathrm{T}}(\boldsymbol{s}_1-\boldsymbol{s}_0)\underset{\mathcal{H}_0}{\overset{\mathcal{H}_1}{\gtrless}}\sigma^2\ln\eta_0+\frac{1}{2}(\boldsymbol{s}_1^{\mathrm{T}}\boldsymbol{s}_1-\boldsymbol{s}_0^{\mathrm{T}}\boldsymbol{s}_0) \tag{13.1.6}$$

其中，$\boldsymbol{s}_0=[s_0[0]\quad s_0[1]\quad\cdots\quad s_0[N-1]]^{\mathrm{T}}$，$\boldsymbol{s}_1=[s_1[0]\quad s_1[1]\quad\cdots\quad s_1[N-1]]^{\mathrm{T}}$。令 $\gamma=\sigma^2\ln\eta_0+\frac{1}{2}(\boldsymbol{s}_1^{\mathrm{T}}\boldsymbol{s}_1-\boldsymbol{s}_0^{\mathrm{T}}\boldsymbol{s}_0)$，则判决表达式为

$$T(\boldsymbol{z})=\boldsymbol{z}^{\mathrm{T}}(\boldsymbol{s}_1-\boldsymbol{s}_0)=\sum_{n=0}^{N-1}z[n](s_1[n]-s_0[n])\underset{\mathcal{H}_0}{\overset{\mathcal{H}_1}{\gtrless}}\gamma \tag{13.1.7}$$

最佳检测器的结构如图 13.1(a)所示。由于 $\sum_{n=0}^{N-1}z[n]s_i[n]$ 为观测 $z[n]$ 与信号 $s_i[n]$ 的相关运算，所以图 13.1(a)也称为相关检测器，高斯白噪声环境下的最佳检测器为相关检测器的形式。

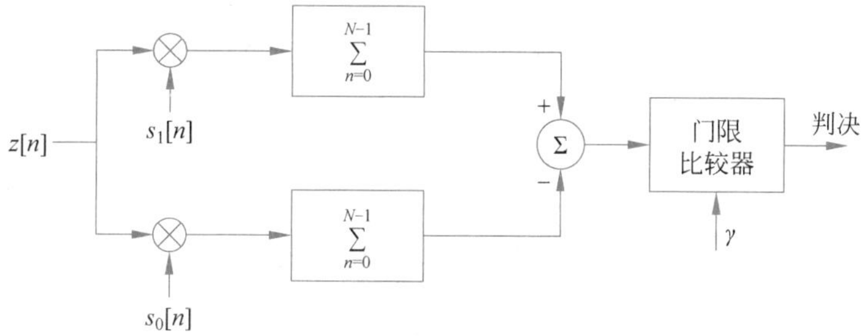

(a) 相关检测器结构

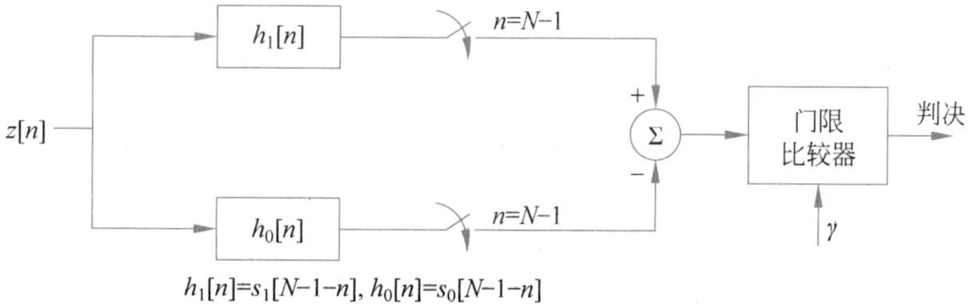

(b) 匹配滤波器结构

图 13.1　高斯白噪声中二元已知确定性信号的最佳检测器

相关检测器也可以用匹配滤波器实现。在 3.4.2 节曾指出，白噪声环境下使输出信噪比最大的最佳线性滤波器的冲激响应为输入信号的共轭镜像，对于离散时间信号，最佳线性滤波器的单位样值响应同样为输入信号的共轭镜像。假定输入信号为 $s[n]$($n=0,1,\cdots,N-1$)，离散时间线性滤波器的单位样值响应为 $h[n]$，则使输出信噪比最大的单位样值响应为

$$h[n]=s[N-n-1],\quad n=0,1,\cdots,N-1$$

$z[n]$通过匹配滤波器后，其输出为

$$y[n]=\sum_{k=0}^{N-1}z[k]h[n-k]=\sum_{k=0}^{N-1}z[k]s[N-1-n+k]$$

当 $n=N-1$ 时,

$$y[N-1]=\sum_{k=0}^{N-1}z[k]s[k]$$

可见,当观测 $z[n]$ 加到匹配滤波器后,在 $n=N-1$ 时刻的输出刚好等于 $z[n]$ 与 $s[n]$ 相关运算的结果,因此,相关检测器也可以用匹配滤波器实现。图 13.1(b)给出了最佳检测器的匹配滤波器实现结构图。

视频

13.1.2 最佳检测器的性能

下面分析最佳检测器的性能。将式(13.1.6)的最佳判决形式重写为如下形式,

$$\boldsymbol{z}^{\mathrm{T}}\boldsymbol{s}_1-\boldsymbol{z}^{\mathrm{T}}\boldsymbol{s}_0+\frac{1}{2}\boldsymbol{s}_0^{\mathrm{T}}\boldsymbol{s}_0-\frac{1}{2}\boldsymbol{s}_1^{\mathrm{T}}\boldsymbol{s}_1\underset{\mathcal{H}_0}{\overset{\mathcal{H}_1}{\gtrless}}\sigma^2\ln\eta_0 \tag{13.1.8}$$

令 $I(\boldsymbol{z})=\boldsymbol{z}^{\mathrm{T}}\boldsymbol{s}_1-\boldsymbol{z}^{\mathrm{T}}\boldsymbol{s}_0+\frac{1}{2}\boldsymbol{s}_0^{\mathrm{T}}\boldsymbol{s}_0-\frac{1}{2}\boldsymbol{s}_1^{\mathrm{T}}\boldsymbol{s}_1$,$\gamma=\sigma^2\ln\eta_0$,则判决表达式为

$$I(\boldsymbol{z})\underset{\mathcal{H}_0}{\overset{\mathcal{H}_1}{\gtrless}}\gamma \tag{13.1.9}$$

要确定检测器的性能,首先需要确定检测统计量 $I(\boldsymbol{z})$ 的统计特性。由于噪声 $w[n]$ 是高斯随机序列,则观测 $z[n]$ 也是高斯随机序列,$\sum_{n=0}^{N-1}z[n]s_i[n]$$(i=0,1)$ 是多个高斯随机变量之和,也是服从高斯分布的随机变量。因此,检测统计量 $I(\boldsymbol{z})$ 是高斯随机变量,只需要确定它的均值和方差就可以确定其概率密度。

在 $\mathcal{H}_1$ 为真的条件下,$I(\boldsymbol{z})$ 的均值为

$$\begin{aligned}E[I(\boldsymbol{z})\mid\mathcal{H}_1]&=E(\boldsymbol{z}^{\mathrm{T}})\boldsymbol{s}_1-E(\boldsymbol{z}^{\mathrm{T}})\boldsymbol{s}_0+\frac{1}{2}\boldsymbol{s}_0^{\mathrm{T}}\boldsymbol{s}_0-\frac{1}{2}\boldsymbol{s}_1^{\mathrm{T}}\boldsymbol{s}_1\\&=\boldsymbol{s}_1^{\mathrm{T}}\boldsymbol{s}_1-\boldsymbol{s}_1^{\mathrm{T}}\boldsymbol{s}_0+\frac{1}{2}\boldsymbol{s}_0^{\mathrm{T}}\boldsymbol{s}_0-\frac{1}{2}\boldsymbol{s}_1^{\mathrm{T}}\boldsymbol{s}_1\\&=\frac{1}{2}(\boldsymbol{s}_1-\boldsymbol{s}_0)^{\mathrm{T}}(\boldsymbol{s}_1-\boldsymbol{s}_0)\\&=\frac{1}{2}\|\boldsymbol{s}_1-\boldsymbol{s}_0\|^2\\&=\frac{1}{2}\sum_{n=0}^{N-1}(s_1[n]-s_0[n])^2\end{aligned} \tag{13.1.10}$$

其中 $\|\cdot\|$ 表示欧几里得空间的距离。在 $\mathcal{H}_1$ 为真的条件下,$I(\boldsymbol{z})$ 的方差为

$$\begin{aligned}\mathrm{Var}[I(\boldsymbol{z})\mid\mathcal{H}_1]&=E\{[I(\boldsymbol{z})-E(I(\boldsymbol{z})\mid H_1)]^2\mid H_1\}\\&=E\{[\boldsymbol{w}^{\mathrm{T}}(\boldsymbol{s}_1-\boldsymbol{s}_0)]^2\}\\&=(\boldsymbol{s}_1-\boldsymbol{s}_0)^{\mathrm{T}}E(\boldsymbol{w}\boldsymbol{w}^{\mathrm{T}})(\boldsymbol{s}_1-\boldsymbol{s}_0)\\&=\sigma^2(\boldsymbol{s}_1-\boldsymbol{s}_0)^{\mathrm{T}}(\boldsymbol{s}_1-\boldsymbol{s}_0)=\sigma^2\|\boldsymbol{s}_1-\boldsymbol{s}_0\|^2\end{aligned} \tag{13.1.11}$$

定义 $\bar{\varepsilon}=\frac{1}{2}(\boldsymbol{s}_0^{\mathrm{T}}\boldsymbol{s}_0+\boldsymbol{s}_1^{\mathrm{T}}\boldsymbol{s}_1)=\frac{1}{2}(\varepsilon_0+\varepsilon_1)$ 代表两个信号的平均能量，$\bar{\rho}=\boldsymbol{s}_1^{\mathrm{T}}\boldsymbol{s}_0/\bar{\varepsilon}$ 代表两个信号的归一化相关系数。则

$$E[I(\boldsymbol{z})\mid\mathcal{H}_1]=\frac{1}{2}(\boldsymbol{s}_1-\boldsymbol{s}_0)^{\mathrm{T}}(\boldsymbol{s}_1-\boldsymbol{s}_0)=\bar{\varepsilon}(1-\bar{\rho}) \tag{13.1.12}$$

$$\mathrm{Var}[I(\boldsymbol{z})\mid\mathcal{H}_1]=\sigma^2(\boldsymbol{s}_1-\boldsymbol{s}_0)^{\mathrm{T}}(\boldsymbol{s}_1-\boldsymbol{s}_0)=2\sigma^2\bar{\varepsilon}(1-\bar{\rho}) \tag{13.1.13}$$

同理可得

$$E[I(\boldsymbol{z})\mid\mathcal{H}_0]=-\frac{1}{2}(\boldsymbol{s}_1-\boldsymbol{s}_0)^{\mathrm{T}}(\boldsymbol{s}_1-\boldsymbol{s}_0)=-\bar{\varepsilon}(1-\bar{\rho}) \tag{13.1.14}$$

$$\mathrm{Var}[I(\boldsymbol{z})\mid\mathcal{H}_0]=\sigma^2(\boldsymbol{s}_1-\boldsymbol{s}_0)^{\mathrm{T}}(\boldsymbol{s}_1-\boldsymbol{s}_0)=2\sigma^2\bar{\varepsilon}(1-\bar{\rho}) \tag{13.1.15}$$

即，

$$I(\boldsymbol{z})\sim\begin{cases}\mathcal{N}[-\bar{\varepsilon}(1-\bar{\rho}),2\sigma^2\bar{\varepsilon}(1-\bar{\rho})], & \text{在}\mathcal{H}_0\text{条件下}\\ \mathcal{N}[\bar{\varepsilon}(1-\bar{\rho}),2\sigma^2\bar{\varepsilon}(1-\bar{\rho})], & \text{在}\mathcal{H}_1\text{条件下}\end{cases} \tag{13.1.16}$$

最佳检测器的虚警概率为

$$\begin{aligned}P_{\mathrm{F}}&=P[I(\boldsymbol{z})>\gamma\mid\mathcal{H}_0]\\&=\int_{\gamma}^{+\infty}\frac{1}{\sqrt{4\pi\sigma^2\bar{\varepsilon}(1-\bar{\rho})}}\exp\left[-\frac{(I+\bar{\varepsilon}(1-\bar{\rho}))^2}{4\sigma^2\bar{\varepsilon}(1-\bar{\rho})}\right]\mathrm{d}I\end{aligned} \tag{13.1.17}$$

最佳检测器的漏警概率为

$$\begin{aligned}P_{\mathrm{M}}&=P[I(\boldsymbol{z})<\gamma\mid\mathcal{H}_1]\\&=\int_{-\infty}^{\gamma}\frac{1}{\sqrt{4\pi\sigma^2\bar{\varepsilon}(1-\bar{\rho})}}\exp\left[-\frac{(I-\bar{\varepsilon}(1-\bar{\rho}))^2}{4\sigma^2\bar{\varepsilon}(1-\bar{\rho})}\right]\mathrm{d}I\end{aligned} \tag{13.1.18}$$

令 $\gamma^+=\frac{\gamma+\bar{\varepsilon}(1-\bar{\rho})}{\sqrt{2\sigma^2\bar{\varepsilon}(1-\bar{\rho})}}$，$\gamma^-=\frac{\gamma-\bar{\varepsilon}(1-\bar{\rho})}{\sqrt{2\sigma^2\bar{\varepsilon}(1-\bar{\rho})}}$，则

$$P_{\mathrm{F}}=Q(\gamma^+),\quad P_{\mathrm{M}}=1-Q(\gamma^-) \tag{13.1.19}$$

检测概率为

$$P_{\mathrm{D}}=Q(\gamma^-) \tag{13.1.20}$$

总的错误概率为

$$\begin{aligned}P_{\mathrm{e}}&=P_{\mathrm{F}}P(\mathcal{H}_0)+P_{\mathrm{M}}P(\mathcal{H}_1)\\&=Q(\gamma^+)P(\mathcal{H}_0)+[1-Q(\gamma^-)]P(\mathcal{H}_1)\end{aligned} \tag{13.1.21}$$

若采用最小错误概率准则，并且先验概率相等，则 $\gamma=0$，

$$\gamma^+=\sqrt{\frac{\bar{\varepsilon}(1-\bar{\rho})}{2\sigma^2}},\quad \gamma^-=-\sqrt{\frac{\bar{\varepsilon}(1-\bar{\rho})}{2\sigma^2}}$$

$$P_{\mathrm{F}}=Q\left(\sqrt{\frac{\bar{\varepsilon}(1-\bar{\rho})}{2\sigma^2}}\right),\quad P_{\mathrm{M}}=1-Q\left(-\sqrt{\frac{\bar{\varepsilon}(1-\bar{\rho})}{2\sigma^2}}\right)=Q\left(\sqrt{\frac{\bar{\varepsilon}(1-\bar{\rho})}{2\sigma^2}}\right)$$

总的错误概率为

$$P_e=Q\left(\sqrt{\frac{\bar{\varepsilon}(1-\bar{\rho})}{2\sigma^2}}\right)=Q\left(\sqrt{\frac{\|\boldsymbol{s}_1-\boldsymbol{s}_0\|^2}{4\sigma^2}}\right) \tag{13.1.22}$$

由式(13.1.22)可以看出,若 $\bar{\rho}=-1$,即 $s_1[n]=-s_0[n]$,则总的错误概率达到最小,且

$$P_e=Q\left(\sqrt{\frac{\bar{\varepsilon}}{\sigma^2}}\right) \tag{13.1.23}$$

【例 13.1】 二元通信系统的检测性能分析。

下面采用最小错误概率准则讨论常见的二元通信系统的性能。对于相干相移键控(CPSK)系统,两个信号为

$$s_0[n]=A\cos 2\pi f_0 n$$

$$s_1[n]=A\cos(2\pi f_0 n+\pi)=-A\cos 2\pi f_0 n$$

其中,$n=0,1,\cdots,N-1$。由于 $s_1[n]=-s_0[n]$,所以 $\bar{\rho}=-1$。假定 $N=2$,$f_0=0.25$,则 $\boldsymbol{s}_0=[s_0[0]\quad s_0[1]]^{\mathrm{T}}=[A\quad 0]^{\mathrm{T}}$,$\boldsymbol{s}_1=[s_1[0]\quad s_1[1]]^{\mathrm{T}}=[-A\quad 0]^{\mathrm{T}}$,信号矢量如图 13.2 所示。信号的平均能量 $\bar{\varepsilon}\approx NA^2/2$,总的错误概率为 $P_e=Q\left(\sqrt{\frac{\bar{\varepsilon}}{\sigma^2}}\right)$。

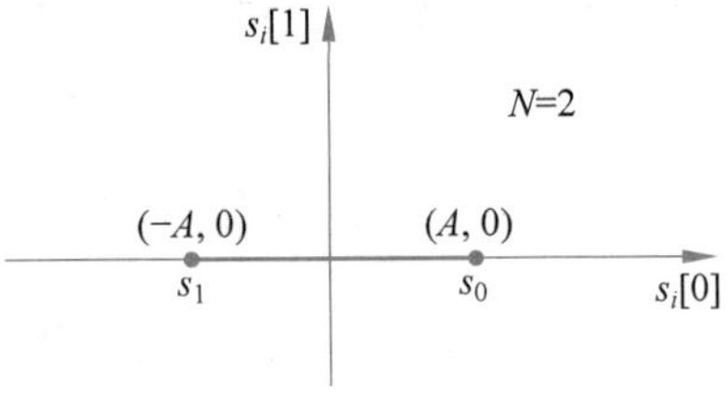

图 13.2 相干相移键控信号($N=2, f_0=0.25$)

对于相干频移键控(CFSK)系统,两个信号为

$$s_0[n]=A\cos 2\pi f_0 n$$

$$s_1[n]=A\cos 2\pi f_1 n$$

其中 $n=0,1,\cdots,N-1$,由于

$$\begin{aligned}\frac{1}{N}\sum_{n=0}^{N-1}A\cos 2\pi f_0 n A\cos 2\pi f_1 n&=\frac{A^2}{2N}\sum_{n=0}^{N-1}[\cos 2\pi(f_1+f_0)n+\cos 2\pi(f_1-f_0)n]\\&=\frac{A^2}{4N}\left[\frac{\sin 2\pi(f_1+f_0)N}{\sin\pi(f_1+f_0)}+\frac{\sin 2\pi(f_1-f_0)N}{\sin\pi(f_1-f_0)}\right]\end{aligned}$$

当 f_0 和 f_1 不在 0 或 1/2 附近、且 $|f_1-f_0|\gg 1/(2N)$ 时,上式近似为零,两个信号可以近似看作正交,两个信号的能量也近似相等,信号平均能量为 $\bar{\varepsilon}\approx NA^2/2$,总的错误概率为 $P_e=Q\left(\sqrt{\frac{\bar{\varepsilon}}{2\sigma^2}}\right)$。图 13.3 给出了两种二元通信系统总的错误概率与信噪比之间的关系曲线。

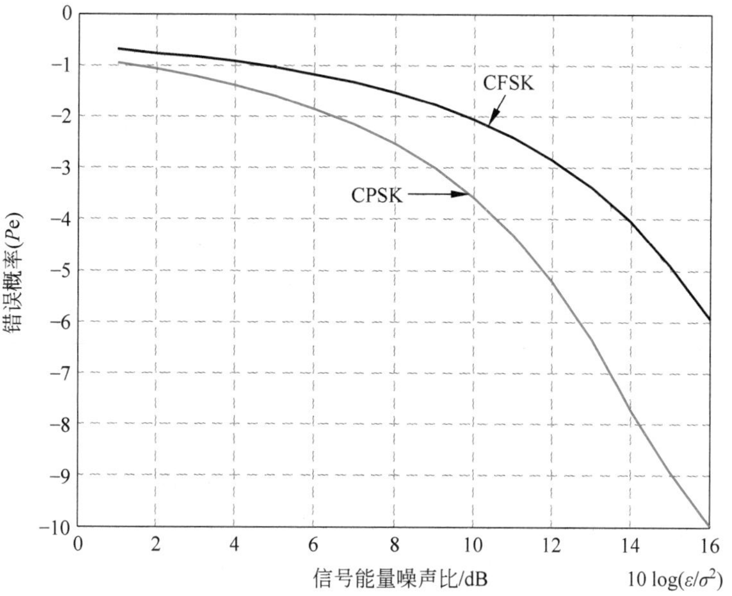

图 13.3 典型二元通信系统的性能

13.2 高斯色噪声中已知信号的检测

视频

13.2.1 高斯色噪声中最佳检测器结构

将式(13.1.1)的统计检测模型用如下矢量形式表示

$$\begin{aligned} \mathcal{H}_0:&\quad \boldsymbol{z}=\boldsymbol{s}_0+\boldsymbol{w} \\ \mathcal{H}_1:&\quad \boldsymbol{z}=\boldsymbol{s}_1+\boldsymbol{w} \end{aligned} \tag{13.2.1}$$

其中，$\boldsymbol{z}=[z[0]\quad z[1]\quad \cdots\quad z[N-1]]^{\mathrm{T}}$，$\boldsymbol{s}_0=[s_0[0]\quad s_0[1]\quad \cdots\quad s_0[N-1]]^{\mathrm{T}}$，$\boldsymbol{s}_1=[s_1[0]\quad s_1[1]\quad \cdots\quad s_1[N-1]]^{\mathrm{T}}$，$\boldsymbol{w}=[w[0]\quad w[1]\quad \cdots\quad w[N-1]]^{\mathrm{T}}$，噪声矢量服从 $\boldsymbol{w}\sim\mathcal{N}(0,\boldsymbol{C})$，两种假设下观测的概率密度为

$$p(\boldsymbol{z}\mid\mathcal{H}_i)=\frac{1}{(2\pi)^{N/2}\det^{1/2}(\boldsymbol{C})}\exp\left\{-\frac{1}{2}(\boldsymbol{z}-\boldsymbol{s}_i)^{\mathrm{T}}\boldsymbol{C}^{-1}(\boldsymbol{z}-\boldsymbol{s}_i)\right\},\quad i=0,1$$

对数似然比为

$$\begin{aligned} \ln\Lambda(\boldsymbol{z}) &= -\frac{1}{2}(\boldsymbol{z}-\boldsymbol{s}_1)^{\mathrm{T}}\boldsymbol{C}^{-1}(\boldsymbol{z}-\boldsymbol{s}_1)+\frac{1}{2}(\boldsymbol{z}-\boldsymbol{s}_0)^{\mathrm{T}}\boldsymbol{C}^{-1}(\boldsymbol{z}-\boldsymbol{s}_0) \\ &= -\frac{1}{2}[\boldsymbol{z}^{\mathrm{T}}\boldsymbol{C}^{-1}\boldsymbol{z}-\boldsymbol{s}_1^{\mathrm{T}}\boldsymbol{C}^{-1}\boldsymbol{z}-\boldsymbol{z}^{\mathrm{T}}\boldsymbol{C}^{-1}\boldsymbol{s}_1+\boldsymbol{s}_1^{\mathrm{T}}\boldsymbol{C}^{-1}\boldsymbol{s}_1- \\ &\qquad \boldsymbol{z}^{\mathrm{T}}\boldsymbol{C}^{-1}\boldsymbol{z}+\boldsymbol{s}_0^{\mathrm{T}}\boldsymbol{C}^{-1}\boldsymbol{z}+\boldsymbol{z}^{\mathrm{T}}\boldsymbol{C}^{-1}\boldsymbol{s}_0-\boldsymbol{s}_0^{\mathrm{T}}\boldsymbol{C}^{-1}\boldsymbol{s}_0] \\ &= \boldsymbol{z}^{\mathrm{T}}\boldsymbol{C}^{-1}\boldsymbol{s}_1-\boldsymbol{z}^{\mathrm{T}}\boldsymbol{C}^{-1}\boldsymbol{s}_0+\frac{1}{2}[\boldsymbol{s}_0^{\mathrm{T}}\boldsymbol{C}^{-1}\boldsymbol{s}_0-\boldsymbol{s}_1^{\mathrm{T}}\boldsymbol{C}^{-1}\boldsymbol{s}_1] \end{aligned} \tag{13.2.2}$$

判决表达式为

$$z^{T}C^{-1}s_{1}-z^{T}C^{-1}s_{0}\underset{\mathcal{H}_0}{\overset{\mathcal{H}_1}{\gtrless}}\ln\eta_{0}+\frac{1}{2}[s_{1}^{T}C^{-1}s_{1}-s_{0}^{T}C^{-1}s_{0}]=\gamma \tag{13.2.3}$$

由于协方差矩阵 $\boldsymbol{C}$ 是正定的矩阵,所以,它的逆矩阵 $\boldsymbol{C}^{-1}$ 也是正定的,根据矩阵理论,正定矩阵可以分解为 $\boldsymbol{C}^{-1}=\boldsymbol{D}^{T}\boldsymbol{D}$,其中 $\boldsymbol{D}$ 是非奇异的 $N\times N$ 的矩阵。利用这一特性,可将式(13.2.3)的检测统计量表示为

$$T(z)=z^{T}C^{-1}(s_{1}-s_{0})=z^{T}D^{T}D(s_{1}-s_{0})=(Dz)^{T}Ds_{1}-(Dz)^{T}Ds_{0}$$

令 $z'=Dz$,$s_1'=Ds_1$,$s_0'=Ds_0$,$w'=Dw$,则判决表达式为

$$T(z')=z'^{T}s_{1}'-z'^{T}s_{0}'\underset{\mathcal{H}_0}{\overset{\mathcal{H}_1}{\gtrless}}\gamma \tag{13.2.4}$$

可以看出,相关高斯噪声环境下的最佳检测器仍是相关检测器的形式。由于

$$C_{w'}=E(w'w'^{T})=E(Dww^{T}D^{T})=DCD^{T}=D(D^{T}D)^{-1}D^{T}=I$$

可见,w'是单位方差的白噪声,因此,$\boldsymbol{D}$ 对观测 z 的作用是使观测中的噪声项变成一个零均值和单位方差的白噪声,称 $\boldsymbol{D}$ 为预白化器。基于预白化器的相关高斯噪声中已知信号的检测器结构如图 13.4 所示。

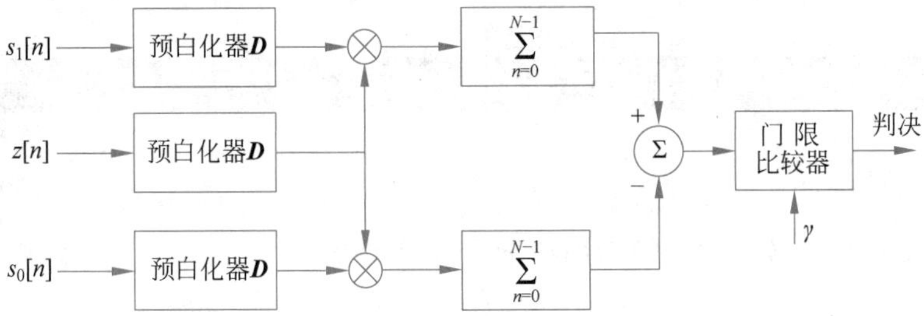

图 13.4 高斯色噪声中最佳接收机结构

视频

13.2.2 最佳信号的设计

若采用最小错误概率准则,且先验概率相等,则式(13.2.3)可表示为

$$I(z)=z^{T}C^{-1}(s_{1}-s_{0})+\frac{1}{2}(s_{0}^{T}C^{-1}s_{0}-s_{1}^{T}C^{-1}s_{1})\underset{\mathcal{H}_0}{\overset{\mathcal{H}_1}{\gtrless}}0 \tag{13.2.5}$$

很显然,在两种假设下,检测统计量 $I(z)$服从高斯分布,其均值和方差分别为

$$\begin{aligned}E[I(z)\mid\mathcal{H}_0]&=s_{0}^{T}C^{-1}(s_{1}-s_{0})+\frac{1}{2}(s_{0}^{T}C^{-1}s_{0}-s_{1}^{T}C^{-1}s_{1})\\&=-\frac{1}{2}(s_{1}-s_{0})^{T}C^{-1}(s_{1}-s_{0})\end{aligned} \tag{13.2.6}$$

$$\mathrm{Var}[I(z)\mid\mathcal{H}_0]=E\{[w^{T}C^{-1}(s_{1}-s_{0})]^{2}\}=(s_{1}-s_{0})^{T}C^{-1}(s_{1}-s_{0}) \tag{13.2.7}$$

同理,

$$E[I(z)\mid\mathcal{H}_1]=\frac{1}{2}(s_{1}-s_{0})^{T}C^{-1}(s_{1}-s_{0}) \tag{13.2.8}$$

$$\mathrm{Var}[I(\boldsymbol{z}) \mid \mathcal{H}_1]=\mathrm{Var}[I(\boldsymbol{z}) \mid \mathcal{H}_0]=(\boldsymbol{s}_1-\boldsymbol{s}_0)^{\mathrm{T}}\boldsymbol{C}^{-1}(\boldsymbol{s}_1-\boldsymbol{s}_0) \tag{13.2.9}$$

令 $d=(\boldsymbol{s}_1-\boldsymbol{s}_0)^{\mathrm{T}}\boldsymbol{C}^{-1}(\boldsymbol{s}_1-\boldsymbol{s}_0)$，则

$$I(\boldsymbol{z}) \sim \begin{cases}\mathcal{N}(-d/2,d), & \mathcal{H}_0\text{为真时}\\ \mathcal{N}(d/2,d), & \mathcal{H}_1\text{为真时}\end{cases} \tag{13.2.10}$$

$$P_{\mathrm{F}}=\int_0^{+\infty}\frac{1}{\sqrt{2\pi d}}\exp\left[-\frac{(t+d/2)^2}{2d}\right]\mathrm{d}t=Q(\sqrt{d}/2)$$

$$P_{\mathrm{M}}=\int_{-\infty}^{0}\frac{1}{\sqrt{2\pi d}}\exp\left[-\frac{(t-d/2)^2}{2d}\right]\mathrm{d}t=1-Q(-\sqrt{d}/2)=Q(\sqrt{d}/2)$$

总的错误概率为

$$P_{\mathrm{e}}=\frac{1}{2}(P_{\mathrm{F}}+P_{\mathrm{M}})=Q(\sqrt{d}/2)=Q\left(\frac{1}{2}\sqrt{(\boldsymbol{s}_1-\boldsymbol{s}_0)^{\mathrm{T}}\boldsymbol{C}^{-1}(\boldsymbol{s}_1-\boldsymbol{s}_0)}\right) \tag{13.2.11}$$

可以看出，总的错误概率与 d 有关，d 越大，错误概率越小。d 与信号有关，因此，要获得最佳性能需要对信号进行设计。下面先通过一个例子说明信号设计的思路，然后讨论信号设计的一般方法。

【例 13.2】 分析非平稳白噪声中最佳信号设计问题。

设有如下信号检测问题：

$$\mathcal{H}_0: z[n]=w[n], \qquad n=0,1,\cdots,N-1$$
$$\mathcal{H}_1: z[n]=s[n]+w[n], \quad n=0,1,\cdots,N-1$$

其中 $w[n]$为零均值高斯白噪声，方差为 $\sigma_n^2(n=0,1,\cdots,N-1)$，且每个方差均不同，试设计最佳信号 $s[n]$。

解：在本例中，$\boldsymbol{s}_0=0$，$\boldsymbol{s}_1=\boldsymbol{s}=[s[0]\quad s[1]\quad\cdots\quad s[N-1]]^{\mathrm{T}}$，噪声的协方差阵为 $\boldsymbol{C}=\mathrm{diag}(\sigma_0^2,\sigma_1^2,\cdots,\sigma_{N-1}^2)$，$\boldsymbol{C}^{-1}=\mathrm{diag}(1/\sigma_0^2,1/\sigma_1^2,\cdots,1/\sigma_{N-1}^2)$，$d=\boldsymbol{s}^{\mathrm{T}}\boldsymbol{C}^{-1}\boldsymbol{s}=\sum\limits_{n=0}^{N-1}\frac{s^2[n]}{\sigma_n^2}$，设计 $s[n]$ 使 d 最大。很显然，信号越强，d 越大，而实际中，信号能量不可能为无穷大，因此，应该约束信号的能量为常数，即约束$\sum\limits_{n=0}^{N-1}s^2[n]=\varepsilon$ 的情况下使 d 最大。这是一个带约束条件的极值问题，可用拉格朗日乘数法求解。

构造目标函数

$$J=\sum_{n=0}^{N-1}\frac{s^2[n]}{\sigma_n^2}+\lambda\left(\varepsilon-\sum_{n=0}^{N-1}s^2[n]\right)$$

其中 λ 为待定常数。对 $s[k]$求导并令导数等于零，得

$$\frac{\partial J}{\partial s[k]}=\frac{2s[k]}{\sigma_k^2}-2\lambda s[k]=2s[k]\left(\frac{1}{\sigma_k^2}-\lambda\right)=0, \quad k=0,1,\cdots,N-1$$

由于每个方差都是不等的，因此在上式中，只有一项满足 $1/\sigma_k^2-\lambda=0$，对应的信号值可以取任意值，其他的信号值必须为零。因此，最佳信号为

$$s[n]=\begin{cases}A, & n=j\\ 0, & n=0,1,\cdots,N-1,n\neq j\end{cases}$$

如何确定 j 呢?由于 $d=\sum_{n=0}^{N-1}\frac{s^2[n]}{\sigma_n^2}=\frac{s^2[j]}{\sigma_j^2}=\frac{\varepsilon}{\sigma_j^2}$,$\varepsilon$ 是常数,选择最小方差 σ_j^2 可使 d 最大,因此,应该选择 j,对应的 σ_j^2 是所有方差中最小的。

下面将例 13.2 的结果推广到任意协方差矩阵的噪声。假定噪声的协方差矩阵为 $\boldsymbol{C}$,约束信号的平均能量为常数,即约束 $\frac{1}{2}(\boldsymbol{s}_0^{\mathrm{T}}\boldsymbol{s}_0+\boldsymbol{s}_1^{\mathrm{T}}\boldsymbol{s}_1)=\bar{\varepsilon}$,使 $d=(\boldsymbol{s}_1-\boldsymbol{s}_0)^{\mathrm{T}}\boldsymbol{C}^{-1}(\boldsymbol{s}_1-\boldsymbol{s}_0)$ 达到最小。

构造目标函数,

$$J=(\boldsymbol{s}_1-\boldsymbol{s}_0)^{\mathrm{T}}\boldsymbol{C}^{-1}(\boldsymbol{s}_1-\boldsymbol{s}_0)+4\lambda\left[\bar{\varepsilon}-\frac{1}{2}(\boldsymbol{s}_0^{\mathrm{T}}\boldsymbol{s}_0+\boldsymbol{s}_1^{\mathrm{T}}\boldsymbol{s}_1)\right] \tag{13.2.12}$$

分别对 $\boldsymbol{s}_0$ 和 $\boldsymbol{s}_1$ 求导,并令导数等于零,得

$$\frac{\partial J}{\partial \boldsymbol{s}_1}=2\boldsymbol{C}^{-1}(\boldsymbol{s}_1-\boldsymbol{s}_0)-4\lambda\boldsymbol{s}_1=0 \tag{13.2.13}$$

$$\frac{\partial J}{\partial \boldsymbol{s}_0}=-2\boldsymbol{C}^{-1}(\boldsymbol{s}_1-\boldsymbol{s}_0)-4\lambda\boldsymbol{s}_0=0 \tag{13.2.14}$$

由式(13.2.13)和式(13.2.14),可得,$\boldsymbol{s}_0=-\boldsymbol{s}_1$,即两个信号应该反相,这一点和白噪声情况是一致的。将 $\boldsymbol{s}_0=-\boldsymbol{s}_1$ 代入式(13.2.13),得

$$\boldsymbol{C}^{-1}\boldsymbol{s}_1=\lambda\boldsymbol{s}_1 \tag{13.2.15}$$

可见最佳信号 $\boldsymbol{s}_1$ 应该为 $\boldsymbol{C}^{-1}$ 的特征矢量。

对于最佳系统,由于

$$d=(\boldsymbol{s}_1-\boldsymbol{s}_0)^{\mathrm{T}}\boldsymbol{C}^{-1}(\boldsymbol{s}_1-\boldsymbol{s}_0)=4\boldsymbol{s}_1^{\mathrm{T}}\boldsymbol{C}^{-1}\boldsymbol{s}_1=4\lambda\boldsymbol{s}_1^{\mathrm{T}}\boldsymbol{s}_1=4\lambda\bar{\varepsilon}$$

由于 $\bar{\varepsilon}$ 是常数,要使 d 最大,λ 应选最大值。即对于最佳系统,最佳信号应选为 $\boldsymbol{C}^{-1}$ 的最大特征值对应的特征矢量。

式(13.2.15)也可以写成如下形式,

$$\boldsymbol{C}\boldsymbol{s}_1=(1/\lambda)\boldsymbol{s}_1 \tag{13.2.16}$$

上式表明,最佳信号应选为 $\boldsymbol{C}$ 的最小特征值对应的特征矢量。

【例 13.3】 设噪声的协方差矩阵为

$$\boldsymbol{C}=\begin{bmatrix}1 & \rho\\ \rho & 1\end{bmatrix}$$

其中 $|\rho|\leqslant 1$,求最佳信号。

解:首先通过特征方程求特征值,特征方程为 $\det(\boldsymbol{C}-\lambda\boldsymbol{I})=0$,即 $(1-\lambda)^2-\rho^2=0$,由此可解得 $\lambda_1=1+\rho$,$\lambda_2=1-\rho$。特征矢量由 $(\boldsymbol{C}-\lambda_i\boldsymbol{I})\boldsymbol{v}_i=\boldsymbol{0}$ 求得,即

$$\begin{bmatrix}1-\lambda_i & \rho\\ \rho & 1-\lambda_i\end{bmatrix}\begin{bmatrix}v_i[0]\\ v_i[1]\end{bmatrix}=\begin{bmatrix}0\\ 0\end{bmatrix}$$

由上式可解得两个特征矢量为

$$\boldsymbol{v}_1=\begin{bmatrix}1/\sqrt{2}\\1/\sqrt{2}\end{bmatrix},\quad \boldsymbol{v}_2=\begin{bmatrix}1/\sqrt{2}\\-1/\sqrt{2}\end{bmatrix}$$

假定 $\rho>0$，即信号的前两个样本是正相关，则 λ_2 是最小特征值，因此，最佳信号应选为

$$\boldsymbol{s}_1=-\boldsymbol{s}_0=\sqrt{\varepsilon}\,\boldsymbol{v}_2=\sqrt{\varepsilon/2}\begin{bmatrix}1\\-1\end{bmatrix}$$

这时的检测统计量为

$$T(\boldsymbol{z})=\boldsymbol{z}^{\mathrm{T}}\boldsymbol{C}^{-1}(\boldsymbol{s}_1-\boldsymbol{s}_0)=2\boldsymbol{z}^{\mathrm{T}}\boldsymbol{C}^{-1}\boldsymbol{s}_1=2\boldsymbol{z}^{\mathrm{T}}(1/\lambda_2)\boldsymbol{s}_1=\frac{\sqrt{2\varepsilon}}{1-\rho}(z[0]-z[1])$$

由于噪声样本是正相关的，通过相减可以对消噪声影响，而信号样本 $s_i[0]=-s_i[1](i=0,1)$，两个观测样本相减使得信号的两个样本变成了同相相加。

此外，注意到 $d=(4/\lambda_2)\bar{\varepsilon}=4\bar{\varepsilon}/(1-\rho)$，当 $\rho\to1$ 时，$d\to\infty$，这时总的错误概率 $P_e\to0$，这是因为由于噪声是完全相关的，观测相减的运算使其中的噪声完全对消，而信号样本同相相加，信噪比趋于无穷大，实现了完美检测。

13.3 最小距离检测器

视频

对于式(13.1.1)的二元信号检测问题，若采用最小错误概率准则，且先验概率相等，则对应的似然比检验为

$$\Lambda(\boldsymbol{z})=\frac{p(\boldsymbol{z}\mid\mathcal{H}_1)}{p(\boldsymbol{z}\mid\mathcal{H}_0)}\underset{\mathcal{H}_0}{\overset{\mathcal{H}_1}{\gtrless}}\frac{P(\mathcal{H}_0)}{P(\mathcal{H}_1)}=1 \tag{13.3.1}$$

比较似然比的大小等价于比较似然函数的大小，判决准则变成了最大似然比准则。根据式(13.1.2)，比较似然函数的大小等价于比较 $D_i^2=\sum\limits_{n=0}^{N-1}(z[n]-s_i[n])^2$，即判最小 D_i^2 对应的假设成立，由于

$$D_i^2=\sum_{n=0}^{N-1}(z[n]-s_i[n])^2=(\boldsymbol{z}-\boldsymbol{s}_i)^{\mathrm{T}}(\boldsymbol{z}-\boldsymbol{s}_i)=\|\boldsymbol{z}-\boldsymbol{s}_i\|^2 \tag{13.3.2}$$

即 D_i 为观测矢量 $\boldsymbol{z}$ 与信号矢量 $\boldsymbol{s}_i$ 之间的距离。所以，这时的检测器为最小距离检测器。图 13.5 说明了 $N=2$ 时最小距离判决的概念。对于观测 $\boldsymbol{z}=[z[0]\quad z[1]]^{\mathrm{T}}$，比较观测 $\boldsymbol{z}$ 与信号 $\boldsymbol{s}_0$ 和与信号 $\boldsymbol{s}_1$ 之间的距离，若与 $\boldsymbol{s}_0$ 的距离最小，则判 $\mathcal{H}_0$ 假设成立，否则判 $\mathcal{H}_1$。由图 13.5(a)可见，观测 $\boldsymbol{z}$ 与信号 $\boldsymbol{s}_0$ 最近，应判 $\mathcal{H}_0$ 假设成立。为了确定判决域，在图 13.5(b)中，作信号矢量 $\boldsymbol{s}_0$ 和 $\boldsymbol{s}_1$ 连线的垂直平分线，该平分线是判决域的边界，该线的右边为 $\mathcal{H}_0$ 的判决域，左边为 $\mathcal{H}_1$ 的判决域。

此外，D_i^2 可表示为

$$D_i^2=\sum_{n=0}^{N-1}z^2[n]-2\sum_{n=0}^{N-1}z[n]s_i[n]+\sum_{n=0}^{N-1}s_i^2[n]$$

前一项对两种假设都是相同的，所以可选择检测统计量为

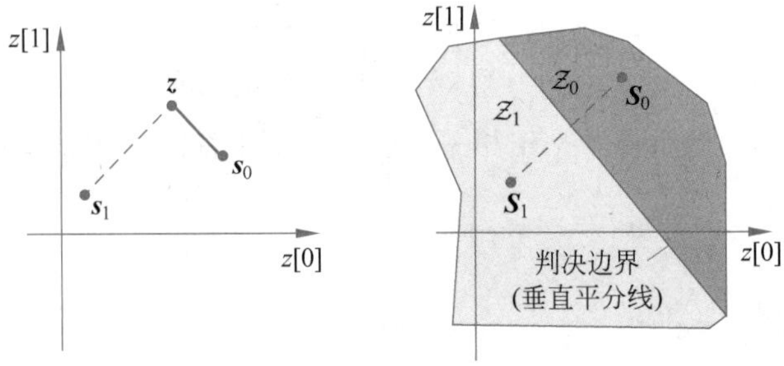

(a) 距离比较　　(b) 判决域

图 13.5　最小距离判决

$$T_i(\boldsymbol{z})=\sum_{n=0}^{N-1}z[n]s_i[n]-\frac{1}{2}\sum_{n=0}^{N-1}s_i^2[n]=\sum_{n=0}^{N-1}z[n]s_i[n]-\frac{1}{2}\varepsilon_i \qquad (13.3.3)$$

判 $T_i(\boldsymbol{z})$最大对应的假设$\mathcal{H}_i$成立，其中$\varepsilon_i=\sum_{n=0}^{N-1}s_i^2[n]$为信号$s_i[n]$的能量。二元信号的最小距离检测器结构如图 13.6 所示。

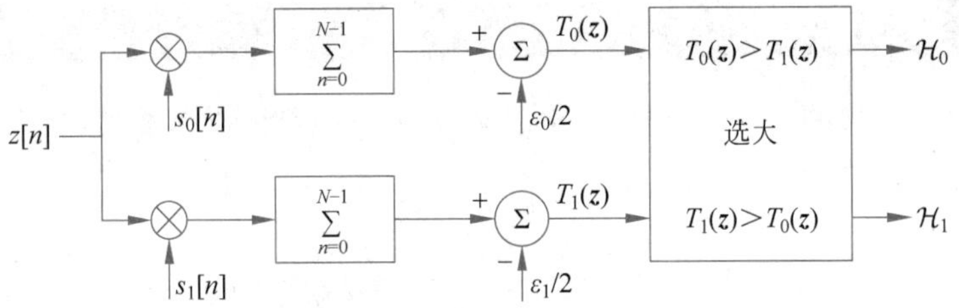

图 13.6　最小距离检测器结构

对于多元信号检测问题，若以等概率发射 M 个信号$\{s_0[n],s_1[n],\cdots,s_{M-1}[n]\}$中的一个，接收端的观测模型为

$$\mathcal{H}_i: z[n]=s_i[n]+w[n],\quad n=0,1,\cdots,N-1;\ i=0,1,\cdots,M-1 \qquad (13.3.4)$$

其中，$s_i[n]$是已知信号，$w[n]$是零均值高斯白噪声，方差为σ^2，根据观测 $z[n]$判断发射的是哪个信号，这是一个多元假设检验问题。假定采用最小错误概率准则，正如 11.5 节所指出的那样，最小错误概率准则等价于最大似然准则，即选择使似然函数 $p(\boldsymbol{z}|\mathcal{H}_i)$最大所对应的假设成立。这时的最佳检测器仍是一种最小距离检测器，即选择使

$$T_i(\boldsymbol{z})=\sum_{n=0}^{N-1}z[n]s_i[n]-\frac{1}{2}\varepsilon_i,\quad i=0,1,\cdots,M-1 \qquad (13.3.5)$$

最大所对应的假设成立，多信号的最小错误概率检测器如图 13.7 所示，这一结构是图 13.6 的扩展。

若 M 个信号能量相等，且都为 ε，则可以证明(证明参见习题 13.6)总的错误概率为

$$P_e=1-\int_{-\infty}^{+\infty}\Phi^{M-1}(x)\frac{1}{\sqrt{2\pi}}\exp\left[-\frac{1}{2}(x-\sqrt{\varepsilon/\sigma^2})\right]\mathrm{d}x \qquad (13.3.6)$$

其中 $\Phi(x)$表示标准正态随机变量的概率分布函数。由式(13.3.6)可以看出，当 M 增加

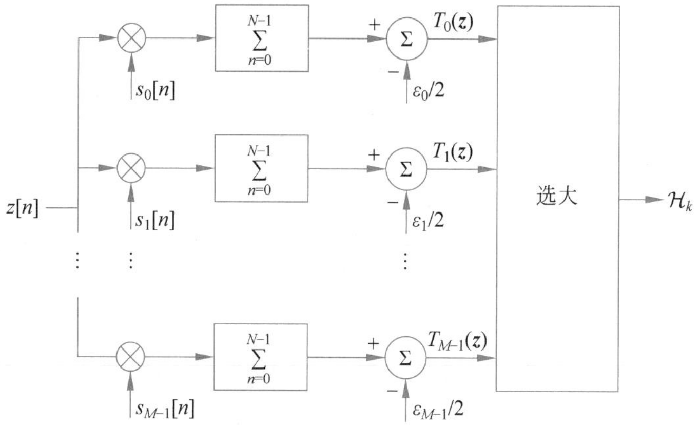

图 13.7 M 元信号检测的最小错误概率检测器

时，总的错误概率将增加。这是因为当 M 增加时，检测器需要区分的信号也增加。在实际中要求 $N \geqslant M$，即观测数要大于信号数。

习题

13.1 假定有如下检测问题，

$$\mathcal{H}_0: z[n]=w[n], \quad n=0,1,\cdots,N-1$$
$$\mathcal{H}_1: z[n]=Ar^n+w[n], \quad n=0,1,\cdots,N-1$$

其中，A 和 r 为常数，$w[n]$为零均值高斯白噪声，方差为 σ^2，求纽曼-皮尔逊检测器，并确定检测性能。对 $0<r<1$、$r=1$ 和 $r>1$ 三种情况，解释 $N\to\infty$时会出现什么情况。

13.2 假定有如下检测问题，

$$\mathcal{H}_0: z[n]=w[n], \quad n=0,1,\cdots,N-1$$
$$\mathcal{H}_1: z[n]=A\cos 2\pi f_0 n+w[n], \quad n=0,1,\cdots,N-1$$

其中，A 和 f_0 为常数，$w[n]$为零均值高斯白噪声，方差为 1，若 $f_0=0.25$，$N=25$，要求虚警概率为 10^{-8}，设计最佳检测器，确定检测性能，并画出检测性能与 A 的关系曲线。

13.3 对于如下检测问题，

$$\mathcal{H}_0: z[n]=w[n], \quad n=0,1,\cdots,N-1$$
$$\mathcal{H}_1: z[n]=s[n]+w[n], \quad n=0,1,\cdots,N-1$$

其中 $w[n]$为零均值高斯白噪声，方差为 σ^2，为了获得最佳检测性能，提出两种可供选择的信号

$$\begin{cases} s_1[n]=A, & n=0,1,\cdots,N-1 \\ s_2[n]=(-1)^n A, & n=0,1,\cdots,N-1 \end{cases}$$

哪个信号能得到更好的性能，为什么？

13.4 对于下面的相关高斯噪声中已知信号的检测问题,

$$\mathcal{H}_0: \quad \boldsymbol{z}=\boldsymbol{w}$$

$$\mathcal{H}_1: \quad \boldsymbol{z}=\boldsymbol{s}+\boldsymbol{w}$$

其中,$\boldsymbol{z}=[z[0] \quad z[1] \quad \cdots \quad z[N-1]]^{\mathrm{T}}$,$\boldsymbol{s}=[s[0] \quad s[1] \quad \cdots \quad s[N-1]]^{\mathrm{T}}$,$\boldsymbol{w}=[w[0] \quad w[1] \quad \cdots \quad w[N-1]]^{\mathrm{T}}$,噪声矢量服从 $\boldsymbol{w}\sim\mathcal{N}(0,\boldsymbol{C})$,$\boldsymbol{C}=\sigma^2\operatorname{diag}(1,r,\cdots,r^{N-1})$,且 $r>0$,$\boldsymbol{s}=A\cdot\boldsymbol{1}^{\mathrm{T}}$,其中 $\boldsymbol{1}$ 为 $N\times1$ 的全 1 矢量,求最佳检测的判决表达式。当 $N\rightarrow\infty$ 时会发生什么?

13.5 在如下的二元通信系统中,

$$\mathcal{H}_0: z[n]=s_0[n]+w[n], \quad n=0,1$$

$$\mathcal{H}_1: z[n]=s_1[n]+w[n], \quad n=0,1$$

假定两个信号为 $\boldsymbol{s}_0=[s_0[0] \quad s_0[1]]^{\mathrm{T}}=[1 \quad -1]^{\mathrm{T}}$,$\boldsymbol{s}_1=[s_1[0] \quad s_1[1]]=[1 \quad 1]^{\mathrm{T}}$,$w[n]$为零均值高斯白噪声,方差为 σ^2,求使错误概率最小的判决区域。

13.6 设 M 个信号$\{s_0[n],s_1[n],\cdots,s_{M-1}[n]\}$具有相同的信号能量 ε,每个信号出现的概率相等,最小错误概率准则的检测统计量为

$$T_i(\boldsymbol{z})=\sum_{n=0}^{N-1}z[n]s_i[n]-\frac{1}{2}\varepsilon_i$$

证明:判决的总错误概率为

$$P_{\mathrm{e}}=1-\int_{-\infty}^{+\infty}\Phi^{M-1}(x)\frac{1}{\sqrt{2\pi}}\exp\left[-\frac{1}{2}(x-\sqrt{\varepsilon/\sigma^2})\right]\mathrm{d}x$$

其中 $\Phi(x)$表示标准正态随机变量的概率分布函数。

13.7 雷达信号检测问题。对于"M/N"检测,即 N 次独立检测,M 次检测到目标即确定目标存在。考虑如下二元假设:

$$\mathcal{H}_0: z[n]=w[n], \qquad n=0,1,\cdots,N-1$$

$$\mathcal{H}_1: z[n]=A+w[n], \quad n=0,1,\cdots,N-1$$

其中噪声 $w[n]$是服从参量 σ^2 已知的瑞利分布。

(1) 对于单个观测数据检测,分析检测门限和检测概率;

(2) 对于 N 个观测数据进行独立检测,采用"$1/N$"检测,分析检测概率及虚警概率。假定单次虚警概率设定为 0.01,$\sigma^2=1$,$A=1$,$N=10$,进行仿真分析。

13.8 高斯噪声中已知信号的分析与仿真:考虑二元假设

$$\mathcal{H}_0: z[n]=w[n], \qquad n=0,1,\cdots,N-1$$

$$\mathcal{H}_1: z[n]=r^k+w[n], \quad n=0,1,\cdots,N-1$$

(1) 噪声是服从 $w[n]\sim\mathcal{N}(0,1)$的高斯白噪声。若 $r=0.9$,$N=20$,虚警概率设定为 0.01,分析检测门限及检测概率并仿真;

(2) 噪声服从$\mathcal{N}(0,\boldsymbol{C})$,$[\boldsymbol{C}]_{ij}=c[i-j]$,$i,j=0,\cdots,N-1$,其中 $c[k]=\dfrac{0.19}{1-0.9^2}0.9^{|k|}$,若 $r=0.9$,$N=20$,虚警概率设定为 0.01,分析检测门限及检测概率并仿真。

第14章 高斯噪声中未知参量信号的检测

第13讨论了高斯噪声中已知信号的检测问题,在实际中,经常遇到的信号是含有未知参数的信号或者随机信号的检测。如信号的幅度和相位是未知的或随机的。本节先讨论含有未知参数的确定性信号的检测,然后讨论随机信号的检测。

视频

14.1 高斯白噪声中含有未知参数的确定性信号的检测

假定有如下信号检测模型,

$$\begin{aligned}\mathcal{H}_0: z[n]&=s_0[n;\theta_0]+w[n], \quad n=0,1,\cdots,N-1\\ \mathcal{H}_1: z[n]&=s_1[n;\theta_1]+w[n], \quad n=0,1,\cdots,N-1\end{aligned} \tag{14.1.1}$$

其中,$w[n]$是零均值高斯白噪声,方差为σ^2,$s_0[n;\theta_0]$和$s_1[n;\theta_1]$是确定性信号,θ_0和θ_1是未知参量。

由第12章的复合假设检验理论可知,式(14.1.1)的检测问题可以考虑三种方法:贝叶斯方法、一致最大势(UMP)检测以及广义似然比检测。

14.1.1 一致最大势检测

含有未知参数时一般采用纽曼-皮尔逊检测,由13.1.1节可知,一般的似然比检验可以化为如下的相关检测的形式:

$$T(\boldsymbol{z})=\sum_{n=0}^{N-1}z[n](s_1[n;\theta_1]-s_0[n;\theta_0])\underset{\mathcal{H}_0}{\overset{\mathcal{H}_1}{\gtrless}}\gamma \tag{14.1.2}$$

其中,门限γ由给定的虚警概率确定。一般来说,式(14.1.2)中的检测统计量和门限值与未知参数θ_0和θ_1有关,最佳检验是无法实现的。如果式(14.1.2)的判决表达式经过化简后与未知参数无关,并且门限的确定也与未知参数无关,这时就可以实现最佳的纽曼-皮尔逊检测,这时的检测器称为一致最大势检测器。

【例14.1】 未知幅度信号的检测。假定如下信号检测问题,

$$\begin{aligned}H_0: z[n]&=w[n]\\ H_1: z[n]&=As[n]+w[n]\end{aligned}$$

其中,$w[n]$是零均值高斯白噪声,方差为σ^2,$s[n]$是已知信号,信号幅度A是未知参量,且$A>0$,求最佳判决表达式,并确定判决的性能。

解:在本例中$s_1[n;\theta_1]=As[n]$,$s_0[n;\theta_0]=0$,由式(14.1.2)可知,判决表达式为

$$T(\boldsymbol{z})=\sum_{n=0}^{N-1}z[n]As[n]\underset{\mathcal{H}_0}{\overset{\mathcal{H}_1}{\gtrless}}\gamma$$

由于$A>0$,A可以归入门限中,所以判决表达式可表示为

$$I(\boldsymbol{z})=\sum_{n=0}^{N-1}z[n]s[n]\underset{\mathcal{H}_0}{\overset{\mathcal{H}_1}{\gtrless}}\gamma' \tag{14.1.3}$$

其中门限γ'由给定的虚警概率确定。由于

$$E[I(\boldsymbol{z}) \mid \mathcal{H}_0]=\sum_{n=0}^{N-1} E(w[n]) s[n]=0$$

$$E[I(\boldsymbol{z}) \mid \mathcal{H}_1]=\sum_{n=0}^{N-1} E\{(A s[n]+w[n]) s[n]\}=\sum_{n=0}^{N-1} A s^2[n]=A \varepsilon_s$$

其中 $\varepsilon_s=\sum_{n=0}^{N-1} s^2[n]$。

$$\operatorname{Var}[I(\boldsymbol{z}) \mid \mathcal{H}_0]=\operatorname{Var}[I(\boldsymbol{z}) \mid \mathcal{H}_1]=\sum_{n=0}^{N-1} \sum_{k=0}^{N-1} E(w[n] w[k]) s[n] s[k]=\sigma^2 \varepsilon_s$$

所以

$$I(\boldsymbol{z}) \sim \begin{cases}\mathcal{N}(0, \sigma^2 \varepsilon_s), & \text{在 } H_0 \text{ 条件下} \\ \mathcal{N}(A \varepsilon, \sigma^2 \varepsilon_s), & \text{在 } H_1 \text{ 条件下}\end{cases} \tag{14.1.4}$$

由上式可见，在$\mathcal{H}_0$为真的条件下检测统计量 $I(\boldsymbol{z})$与未知参数 A 无关，因此判决门限 γ 与未知参数无关，式(14.1.3)是一致最大势检测器。检测器的虚警概率为

$$P_{\mathrm{F}}=\int_\gamma^{+\infty} \frac{1}{\sqrt{2 \pi \sigma^2 \varepsilon_s}} \exp\left(-\frac{I^2}{2 \sigma^2 \varepsilon_s}\right) \mathrm{d} I=Q\left(\frac{\gamma}{\sqrt{\sigma^2 \varepsilon_s}}\right)$$

给定虚警概率可求得门限为

$$\gamma=\sqrt{\sigma^2 \varepsilon_s} Q^{-1}(P_{\mathrm{F}}) \tag{14.1.5}$$

对应的检测概率为

$$P_{\mathrm{D}}=\int_\gamma^{+\infty} \frac{1}{\sqrt{2 \pi \sigma^2 \varepsilon_s}} \exp\left(-\frac{(I-A \varepsilon_s)^2}{2 \sigma^2 \varepsilon_s}\right) \mathrm{d} I=Q\left(\frac{\gamma-A \varepsilon_s}{\sqrt{\sigma^2 \varepsilon_s}}\right)$$

将式(14.1.5)代入上式，得

$$P_{\mathrm{D}}=Q\left(Q^{-1}(P_{\mathrm{F}})-\sqrt{A^2 \varepsilon_s / \sigma^2}\right) \tag{14.1.6}$$

同理可证，对于 $A<0$，同样可实现一致最大势检测，其检测性能与式(14.1.6)相同。注意，式(14.1.6)中的 $\varepsilon_s=\sum_{n=0}^{N-1} s^2[n]$，只是 $s[n]$ 的能量，整个信号的能量为 $\varepsilon=A^2 \sum_{n=0}^{N-1} s^2[n]=A^2 \varepsilon_s$。

14.1.2 广义似然比检测

在一致最大势检测器不存在的情况下，可采用12.3节介绍的广义似然比检测，即

$$\Lambda(\boldsymbol{z})=\frac{p(\boldsymbol{z} ; \hat{\theta}_1 \mid \mathcal{H}_1)}{p(\boldsymbol{z} ; \hat{\theta}_0 \mid \mathcal{H}_0)} \underset{\mathcal{H}_0}{\overset{\mathcal{H}_1}{\gtrless}} \eta_0$$

【例 14.2】 对于例14.1所讨论的未知幅度信号检测问题，假定 A 未知，求广义似然比检测器，并确定判决的性能。

解：首先求 A 的最大似然估计，由例 6.4 可知，A 的最大似然估计为

$$\hat{A}=\frac{\sum_{n=0}^{N-1}z[n]s[n]}{\sum_{n=0}^{N-1}s^2[n]} \tag{14.1.7}$$

广义似然比为

$$\Lambda(\boldsymbol{z})=\frac{p(\boldsymbol{z};\hat{A}\mid\mathcal{H}_1)}{p(\boldsymbol{z}\mid\mathcal{H}_0)}=\frac{\frac{1}{(2\pi\sigma^2)^{N/2}}\exp\left[-\frac{1}{2\sigma^2}\sum_{n=0}^{N-1}(z[n]-\hat{A}s[n])^2\right]}{\frac{1}{(2\pi\sigma^2)^{N/2}}\exp\left[-\frac{1}{2\sigma^2}\sum_{n=0}^{N-1}z^2[n]\right]}$$

$$\begin{aligned}\ln\Lambda(\boldsymbol{z})&=-\frac{1}{2\sigma^2}\sum_{n=0}^{N-1}(z[n]-\hat{A}s[n])^2+\frac{1}{2\sigma^2}\sum_{n=0}^{N-1}z^2[n]\\&=\frac{1}{2\sigma^2}\sum_{n=0}^{N-1}(2\hat{A}z[n]s[n]-\hat{A}^2s^2[n])\end{aligned}$$

判决表达式为

$$\frac{1}{2\sigma^2}\sum_{n=0}^{N-1}(2\hat{A}z[n]s[n]-\hat{A}^2s^2[n])\ \mathop{\gtrless}_{\mathcal{H}_0}^{\mathcal{H}_1}\ \ln\eta_0$$

将式(14.1.7)代入上式，经化简后得

$$\left(\sum_{n=0}^{N-1}z[n]s[n]\right)^2\ \mathop{\gtrless}_{\mathcal{H}_0}^{\mathcal{H}_1}\ 2\sigma^2\ln\eta_0\sum_{n=0}^{N-1}s^2[n]=\gamma \tag{14.1.8}$$

检测器结构如图 14.1 所示。可以证明(参见习题 14.1)，检测器的性能可表示为

$$P_D=Q(Q^{-1}(P_F/2)-\sqrt{d^2})+Q(Q^{-1}(P_F/2)+\sqrt{d^2}) \tag{14.1.9}$$

其中 $d^2=\dfrac{A^2\sum_{n=0}^{N-1}s^2[n]}{\sigma^2}=\dfrac{\varepsilon}{\sigma^2}$。

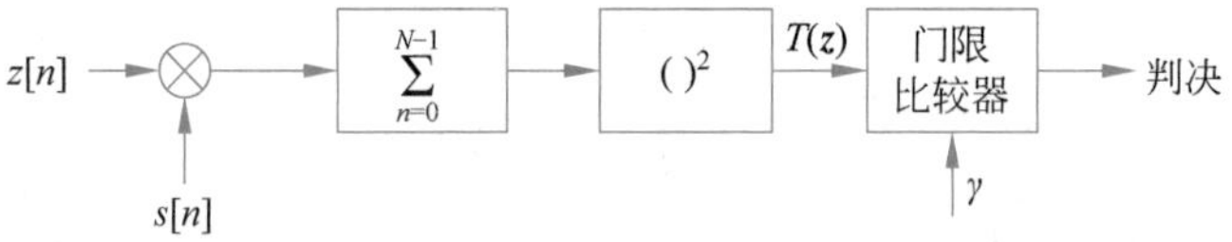

图 14.1 未知幅度信号的广义似然比检测器

【例 14.3】 未知信号的检测。设信号检测模型为

$$\mathcal{H}_0: z[n]=w[n],\qquad n=0,1,\cdots,N-1$$

$$\mathcal{H}_1: z[n]=s[n]+w[n],\quad n=0,1,\cdots,N-1$$

其中，$w[n]$是零均值高斯白噪声，方差为 σ^2，$s[n]$是未知信号，求广义似然比检测器。

解：在信号完全未知的情况下，信号的每个样本都需要进行估计，广义似然比为

$$\Lambda(\boldsymbol{z})=\frac{p(\boldsymbol{z};\hat{s}[0],\hat{s}[1],\cdots,\hat{s}[N-1]\mid\mathcal{H}_1)}{p(\boldsymbol{z}\mid\mathcal{H}_0)} \tag{14.1.10}$$

由于

$$p(\boldsymbol{z};s[0],\cdots,s[N-1]\mid\mathcal{H}_1)=\frac{1}{(2\pi\sigma^2)^{N/2}}\exp\left[-\frac{1}{2\sigma^2}\sum_{n=0}^{N-1}(z[n]-s[n])^2\right]$$

所以，$s[n]$的最大似然估计为

$$\hat{s}[n]=z[n],\quad n=0,1,\cdots,N-1$$

将上式代入式(14.1.9)，得

$$\Lambda(\boldsymbol{z})=\frac{\dfrac{1}{(2\pi\sigma^2)^{N/2}}}{\dfrac{1}{(2\pi\sigma^2)^{N/2}}\exp\left\{-\dfrac{1}{2\sigma^2}\displaystyle\sum_{n=0}^{N-1}z^2[n]\right\}}=\exp\left\{\frac{1}{2\sigma^2}\sum_{n=0}^{N-1}z^2[n]\right\}$$

判决表达式为

$$\frac{1}{2\sigma^2}\sum_{n=0}^{N-1}z^2[n]\ \underset{\mathcal{H}_0}{\overset{\mathcal{H}_1}{\gtrless}}\ \ln\eta_0$$

或者

$$\sum_{n=0}^{N-1}z^2[n]\ \underset{\mathcal{H}_0}{\overset{\mathcal{H}_1}{\gtrless}}\ 2\sigma^2\ln\eta_0=\gamma \tag{14.1.11}$$

由于检测统计量为观测信号的能量，所以，以上检测器称为能量检测器。此外式(14.1.11)也可以表示为

$$\sum_{n=0}^{N-1}z[n]\hat{s}[n]\ \underset{\mathcal{H}_0}{\overset{\mathcal{H}_1}{\gtrless}}\ \gamma \tag{14.1.12}$$

式(14.1.11)也是一种相关检测器的形式，只不过是先估计信号，然后再和观测做相关运算，式(14.1.11)也称为估计器-相关器。

14.1.3 未知到达时间信号的检测

在许多诸如雷达、声呐等回波探测型系统中，发射的信号遇到目标后产生反射，探测系统通过检测到反射回波信号来确认目标的存在。由于目标的距离是未知的，因此，回波到达的时间也是未知的。这类检测问题的模型可表示为

$$\mathcal{H}_0:\ z[n]=w[n],\qquad n=0,1,\cdots,N-1$$

$$\mathcal{H}_1:\ z[n]=s[n-n_0]+w[n],\quad n=0,1,\cdots,N-1$$

其中，$w[n]$是零均值高斯白噪声，方差为σ^2，$s[n]$是已知信号，信号存在于时间间隔$[0,M-1]$，n_0是未知的回波到达时间，$s[n-n_0]$的波形如图14.2所示。

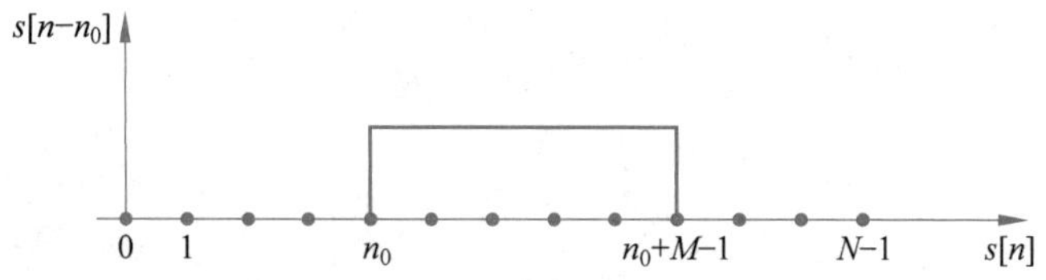

图 14.2　回波到达时间未知的信号

在 6.3 节已经证明，n_0 的最大似然估计 n_0 可通过使

$$\sum_{n=n_0}^{n_0+M-1} z[n]s[n-n_0]$$

最大来求得。

$$\begin{aligned} p(\boldsymbol{z};\, n_0 \mid \mathcal{H}_1) = & \prod_{n=0}^{n_0-1} \frac{1}{\sqrt{2\pi\sigma^2}} \exp\left[-\frac{1}{2\sigma^2} z^2[n]\right] \cdot \\ & \prod_{n=n_0}^{n_0+M-1} \frac{1}{\sqrt{2\pi\sigma^2}} \exp\left[-\frac{1}{2\sigma^2} (z[n]-s[n-n_0])^2\right] \cdot \\ & \prod_{n=n_0+M}^{N-1} \frac{1}{\sqrt{2\pi\sigma^2}} \exp\left[-\frac{1}{2\sigma^2} z^2[n]\right] \\ = & \prod_{n=0}^{N-1} \frac{1}{\sqrt{2\pi\sigma^2}} \exp\left[-\frac{1}{2\sigma^2} z^2[n]\right] \cdot \\ & \prod_{n=n_0}^{n_0+M-1} \exp\left[-\frac{1}{2\sigma^2}(-2z[n]s[n-n_0]+s^2[n-n_0])\right] \end{aligned}$$

广义似然比为

$$\begin{aligned} \Lambda(\boldsymbol{z}) &= \frac{p(\boldsymbol{z};\, n_0 \mid \mathcal{H}_1)}{p(\boldsymbol{z} \mid \mathcal{H}_0)} \\ &= \prod_{n=n_0}^{n_0+M-1} \exp\left[-\frac{1}{2\sigma^2}(-2z[n]s[n-n_0]+s^2[n-n_0])\right] \end{aligned}$$

对数广义似然比为

$$\ln\Lambda(\boldsymbol{z}) = -\frac{1}{2\sigma^2} \sum_{n=n_0}^{n_0+M-1} (-2z[n]s[n-n_0]+s^2[n-n_0])$$

由于 $\sum_{n=n_0}^{n_0+M-1} s^2[n-n_0] = \sum_{n=0}^{M-1} s^2[n] = \varepsilon$，所以，判决表达式为

$$\sum_{n=n_0}^{n_0+M-1} z[n]s[n-n_0] \underset{\mathcal{H}_0}{\overset{\mathcal{H}_1}{\gtrless}} \frac{1}{2}\varepsilon + \sigma^2 \ln\eta_0 = \gamma$$

或

$$\max_{n_0 \in [0, N-M]} \sum_{n=n_0}^{n_0+M-1} z[n]s[n-n_0] \underset{\mathcal{H}_0}{\overset{\mathcal{H}_1}{\gtrless}} \gamma$$

检测器结构如图 14.3 所示，其中的门限 γ 由给定的虚警概率确定。

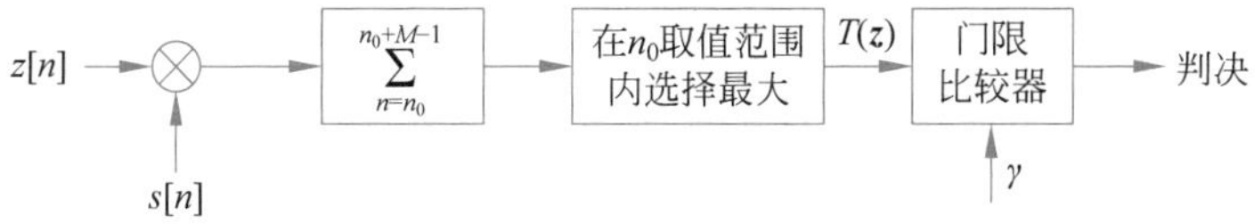

图 14.3　具有未知到达时间信号的检测器结构

14.2 高斯随机信号的检测

视频

在实际中往往接收的信号是随机的，或者信号的某些参数是随机的，在这种情况下可以采用 12.1 节介绍的贝叶斯方法进行检测。

14.2.1 能量检测器

假定如下信号检测模型，

$$\begin{aligned} &H_0: z[n] = w[n], &&n = 0, 1, \cdots, N-1 \\ &H_1: z[n] = s[n] + w[n], &&n = 0, 1, \cdots, N-1 \end{aligned} \tag{14.2.1}$$

其中，$w[n]$是零均值高斯白噪声，方差为 σ^2，$s[n]$是不相关的高斯信号，均值为零，方差为 σ_s^2，且 $w[n]$与 $s[n]$相互独立。将式(14.2.1)写成矢量形式，

$$\begin{aligned} &H_0: \quad \boldsymbol{z} = \boldsymbol{w}, &&n = 0, 1, \cdots, N-1 \\ &H_1: \quad \boldsymbol{z} = \boldsymbol{s} + \boldsymbol{w}, &&n = 0, 1, \cdots, N-1 \end{aligned} \tag{14.2.2}$$

其中 $\boldsymbol{z} = [z[0] \quad z[1] \quad \cdots \quad z[N-1]]^{\mathrm{T}}$，$\boldsymbol{s} = [s[0] \quad s[1] \quad \cdots \quad s[N-1]]^{\mathrm{T}}$，$\boldsymbol{w} = [w[0] \quad w[1] \quad \cdots \quad w[N-1]]^{\mathrm{T}}$。$\boldsymbol{C} = E(\boldsymbol{w}\boldsymbol{w}^{\mathrm{T}}) = \sigma^2 \boldsymbol{I}$，$\boldsymbol{C}_s = E(\boldsymbol{s}\boldsymbol{s}^{\mathrm{T}}) = \sigma_s^2 \boldsymbol{I}$，似然比为

$$\Lambda(\boldsymbol{z}) = \frac{p(\boldsymbol{z} \mid \mathcal{H}_1)}{p(\boldsymbol{z} \mid \mathcal{H}_0)} = \frac{\dfrac{1}{[2\pi(\sigma^2 + \sigma_s^2)]^{N/2}} \exp\left\{-\dfrac{1}{2(\sigma^2 + \sigma_s^2)} \boldsymbol{z}^{\mathrm{T}} \boldsymbol{z}\right\}}{\dfrac{1}{(2\pi\sigma^2)^{N/2}} \exp\left\{-\dfrac{1}{2\sigma^2} \boldsymbol{z}^{\mathrm{T}} \boldsymbol{z}\right\}}$$

$$= \left(\frac{\sigma^2}{\sigma^2 + \sigma_s^2}\right)^{N/2} \exp\left\{-\frac{1}{2(\sigma^2 + \sigma_s^2)} \boldsymbol{z}^{\mathrm{T}} \boldsymbol{z} + \frac{1}{2\sigma^2} \boldsymbol{z}^{\mathrm{T}} \boldsymbol{z}\right\}$$

对数似然比为

$$\ln\Lambda(\boldsymbol{z}) = \frac{N}{2} \ln\left(\frac{\sigma^2}{\sigma^2 + \sigma_s^2}\right) + \frac{\sigma_s^2}{2\sigma^2(\sigma^2 + \sigma_s^2)} \boldsymbol{z}^{\mathrm{T}} \boldsymbol{z}$$

判决表达式为

$$\frac{N}{2} \ln\left(\frac{\sigma^2}{\sigma^2 + \sigma_s^2}\right) + \frac{\sigma_s^2}{2\sigma^2(\sigma^2 + \sigma_s^2)} \boldsymbol{z}^{\mathrm{T}} \boldsymbol{z} \underset{\mathcal{H}_0}{\overset{\mathcal{H}_1}{\gtrless}} \ln\eta_0$$

或者

$$z^{\mathrm{T}}z=\sum_{n=0}^{N-1}z^{2}[n]\ \underset{\mathcal{H}_0}{\overset{\mathcal{H}_1}{\gtrless}}\ \left[\ln\eta_0-\frac{N}{2}\ln\left(\frac{\sigma^2}{\sigma^2+\sigma_s^2}\right)\right]\frac{2\sigma^2(\sigma^2+\sigma_s^2)}{\sigma_s^2}=\gamma \tag{14.2.3}$$

其中 η_0 由采用的判决准则确定,若采用纽曼-皮尔逊准则,则门限 γ 由给定的虚警概率确定。由式(14.2.3)可以看出,在高斯白噪声环境下的不相关高斯信号的检测是一种能量检测器。

此外,在$\mathcal{H}_1$假设的条件下,信号 $\boldsymbol{s}$ 的线性最小均方估计为

$$\hat{\boldsymbol{s}}=\mathrm{Cov}(\boldsymbol{s},\boldsymbol{z})\mathrm{Var}^{-1}(\boldsymbol{z})\boldsymbol{z}=\frac{\sigma_s^2}{\sigma_s^2+\sigma^2}\boldsymbol{z}$$

所有,式(14.2.3)的能量检测器也可以化为如下估计器-相关器的形式,

$$\sum_{n=0}^{N-1}\frac{\sigma_s^2}{\sigma_s^2+\sigma^2}z^2[n]=\sum_{n=0}^{N-1}z[n]\hat{s}[n]=\boldsymbol{z}^{\mathrm{T}}\hat{\boldsymbol{s}}\ \underset{\mathcal{H}_0}{\overset{\mathcal{H}_1}{\gtrless}}\ \gamma' \tag{14.2.4}$$

14.2.2 加权能量检测器

对于式(14.2.2)的信号检测模型,若 $\boldsymbol{s}$ 为相关的高斯信号,即 $\boldsymbol{s}\sim\mathcal{N}(0,\boldsymbol{C}_s)$,$\boldsymbol{C}_s$ 不是对角阵,则

$$\boldsymbol{z}\sim\begin{cases}\mathcal{N}(0,\sigma^2\boldsymbol{I}), & \mathcal{H}_0\text{条件下}\\ \mathcal{N}(0,\boldsymbol{C}_s+\sigma^2\boldsymbol{I}), & \mathcal{H}_1\text{条件下}\end{cases} \tag{14.2.5}$$

似然比为

$$\Lambda(\boldsymbol{z})=\frac{p(\boldsymbol{z}\mid\mathcal{H}_1)}{p(\boldsymbol{z}\mid\mathcal{H}_0)}=\frac{\dfrac{1}{(2\pi)^{N/2}\det^{1/2}(\boldsymbol{C}_s+\sigma^2\boldsymbol{I})}\exp\left\{-\dfrac{1}{2}\boldsymbol{z}^{\mathrm{T}}(\boldsymbol{C}_s+\sigma^2\boldsymbol{I})^{-1}\boldsymbol{z}\right\}}{\dfrac{1}{(2\pi\sigma^2)^{N/2}}\exp\left\{-\dfrac{1}{2\sigma^2}\boldsymbol{z}^{\mathrm{T}}\boldsymbol{z}\right\}}$$

对数似然比为

$$\ln\Lambda(\boldsymbol{z})=-\frac{1}{2}\ln[\det(\boldsymbol{C}_s+\sigma^2\boldsymbol{I})]+\frac{N}{2}\ln\sigma^2-\frac{1}{2}\boldsymbol{z}^{\mathrm{T}}(\boldsymbol{C}_s+\sigma^2\boldsymbol{I})^{-1}\boldsymbol{z}+\frac{1}{2\sigma^2}\boldsymbol{z}^{\mathrm{T}}\boldsymbol{z}$$

所以,判决表达式为

$$\frac{1}{2}\boldsymbol{z}^{\mathrm{T}}\left[\frac{1}{\sigma^2}\boldsymbol{I}-(\boldsymbol{C}_s+\sigma^2\boldsymbol{I})^{-1}\right]\boldsymbol{z}\ \underset{\mathcal{H}_0}{\overset{\mathcal{H}_1}{\gtrless}}\ \ln\eta_0+\frac{1}{2}\ln[\det(\boldsymbol{C}_s+\sigma^2\boldsymbol{I})]-\frac{N}{2}\ln\sigma^2=\gamma \tag{14.2.6}$$

利用矩阵求逆引理可求得(参见习题 14.4),

$$(\boldsymbol{C}_s+\sigma^2\boldsymbol{I})^{-1}=\frac{1}{\sigma^2}\boldsymbol{I}-\frac{1}{\sigma^4}\left(\frac{1}{\sigma^2}\boldsymbol{I}+\boldsymbol{C}_s^{-1}\right)^{-1}$$

将上式代入式(14.2.6),得

$$\frac{1}{2}\boldsymbol{z}^{\mathrm{T}}\frac{1}{\sigma^2}\left[\frac{1}{\sigma^2}\left(\frac{1}{\sigma^2}\boldsymbol{I}+\boldsymbol{C}_s^{-1}\right)^{-1}\right]\boldsymbol{z} \underset{\mathcal{H}_0}{\overset{\mathcal{H}_1}{\gtrless}} \gamma$$

或

$$\boldsymbol{z}^{\mathrm{T}}\left[\frac{1}{\sigma^2}\left(\frac{1}{\sigma^2}\boldsymbol{I}+\boldsymbol{C}_s^{-1}\right)^{-1}\right]\boldsymbol{z} \underset{\mathcal{H}_0}{\overset{\mathcal{H}_1}{\gtrless}} \gamma' \tag{14.2.7}$$

令

$$\hat{\boldsymbol{s}}=\frac{1}{\sigma^2}\left(\frac{1}{\sigma^2}\boldsymbol{I}+\boldsymbol{C}_s^{-1}\right)^{-1}\boldsymbol{z}$$

由于

$$\begin{aligned}\hat{\boldsymbol{s}}&=\frac{1}{\sigma^2}\left(\frac{1}{\sigma^2}\boldsymbol{I}+\boldsymbol{C}_s^{-1}\right)^{-1}\boldsymbol{z}=\frac{1}{\sigma^2}\left(\frac{1}{\sigma^2}\boldsymbol{C}_s\boldsymbol{C}_s^{-1}+\boldsymbol{C}_s^{-1}\right)^{-1}\boldsymbol{z}\\&=\frac{1}{\sigma^2}\left[\frac{1}{\sigma^2}(\boldsymbol{C}_s+\sigma^2\boldsymbol{I})\boldsymbol{C}_s^{-1}\right]^{-1}\boldsymbol{z}=\boldsymbol{C}_s(\boldsymbol{C}_s+\sigma^2\boldsymbol{I})^{-1}\boldsymbol{z}\end{aligned} \tag{14.2.8}$$

可见，$\hat{\boldsymbol{s}}$ 为信号 $\boldsymbol{s}$ 的线性最小均方估计。所以，式(14.2.7)也可以化为估计器-相关器的形式，即

$$\boldsymbol{z}^{\mathrm{T}}\boldsymbol{C}_s(\boldsymbol{C}_s+\sigma^2\boldsymbol{I})^{-1}\boldsymbol{z}=\boldsymbol{z}^{\mathrm{T}}\hat{\boldsymbol{s}}=\sum_{n=0}^{N-1}z[n]\hat{s}[n] \underset{\mathcal{H}_0}{\overset{\mathcal{H}_1}{\gtrless}} \gamma' \tag{14.2.9}$$

检测器实现的结构如图 14.4 所示。

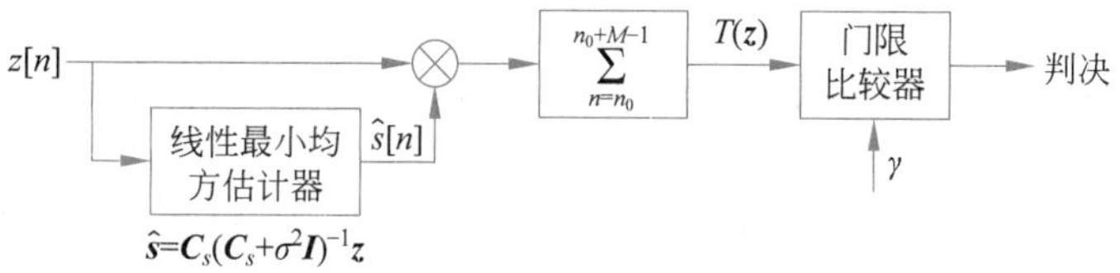

图 14.4　高斯白噪声中高斯随机信号的检测：估计器-相关器结构

【例 14.4】 相关高斯信号的检测。假定 $N=2$，$\boldsymbol{C}_s=\sigma_s^2\begin{bmatrix}1&\rho\\\rho&1\end{bmatrix}$，其中 ρ 是信号样本 $s[0]$ 和 $s[1]$ 的相关系数，求判决表达式。

解：由式(14.2.8)和式(14.2.9)可知，检测统计量为

$$T(\boldsymbol{z})=\boldsymbol{z}^{\mathrm{T}}\hat{\boldsymbol{s}}=\boldsymbol{z}^{\mathrm{T}}\boldsymbol{C}_s(\boldsymbol{C}_s+\sigma^2\boldsymbol{I})^{-1}\boldsymbol{z}$$

令 $\boldsymbol{V}=\begin{bmatrix}1/\sqrt{2}&1/\sqrt{2}\\1/\sqrt{2}&-1/\sqrt{2}\end{bmatrix}$，很容易验证，$\boldsymbol{V}^{\mathrm{T}}=\boldsymbol{V}^{-1}$，即 $\boldsymbol{V}$ 是正交矩阵，则

$$\begin{aligned}T(\boldsymbol{z})&=\boldsymbol{z}^{\mathrm{T}}\boldsymbol{V}\boldsymbol{V}^{\mathrm{T}}\boldsymbol{C}_s\boldsymbol{V}\boldsymbol{V}^{-1}(\boldsymbol{C}_s+\sigma^2\boldsymbol{I})^{-1}\boldsymbol{V}\boldsymbol{V}^{\mathrm{T}}\boldsymbol{z}\\&=(\boldsymbol{V}^{\mathrm{T}}\boldsymbol{z})^{\mathrm{T}}(\boldsymbol{V}^{\mathrm{T}}\boldsymbol{C}_s\boldsymbol{V})[\boldsymbol{V}^{-1}(\boldsymbol{C}_s+\sigma^2\boldsymbol{I})\boldsymbol{V}]^{-1}\boldsymbol{V}^{\mathrm{T}}\boldsymbol{z}\\&=(\boldsymbol{V}^{\mathrm{T}}\boldsymbol{z})^{\mathrm{T}}(\boldsymbol{V}^{\mathrm{T}}\boldsymbol{C}_s\boldsymbol{V})[\boldsymbol{V}^{\mathrm{T}}\boldsymbol{C}_s\boldsymbol{V}+\sigma^2\boldsymbol{I}]^{-1}\boldsymbol{V}^{\mathrm{T}}\boldsymbol{z}\end{aligned}$$

令$\boldsymbol{\Lambda}_s=\boldsymbol{V}^{\mathrm{T}}\boldsymbol{C}_s\boldsymbol{V}$,即

$$\boldsymbol{\Lambda}_s=\sigma_s^2\begin{bmatrix}1+\rho & 0\\ 0 & 1-\rho\end{bmatrix}$$

则检测统计量可表示为

$$T(\boldsymbol{x})=\boldsymbol{x}^{\mathrm{T}}\boldsymbol{A}\boldsymbol{x}$$

其中 $\boldsymbol{x}=\boldsymbol{V}^{\mathrm{T}}\boldsymbol{z}$,$\boldsymbol{A}$ 是一个对角阵,且

$$\boldsymbol{A}=\boldsymbol{\Lambda}_s(\boldsymbol{\Lambda}_s+\sigma^2\boldsymbol{I})^{-1}=\begin{bmatrix}\dfrac{\sigma_s^2(1+\rho)}{\sigma_s^2(1+\rho)+\sigma^2} & 0\\ 0 & \dfrac{\sigma_s^2(1-\rho)}{\sigma_s^2(1-\rho)+\sigma^2}\end{bmatrix}$$

因此,判决表达式为

$$T(\boldsymbol{x})=\frac{\sigma_s^2(1+\rho)}{\sigma_s^2(1+\rho)+\sigma^2}x^2[0]+\frac{\sigma_s^2(1-\rho)}{\sigma_s^2(1-\rho)+\sigma^2}x^2[1]\ \underset{\mathcal{H}_0}{\overset{\mathcal{H}_1}{\gtrless}}\ \gamma \tag{14.2.10}$$

由上式可见,对于相关高斯信号,先对观测数据做变换 $\boldsymbol{x}=\boldsymbol{V}^{\mathrm{T}}\boldsymbol{z}$,然后应用加权能量检测器。在式(14.2.10)中,若 $\rho=0$,即信号样本是不相关的,由于 $\boldsymbol{z}^{\mathrm{T}}\boldsymbol{z}=\boldsymbol{z}^{\mathrm{T}}\boldsymbol{V}\boldsymbol{V}^{\mathrm{T}}\boldsymbol{z}=(\boldsymbol{V}^{\mathrm{T}}\boldsymbol{z})^{\mathrm{T}}\boldsymbol{V}^{\mathrm{T}}\boldsymbol{z}=\boldsymbol{x}^{\mathrm{T}}\boldsymbol{x}$,则判决表达式与式(14.2.4)相同。

此外,可以证明(参见习题 14.5),在两种假设下 $\boldsymbol{C}_x$ 均为对角阵,且

$$\boldsymbol{C}_x=E(\boldsymbol{x}^{\mathrm{T}}\boldsymbol{x})=\begin{cases}\boldsymbol{\Lambda}_s+\sigma^2\boldsymbol{I}, & \text{在}\mathcal{H}_1\text{条件下}\\ \sigma^2\boldsymbol{I}, & \text{在}\mathcal{H}_0\text{条件下}\end{cases}$$

因此,数据变换 $\boldsymbol{x}=\boldsymbol{V}^{\mathrm{T}}\boldsymbol{z}$ 实际上是一种对 $\boldsymbol{z}$ 的去相关处理。可见,相关高斯信号的检测也可以理解为由去相关器和加权能量检测器组成。

例 14.4 讨论的是 $N=2$ 的情况,下面讨论更一般的相关高斯信号的检测问题。根据矩阵理论,信号的协方差矩阵 $\boldsymbol{C}_s$ 可分解为(参见附录 A1.4.4)

$$\boldsymbol{C}_s=\boldsymbol{V}\boldsymbol{\Lambda}_s\boldsymbol{V}^{\mathrm{T}}$$

其中,$\boldsymbol{V}=[\boldsymbol{v}_0\quad \boldsymbol{v}_1\quad \cdots\quad \boldsymbol{v}_{N-1}]$,$\boldsymbol{\Lambda}_s=\mathrm{diag}(\lambda_0,\lambda_1,\cdots,\lambda_{N-1})$,$\boldsymbol{v}_i$ 是 $\boldsymbol{C}_s$ 的第 i 个特征矢量,λ_i 是 $\boldsymbol{C}_s$ 的第 i 个特征值。由于协方差矩阵是对称非负定的,因此,特征值 λ_i 是实的,且 $\lambda_i\geqslant 0$。可以证明(参见习题 14.6),式(14.2.9)中的检测统计量为

$$\begin{aligned}T(\boldsymbol{z})&=\boldsymbol{z}^{\mathrm{T}}\boldsymbol{C}_s(\boldsymbol{C}_s+\sigma^2\boldsymbol{I})^{-1}\boldsymbol{z}=\boldsymbol{x}^{\mathrm{T}}\boldsymbol{\Lambda}_s(\boldsymbol{\Lambda}_s+\sigma^2\boldsymbol{I})^{-1}\boldsymbol{x}\\&=\sum_{n=0}^{N-1}\frac{\lambda_n}{\lambda_n+\sigma^2}x^2[n]\end{aligned} \tag{14.2.11}$$

其中 $\boldsymbol{x}=\boldsymbol{V}^{\mathrm{T}}\boldsymbol{z}$。因此,判决表达式为

$$T(\boldsymbol{x})=\boldsymbol{x}^{\mathrm{T}}\boldsymbol{\Lambda}_s(\boldsymbol{\Lambda}_s+\sigma^2\boldsymbol{I})^{-1}\boldsymbol{x}=\sum_{n=0}^{N-1}\frac{\lambda_n}{\lambda_n+\sigma^2}x^2[n]\ \underset{\mathcal{H}_0}{\overset{\mathcal{H}_1}{\gtrless}}\ \gamma \tag{14.2.12}$$

检测器的结构如图 14.5 所示。

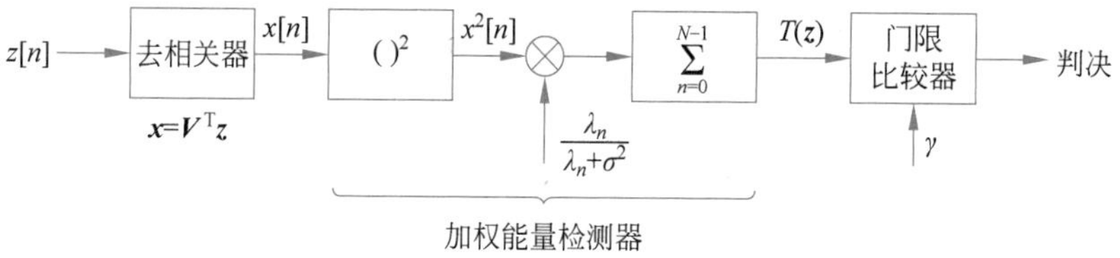

图 14.5　高斯白噪声中高斯随机信号的检测的标准形式

以上讨论的是白噪声中高斯信号的检测，可以证明(参见习题 14.7)，相关噪声中高斯信号检测的判决表达式为

$$T(\boldsymbol{z})=\boldsymbol{z}^{\mathrm{T}}\boldsymbol{C}_w^{-1}\hat{\boldsymbol{s}}\ \underset{\mathcal{H}_0}{\overset{\mathcal{H}_1}{\gtrless}}\ \gamma \tag{14.2.13}$$

其中，$\boldsymbol{C}_w$ 为噪声的协方差矩阵，$\hat{\boldsymbol{s}}=\boldsymbol{C}_s(\boldsymbol{C}_s+\boldsymbol{C}_w)^{-1}\boldsymbol{z}$。类似于式(14.2.12)，式(14.2.13)可以化成如下标准形式，

$$T(\boldsymbol{x})=\sum_{n=0}^{N-1}\frac{\lambda_n}{\lambda_n+1}x^2[n]\ \underset{\mathcal{H}_0}{\overset{\mathcal{H}_1}{\gtrless}}\ \gamma \tag{14.2.14}$$

其中，λ_n 是 $\boldsymbol{B}=(\boldsymbol{V}_w\sqrt{\boldsymbol{\Lambda}_w}^{-1})^{\mathrm{T}}\boldsymbol{C}_s\boldsymbol{V}_w\sqrt{\boldsymbol{\Lambda}_w}^{-1}$ 的特征根，$\boldsymbol{V}_w$ 为 $\boldsymbol{C}_w$ 的模态矩阵，$\sqrt{\boldsymbol{\Lambda}_w}=\mathrm{diag}(\sqrt{\lambda_{w0}}\quad\sqrt{\lambda_{w1}}\quad\cdots\quad\sqrt{\lambda_{w(N-1)}})$为 $\boldsymbol{C}_w$ 的特征值平方根矩阵。

14.3 信号处理实例-正弦信号的检测

视频

高斯白噪声中正弦信号的检测是雷达、声呐、通信、导航等技术领域最常见的问题。考虑如下统计检测模型：

$$\begin{aligned}&H_0: z[n]=w[n], &&n=0,1,\cdots,N-1\\&H_1: z[n]=A\cos(2\pi f_0 n+\phi)+w[n], &&n=0,1,\cdots,N-1\end{aligned} \tag{14.3.1}$$

其中，$w[n]$是零均值高斯白噪声，方差为 σ^2，正弦信号的频率 f_0 是已知的，分三种情况：①正弦信号的幅度 A 未知，而相位 ϕ 已知；②正弦信号的幅度 A 和相位 ϕ 均未知；③幅度 A 和相位 ϕ 为随机变量。

14.3.1　未知幅度

例 14.2 已经得出了未知幅度信号的判决表达式，由式(14.1.8)可得

$$\left(\sum_{n=0}^{N-1}z[n]\cos(2\pi f_0 n+\phi)\right)^2\ \underset{\mathcal{H}_0}{\overset{\mathcal{H}_1}{\gtrless}}\ \gamma$$

检测器结构如图 14.6 所示。由式(14.1.19)，可得

$$P_{\mathrm{D}}=Q(Q^{-1}(P_{\mathrm{F}}/2)-\sqrt{d^2})+Q(Q^{-1}(P_{\mathrm{F}}/2)+\sqrt{d^2})$$

其中 $d^2=\frac{A^2\sum_{n=0}^{N-1}s^2[n]}{\sigma^2}=\frac{\varepsilon}{\sigma^2}$,当 f_0 不在 0 或者 1/2 附近时,$d^2=\frac{\varepsilon}{\sigma^2}\approx\frac{NA^2}{2\sigma^2}$。

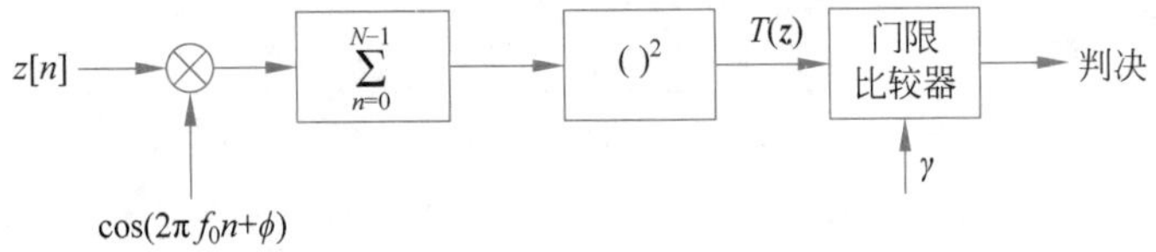

图 14.6　未知幅度的正弦信号检测器

14.3.2　幅度和相位未知

在式(14.3.1)中,若 A 和 ϕ 均未知。假定 $A>0,0<f_0<1/2$,则广义似然比检测为

$$\Lambda(\boldsymbol{z})=\frac{p(\boldsymbol{z};\hat{A},\hat{\phi}\mid\mathcal{H}_1)}{p(\boldsymbol{z}\mid\mathcal{H}_0)}\underset{\mathcal{H}_0}{\overset{\mathcal{H}_1}{\gtrless}}\eta_0 \tag{14.3.2}$$

首先计算 $\hat{A}$ 和 $\hat{\phi}$,由于似然函数为

$$p(\boldsymbol{z};A,\phi\mid\mathcal{H}_1)=\frac{1}{(2\pi\sigma^2)^{N/2}}\exp\left[-\frac{1}{2\sigma^2}\sum_{n=0}^{N-1}(z[n]-A\cos(2\pi f_0n+\phi))^2\right]$$

使 $p(\boldsymbol{z};\boldsymbol{A},\phi\mid\mathcal{H}_1)$ 最大等效于使 $J(A,\phi)=\sum_{n=0}^{N-1}(z[n]-A\cos(2\pi f_0n+\phi))^2$ 最小,而

$$\begin{aligned}J(A,\phi)&=\sum_{n=0}^{N-1}(z[n]-A\cos\phi\cos2\pi f_0n+A\sin\phi\sin2\pi f_0n)^2\\&=\sum_{n=0}^{N-1}(z[n]-\alpha_1\cos2\pi f_0n-\alpha_2\sin2\pi f_0n)^2\end{aligned} \tag{14.3.3}$$

其中

$$\alpha_1=A\cos\phi,\quad \alpha_2=-A\sin\phi$$

令 $\boldsymbol{c}=[1\quad \cos2\pi f_0\quad\cdots\quad\cos2\pi f_0(N-1)]^{\mathrm{T}}$,$\boldsymbol{s}=[0\quad\sin2\pi f_0\quad\cdots\quad\sin2\pi f_0(N-1)]^{\mathrm{T}}$
则式(14.3.3)可表示为

$$J(\alpha_1,\alpha_2)=(\boldsymbol{z}-\boldsymbol{H\alpha})^{\mathrm{T}}(\boldsymbol{z}-\boldsymbol{H\alpha}) \tag{14.3.4}$$

其中,$\boldsymbol{z}=[z[0]\quad z[1]\quad\cdots\quad z[N-1]]^{\mathrm{T}}$,$\boldsymbol{\alpha}=[\alpha_1\quad\alpha_2]^{\mathrm{T}}$,$\boldsymbol{H}=[\boldsymbol{c}\quad\boldsymbol{s}]$,很显然,

$$A=\sqrt{\alpha_1^2+\alpha_2^2},\quad \phi=\arctan\left(\frac{-\alpha_2}{\alpha_1}\right)。$$

式(14.3.4)中对 $\boldsymbol{\alpha}$ 求导,并令导数等于 0,可得

$$\hat{\boldsymbol{\alpha}}=(\boldsymbol{H}^{\mathrm{T}}\boldsymbol{H})^{-1}\boldsymbol{H}^{\mathrm{T}}\boldsymbol{z} \tag{14.3.5}$$

根据 $\boldsymbol{H}$ 的定义,

$$\boldsymbol{H}^{\mathrm{T}}\boldsymbol{H}=\begin{bmatrix}\boldsymbol{c}^{\mathrm{T}}\boldsymbol{c} & \boldsymbol{c}^{\mathrm{T}}\boldsymbol{s}\\ \boldsymbol{s}^{\mathrm{T}}\boldsymbol{c} & \boldsymbol{s}^{\mathrm{T}}\boldsymbol{s}\end{bmatrix}=\begin{bmatrix}\sum_{n=0}^{N-1}\cos^2 2\pi f_0 n & \sum_{n=0}^{N-1}\cos 2\pi f_0 n\sin 2\pi f_0 n\\ \sum_{n=0}^{N-1}\cos 2\pi f_0 n\sin 2\pi f_0 n & \sum_{n=0}^{N-1}\sin^2 2\pi f_0 n\end{bmatrix}$$

当 N 足够大,且 f_0 不在 0 或者 1/2 附近时,$\frac{1}{N}\sum_{n=0}^{N-1}\cos 2\pi f_0 n\sin 2\pi f_0 n\approx 0$,$\sum_{n=0}^{N-1}\cos^2 2\pi f_0 n\approx\frac{N}{2}$,$\sum_{n=0}^{N-1}\sin^2 2\pi f_0 n\approx\frac{N}{2}$,所以 $\boldsymbol{H}^{\mathrm{T}}\boldsymbol{H}=\begin{bmatrix}N/2 & 0\\ 0 & N/2\end{bmatrix}$,

$$\hat{\boldsymbol{\alpha}}=\begin{bmatrix}\hat{\alpha}_1\\ \hat{\alpha}_2\end{bmatrix}=\frac{2}{N}\boldsymbol{H}^{\mathrm{T}}\boldsymbol{z}=\frac{2}{N}\begin{bmatrix}\boldsymbol{c}^{\mathrm{T}}\boldsymbol{z}\\ \boldsymbol{s}^{\mathrm{T}}\boldsymbol{z}\end{bmatrix}=\begin{bmatrix}\frac{2}{N}\sum_{n=0}^{N-1}z[n]\cos 2\pi f n_0\\ \frac{2}{N}\sum_{n=0}^{N-1}z[n]\sin 2\pi f n_0\end{bmatrix}\tag{14.3.6}$$

即

$$\hat{\alpha}_1=\frac{2}{N}\sum_{n=0}^{N-1}z[n]\cos 2\pi f n_0,\quad \hat{\alpha}_2=\frac{2}{N}\sum_{n=0}^{N-1}z[n]\sin 2\pi f n_0\tag{14.3.7}$$

$$\hat{A}=\sqrt{\hat{\alpha}_1^2+\hat{\alpha}_2^2},\quad \hat{\phi}=\arctan\frac{-\hat{\alpha}_1}{\hat{\alpha}_2}\tag{14.3.8}$$

将 $\hat{A}$ 和 $\hat{\phi}$ 代入式(14.3.2)中便可得到广义似然比,或者得到对数的广义似然比为

$$\begin{aligned}\ln\Lambda(\boldsymbol{z})&=-\frac{1}{2\sigma^2}\left[\sum_{n=0}^{N-1}(z[n]-\hat{A}\cos(2\pi f_0 n+\hat{\phi}))^2-\sum_{n=0}^{N-1}z^2[n]\right]\\&=-\frac{1}{2\sigma^2}\left[\sum_{n=0}^{N-1}(-2z[n]\hat{A}\cos(2\pi f_0 n+\hat{\phi}))+\hat{A}^2\sum_{n=0}^{N-1}\cos^2(2\pi f_0 n+\hat{\phi})\right]\\&=\frac{1}{\sigma^2}\left[\sum_{n=0}^{N-1}(z[n]\hat{A}\cos\hat{\phi}\cos 2\pi f_0 n-z[n]\hat{A}\sin\hat{\phi}\sin 2\pi f_0 n)-\frac{\hat{A}^2}{2}\sum_{n=0}^{N-1}\cos^2(2\pi f_0 n+\hat{\phi})\right]\end{aligned}$$

由于 $\sum_{n=0}^{N-1}\cos^2(2\pi f_0 n+\hat{\phi})\approx\frac{N}{2}$,$\hat{\alpha}_1=\hat{A}\cos\hat{\phi}$,$\hat{\alpha}_2=-\hat{A}\sin\hat{\phi}$,所以,对数的广义似然比为

$$\begin{aligned}\ln\Lambda(\boldsymbol{z})&=\frac{1}{\sigma^2}\left[\hat{\alpha}_1\sum_{n=0}^{N-1}z[n]\cos 2\pi f_0 n+\hat{\alpha}_2\sum_{n=0}^{N-1}z[n]\sin 2\pi f_0 n-\frac{N\hat{A}^2}{4}\right]\\&=\frac{1}{\sigma^2}\left[\frac{N}{2}\hat{\alpha}_1^2+\frac{N}{2}\hat{\alpha}_1^2-\frac{N\hat{A}^2}{4}\right]=\frac{N}{4\sigma^2}(\hat{\alpha}_1^2+\hat{\alpha}_2^2)\end{aligned}\tag{14.3.9}$$

即广义似然比检测器的判决表达式为

$$\frac{N}{4\sigma^2}(\hat{\alpha}_1^2+\hat{\alpha}_2^2)\ \mathop{\gtrless}_{\mathcal{H}_0}^{\mathcal{H}_1}\ \ln\eta_0\tag{14.3.10}$$

而

$$\hat{\alpha}_1^2+\hat{\alpha}_2^2=\left(\frac{2}{N}\right)^2\left[\left(\sum_{n=0}^{N-1}z[n]\cos 2\pi f n_0\right)^2+\left(\sum_{n=0}^{N-1}z[n]\sin 2\pi f n_0\right)^2\right]$$
$$=\frac{4}{N}\frac{1}{N}\left|\sum_{n=0}^{N-1}z[n]\exp(-\mathrm{j}2\pi f_0 n)\right|^2=\frac{4}{N}I(f_0)$$

其中 $I(f_0)$ 为 $z[n]$ 的周期图 $I(f)$ 在 $f=f_0$ 处的值,所以,式(14.3.10)的判决表达式可化简为

$$I(f_0)\underset{\mathcal{H}_0}{\overset{\mathcal{H}_1}{\gtrless}}\gamma \tag{14.3.11}$$

其中门限 γ 由给定的虚警概率确定,检测器的结构如图 14.7 所示。其中图 14.7(a)称为正交匹配滤波检测器,图 14.7(b)称为周期图检测器,或者称为非相干检测器。

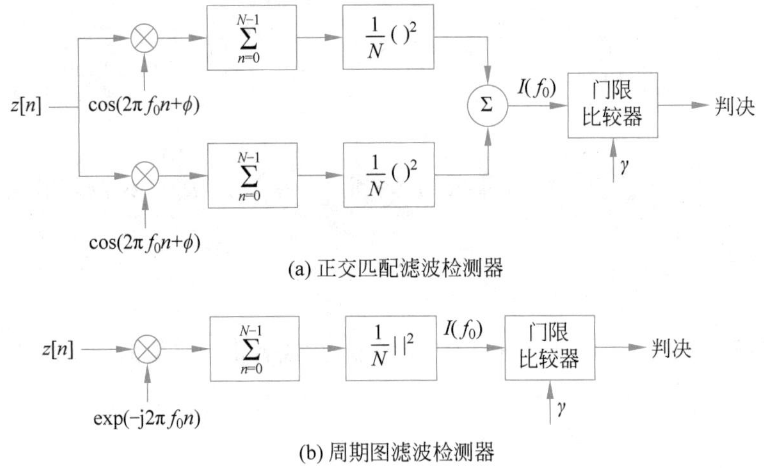

图 14.7 未知幅度和相位的正弦信号检测器

式(14.3.11)是针对幅度、相位未知的正弦信号的检测,若频率也是未知的,则在得到周期图的估计后,只需要在 f_0 的取值范围内找出周期图的最大值作为检测统计量。

14.3.3 幅度与相位随机的正弦信号

对于式(14.3.1)的检测问题,假定幅度 A 服从瑞利分布,概率密度为

$$p(A)=\begin{cases}\dfrac{A}{\sigma_s^2}\exp\left(-\dfrac{A^2}{2\sigma_s^2}\right), & A\geqslant 0\\ 0, & A<0\end{cases}$$

相位 ϕ 在$(0,2\pi)$区间服从均匀分布,且 A、ϕ、$w[n]$统计独立。信号可表示为

$$s[n]=A\cos(2\pi f_0 n+\phi)=a\cos 2\pi f_0 n+b\sin 2\pi f_0 n \tag{14.3.12}$$

其中 $a=A\cos\phi$,$b=-A\sin\phi$,定义 $\boldsymbol{\theta}=[a\quad b]^{\mathrm{T}}$,$\boldsymbol{w}=[w[0]\quad w[1]\quad\cdots\quad w[N-1]]^{\mathrm{T}}$

$$\boldsymbol{z}=[z[0]\quad z[1]\quad\cdots\quad z[N-1]]^{\mathrm{T}},\quad \boldsymbol{s}=[s[0]\quad s[1]\quad\cdots\quad s[N-1]]^{\mathrm{T}},$$

$$\boldsymbol{H}=\begin{bmatrix}1 & 0\\ \cos 2\pi f_0 & \sin 2\pi f_0\\ \vdots & \vdots\\ \cos 2\pi f_0(N-1) & \sin 2\pi f_0(N-1)\end{bmatrix}$$，则式(14.3.1)的检测问题可写成如下形式：

$$H_0:\ \boldsymbol{z}=\boldsymbol{w},\qquad n=0,1,\cdots,N-1$$
$$H_1:\ \boldsymbol{z}=\boldsymbol{H\theta}+\boldsymbol{w},\quad n=0,1,\cdots,N-1$$

根据随机过程的理论，$s[n]$是一个高斯随机过程，a，b 均服从高斯分布，且$\boldsymbol{\theta}\sim\mathcal{N}(0,\sigma_s^2\boldsymbol{I})$，$\boldsymbol{w}\sim\mathcal{N}(0,\sigma^2\boldsymbol{I})$，$\boldsymbol{\theta}$ 与 $\boldsymbol{w}$ 统计独立，$\boldsymbol{s}=\boldsymbol{H\theta}\sim\mathcal{N}(0,\sigma_s^2\boldsymbol{HH}^{\mathrm{T}})$。

由式(14.2.9)可知，检测判决表达式为

$$T(\boldsymbol{z})=\boldsymbol{z}^{\mathrm{T}}\hat{\boldsymbol{s}}=\sigma_s^2\boldsymbol{z}^{\mathrm{T}}\boldsymbol{HH}^{\mathrm{T}}(\sigma_s^2\boldsymbol{HH}^{\mathrm{T}}+\sigma^2\boldsymbol{I})^{-1}\boldsymbol{z}\ \underset{\mathcal{H}_0}{\overset{\mathcal{H}_1}{\gtrless}}\ \gamma \tag{14.3.13}$$

其中 $\hat{\boldsymbol{s}}=\sigma_s^2\boldsymbol{HH}^{\mathrm{T}}(\sigma_s^2\boldsymbol{HH}^{\mathrm{T}}+\sigma^2\boldsymbol{I})^{-1}\boldsymbol{z}$ 为 $\boldsymbol{s}$ 的线性最小均方估计。根据矩阵求逆引理(参见附录 A.4.3)，

$$(\sigma_s^2\boldsymbol{HH}^{\mathrm{T}}+\sigma^2\boldsymbol{I})^{-1}=\left[\frac{1}{\sigma^2}\boldsymbol{I}-\frac{\sigma_s^2}{\sigma^4}\boldsymbol{H}\left(\frac{\sigma_s^2\boldsymbol{H}^{\mathrm{T}}\boldsymbol{H}}{\sigma^2}+\boldsymbol{I}\right)^{-1}\boldsymbol{H}^{\mathrm{T}}\right]$$

而

$$\boldsymbol{H}^{\mathrm{T}}\boldsymbol{H}=\begin{bmatrix}\sum_{n=0}^{N-1}\cos^2 2\pi f_0 n & \sum_{n=0}^{N-1}\cos 2\pi f_0 n\sin 2\pi f_0 n\\ \sum_{n=0}^{N-1}\cos 2\pi f_0 n\sin 2\pi f_0 n & \sum_{n=0}^{N-1}\sin^2 2\pi f_0 n\end{bmatrix}$$

当 N 足够大，且 f_0 不在 0 或者 1/2 附近时，$\boldsymbol{H}^{\mathrm{T}}\boldsymbol{H}\approx\begin{bmatrix}N/2 & 0\\ 0 & N/2\end{bmatrix}=\frac{N}{2}\boldsymbol{I}$，所以

$$\begin{aligned}T(\boldsymbol{z})&=\sigma_s^2\boldsymbol{z}^{\mathrm{T}}\boldsymbol{HH}^{\mathrm{T}}\left[\frac{1}{\sigma^2}\boldsymbol{I}-\frac{\sigma_s^2}{\sigma^4}\boldsymbol{H}\left(\frac{N\sigma_s^2}{2\sigma^2}\boldsymbol{I}+\boldsymbol{I}\right)^{-1}\boldsymbol{H}^{\mathrm{T}}\right]\boldsymbol{z}\\&=\sigma_s^2\boldsymbol{z}^{\mathrm{T}}\boldsymbol{HH}^{\mathrm{T}}\left(\frac{1}{\sigma^2}\boldsymbol{I}-\frac{\sigma_s^2}{\sigma^4}\boldsymbol{H}\,\frac{1}{\frac{N\sigma_s^2}{2\sigma^2}+1}\boldsymbol{IH}^{\mathrm{T}}\right)\boldsymbol{z}\\&=\frac{\sigma_s^2}{\sigma^2}\boldsymbol{z}^{\mathrm{T}}\boldsymbol{HH}^{\mathrm{T}}\boldsymbol{z}-\boldsymbol{z}^{\mathrm{T}}\boldsymbol{HH}^{\mathrm{T}}\,\frac{\frac{N\sigma_s^4}{2\sigma^4}}{\frac{N\sigma_s^2}{2\sigma^2}+1}\boldsymbol{z}=\frac{c}{N}\boldsymbol{z}^{\mathrm{T}}\boldsymbol{HH}^{\mathrm{T}}\boldsymbol{z}\end{aligned}$$

其中 $c=\dfrac{N\sigma_s^2}{\frac{N\sigma_s^2}{2}+\sigma^2}$，$c$ 是一个正值，可归入门限中，所以随机幅度和相位的正弦信号判决表

达式为

$$T'(z)=\frac{1}{N}z^{\mathrm{T}}\boldsymbol{H}\boldsymbol{H}^{\mathrm{T}}z \underset{\mathcal{H}_0}{\overset{\mathcal{H}_1}{\gtrless}} \gamma' \tag{14.3.14}$$

此外，

$$T'(z)=\frac{1}{N}z^{\mathrm{T}}\boldsymbol{H}\boldsymbol{H}^{\mathrm{T}}z=\frac{1}{N}\left[\left(\sum_{n=0}^{N-1}z[n]\cos 2\pi f_0 n\right)^2+\left(\sum_{n=0}^{N-1}z[n]\sin 2\pi f_0 n\right)^2\right]$$
$$=\frac{1}{N}\left|\sum_{n=0}^{N-1}z[n]\exp(-\mathrm{j}2\pi f_0 n)\right|^2$$

可见，随机幅度和相位的正弦信号检测器为周期图检测器或正交匹配滤波检测器，检测器结构与图14.7相同(仅门限改为γ'，由给定的虚警概率确定)。

视频

14.4 信号处理实例——雷达Swerling起伏模型的检测性能分析

雷达通过发射和接收电磁波来探测目标。雷达发射的电磁波遇到目标后，目标将入射电磁波朝不同方向散射。其中有一部分朝雷达方向反射。不同类型、不同材质、不同结构的目标，反射电磁波的特性不同，从而导致雷达接收到的目标回波信号强度不同，进而使雷达对不同目标具有不同的检测性能。

雷达截面积是衡量目标反射电磁波能力的经典参数。目标的雷达截面积与目标的形状、材质、姿态以及雷达工作参数息息相关，且随着雷达观测时间、观测角度、工作频率的变化而随机变化。因此，通常采用统计分布函数来描述目标雷达截面积。在众多统计分布函数中，Swerling模型是描述目标雷达截面积最为经典的一类模型。Swerling模型包括Swerling0、Ⅰ、Ⅱ、Ⅲ、Ⅳ等5种不同的模型。不同的Swerling模型可描述不同类型目标的雷达截面积。

14.4.1 目标雷达截面积模型

目标雷达截面积定义为

$$\sigma=4\pi R^2\lim_{R\to\infty}\frac{P_{\mathrm{dr}}}{P_{\mathrm{di}}} \tag{14.4.1}$$

其中，R为雷达与目标之间的距离，$R\to\infty$表示雷达与目标之间的距离满足远场条件，P_{dr}为接收天线处目标散射波的功率密度，P_{di}为目标处雷达发射电磁波的功率密度，各种Swerling模型的数学表达式如下所示。

Swerling 0 型：$p(\sigma)=\delta(\sigma-\sigma_m)$ (14.4.2)

Swerling Ⅰ/Ⅱ 型：$p(\sigma)=\frac{1}{\sigma_{\mathrm{m}}}\exp\left(-\frac{\sigma}{\sigma_{\mathrm{m}}}\right),\quad \sigma\geqslant 0$ (14.4.3)

Swerling Ⅲ、Ⅳ 型：$p(\sigma)=\frac{4\sigma}{\sigma_{\mathrm{m}}^2}\exp\left(-\frac{2\sigma}{\sigma_{\mathrm{m}}}\right),\quad \sigma\geqslant 0$ (14.4.4)

其中，σ_{m}为RCS均值。

Swerling 0 型目标的 RCS 是一个常数,金属圆球的 RCS 可用该模型描述。Swerling Ⅰ和 Swerling Ⅱ模型的数学表达式相同,但两者的物理内涵不同。Swerling Ⅰ型主要用于目标的截面积慢起伏并且脉冲相关的情况,即目标 RCS 在一次天线波束扫描周期内完全相关或者相同,但多次扫描之间的 RCS 是起伏变化的或者不同。前向观测的小型喷气飞机 RCS 可用该模型描述。Swerling Ⅱ模型则主要用于目标的截面积快起伏并且脉冲独立的情况,即目标 RCS 在一次扫描周期内的多个脉冲间起伏变化或者不同,多个扫描周期之间的 RCS 也不同。大型民用客机的 RCS 可用该模型描述。Swerling Ⅰ和 Swerling Ⅱ模型描述的 RCS 如图 14.8 所示,其中,一次扫描周期包含 10 个脉冲重复周期。

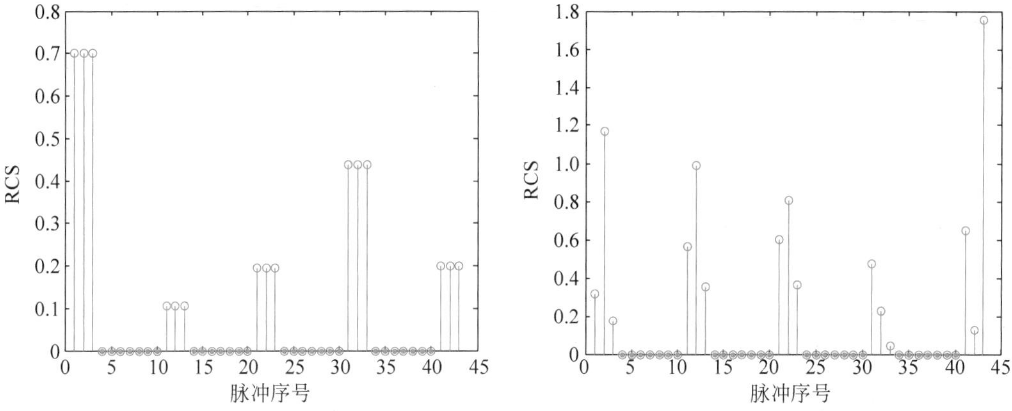

(a) Swerling Ⅰ (b) Swerling Ⅱ

图 14.8 Swerling Ⅰ、Ⅱ模型 RCS

Swerling Ⅲ模型与 Swerling Ⅰ模型类似,主要用于目标的截面积慢起伏并且脉冲相关的情况。螺旋桨推进飞机、直升机 RCS 可用该模型描述。Swerling Ⅳ模型与 Swerling Ⅱ类似,主要用于目标的截面积快起伏并脉冲独立的情况。舰船、卫星、侧向观察的导弹与高速飞行体的 RCS 可用该模型描述。Swerling Ⅲ和 Swerling Ⅳ模型描述的 RCS 如图 14.9 所示,其中,一次扫描周期包含 10 个脉冲重复周期。

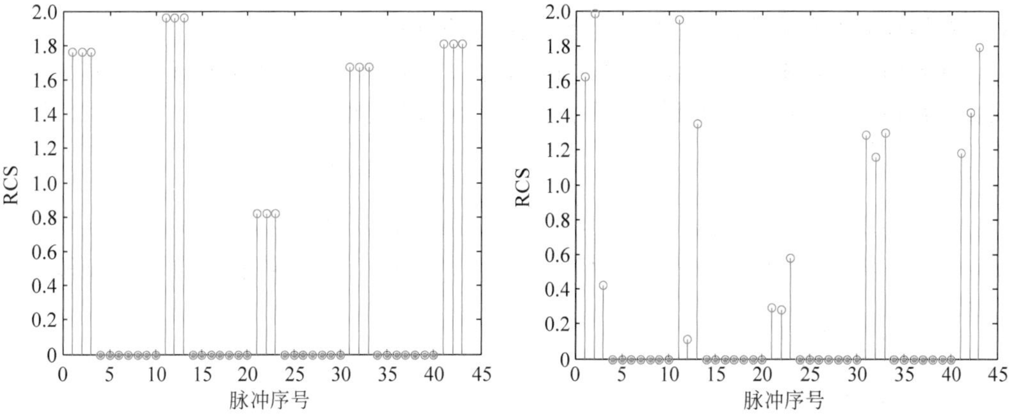

(a) Swerling Ⅲ (b) Swerling Ⅳ

图 14.9 Swerling Ⅲ、Ⅳ模型 RCS

14.4.2 雷达检测概率与虚警概率

雷达目标检测属于二元假设检验问题。雷达接收信号可表示为

$$\begin{aligned}\mathcal{H}_0: z &= w \\ \mathcal{H}_1: z &= s + w\end{aligned} \tag{14.4.5}$$

其中,w 表示噪声或杂波,$w \sim \mathcal{CN}(0,\sigma_w^2)$,$s = A\mathrm{e}^{\mathrm{j}\varphi}$ 为目标信号。其中$\mathcal{CN}(\cdot)$①表示复高斯分布。

雷达通常采用接收信号的幅度或者功率作为检验统计量来判断目标是否存在。在判决过程中,雷达要将虚警率控制在一个较低的恒定的水平。雷达分别采用接收信号幅度、功率作为检验统计量对应的检测性能一样。不失一般性,下面选取接收信号功率作为检验统计量。

在$\mathcal{H}_0$和$\mathcal{H}_1$条件下,雷达接收信号功率 $y = |z|^2$ 的概率密度函数分别为

$$p(y \mid \mathcal{H}_0) = \frac{1}{\sigma_w^2}\exp\left(-\frac{y}{\sigma_w^2}\right) \quad y \geqslant 0 \tag{14.4.6}$$

和

$$p(y \mid A, \mathcal{H}_1) = \frac{1}{2\sigma_w^2}\exp\left(-\frac{y + A^2}{2\sigma_w^2}\right)\mathrm{I}_0\left(\frac{A\sqrt{y}}{\sigma_w^2}\right) \quad y \geqslant 0 \tag{14.4.7}$$

其中,$\mathrm{I}_0(\cdot)$为零阶第一类修正贝塞尔函数,可以证明,判决表达式可化简为

$$y \underset{\mathcal{H}_0}{\overset{\mathcal{H}_1}{\gtrless}} \gamma$$

其中 γ 由给定的虚警概率确定。雷达虚警概率为

$$P_\mathrm{F} = \int_\gamma^{+\infty} p(y \mid \mathcal{H}_0)\mathrm{d}y = \mathrm{e}^{-\gamma_0} \tag{14.4.8}$$

其中,$\gamma_0 = \gamma/\sigma_w^2$。需要指出的是,由于虚警概率的表达式与目标 RCS 或者目标回波幅度无关,目标 RCS 并不影响雷达检测门限。由于$\mathcal{H}_1$条件雷达接收信号功率与目标 RCS 或者目标回波幅度有关,因此,目标 RCS 会影响检测概率。

在式(14.4.7)中,雷达接收信号功率与目标回波幅度有关。考虑目标回波幅度起伏变化。目标回波幅度概率密度函数用 $p(A)$表示,则雷达检测概率为

$$P_\mathrm{D} = \int_\gamma^{+\infty}\int_0^{+\infty} p(y \mid A, \mathcal{H}_1)p(A)\mathrm{d}A\,\mathrm{d}y \tag{14.4.9}$$

式(14.4.9)表明,为了计算雷达检测概率,需知道 $p(A)$。而实际中,$p(A)$通常未知。但是,目标 RCS 起伏模型 $p(\sigma)$已知。若能将 $p(A)$与 $p(\sigma)$建立起联系,即可计算得到雷达

① 复高斯随机变量的定义:设有两个独立的高斯随机变量 X 和 Y,且 $X \sim \mathcal{N}(m_X, \sigma^2/2)$,$Y \sim \mathcal{N}(m_Y, \sigma^2/2)$,则 $Z = X + \mathrm{j}Y$ 为复高斯随机变量,其均值为 $m_Z = m_X + \mathrm{j}m_Y$,方差为 $\sigma_Z^2 = E(|Z - m_Z|^2) = \sigma^2$,其概率密度为 $p(\tilde{z}) = \frac{1}{\pi\sigma^2}\exp\left[-\frac{1}{\sigma^2}|\tilde{z} - m_Z|^2\right]$,式中 $\tilde{z} = x + \mathrm{j}y$,记为 $Z - \mathcal{CN}(m_Z, \sigma^2)$。

检测概率。

雷达接收目标回波功率可表示为信号幅度的平方，即

$$P_r = A^2 \tag{14.4.10}$$

根据雷达方程，雷达接收目标回波功率与目标 RCS 成正比，即 $A^2 = k\sigma$，k 为一系数。为了简化起见，令 $\sigma = A^2$。采用变量替换，可得

$$p(y \mid \sigma, \mathcal{H}_1) = p(y \mid A, H_1)\left|\frac{\partial A}{\partial \sigma}\right| = \frac{1}{4\sigma_w^2}\exp\left(-\frac{y+\sigma}{2\sigma_w^2}\right)\mathrm{I}_0\left(\frac{\sqrt{\sigma y}}{\sigma_w^2}\right) \tag{14.4.11}$$

将 $p(y|\sigma,\mathcal{H}_1)\mathrm{d}\sigma = p(y|A,\mathcal{H}_1)\mathrm{d}A$ 代入式(14.4.8)，可得雷达单次观测对应的检测概率为

$$P_{\mathrm{D}} = \int_{\gamma}^{+\infty}\int_{0}^{+\infty} p(y \mid \sigma, \mathcal{H}_1)p(\sigma)\mathrm{d}\sigma\mathrm{d}y \tag{14.4.12}$$

其中，$p(\sigma)$可以是 Swerling 0、Ⅰ、Ⅱ、Ⅲ、Ⅳ中的任意一种模型。

需要指出的是，对于 Swerling 起伏目标，雷达检测概率积分计算较为复杂，具体计算过程在此不一一列出，下面仅列出雷达单次观测对应的目标检测概率计算结果。

对 Swerling 0 型目标，

$$P_{\mathrm{D}} = Q(\sqrt{2\xi}, \sqrt{-2\ln P_{\mathrm{F}}}) \tag{14.4.13}$$

其中，$\xi = \dfrac{A^2}{2\sigma_w^2}$为目标平均信噪比或信杂比，$Q(\cdot)$为 Marcum 函数，它的定义为

$$Q(a,b) = \int_{b}^{\infty} x\mathrm{I}_0(ax)\exp\left(-\frac{x^2+a^2}{2}\right)\mathrm{d}x$$

对于对 Swerling Ⅰ和Ⅱ目标，

$$P_{\mathrm{D}} = \exp\left(-\frac{\gamma_0}{\xi+1}\right) \tag{14.4.14}$$

对 Swerling Ⅲ/Ⅳ目标，

$$P_{\mathrm{D}} = \left[1+\frac{2\gamma_0\xi}{(\xi+2)^2}\right]\exp\left(-\frac{2\gamma_0}{\xi+2}\right) \tag{14.4.15}$$

对于多次观测，雷达接收信号可表示为

$$\begin{cases}\mathcal{H}_0: z_k = w_k, & k=0,1,\cdots,N-1\\ \mathcal{H}_1: z_k = s_k + w_k, & k=0,1,\cdots,N-1\end{cases} \tag{14.4.16}$$

雷达采用非相参积累，积累后，雷达接收回波的功率为

$$y = \sum_{k=0}^{N-1} |z_k|^2 = \sum_{k=0}^{N-1} y_k \tag{14.4.17}$$

在$\mathcal{H}_0$和$\mathcal{H}_1$条件下，雷达接收回波功率概率密度函数分别为

$$p(y \mid \mathcal{H}_0) = \prod_{k=0}^{N-1}\frac{1}{\sigma^2}\exp\left[-\frac{y_k}{\sigma^2}\right] \tag{14.4.18}$$

和

$$p(y \mid \sigma,\mathcal{H}_1)=\prod_{k=0}^{N-1}\frac{1}{\sigma^2}\exp\left[-\frac{y_k+\sigma}{\sigma^2}\right]\mathrm{I}_0\left[\frac{2\sqrt{\sigma y_k}}{\sigma^2}\right] \tag{14.4.19}$$

对于多次观测,雷达虚警概率为

$$P_{\mathrm{F}}=1-I\left[\frac{T}{\sqrt{N}},N-1\right] \tag{14.4.20}$$

其中,$I[u,M]=\int_0^{u\sqrt{M+1}}\mathrm{e}^{-\tau}\tau^M/M!\,\mathrm{d}\tau$ 为不完全伽马函数。

多次观测下雷达检测概率计算方法与单次观测时雷达检测概率计算方法类似,主要结果如下。

对于 Swerling Ⅰ型目标,雷达多次观测对应的检测概率为

$$P_{\mathrm{D}}=\left(1+\frac{1}{N\xi}\right)^{N-1}\exp\left(-\frac{\eta_0}{1+N\xi}\right) \tag{14.4.21}$$

对于 Swerling Ⅱ型目标,雷达多次观测对应的检测概率为

$$P_{\mathrm{D}}=1-I\left[\frac{1}{(1+\xi)\sqrt{N}},N-1\right] \tag{14.4.22}$$

对于 Swerling Ⅲ型目标,检测概率为

$$P_{\mathrm{D}}=\left(1+\frac{2}{N\xi}\right)^{N-2}\left[1+\frac{\eta_0}{1+N\xi/2}-\frac{2(N-2)}{N\xi}\right]\exp\left(-\frac{\eta_0}{1+N\xi/2}\right) \tag{14.4.23}$$

对于 Swerling Ⅳ型目标,检测概率为

$$P_{\mathrm{D}}=\begin{cases}c^N\sum\limits_{k=0}^{N}\dfrac{N!}{k!(N-k)!}\left(\dfrac{1-c}{c}\right)^{N-k}\sum\limits_{r=0}^{2N-1-k}\dfrac{\mathrm{e}^{-c\eta_0}(c\eta_0)^r}{r}, & \eta_0>N(2-c)\\ 1-c^N\sum\limits_{k=0}^{N}\dfrac{N!}{k!(N-k)!}\left(\dfrac{1-c}{c}\right)^{N-k}\sum\limits_{r=2N-k}^{\infty}\dfrac{\mathrm{e}^{-c\eta_0}(c\eta_0)^r}{r}, & \eta_0<N(2-c)\end{cases} \tag{14.4.24}$$

其中,$c=1/(1+\xi/2)$。

14.4.3 仿真结果与分析

下面通过仿真分析雷达对不同 Swerling 目标的检测性能。设置噪声功率为 1,虚警概率为 10^{-3},蒙特卡洛仿真次数为 10000 次。雷达单次观测对 Swerling Ⅰ型目标的检测概率如图 14.10 所示。可以看出,理论推导得到的检测概率与仿真得到的检测概率一致。由此验证了理论推导的正确性。另外,图 14.10 表明,雷达检测概率随着信噪比的增大而增大。

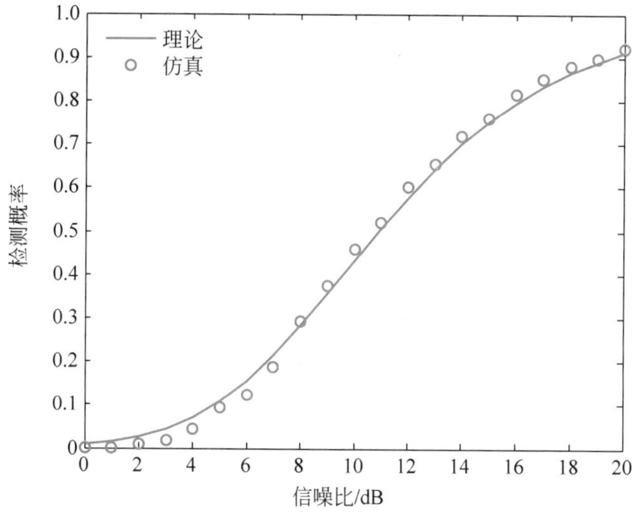

图 14.10　雷达单次观测对 Swerling Ⅰ目标的检测概率

改变雷达虚警概率和信噪比，仿真得到各种场景下的雷达检测概率如图 14.11 所示。可以看出，雷达检测概率随着目标信噪比的增大而增大，检测概率随着虚警概率的增大而增大。

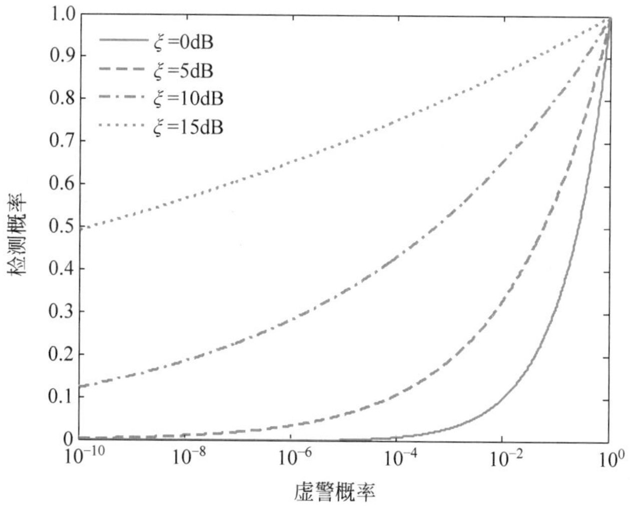

图 14.11　雷达检测概率随虚警概率变化曲线

设置雷达虚警概率为 10^{-6}。单次观测时雷达对 Swerling 起伏目标的检测性能如图 14.12 所示。可以看出，高信噪比下，雷达对 Swerling 0 目标的检测性能最好，其次是 Swerling Ⅲ/Ⅳ型目标，雷达对 Swerling Ⅰ/Ⅱ型目标的检测性能最差。

多次观测时雷达对几种起伏目标的检测性能如图 14.13 所示。其中，虚警概率为 10^{-6}，脉冲积累数为 8。可以看出，对于起伏目标，非相参积累后，雷达对 Swerling Ⅳ型目标的检测性能最好，其次分别是 Swerling Ⅱ、Swerling Ⅲ、Swerling Ⅰ。

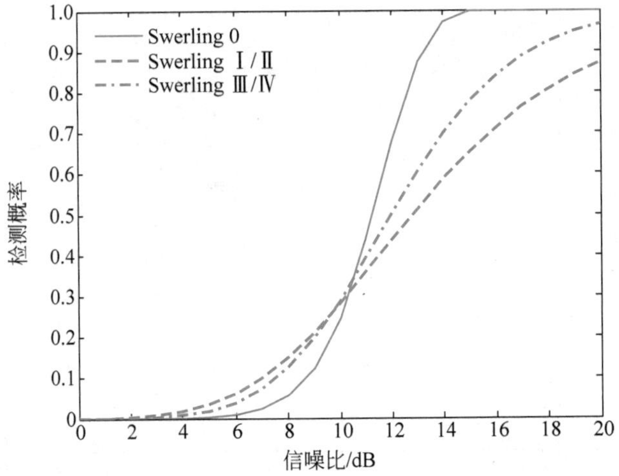

图 14.12　单次观测时雷达对 Swerling 起伏目标的检测性能

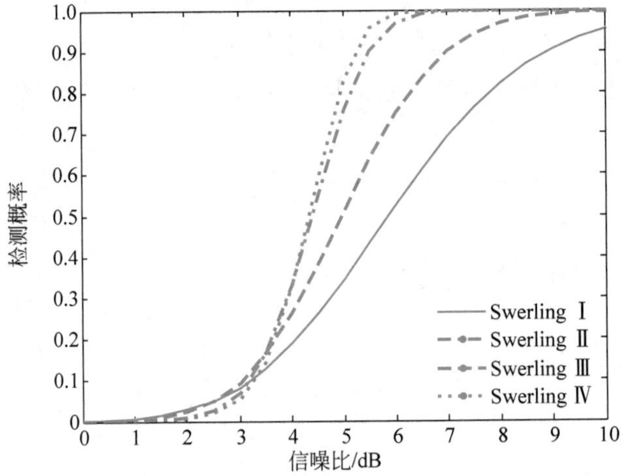

图 14.13　多次观测时雷达对起伏目标的检测性能

习题

14.1　证明式(14.1.9)。

14.2　考虑一个高斯白噪声环境下恒定电平的检测问题，

$$\mathcal{H}_0:\ z[n]=w[n],\qquad n=0,1,\cdots,N-1$$

$$\mathcal{H}_1:\ z[n]=A+w[n]\quad n=0,1,\cdots,N-1$$

其中 A 的取值为 1 或者 −1，可以看作一个确定性的未知常量，试确定一致最大势检验是否存在？如果不存在，求广义似然比检验。

提示：先证明在 $\mathcal{H}_1$ 条件下 A 的最大似然估计为 $\hat{A}=\operatorname{sgn}(\bar{z})$。

14.3 考虑如下检测问题

$$\mathcal{H}_0: z[n]=w[n], \qquad n=0,1,\cdots,N-1$$
$$\mathcal{H}_1: z[n]=As[n;\boldsymbol{\theta}]+w[n], \quad n=0,1,\cdots,N-1$$

其中，A 是未知常数，信号 $s[n;\boldsymbol{\theta}]$ 依赖于一个 $p\times 1$ 维的是未知参数矢量 $\boldsymbol{\theta}$，$w[n]$ 为零均值高斯白噪声，方差为 σ^2，假定 $\sum_{n=0}^{N-1}s^2[n;\boldsymbol{\theta}]$ 与 $\boldsymbol{\theta}$ 无关，求广义似然比检测器。

14.4 利用附录 A1.4.3 的矩阵求逆引理证明如下关系

$$(\boldsymbol{C}_s+\sigma^2\boldsymbol{I})^{-1}=\frac{1}{\sigma^2}\boldsymbol{I}-\frac{1}{\sigma^4}\left(\frac{1}{\sigma^2}\boldsymbol{I}+\boldsymbol{C}_s^{-1}\right)^{-1}$$

14.5 在例 14.4 中，证明

$$\boldsymbol{C}_x=E(\boldsymbol{x}^{\mathrm{T}}\boldsymbol{x})=\begin{cases}\boldsymbol{\Lambda}_s+\sigma^2\boldsymbol{I}, & \text{在 } H_1 \text{ 条件下}\\ \sigma^2\boldsymbol{I}, & \text{在 } H_0 \text{ 条件下}\end{cases}$$

14.6 证明式(14.2.11)。

14.7 相关高斯噪声中相关高斯信号的检测。假定两种假设下的观测模型为

$$\mathcal{H}_0 \quad \boldsymbol{z}=\boldsymbol{w}$$
$$\mathcal{H}_1 \quad \boldsymbol{z}=\boldsymbol{s}+\boldsymbol{w}$$

其中，$\boldsymbol{w}\sim\mathcal{N}(0,\boldsymbol{C}_w)$，$\boldsymbol{s}\sim\mathcal{N}(0,\boldsymbol{C}_s)$，且 $\boldsymbol{s}$ 与 $\boldsymbol{w}$ 统计独立。证明，最佳检测的判决表达式为

$$T(\boldsymbol{z})=\boldsymbol{z}^{\mathrm{T}}\boldsymbol{C}_w^{-1}\hat{\boldsymbol{s}}=\boldsymbol{z}^{\mathrm{T}}\boldsymbol{C}_w^{-1}\boldsymbol{C}_s(\boldsymbol{C}_s+\boldsymbol{C}_w)^{-1}\boldsymbol{z} \underset{\mathcal{H}_0}{\overset{\mathcal{H}_1}{\gtrless}} \gamma$$

14.8 证明习题 14.7 给出的相关高斯噪声中相关高斯信号的检测器可以化为如下标准形式：

$$T(\boldsymbol{x})=\sum_{n=0}^{N-1}\frac{\lambda_n}{\lambda_n+1}x^2[n] \underset{\mathcal{H}_0}{\overset{\mathcal{H}_1}{\gtrless}} \gamma$$

其中 λ_n 是 $\boldsymbol{B}=(\boldsymbol{V}_w\sqrt{\boldsymbol{\Lambda}_w}^{-1})^{\mathrm{T}}\boldsymbol{C}_s\boldsymbol{V}_w\sqrt{\boldsymbol{\Lambda}_w}^{-1}$ 的特征根，$\boldsymbol{V}_w$ 为 $\boldsymbol{C}_w$ 的模态矩阵，$\sqrt{\boldsymbol{\Lambda}_w}=\mathrm{diag}(\sqrt{\lambda_{w0}} \quad \sqrt{\lambda_{w1}} \quad \cdots \quad \sqrt{\lambda_{w(N-1)}})$ 为 $\boldsymbol{C}_w$ 的特征值平方根矩阵。

14.9 考虑如下检测问题

$$\mathcal{H}_0: z[n]=A_0+w[n], \qquad n=0,1,\cdots,N-1$$
$$\mathcal{H}_1: z[n]=\begin{cases}A_0+w[n], & n=0,1,\cdots,n_0-1\\ A_0+\Delta A+w[n], & n=n_0,n_0+1,\cdots,N-1\end{cases}$$

其中，A_0，n_0 均为已知常数，ΔA 为正的未知常数，$w[n]$ 为零均值高斯白噪声，方差为 σ^2，求纽曼-皮尔逊准则的判决表达式，并确定检测性能。

14.10 高斯噪声中正弦信号的分析与仿真：考虑二元假设

$$\mathcal{H}_0: z[n]=w[n], \qquad n=0,1,\cdots,N-1$$

$$\mathcal{H}_1: z[n]=A\cos(2\pi f_0 n+\phi)+w[n], \quad n=0,1,\cdots,N-1$$

噪声是服从 $w[n]\sim\mathcal{N}(0,\sigma^2)$ 的高斯白噪声，σ^2 已知。

(1) 若频率 f_0 已知，幅度和相位 A,ϕ 未知(假定 $A>0$)，若 $\sigma^2=1, f_0=0.1$，$N=20$，虚警概率设定为 0.01，分析检测门限及检测概率并仿真；

(2) 若频率 f_0 及幅度相位 A,ϕ 均未知(假定 $0<f_0<1/2, A>0$)，若 $\sigma^2=1$，$N=20$，虚警概率设定为 0.01，分析检测门限及检测概率并仿真。

第15章 非高斯噪声中的信号检测

第13、14章讨论了高斯噪声环境中信号检测问题,在实际中许多噪声如雷达的地物杂波、海浪杂波等并不服从高斯分布,这些杂波由于出现很多尖峰信号,这些尖峰信号使得杂波的概率密度有重的拖尾,对于非高斯噪声,如果仍采用高斯噪声中设计的最佳检测器进行检测,将会使检测性能显著下降。本章首先介绍一些常见的非高斯分布,然后讨论非高斯噪声中信号的检测问题,本章仅限于讨论非高斯白噪声中确定性信号的检测。

视频

15.1 非高斯分布

高斯随机过程是实际中遇到最多,也是数学上易于处理的一类随机过程,但在实际中还会遇到许多要用其他非高斯分布描述的随机过程,如拉普拉斯分布、广义高斯分布等。非高斯过程一般只能给出一维概率密度的表达式,很难给出多维概率密度。

15.1.1 拉普拉斯分布

随机变量 X 的拉普拉斯概率密度的表达式为

$$p_X(x)=\frac{1}{2b}\exp\left(-\frac{1}{b}\mid x-m\mid\right) \tag{15.1.1}$$

其中,m 为位置参数,b 为形状参数,所以拉普拉斯过程的均值为 m,可以证明它的方差为 $2b^2$。

零均值概率密度偏离高斯概率密度的程度可以用相对于高斯概率密度的峭度(kurtosis)来度量,峭度的定义为

$$\gamma_2=\frac{E(X^4)}{E^2(X^2)}-3 \tag{15.1.2}$$

对于给定的噪声功率,具有较重拖尾的概率密度有较大的 $E(X^4)$,因而也具有较大的峭度。对于高斯概率密度,由于 $E(X^4)=3\sigma^4$,所以 $\gamma_2=0$,而对非高斯概率密度,γ_2 偏离零。对于拉普拉斯分布,由于 $E(X^4)=24b^4$,所以 $\gamma_2=3$。若 $E(X^4)<3E^2(X^2)$或者非高斯过程的四阶矩小于高斯过程的四阶矩,这时峭度为负值。这样的概率密度其尾巴要比高斯概率密度衰减得更快。例如,假定 X 在$(-\sqrt{3\sigma^2},\sqrt{3\sigma^2})$区间均匀分布,它的方差为 σ^2,它的四阶矩为

$$E(X^4)=\int_{-\sqrt{3\sigma^2}}^{\sqrt{3\sigma^2}}x^4\,\frac{1}{2\sqrt{3\sigma^2}}\mathrm{d}x=\frac{9}{5}\sigma^4$$

于是可计算出峭度 $\gamma_2=-1.2$。

15.1.2 广义高斯分布

广义高斯分布是一类包含高斯分布、拉普拉斯分布和均匀分布的概率密度,它的定义为

$$p_X(x)=\frac{c_1(\beta)}{\sqrt{\sigma^2}}\exp\left(-c_2(\beta)\left|\frac{x}{\sqrt{\sigma^2}}\right|^{\frac{2}{1+\beta}}\right),\quad \beta>-1 \tag{15.1.3}$$

其中

$$c_1(\beta)=\frac{\Gamma^{1/2}\left[\frac{3}{2}(1+\beta)\right]}{(1+\beta)\Gamma^{3/2}\left[\frac{1}{2}(1+\beta)\right]} \tag{15.1.4}$$

$$c_2(\beta)=\left\{\frac{\Gamma\left[\frac{3}{2}(1+\beta)\right]}{\Gamma\left[\frac{1}{2}(1+\beta)\right]}\right\}^{\frac{1}{1+\beta}} \tag{15.1.5}$$

$\Gamma(\cdot)$为伽马函数。当$\beta=0$时，概率密度为高斯分布，$\beta=1$时，概率密度为拉普拉斯分布，而当$\beta\to-1$，概率密度趋于均匀分布。

15.1.3 混合高斯分布

混合高斯概率密度定义为

$$p_X(x)=(1-\varepsilon)\phi_1(x)+\varepsilon\phi_2(x) \tag{15.1.6}$$

其中

$$\phi_i(x)=\frac{1}{\sqrt{2\pi\sigma_i^2}}\exp\left(-\frac{x^2}{2\sigma_i^2}\right),\quad i=1,2 \tag{15.1.7}$$

参数ε称为混合参数，且$0<\varepsilon<1$。混合高斯概率密度可以看作分别以概率$1-\varepsilon$和概率ε从两个高斯随机变量$\mathcal{N}(0,\sigma_1^2)$和$\mathcal{N}(0,\sigma_2^2)$得到的随机变量的概率密度。

混合高斯概率密度是对称的，因此，其奇数阶矩为零，而偶数阶矩为

$$m_2=E(X^2)=(1-\varepsilon)\sigma_1^2+\varepsilon\sigma_2^2 \tag{15.1.8}$$

$$m_4=E(X^4)=3(1-\varepsilon)\sigma_1^4+3\varepsilon\sigma_2^4 \tag{15.1.9}$$

$$m_6=E(X^6)=15(1-\varepsilon)\sigma_1^6+15\varepsilon\sigma_2^6 \tag{15.1.10}$$

15.2 已知信号的检测

考虑如下检测问题，

$$\begin{aligned}\mathcal{H}_0: z[n]&=s_0[n]+w[n],\quad n=0,1,\cdots,N-1\\ \mathcal{H}_1: z[n]&=s_1[n]+w[n],\quad n=0,1,\cdots,N-1\end{aligned} \tag{15.2.1}$$

其中，$s_0[0]$和$s_1[0]$是已知信号，$w[n]$是独立同分布的非高斯噪声，其概率密度为$p_w(w)$。

非高斯噪声中信号的检测仍然是一种似然比检测，假定噪声是独立同分布的，则判决表达式为

$$\Lambda(z)=\frac{p(z\mid\mathcal{H}_1)}{p(z\mid\mathcal{H}_0)}=\prod_{n=0}^{N-1}\frac{p_w(z[n]-s_1[n])}{p_w(z[n]-s_0[n])}\underset{\mathcal{H}_0}{\overset{\mathcal{H}_1}{\gtrless}}\eta_0 \tag{15.2.2}$$

对数似然比检验为

$$\ln \Lambda(\boldsymbol{z})=\sum_{n=0}^{N-1}\ln\left\{\frac{p_w(z[n]-s_1[n])}{p_w(z[n]-s_0[n])}\right\} \underset{\mathcal{H}_0}{\overset{\mathcal{H}_1}{\gtrless}} \ln\eta_0 \tag{15.2.3}$$

令

$$g_n(z)=\ln\left\{\frac{p_w(z-s_1[n])}{p_w(z-s_0[n])}\right\} \tag{15.2.4}$$

则判决表达式为

$$T(\boldsymbol{z})=\sum_{n=0}^{N-1}g_n(z[n]) \underset{\mathcal{H}_0}{\overset{\mathcal{H}_1}{\gtrless}} \ln\eta_0=\gamma \tag{15.2.5}$$

检测器结构如图 15.1 所示。

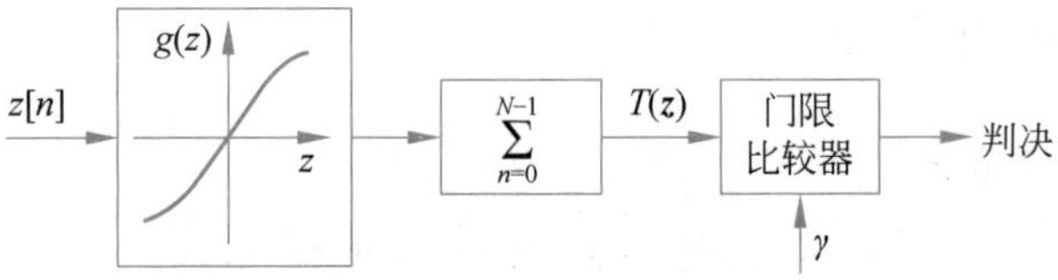

图 15.1 非高斯噪声中已知信号检测器结构

【例 15.1】 考虑如下检测问题,

$$\mathcal{H}_0: z[n]=w[n], \qquad n=0,1,\cdots,N-1$$
$$\mathcal{H}_1: z[n]=A+w[n], \quad n=0,1,\cdots,N-1$$

其中,A 为已知常数,且 $A>0$,$w[n]$为独立同分布的零均值拉普拉斯噪声,其概率密度为

$$p_w(w)=\frac{1}{2b}\exp\left(-\frac{1}{b}|w|\right), \quad -\infty<w<\infty \tag{15.2.6}$$

求判决表达式。

解:在本例中,$s_0[n]=0$,$s_1[n]=A$,由式(15.2.4)得

$$g(z)=\ln\left\{\frac{p_w(z-A)}{p_w(z)}\right\}=\ln\left\{\frac{\frac{1}{2b}\exp\left(-\frac{1}{b}|z-A|\right)}{\frac{1}{2b}\exp\left(-\frac{1}{b}|z|\right)}\right\}=\frac{1}{b}(|z|-|z-A|)$$

判决表达式为

$$T(\boldsymbol{z})=\sum_{n=0}^{N-1}\frac{1}{b}(|z[n]|-|z[n]-A|) \underset{\mathcal{H}_0}{\overset{\mathcal{H}_1}{\gtrless}} \gamma$$

令 $y[n]=z[n]-A/2$,这时,式(15.2.5)可表示为

$$\sum_{n=0}^{N-1}g(y[n]+A/2)=\sum_{n=0}^{N-1}h(y[n]) \underset{\mathcal{H}_0}{\overset{\mathcal{H}_1}{\gtrless}} \gamma$$

其中

$$h(y)=g(y+A/2)=\ln\left\{\frac{p_w(y-A/2)}{p_w(y+A/2)}\right\}=\frac{1}{b}(|y+A/2|-|y-A/2|)$$

检测器的结构如图 15.2 所示。

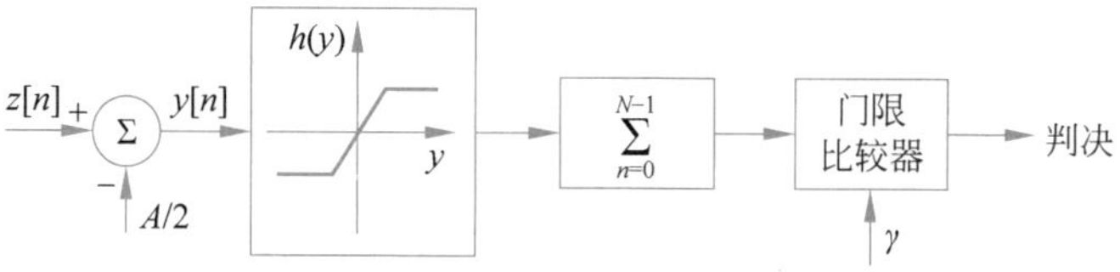

图 15.2 独立同分布拉普拉斯噪声中恒定电平检测器结构

从图 15.2 可以看出，对于非高斯噪声中的信号检测，通常有一个非线性部件，其作用是对大样本值起限幅作用，而求和是为了积累信号的能量。

15.3 渐近最佳检测器

考虑如下信号检测问题，

$$\begin{aligned}&\mathcal{H}_0: z[n]=w[n], && n=0,1,\cdots,N-1\\&\mathcal{H}_1: z[n]=As[n]+w[n], && n=0,1,\cdots,N-1\end{aligned}\tag{15.3.1}$$

其中，$s[n]$为已知信号，A 代表信号的幅度，假定 $A>0$，且 A 的值很小，$w[n]$为独立同分布的非高斯噪声，其概率密度为 $p_w(w)$。则

$$g_n(z)=\ln\left\{\frac{p_w(z-As[n])}{p_w(z)}\right\}\tag{15.3.2}$$

$g_n(z)$是信号幅度 A 的函数，记为 $g_n(z,A)$。由于信号幅度很小，可以将该函数在 $A=0$ 处用泰勒级数展开，并取前两项，得

$$\begin{aligned}g_n(z,A)&\approx g_n(z,A)\,|_{A=0}+\frac{\partial g_n(z,A)}{\partial A}\bigg|_{A=0}A\\&=0+\frac{1}{p_w(w)}\frac{\partial p_w(w)}{\partial w}\bigg|_{w=z-As[n],A=0}A(-s[n])\\&=-\frac{\dfrac{\partial p_w(z)}{\partial z}}{p_w(z)}As[n]\end{aligned}\tag{15.3.3}$$

判决表达式为

$$\sum_{n=0}^{N-1}g_n(z[n])=-\sum_{n=0}^{N-1}\frac{\dfrac{\partial p_w(z[n])}{\partial z[n]}}{p_w(z[n])}As[n]\ \underset{\mathcal{H}_0}{\overset{\mathcal{H}_1}{\gtrless}}\ \gamma$$

或者

$$-\sum_{n=0}^{N-1}\frac{\dfrac{\partial p_w(z[n])}{\partial z[n]}}{p_w(z[n])}s[n]\ \underset{\mathcal{H}_0}{\overset{\mathcal{H}_1}{\gtrless}}\ \gamma'\tag{15.3.4}$$

式(15.3.4)实际上也是一种局部最佳检测器,可以看出,非高斯噪声中的渐近最佳检测器是由一个非线性器件$\dfrac{\partial p_w(z)}{\partial z}/p_w(z)$后接一个相关器。检测器的结构如图15.3所示。

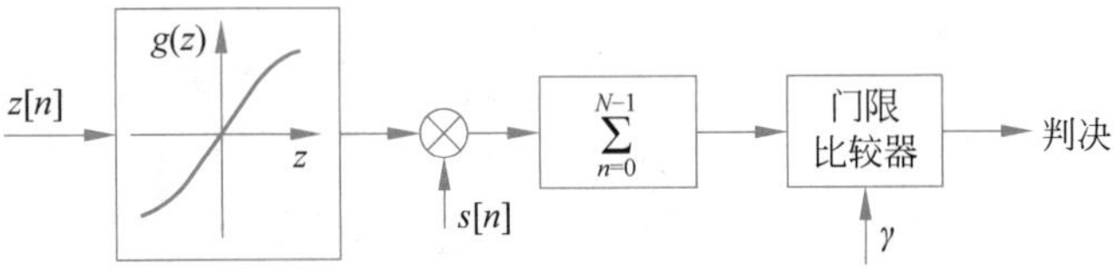

图15.3 非高斯噪声中渐近最佳检测器结构

【例15.2】 拉普拉斯噪声中的渐近检测器。考虑式(15.3.1)的检测问题,假定噪声为零均值拉普拉斯噪声,概率密度如式(15.2.6)所示,信号$s[n]=1$,$A>0$,且A很小,求局部最佳检测器。

解:由于

$$-\frac{\dfrac{\partial p_w(z)}{\partial z}}{p_w(z)}=-\frac{\partial \ln p_w(z)}{\partial z}=\frac{1}{b}\frac{\mathrm{d}|z|}{\mathrm{d}z}$$

而$\dfrac{\mathrm{d}|z|}{\mathrm{d}z}=\mathrm{sgn}(z)$,由式(15.3.4),得

$$\frac{1}{b}\sum_{n=0}^{N-1}\mathrm{sgn}(z[n])\ \underset{\mathcal{H}_0}{\overset{\mathcal{H}_1}{\gtrless}}\ \gamma'$$

15.4 未知参数信号的检测

第12章中介绍的复合假设检验方法都可以应用到非高斯噪声中具有未知参数信号的检测,本节只限于讨论含有未知参数的确定性信号检测,对于随机信号的检测,分析方法是类似的,但实现起来较为困难。

仍考虑式(15.3.1)的检测问题,信号$s[n]$是已知,但A是未知的。对于这一问题可考虑采用广义似然比检测、Rao检测和局部最佳检测。下面通过一个例子说明分析方法。

【例15.3】 考虑如下检测问题,

$$\mathcal{H}_0: z[n]=w[n],\qquad n=0,1,\cdots,N-1$$
$$\mathcal{H}_1: z[n]=A+w[n],\quad n=0,1,\cdots,N-1$$

其中,A为未知常数,$w[n]$为独立同分布的拉普拉斯噪声,其概率密度如式(15.2.6)所示,求广义似然比检测器和Rao检测器。

解:首先分析广义似然比检测器。由于

$$p(\boldsymbol{z};A\mid\mathcal{H}_1)=\left(\frac{1}{2b}\right)^N\exp\left(-\frac{1}{b}\sum_{n=0}^{N-1}|z[n]-A|\right)$$

要使上述概率密度最大，必须使 $J(A)=\sum_{n=0}^{N-1}|z[n]-A|$ 最小。由于

$$\frac{\partial J(A)}{\partial A}=-\sum_{n=0}^{N-1}\operatorname{sgn}(z[n]-A)$$

若 A 等于观测数据的中位数 z_{med}，则将由一半观测数据使 $\operatorname{sgn}(z[n]-A)=-1$，而另一半观测数据使 $\operatorname{sgn}(z[n]-A)=1$，使得 $J(A)=0$。为了求得中位数，对观测样本 $\{z[n],n=0,1,\cdots,N-1\}$ 按由小到大的顺序排序，得到一个新的序列 $\{z_n,n=0,1,\cdots,N-1\}$，其中 z_0 为最小值，而 z_{N-1} 为最大值，假定 $N\geqslant 2$，则

$$\hat{A}_{\mathrm{ml}}=\begin{cases}(z_{N/2-1}+z_{N/2})/2, & N\text{ 为偶数}\\ z_{(N-1)/2}, & N\text{ 为奇数}\end{cases}$$

对数广义似然比为

$$\ln\frac{p(\boldsymbol{z};\hat{A}\mid\mathcal{H}_1)}{p(\boldsymbol{z}\mid\mathcal{H}_0)}=\frac{1}{b}\sum_{n=0}^{N-1}(|z[n]|-|z[n]-z_{\mathrm{med}}|)$$

判决表达式为

$$\frac{1}{b}\sum_{n=0}^{N-1}(|z[n]|-|z[n]-z_{\mathrm{med}}|)\underset{\mathcal{H}_0}{\overset{\mathcal{H}_1}{\gtrless}}\ln\eta_0=\gamma$$

下面再分析 Rao 检测器，由式(12.4.3)，可得

$$T_{\mathrm{R}}(\boldsymbol{z})=\frac{\left(\left.\dfrac{\partial\ln p(\boldsymbol{z};A\mid\mathcal{H}_1)}{\partial A}\right|_{A=0}\right)^2}{I(A)|_{A=0}}\underset{\mathcal{H}_0}{\overset{\mathcal{H}_1}{\gtrless}}\gamma$$

又

$$\left.\frac{\partial\ln p(\boldsymbol{z};A\mid\mathcal{H}_1)}{\partial A}\right|_{A=0}=\frac{1}{b}\sum_{n=0}^{N-1}\operatorname{sgn}(z[n]-A)\Big|_{A=0}=\frac{1}{b}\sum_{n=0}^{N-1}\operatorname{sgn}(z[n])$$

$$\frac{\partial^2\ln p(\boldsymbol{z};A\mid\mathcal{H}_1)}{\partial A^2}=-\frac{1}{b}\sum_{n=0}^{N-1}2\delta(z[n]-A)$$

$$\begin{aligned}I(A)&=-E\left[\frac{\partial^2\ln(\boldsymbol{z};A\mid\mathcal{H}_1)}{\partial A^2}\right]=\frac{1}{b}\sum_{n=0}^{N-1}E\{2\delta(z[n]-A)\}\\&=N\frac{1}{b}\int_{-\infty}^{+\infty}2\delta(z-A)\frac{1}{2b}\exp\left(-\frac{1}{b}|z-A|\right)\mathrm{d}z=\frac{N}{b^2}\end{aligned}$$

所以，判决表达式为

$$T_{\mathrm{R}}(\boldsymbol{z})=\frac{\left(\dfrac{1}{b}\displaystyle\sum_{n=0}^{N-1}\operatorname{sgn}(z[n])\right)^2}{N/b^2}\underset{\mathcal{H}_0}{\overset{\mathcal{H}_1}{\gtrless}}\gamma$$

或者

$$T_{\mathrm{R}}(z)=\left(\sum_{n=0}^{N-1}\operatorname{sgn}(z[n])\right)^2 \underset{\mathcal{H}_0}{\overset{\mathcal{H}_1}{\gtrless}} \gamma'$$

可以看出,对观测样本的符号求和,平方以后再与门限进行比较,避免了尖峰噪声样本值对检验统计量的影响。

习题

15.1 设随机变量 X 和 Y 分别服从高斯分布和拉普拉斯分布,它们的概率密度为

$$p_X(x)=\frac{1}{\sqrt{2\pi\sigma^2}}\exp\left(-\frac{1}{2\sigma^2}x^2\right)$$

$$p_Y(y)=\frac{1}{\sqrt{2\sigma^2}}\exp\left(-\sqrt{\frac{2}{\sigma^2}}\,|y|\right)$$

(1)分别计算 $P(X>3\sigma)$、$P(Y>3\sigma)$;(2)解释概率密度的“拖尾”是如何描述高电平事件的。

15.2 设随机变量 X 服从拉普拉斯分布,概率密度为

$$p_X(x)=\frac{1}{\sqrt{2\sigma^2}}\exp\left(-\sqrt{\frac{2}{\sigma^2}}\,|x|\right)$$

求 $E(X^2)$、$E(X^4)$。

15.3 考虑如下检测问题,

$$\mathcal{H}_0: z[n]=w[n], \qquad n=0,1,\cdots,N-1$$
$$\mathcal{H}_1: z[n]=A+w[n], \quad n=0,1,\cdots,N-1$$

其中,A 是已知的参数,$w[n]$为独立同分布的柯西噪声,概率密度为

$$p_w(w)=\frac{1}{\pi(1+w^2)}, \quad -\infty<w<\infty$$

求最佳判决表达式,并画出 $g(z)=\ln(p_w(z-A)/p_w(z))$的图形(假定 $A=1$)。

15.4 对于习题 15.3,假定 $A>0$,求弱信号的纽曼-皮尔逊检测器,画出检测器框图。

15.5 考虑如下检测问题,

$$H_0: \quad z[n]=w[n], \qquad n=0,1,\cdots,N-1$$
$$H_1: \quad z[n]=As[n]+w[n], \quad n=0,1,\cdots,N-1$$

其中,$s[n]$为已知信号,A 是未知的,且假定 $A>0$,$w[n]$为独立同分布的非高斯噪声,概率密度为 $p_w(w)$,证明局部最佳检测器等效于式(15.2.10)。

15.6 某些雷达问题中,必须在所谓杂波的有害干扰背景中确定目标是否存在。由海面、陆地等返回的反射波可以用对数正态分布描述:

$$p_0(x\mid m,\sigma)=\frac{1}{\sqrt{2\pi}\,x\sigma}\exp\left[-\frac{(\ln x-m)^2}{2\sigma^2}\right], \quad x>0,\sigma>0,m>0$$

或用韦布尔(Weibull)分布描述

$$p_1(x \mid \alpha,\beta)=(x/\beta)^{\alpha-1}\exp[-(x/\beta)^{\alpha}],\quad x\geqslant 0,\alpha>0,\beta>0$$

实际情况下，可以得到杂波反射的 N 个独立测量值 $x_i, i=0,1,\cdots,N-1$。根据这些测量值要求在不知道非随机参数 m,σ,α 和 β 的情况下，确定杂波是对数正态分布的，还是韦布尔分布的。实现这一检验常用的办法是把测量值取自然对数变换，即

$$z_i=\ln x_i$$

若 x_i 是对数正态分布的，则 z_i 是参数为 m 和 σ 的正态分布：

$$p_0(z_i)=\frac{1}{\sqrt{2\pi}\sigma}\exp\left[-\frac{(z_i-m)^2}{2\sigma^2}\right],\quad i=0,1,\cdots,N-1$$

若 x_i 是韦布尔分布的，则 z_i 是按第一类极值分布：

$$p_1(z_i)=\frac{1}{b}\exp\left[\left(\frac{z_i-a}{b}\right)-\exp\left(\frac{z_i-a}{b}\right)\right],\quad a=\ln\beta,b=1/\alpha$$

在利用变换后的测量结果求广义似然比时，宜假定 a 和 b 的最大似然估计是

$$\hat{a}=\hat{m}+\gamma\hat{b}$$

$$\hat{b}=\hat{\sigma}\sqrt{6}/\pi$$

式中，γ 是欧拉常数，$\hat{m}$ 和 $\hat{\sigma}$ 是 m 和 σ 的最大似然估计。试证明检验统计量为

$$D(\boldsymbol{z})=-\frac{1}{N}\sum_{i=0}^{N-1}\exp\left[\frac{\pi(z_i-\hat{m})}{\hat{\sigma}\sqrt{6}}\right]$$

附录A 特殊矩阵及重要公式

A.1 正交矩阵

若 $n\times n$ 的方阵 $\boldsymbol{A}$ 满足

$$\boldsymbol{A}^{-1}=\boldsymbol{A}^{\mathrm{T}}$$

则称该方阵 $\boldsymbol{A}$ 为正交矩阵。对于正交矩阵，它的行(列)也必须是正交的，即若 $\boldsymbol{A}=[\boldsymbol{a}_1 \quad \boldsymbol{a}_2 \quad \cdots \quad \boldsymbol{a}_n]$，其中 $\boldsymbol{a}_i$ 表示矩阵 $\boldsymbol{A}$ 的第 i 列，则各列矢量相互正交，即

$$\boldsymbol{a}_i^{\mathrm{T}}\boldsymbol{a}_j=\begin{cases}0, & i\neq j\\ 1, & i=j\end{cases}$$

若 $\boldsymbol{A}$ 为正交矩阵，则 $\det(\boldsymbol{A})=\pm 1$；正交矩阵的乘积仍为正交矩阵；正交矩阵是可逆的，且其逆仍为正交矩阵。

例如，由离散傅里叶级数系数构成的如下系数矩阵是一个正交矩阵，

$$\boldsymbol{A}=\begin{bmatrix}\frac{1}{\sqrt{2}} & 1 & \cdots & \frac{1}{\sqrt{2}} & 0 & 0 & 0\\ \frac{1}{\sqrt{2}} & \cos\frac{2\pi}{n} & \cdots & \frac{1}{\sqrt{2}}\cos\frac{2\pi(n/2)}{n} & \sin\frac{2\pi}{n} & \cdots & \sin\frac{2\pi(n/2-1)}{n}\\ \vdots & \vdots & \ddots & \vdots & \vdots & \ddots & \vdots\\ \frac{1}{\sqrt{2}} & \cos\frac{2\pi(n-1)}{n} & \cdots & \frac{1}{\sqrt{2}}\cos\frac{2\pi(n/2)(n-1)}{n} & \sin\frac{2\pi(n-1)}{n} & \cdots & \sin\frac{2\pi(n/2-1)(n-1)}{n}\end{bmatrix}$$

其中 n 为偶数。这是因为，对于 $i,j=0,1,\cdots,n/2$

$$\sum_{k=0}^{n-1}\cos\frac{2\pi ki}{n}\cos\frac{2\pi kj}{n}=\begin{cases}0, & i\neq j\\ n/2, & i=j=1,2,\cdots,n/2-1\\ n & i=j=0,n/2\end{cases}$$

而对于 $i,j=0,1,\cdots,n/2-1$

$$\sum_{k=0}^{n-1}\sin\frac{2\pi ki}{n}\sin\frac{2\pi kj}{n}=\frac{n}{2}\delta_{ij}$$

以及对于 $i=0,1,\cdots,n/2$，$j=1,2,\cdots,n/2-1$，

$$\sum_{k=0}^{n-1}\cos\frac{2\pi ki}{n}\sin\frac{2\pi kj}{n}=0$$

A.2 等幂矩阵

若一个 $n\times n$ 的方阵 $\boldsymbol{A}$ 满足

$$\boldsymbol{A}^2=\boldsymbol{A}$$

很显然，对于等幂矩阵，有 $\boldsymbol{A}^k=\boldsymbol{A}(k\geqslant 1)$。例如，下面的投影矩阵就是一个等幂矩阵，

$$\boldsymbol{A}=\boldsymbol{H}(\boldsymbol{H}^{\mathrm{T}}\boldsymbol{H})^{-1}\boldsymbol{H}^{\mathrm{T}}$$

其中 $\boldsymbol{H}$ 是一个 $m\times n(m>n)$ 的满秩矩阵。

A.3 Toeplitz 矩阵

设 $n\times n$ 的方阵满足

$$[\boldsymbol{A}]_{ij}=a_{i-j}$$

即

$$\boldsymbol{A}=\begin{bmatrix} a_0 & a_{-1} & a_{-2} & \cdots & a_{-(n-1)} \\ a_1 & a_0 & a_{-1} & \cdots & a_{-(n-2)} \\ \vdots & \vdots & \vdots & \ddots & \vdots \\ a_{n-1} & a_{n-2} & a_{n-3} & \cdots & a_0 \end{bmatrix}$$

若同时还有 $a_{-k}=a_k$，则称 $\boldsymbol{A}$ 为对称 Toeplitz 矩阵。由平稳随机过程的协方差函数构成的协方差矩阵就是对称 Toeplitz 矩阵。

A.4 矩阵的运算与公式

A.4.1 矩阵常用运算的几个公式

设 $\boldsymbol{A}$ 和 $\boldsymbol{B}$ 均为 $n\times n$ 的矩阵，下面是一些常用的公式。

$$(\boldsymbol{AB})^{\mathrm{T}}=\boldsymbol{B}^{\mathrm{T}}\boldsymbol{A}^{\mathrm{T}}$$

$$(\boldsymbol{A}^{\mathrm{T}})^{-1}=(\boldsymbol{A}^{-1})^{\mathrm{T}}$$

$$(\boldsymbol{AB})^{-1}=\boldsymbol{B}^{-1}\boldsymbol{A}^{-1}$$

$$\det(\boldsymbol{A}^{\mathrm{T}})=\det(\boldsymbol{A})$$

$$\det(\boldsymbol{AB})=\det(\boldsymbol{A})\det(\boldsymbol{B})$$

$$\det(\boldsymbol{A}^{-1})=1/\det(\boldsymbol{A})$$

$$\mathrm{tr}(\boldsymbol{A})=\sum_{i=1}^{n}a_{ii}$$

$$\mathrm{tr}(\boldsymbol{AB})=\mathrm{tr}(\boldsymbol{BA})$$

$$\mathrm{tr}(\boldsymbol{A}^{\mathrm{T}}\boldsymbol{B})=\sum_{i=1}^{n}\sum_{j=1}^{n}[\boldsymbol{A}]_{ij}[\boldsymbol{B}]_{ij}$$

A.4.2 实值函数对矢量和矩阵求导

设 $\boldsymbol{x}$ 为 $n\times 1$ 的矢量，$f(\boldsymbol{x})$ 是以 $\boldsymbol{x}$ 为变元的实标量函数，则 $f(\boldsymbol{x})$ 对 $\boldsymbol{x}$ 的导数定义为

$$\frac{\partial f(\boldsymbol{x})}{\partial \boldsymbol{x}}=\begin{bmatrix}\frac{\partial f(\boldsymbol{x})}{\partial x_1} & \frac{\partial f(\boldsymbol{x})}{\partial x_2} & \cdots & \frac{\partial f(\boldsymbol{x})}{\partial x_n}\end{bmatrix}^{\mathrm{T}}$$

$$\frac{\partial f(\boldsymbol{x})}{\partial \boldsymbol{x}^{\mathrm{T}}}=\begin{bmatrix}\frac{\partial f(\boldsymbol{x})}{\partial x_1} & \frac{\partial f(\boldsymbol{x})}{\partial x_2} & \cdots & \frac{\partial f(\boldsymbol{x})}{\partial x_n}\end{bmatrix}$$

若 $\boldsymbol{f}(\boldsymbol{x})=[f_1(\boldsymbol{x})\quad f_2(\boldsymbol{x})\quad \cdots \quad f_m(\boldsymbol{x})]^{\mathrm{T}}$，则

$$\frac{\partial \boldsymbol{f}(\boldsymbol{x})}{\partial \boldsymbol{x}^{\mathrm{T}}}=\begin{bmatrix}\frac{\partial f_1(\boldsymbol{x})}{\partial x_1} & \frac{\partial f_1(\boldsymbol{x})}{\partial x_2} & \cdots & \frac{\partial f_1(\boldsymbol{x})}{\partial x_n}\\ \frac{\partial f_2(\boldsymbol{x})}{\partial x_1} & \frac{\partial f_2(\boldsymbol{x})}{\partial x_2} & \cdots & \frac{\partial f_2(\boldsymbol{x})}{\partial x_n}\\ \cdots & \cdots & \ddots & \cdots\\ \frac{\partial f_m(\boldsymbol{x})}{\partial x_1} & \frac{\partial f_m(\boldsymbol{x})}{\partial x_2} & \cdots & \frac{\partial f_m(\boldsymbol{x})}{\partial x_n}\end{bmatrix}$$

若 $\boldsymbol{x}$ 为 $n\times1$ 的矢量，$\boldsymbol{\alpha}$ 为 $m\times1$ 的矢量，$\boldsymbol{A}$ 和 $\boldsymbol{B}$ 分别为 $m\times n$ 和 $m\times m$ 的矩阵，且 $\boldsymbol{B}$ 为对称矩阵，则

$$\frac{\partial(\boldsymbol{\alpha}-\boldsymbol{A}\boldsymbol{x})^{\mathrm{T}}\boldsymbol{B}(\boldsymbol{\alpha}-\boldsymbol{A}\boldsymbol{x})}{\partial \boldsymbol{x}}=-2\boldsymbol{A}^{\mathrm{T}}\boldsymbol{B}(\boldsymbol{\alpha}-\boldsymbol{A}\boldsymbol{x})$$

假定 $\boldsymbol{A}$ 是一个 $m\times n$ 的矩阵，$f(\boldsymbol{A})$是 $\boldsymbol{A}$ 的矩阵函数，则

$$\frac{\partial f(\boldsymbol{A})}{\partial \boldsymbol{A}}=\begin{bmatrix}\frac{\partial f(\boldsymbol{A})}{\partial A_{11}} & \frac{\partial f(\boldsymbol{A})}{\partial A_{12}} & \cdots & \frac{\partial f(\boldsymbol{A})}{\partial A_{1n}}\\ \frac{\partial f(\boldsymbol{A})}{\partial A_{21}} & \frac{\partial f_2(\boldsymbol{A})}{\partial A_{22}} & \cdots & \frac{\partial f_2(\boldsymbol{A})}{\partial A_{2n}}\\ \cdots & \cdots & \ddots & \cdots\\ \frac{\partial f(\boldsymbol{A})}{\partial A_{m1}} & \frac{\partial f(\boldsymbol{A})}{\partial A_{m2}} & \cdots & \frac{\partial f(\boldsymbol{A})}{\partial A_{mn}}\end{bmatrix}$$

假定 $\boldsymbol{x}$ 和 $\boldsymbol{b}$ 均为 $n\times1$ 的矢量，$\boldsymbol{A}$ 为 $n\times n$ 的对称矩阵，下面的求导公式经常用到：

$$\frac{\partial \boldsymbol{b}^{\mathrm{T}}\boldsymbol{x}}{\partial \boldsymbol{x}}=\boldsymbol{b}$$

$$\frac{\partial \boldsymbol{x}^{\mathrm{T}}\boldsymbol{A}\boldsymbol{x}}{\partial \boldsymbol{x}}=2\boldsymbol{A}\boldsymbol{x}\text{，其中 }\boldsymbol{A}\text{ 为对称矩阵}$$

$$\frac{\partial \boldsymbol{x}^{\mathrm{T}}\boldsymbol{A}\boldsymbol{x}}{\partial \boldsymbol{x}}=2\boldsymbol{A}\boldsymbol{x}$$

A.4.3 矩阵求逆公式和求逆引理

设 $n\times n$ 的方阵 $\boldsymbol{A}=(a_{ij})_{n\times n}$，则 $\boldsymbol{A}$ 的逆矩阵为

$$\boldsymbol{A}^{-1}=\boldsymbol{A}^{*}/\det(\boldsymbol{A})$$

其中 $\boldsymbol{A}^{*}$ 是 $\boldsymbol{A}$ 的伴随矩阵。

$$\boldsymbol{A}^{*}=\begin{bmatrix}A_{11} & A_{21} & \cdots & A_{n1}\\ A_{12} & A_{22} & \cdots & A_{n2}\\ \vdots & \vdots & \ddots & \vdots\\ A_{1n} & A_{2n} & \cdots & A_{nn}\end{bmatrix}$$

$A_{ij}=(-1)^{i+j}M_{ij}$，M_{ij} 是矩阵 $\boldsymbol{A}$ 去掉第 i 行和第 j 列后对应矩阵的行列式，称为 a_{ij} 的余子式。

若 $\boldsymbol{A}=\begin{bmatrix}a_{11} & a_{12}\\ a_{21} & a_{22}\end{bmatrix}$，则 $\boldsymbol{A}^{-1}=\dfrac{1}{a_{11}a_{22}-a_{12}a_{21}}\begin{bmatrix}a_{22} & -a_{12}\\ -a_{21} & a_{11}\end{bmatrix}$。

矩阵求逆引理

设矩阵 $\boldsymbol{A}$ 是 $n\times n$ 的，$\boldsymbol{B}$ 是 $n\times m$ 的，$\boldsymbol{C}$ 是 $m\times m$ 的，$\boldsymbol{D}$ 是 $m\times n$ 的，且 $\boldsymbol{A}$，$\boldsymbol{C}$ 存在逆矩阵，则

$$(\boldsymbol{A}+\boldsymbol{BCD})^{-1}=\boldsymbol{A}^{-1}-\boldsymbol{A}^{-1}\boldsymbol{B}(\boldsymbol{DA}^{-1}\boldsymbol{B}+\boldsymbol{C}^{-1})^{-1}\boldsymbol{DA}^{-1}$$

例如，根据矩阵求逆引理可证明如下关系：

$$\boldsymbol{P}_{\tilde{x}}^{-1}(k/k)=\boldsymbol{P}_{\tilde{x}}^{-1}(k/k-1)+\boldsymbol{H}^{\mathrm{T}}(k)\boldsymbol{R}^{-1}(k)\boldsymbol{H}(k)$$

若 $\boldsymbol{B}$ 是 $n\times 1$ 的列矢量 $\boldsymbol{u}$，$\boldsymbol{D}$ 是 $1\times n$ 的行矢量 $\boldsymbol{u}^{\mathrm{T}}$，$\boldsymbol{C}$ 是单位标量($\boldsymbol{C}=1$)，由矩阵求逆引理可得出 Woodbury 恒等式：

$$(\boldsymbol{A}+\boldsymbol{uu}^{\mathrm{T}})^{-1}=\boldsymbol{A}^{-1}-\frac{\boldsymbol{A}^{-1}\boldsymbol{uu}^{\mathrm{T}}\boldsymbol{A}^{-1}}{1+\boldsymbol{u}^{\mathrm{T}}\boldsymbol{A}^{-1}\boldsymbol{u}}$$

例如，$\left(\boldsymbol{I}+\frac{\sigma_A^2}{\sigma^2}\boldsymbol{11}^{\mathrm{T}}\right)^{-1}=\boldsymbol{I}-\frac{(\sigma_A^2/\sigma^2)\boldsymbol{11}^{\mathrm{T}}}{1+N\sigma_A^2/\sigma^2}$，其中，$\boldsymbol{I}$ 是 $N\times N$ 的单位矩阵，$\boldsymbol{1}$ 是所有元素全为 1 的 $N\times 1$ 矢量，称为全 1 矢量，σ_A^2 和 σ^2 为常数。

A.4.4 矩阵的特征分解

给定一个 $n\times n$ 的方阵 $\boldsymbol{A}$，确定一个标量 λ 的值，使得如下线性代数方程

$$\boldsymbol{Av}=\lambda\boldsymbol{v}, \quad \boldsymbol{v}\neq\boldsymbol{0}$$

具有 $n\times 1$ 非零解 $\boldsymbol{v}$，这样的标量 λ 称为矩阵 $\boldsymbol{A}$ 的特征值，$\boldsymbol{v}$ 为 $\boldsymbol{A}$ 的特征矢量，上式也称矩阵 $\boldsymbol{A}$ 的特征值-特征矢量方程式。特征值和特征矢量一般来说不是唯一的，对应于不同特征值的特征矢量是线性无关的。假定对特征矢量归一化，具有单位长度，即 $\boldsymbol{v}^{\mathrm{T}}\boldsymbol{v}=1$，则对于对称矩阵，对应于不同特征值的特征矢量是正交的，即 $\boldsymbol{v}_i^{\mathrm{T}}\boldsymbol{v}_j=\delta_{ij}$，且特征值是实的。

对于 $n\times n$ 的方阵 $\boldsymbol{A}$，其特征值-特征矢量方程式也可以写成如下形式：

$$\boldsymbol{A}\begin{bmatrix}\boldsymbol{v}_1 & \boldsymbol{v}_2 & \cdots & \boldsymbol{v}_n\end{bmatrix}=\begin{bmatrix}\lambda_1\boldsymbol{v}_1 & \lambda_2\boldsymbol{v}_2 & \cdots & \lambda_n\boldsymbol{v}_n\end{bmatrix}$$

或

$$\boldsymbol{AV}=\boldsymbol{V\Lambda}$$

其中

$$\boldsymbol{V}=\begin{bmatrix}\boldsymbol{v}_1 & \boldsymbol{v}_2 & \cdots & \boldsymbol{v}_n\end{bmatrix}$$

$$\boldsymbol{\Lambda}=\mathrm{diag}(\lambda_1,\lambda_2,\cdots\lambda_n)$$

对于对称矩阵，由于不同特征值的特征矢量是正交的，因此 $\boldsymbol{V}$ 是一个正交矩阵，$\boldsymbol{V}$ 也称为模态矩阵(Modal Matrix)，且 $\boldsymbol{V}^{-1}=\boldsymbol{V}^{\mathrm{T}}$，因此

$$\boldsymbol{A}=\boldsymbol{V\Lambda V}^{\mathrm{T}}=\sum_{i=1}^{n}\lambda_i\boldsymbol{v}_i\boldsymbol{v}_i^{\mathrm{T}}$$

$$\boldsymbol{A}^{-1}=\boldsymbol{V\Lambda}^{-1}\boldsymbol{V}^{\mathrm{T}}=\sum_{i=1}^{n}(1/\lambda_i)\boldsymbol{v}_i\boldsymbol{v}_i^{\mathrm{T}}$$

$$\det(\boldsymbol{A})=\prod_{i=1}^{n}\lambda_i$$